Springer-Lehrbuch

Bernhard Hommel
Dieter Nattkemper

Handlungspsychologie

Planung und Kontrolle intentionalen Handelns

Mit 59 Abbildungen

Springer

Professor Dr. Bernhard Hommel
Leiden University
Department of Psychology
Cognitive Psychology Unit
Wassenaarseweg 52
2333 AK Leiden, Niederlande

Dr. Dieter Nattkemper
Humboldt-Universität zu Berlin
Institut für Psychologie
Rudower Chaussee 18
12489 Berlin

ISBN 978-3-642-12857-8 Springer-Verlag Berlin Heidelberg New York

Bibliografische Information der Deutschen Nationalbibliothek
Die Deutsche Nationalbibliothek verzeichnet diese Publikation in der Deutschen Nationalbibliografie; detaillierte bibliografische Daten sind im Internet über http://dnb.d-nb.de abrufbar.

SpringerMedizin
Springer-Verlag GmbH
ein Unternehmen von Springer Science+Business
springer.de

Planung: Joachim Coch
Projektmanagement: Michael Barton
Lektorat: Dr. Marion Sonnenmoser, Landau
Layout und Umschlaggestaltung: deblik Berlin
Fotonachweis der vorderen Umschlagseite: © Brigitte M./PantherMedia

Satz: Fotosatz-Service Köhler GmbH – Reinhold Schöberl, Würzburg

SPIN: 11364054

Gedruckt auf säurefreiem Papier 2126 – 5 4 3 2 1 0

Vorwort

Der vorliegende Band soll einen ersten Einblick in die Gebiete der Handlungsplanung und der Handlungskontrolle vermitteln. Dabei handelt es sich um zwei Forschungsbereiche, die bislang relativ unabhängig voneinander existierten und z.T. in verschiedenen wissenschaftlichen Disziplinen vorangetrieben wurden, u.a. in der Kognitions- und Motivationspsychologie, den Sportwissenschaften, der Neurophysiologie und der Biologie. Um den Zugang zu erleichtern, werden wir versuchen, soweit möglich Zusammenhänge zwischen den Forschungsrichtungen aufzuzeigen und integrative Modelle zu diskutieren bzw. vorzuschlagen.

Bei der Darstellung eines Forschungsgebietes kann man versuchen, einen möglichst umfassenden Überblick zu vermitteln und die neuesten Ergebnisse und Trends darzustellen. Der Vorteil dieser Strategie liegt auf der Hand: Die Leser erhalten ein Höchstmaß an Information und haben so die Möglichkeit, sich ein eigenes Bild zu machen. Der Nachteil jedoch ist, dass genau diese Fülle an Information die Leser zu Beginn oft überfordert, weil sie noch nicht über das nötige Hintergrundwissen verfügen, um die vielen Einzelbefunde sinnvoll zu strukturieren. Daher haben wir uns für eine andere Strategie entschieden. Sie besteht darin, die unserer Ansicht nach für die Forschungsrichtungen wesentlichen Prinzipien und theoretischen Denkfiguren sowie ihre historischen Entwicklungen herauszuarbeiten und anhand weniger Beispiele zu erläutern. Wir wollen damit den Organisationsrahmen anbieten, den Leser zur Strukturierung einzelner Befunde verwenden können. Der Nachteil dieser Herangehensweise besteht darin, dass sie sehr viel selektiver sein muss und daher die theoretischen Vorlieben und Neigungen der Autoren sehr viel deutlicher widerspiegelt. Leser sollten daher nicht aus den Augen verlieren, dass unsere Bemühungen, die vorliegende empirische Evidenz zu organisieren, nur Angebote sein können, die vorläufig akzeptiert und nachfolgend kritisch mit alternativen Angeboten anderer Autoren verglichen werden sollten.

Viele der Fragen, die in den folgenden Kapiteln behandelt werden, und auch manche der Antworten, die wir vorschlagen werden, sind im Kontext der Zusammenarbeit mit Wolfgang Prinz und zahlreichen Kolleginnen und Kollegen der Arbeitseinheit »Cognition & Action« (Kognition und Handlung; gelegentlich als C&A tituliert) des Max-Planck-Instituts für psychologische Forschung in München entstanden und mehrfach auf die eine oder andere Weise erörtert worden. Welche der Ideen und Spekulationen der folgenden Überlegungen auf welche Quellen zurückgehen, können wir heute nicht mehr im Einzelnen rekonstruieren; sicher ist jedoch, dass die theoretischen Vorlieben der Autoren und der Stil ihres Denkens und Argumentierens ganz entscheidend durch C&A geformt wurden.

Bernhard Hommel
Leiden, Februar 2011

Dieter Nattkemper
Berlin, Februar 2011

Inhaltsverzeichnis

1 Einleitung und Übersicht

Lernziele

- Welchen Forschungstraditionen entstammen Untersuchungen zur Kontrolle und Planung menschlichen Handelns?
- Welches sind die Vor- und Nachteile der mit diesen Forschungstraditionen verbundenen theoretischen Perspektiven?
- Welche Beziehung besteht zwischen Wahrnehmen und Handeln?

Das Thema des vorliegenden Buches hat die Psychologie lange begleitet, ohne jedoch als psychologisches Kerngebiet zu gelten. Lehrbücher der Kognitionspsychologie handeln in der Hauptsache noch über Wahrnehmung, Aufmerksamkeit, Gedächtnis und Denken, ohne zu berücksichtigen, aus welchem Grund und für welchen Zweck (d.h. zur Steuerung welcher Handlungen) Menschen diese kognitiven Prozesse einsetzen. Natürlich hat es immer wieder **Ansätze** gegeben, den Kreis von der Wahrnehmung zur Handlung und zurück zu schließen, beispielsweise Lotzes (1852) Überlegungen zur exekutiven Ignoranz, James' (1890) Abhandlung über den menschlichen Willen, Woodworths (1938) psychomotorische Studien und viele behavioristische Programme (z.B. Thorndike, 1898). In der Hauptsache blieb die Kognitionspsychologie jedoch auf die **Registrierung von Umweltinformation** und deren weitere **Verarbeitung** durch zunehmend höhere kognitive Prozesse konzentriert. Einige Autoren sind sogar so weit gegangen, das Forschungsgebiet schon definitorisch auf diese Verarbeitung zu beschränken (z.B. Neisser, 1967). In Deutschland hat sich diese Entwicklung u.a. darin niedergeschlagen, dass handlungsbezogene Fragen vorwiegend in den Sportwissenschaften untersucht wurden.

1.1 Handeln und Bewegen als Thema psychologischer Forschung

Erst in jüngster Zeit ist es der Psychologie gelungen, handlungsbezogenes Terrain wieder gut zu machen. Für diese Entwicklung sind verschiedene **Trends** verantwortlich. Zum Ersten hat der Siegeszug der **kognitiven Neurowissenschaften** dafür gesorgt, dass die psychologischen Teilgebiete **näher zusammenrücken**. Aus neuronaler Sicht ist es in der Tat sehr schwierig, auseinander zu halten, wo z.B. die Wahrnehmung endet und die Erinnerung beginnt, oder welche Prozesse noch pure Wahrnehmung repräsentieren und welche schon Aufmerksamkeit beinhalten. Davon ist auch die nur scheinbar deutliche Unterscheidung zwischen Wahrnehmung und Handlung betroffen, zumal zahlreiche sensorische und motorische Gehirnareale mehr mit der Vermittlung zwischen Wahrnehmung und Handlung beschäftigt sind als mit lokalen Verarbeitungsproblemen.

Zum Zweiten – dieser Trend ist nicht völlig unabhängig vom ersten – sind die Wissenschaften näher zusammengerückt. In der Psychologie ist zu beobachten, wie die traditionellen **Grenzen** zwischen der Kognitionspsychologie und angrenzenden Teilgebieten z.B. der Sozialpsychologie oder der Entwicklungspsychologie langsam **verschwinden**, was sich u.a. in neuen Begrifflichkeiten wie »**soziale Neurowissenschaften**« niederschlägt.

Zum Dritten hat die Kognitionspsychologie den **Willen** wieder entdeckt, nun allerdings unter dem Namen der »**kognitiven Kontrolle**« oder »**exekutiven Funktion**«. Die Zunahme unseres Wissens über die Funktionen des Frontalkortex (v.a. durch Untersuchungen an Patienten mit Läsionen in diesem Bereich) und die zunehmende experimentelle Beschäftigung mit der Frage, wie Menschen eigentlich verschiedenste Aufgaben mit denselben Umweltreizen und Handlungen ausführen und verschiedene Strategien konstruieren und anwenden können, hat das Forschungsinteresse auf Prozesse gerichtet, die bereits vor der Verarbeitung von Umweltinformationen stattfinden. Dies hat zu einer deutlichen **Erweiterung des Selbstverständnisses** der Kognitionspsychologie geführt, die sich ja traditionell auf die Prozesse zwischen der Registrierung eines Reizes und dessen Auswertung durch hohe kognitive Operationen konzentriert hat. Wenn diese Operationen aber nicht unabhängig vom Kontext und den Handlungszielen der verarbeitenden Person sind, was sich nun zunehmend herausstellt, dann muss der Handlungszusammenhang, in dem und für den bestimmte kognitive Prozesse operieren, in die theoretische Analyse einbezogen werden. Mit anderen Worten: Pure Wahrnehmungs-, Aufmerksamkeits- und Gedächtnistheorien weichen zunehmend **komplexeren und umfassenderen Modellen**, die die handlungsspezifische Funktion kognitiver Prozesse berücksichtigen.

1.2 Defizite in Theorie und Forschung

Es gibt eine ganze Reihe an Gründen, warum die Psychologie der Handlung und Bewegung nur so mühsam in Gang gekommen ist. Einen Grund haben wir bereits genannt, nämlich dass sich verschiedene Teildisziplinen und Disziplinen mit diesem Thema beschäftigt haben, ohne jedoch interdisziplinäre und integrative Ansätze hervorzubringen. Aber auch **Forschungstraditionen** sind dafür verantwortlich, da sie den Blick auf die Bedingungen der Handlungssteuerung oft künstlich verengt haben (Hommel et al., 2001a).

1.2.1 Sensomotorischer Ansatz

Spätestens seit **Descartes** (1664) geht eine sehr wichtige und einflussreiche Forschungstradition von der Überlegung aus, dass **Handlungen** gewissermaßen die **Fortsetzung der Wahrnehmung mit anderen Mitteln sind.** Wie Descartes' Skizze zu entnehmen ist, leitet die (in diesem Fall visuelle) Wahrnehmung eintreffende Informationen an eine kortikale Schaltstelle weiter, wo eine dem wahrgenommenen Ereignis angemessene Reaktion ausgewählt und durch die Ansteuerung der nötigen Muskeln initiiert wird (◘ Abb. 1.1). Descartes unterscheidet **drei Arten von Prozessen**, die für die Handlungssteuerung von Belang sind:

◘ **Abb. 1.1.** Descartes' Konzeption des Zusammenhangs zwischen Wahrnehmung und Handlung. (Descartes 1664)

- afferente Prozesse, durch die Information, die an den Sinnesorganen erzeugt wird, an das Zentralorgan weitergeleitet wird
- efferente Prozesse, durch die Bewegungskommandos vom Zentralorgan in die Muskulatur der Körperperipherie geleitet werden
- zentrale Prozesse, die auf der Grundlage der afferenten Information efferente Kommandos generieren

Die afferenten Prozesse stellte Descartes sich so vor, dass Reizinformation, die auf Sinnesorgane trifft, dort kleine Fäden in Bewegung setzt, die zwischen dem jeweiligen Sinnesorgan und dem Gehirn gespannt sind. Durch die Schwingungen dieser Fäden wird die Information von den Sinnesorganen an die Zirbeldrüse des Gehirns weitergeleitet. Dort, so Descartes, findet die zentrale Vermittlung zwischen afferenten und efferenten Prozessen statt, indem die Zirbeldrüse, die durch die Bewegung der Fäden selbst in Bewegung versetzt wurde, an ihrer Oberfläche Nervenflüssigkeit absondert, die dann auf der efferenten Seite Kontraktionen der Muskeln bewirkt.

Dieses sensomotorische Denkmodell stellt noch immer die theoretische Basis vieler Ansätze in der modernen Kognitionspsychologie dar. Ein wesentlicher Schritt für deren Entwicklung war der Vorschlag von **Donders** (1868), den gesamten Verarbeitungsweg zwischen den frühesten Wahrnehmungsprozessen und der anschließenden Bewegung in **Teilprozesse** zu zergliedern und zu versuchen, den **Zeitbedarf** dieser Teilprozesse zu messen. Donders unterschied nicht weniger als zwölf Verarbeitungsstufen, von der Einwirkung von Umweltenergie auf sensorische Rezeptoren bis zur Überwindung der Körperträgheit durch Muskelaktivierung. Fasst man diese zwölf Stufen zusammen, so ergeben sich **vier Prozesskategorien**, die noch heute die Basis für viele Stufenmodelle der Informationsverarbeitung abgeben: sensorische Vorverarbeitung, Reizidentifikation, Reaktionsauswahl und Reaktionsausführung.

Derartige **reizzentrierte Stufenmodelle** eignen sich gut, um den üblichen Ablauf von psychologischen Experimenten abzubilden. In solchen Experimenten wird der Reiz i.d.R. benutzt, um die unabhängige(n) Variable(n) zu manipulieren, indem z.B. die eine oder andere Handlung signalisiert oder indem um die Vorbereitung einer Handlung gebeten wird. Handlungsbezogene Prozesse sind dann in der Tat eine Funktion der Reizdarbietung, und man kann fragen, welche Verarbeitungsstufe von der Variation der unabhängigen Variable besonders beeinflusst wird. Auch **behavioristische Ansätze** haben dem Reiz die wesentliche Rolle bei der Erklärung der Handlungskontrolle zugeschrieben, wenn auch in Interaktion mit den vorherigen Lernerfahrungen. Außerhalb psychologischer Labors warten Menschen aber selten auf Reizsignale, um Handlungsentscheidungen zu treffen, vielmehr suchen sie bestimmte Reizereignisse oft erst als Folge solcher Entscheidungen auf. Tatsächlich werden viele Handlungen in Abwesenheit handlungsrelevanter Reize geplant, was mithilfe eines herkömmlichen Stufenmodells weniger gut abgebildet werden kann.

1.2.2 Ideomotorischer Ansatz

Der **ideomotorische Ansatz** hat eine lange und abwechslungsreiche Geschichte (Stock u. Stock, 2004), wird aber v.a. mit den Namen Lotze (1852), Carpenter (1852) und James (1890) verbunden. Er geht von einer scheinbar einfachen Frage aus: Wie ist es möglich, dass wir einerseits willkürliche, zielgerichtete Handlungen ausführen können, andererseits aber so wenig darüber wissen, wie wir das eigentlich tun?

Fragen Sie sich einmal selbst, *wie* Sie eigentlich Fahrrad fahren oder wie Sie sich die Schuhe schnüren. Können Sie diese Frage wirklich spontan beantworten? Oder versuchen Sie nicht vielmehr, sich die Ausführung dieser Tätigkeiten erst einmal vorzustellen und zu beschreiben, was Sie dabei »wahrnehmen«? Wenn das zutrifft, erleben Sie ein Phänomen, das man im Sinne von Lotze als **exekutive Ignoranz** bezeichnen könnte (vgl. Turvey, 1977). Wie man trotz dieser fehlenden Einsicht in sein eigenes motorisches Funktionieren in der Lage ist, intentional zu handeln, wird später ausführlicher erörtert (► Kap. 3).

Kurz skizziert schlägt der ideomotorische Ansatz vor, dass intentionales Handeln **Wissen** darüber voraussetzt, was man mit den jeweiligen Handlungen erreichen kann, also welche **Handlungseffekte** mit einer bestimmten Handlung erreicht werden können. Die Auswahl einer Handlung erfolgt dann auf Basis eines Vergleichs zwischen den erwarteten Handlungseffekten und dem angestrebten Handlungsziel: Wenn man sich einen Schuh schnüren will, wählt man diejenigen Handlungen aus, von denen man erwartet, dass ihre Ausführung in einem geschnürten Schuh resultiert.

Aus ideomotorischer Perspektive beginnt die theoretische Analyse der Handlungskontrolle nicht beim einer Handlung vorauslaufenden externen Reiz, sondern beim **Wechselspiel** zwischen einer Intention und der Auswahl intentionsdienlicher Handlungen oder Handlungseigenschaften. Reizereignisse sind hier nicht die Ursache von Handlungsentscheidungen, sondern deren Ergebnis: Handlungen dienen zur Erzeugung von Ereignissen (Handlungseffekten), die ihrerseits wahrgenommen und im Lichte der momentanen Intention bewertet werden. Woher die jeweiligen Handlungsintentionen jedoch kommen und wie Handlungen durch Umgebungsbedingungen informiert und angepasst werden, wird von ideomotorischen Ansätzen i.d.R. nicht behandelt.

1.2.3 Wechselspiel von Wahrnehmung und Handlung

Sensomotorische und ideomotorische Ansätze zur Handlungskontrolle spiegeln deutlich ihre Herkunft wider. **Sensomotorische Ansätze** stammen ursprünglich aus der Neurophysiologie und sind dem Reflexbogen nachgebildet: So wie ein plötzlicher Lufthauch das Blinzeln des Augenlides verursacht, lässt uns der Anblick eines offenen Schuhs Schnürbewegungen ausführen. **Ideomotorische Ansätze** stammen hingegen aus der Zeit der introspektiven Psychologie und befassen sich daher mit dem Zusammenhang zwischen Bewusstseinsvorgängen wie z.B. mit der Erfahrung einer Intention und dem bewussten Hervorbringen eines Handlungsergebnisses. Aber das ist nicht der einzige Unterschied. Beide Ansätze befassen sich auch mit unterschiedlichen **Hälften** von eigentlich zusammengehörigen **Wahrnehmungshandlungszyklen**.

Zahlreiche Autoren haben darauf hingewiesen, wie stark Wahrnehmung und Handlung miteinander verflochten sind. **Von Uexküll's** (1921) **Konzept der subjektiven Umwelt** umfasst z.B. sowohl die wahrnehmbaren Eigenschaften von Umweltereignissen (die Merkwelt) als auch die Tätigkeiten, die man mit ihnen ausführen kann (die Wirkwelt). In von Üexküll's Modell werden Umwelteigenschaften von den sensorischen Rezeptoren registriert und dem (perzeptiven) Merkorgan zugeleitet, das die Umwelteigenschaften mithilfe eines Wirkorgans verändert. Ganz ähnlich geht **Neisser** (1976) von einer zirkulären Beziehung zwischen drei Prozessen aus: Interne Wissensschemata steuern die zielgerichtete Exploration der Umwelt. Dies führt zur Wahrnehmung von Objekteigenschaften, die das betreffende Schema entweder bestätigen oder (an die Wirklichkeit) anpassen. Neisser versteht Wahrnehmung als einen **fortlaufenden Zyklus** von der Registrierung von Umweltinformation, der Integration dieser Information in Objektschemata, der dadurch gesteuerten, zielgerichtete Exploration, die weitere Information erzeugt, usw. Wahrnehmung ist also **aktiv**, weil es ja meist zielgerichtete Handlungen sind, die wahrnehmbare Information erst erzeugt. Was wäre die visuelle Wahrnehmung ohne Augenbewegungen oder die taktile Wahrnehmung ohne Handbewegungen? Damit sind Handlungen letztlich auch **rezeptiv**, indem sie neue Einblicke in die Umwelt erlauben. In letzter Konsequenz wäre es vielleicht sogar richtiger, nicht mehr von Wahrnehmung und Handlung zu reden, sondern von rezeptiven und produktiven Funktionen bzw. Aspekten menschlichen Verhaltens.

In jedem Fall wird deutlich, dass sensomotorische und ideomotorische Ansätze zur Handlungskontrolle das komplexe Wechselspiel zwischen Wahrnehmung und Handlung nur unvollständig abbilden. Sensomotorische Ansätze betonen die Umgebungseinflüsse und lassen die Vorgeschichte der Reizverarbeitung (Intentionsbildung, Handlungsplanung, etc.) weitgehend außer Acht, sodass Handlungen mehr als reizgetriebene Reaktionen erscheinen. Ideomotorische Ansätze hingegen betonen die intentionalen Momente der Handlungskontrolle und unterschätzen damit latent die Beiträge der Umwelt. Diese blinden Flecke in der Theoriebildung legen nahe, dass es sich bei diesen verschiedenen Ansätzen eigentlich um **komplementäre Perspektiven** handelt. Tatsächlich häufen sich in den letzten Jahren die Bemühungen, reizorientierte und intentionale Ansätze in komplexere Modelle zu integrieren (▶ Kap. 4).

1.2.4 Homunculi

Ein weiteres Problem der Forschung über Handlungskontrolle besteht in der Neigung, **Homunculi** (»kleine Männer«) in die Theoriebildung mit einzubauen. In den ersten, introspektiv motivierten ideomotorischen Ansätzen von Lotze und James galt **»der Wille«** als entscheidende Kraft hinter zielgerichteten Handlungen. Auf welche Weise diese Instanz zu ihren Entscheidungen kommt und wie sie diese Entscheidungen in tatsächliches Handeln umsetzt, wurde jedoch kaum diskutiert und theoretisch reflektiert. Diese Zurückhaltung erklärte James (1890) mit der Selbstverständlichkeit des Phänomens: »Desire, wish, will, are states of mind which everyone knows, and which no definition can make plainer« (S. 486). Aber auch modernere Theorien haben selten mehr getan als den altmodischen »Willen« durch geläufigere, technologisch inspirierte Begriffe zu ersetzen, ohne sie jedoch herzuleiten und theoretisch zu unterbauen. So sind beispielsweise Baddeley u. Hitchs' (1974) Central Executive oder Norman u. Shallices' (1986) Attentional Supervisory System (▶ Kap. 9) wenig mehr als Platzhalter für Organisationsprozesse, die wir noch immer nicht richtig verstehen (Baddeley, 1986).

Mysteriöse, homunculoide Systeme dieser Art entstehen oft durch die häufig zu beobachtende **Tendenz zur Verdinglichung**. Nehmen wir z.B. die Beobachtung, dass Menschen nicht jeder Handlungstendenz folgen: Wir tun nicht alles, was uns in den Sinn kommt, essen nicht alles, was lecker aussieht und kaufen nicht alles, was wir gerne hätten. Der Gedanke an eine Handlung kann also die entsprechende Handlung auslösen, aber er tut das keinesfalls immer. Es gibt verschiedene theoretische Möglichkeiten, um diesen Sachverhalt zu erklären. James (1890) zufolge lösen Gedanken entsprechende Handlungen nur dann aus, wenn dies nicht mit anderen Gedanken im Widerstreit stehen (z.B. dem Wunsch nach gesunder Ernährung) und wenn der bloße Gedanke von einem Handlungsimpuls (»fiat«) begleitet wird. Freud (1923) zufolge könnten unerwünschte Gedanken aber auch aktiv unterdrückt werden, was wiederum einen Unterdrückungsmechanismus impliziert. Obwohl diese zweite Lösung aus theoretischer Hinsicht wesentlich komplexer ist und einen intelligenteren (und damit schwerer erklärbaren) Mechanismus postuliert (Woher weiß er, was er wann unterdrücken muss? Wie tut er das?), scheint sie für viele Autoren so evident, dass andere Lösungen gar nicht erst gesucht und überprüft werden (MacLeod, 2007). Diese Tendenz ist keineswegs auf inhibitorische Modelle beschränkt, sondern in allen Bereichen der Kognitionspsychologie (und der Wissenschaft im Allgemeinen) zu beobachten: Ein Phänomen oder Verhalten wird beschrieben und dadurch »erklärt«, dass man ein (funktional oder neuroanatomisch definiertes) System postuliert, das genau dieses Phänomen oder Verhalten hervorbringt. Willkürliches Verhalten wird also vom System des Willens hervorgebracht, Verhaltensunterdrückung durch ein inhibitorisches System, selektive Aufmerksamkeit durch ein attentionales System usw. Es liegt auf der Hand, dass es sich hierbei um **Scheinerklärungen** handelt, die ohne weitere Analyse des postulierten Systems nicht weiterführen.

1.3 Organisierendes Arbeitsmodell

Die psychologische Handlungsforschung befindet sich in einem Umbruch, in dem kleinere Teiltheorien zunehmend in umfassendere Modelle integriert werden und Grenzen zwischen Subdisziplinen mehr und mehr verschwinden. Das macht es natürlich schwierig, die Übersicht zu behalten. Dennoch wollen wir ein weitgehend **deskriptives Arbeitsmodell** vorschlagen, das die weitere Diskussion von Forschungsergebnissen und theoretischen Konzepten in diesem Buch strukturieren soll (◘ Abb. 1.2; Anm.: Die Ziffern beziehen sich auf das Kapitel, in dem das betreffende Thema abgehandelt wird). Dieses Arbeitsmodell unterscheidet verschiedene **Ebenen**, die die Prozesse der Handlungssteuerung hinsichtlich ihrer Dauer und Reichweite ordnen.

Auf der untersten Ebene befinden sich Prozesse, die wir bereits im Rahmen des sensomotorischen Ansatzes kennengelernt haben. Prozesse, die mit der Reizverarbeitung beschäftigt sind, werden unter dem Begriff der **Wahrnehmung** zusammengefasst. Wir beschränken diesen Begriff keineswegs auf die bewusste Wahrnehmung, sondern wenden ihn auf jegliche Art von handlungsbezogener Reizverarbeitung an. Die Ergebnisse dieser Verarbeitungsprozesse werden einerseits zur Auswahl, andererseits zur Anpassung von in Gang befindlichen Handlungen verwendet (▶ Kap. 4). Kapitel 5 ist Prozessen gewidmet, die **Handlungen auswählen** und die Eigenschaften einer intendierten Handlung festlegen. Wie in ◘ Abb. 1.2 angedeutet, agieren sie in enger Abstimmung mit der Wahrnehmung. Der nächste Schritt besteht in der **Planung** von Handlungen durch die **Integration** von Handlungsmerkmalen (▶ Kap. 6). Hier wird deutlich werden, dass Handlungsrepräsentationen keine in sich geschlossenen Einheiten sind, sondern **Netzwerke** verschiedenster wahrnehmungs- und handlungsbezogener Kodes, die zumindest in einigen Fällen vor der Handlungsausführung integriert werden müssen. Integrationsprozesse sind besonders wichtig, wenn komplexere **Handlungssequenzen** geplant werden wie z.B. die Zubereitung eines Mahls (▶ Kap. 7). Sobald ein Handlungsplan fertiggestellt worden ist, kann er ausgeführt werden. Die **Ausführung** erfordert die **Übersetzung** von einer kognitiven Repräsentation der betreffenden Handlungen in Muskelaktivitäten (▶ Kap. 2).

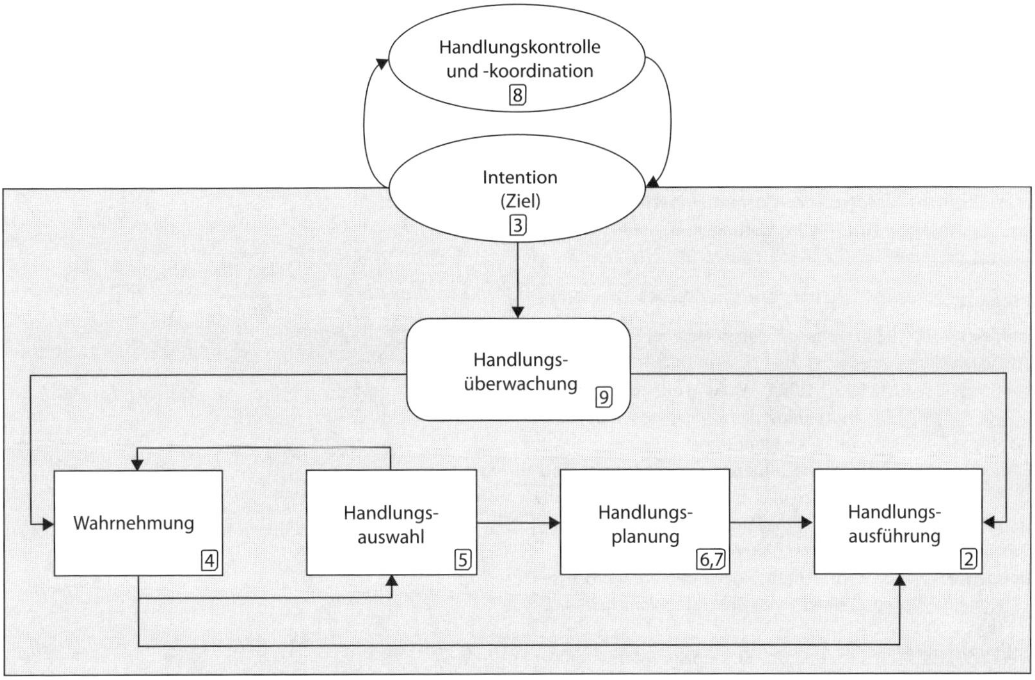

Abb. 1.2. Strukturierendes Arbeitsmodell

Die Prozesse auf der untersten Ausführungsebene sind von relativ kurzer **Dauer:** Ist eine bestimmte Handlung erst einmal festgelegt, können sich Wahrnehmung und Handlungsspezifikation anderen Aufgaben zuwenden. Ist eine Handlung erst einmal ausgeführt, können andere Handlungen integriert und ausgeführt werden. Auch die **Reichweite** dieser Prozesse ist relativ überschaubar: Sie werden v.a. mit denjenigen Prozessen interagieren, deren Resultate sie benötigen oder die sie selbst mit Information versorgen. Der Prozess der **Handlungsüberwachung** auf der nächst höheren, mittleren Ebene ist zumeist von längerer Dauer und berücksichtigt mehr Information, ist also integrativer. Er registriert, ob die ablaufenden Handlungen tatsächlich der aktuellen Intention, d.h. dem Handlungsziel entsprechen (▶ Kap. 9). **Intentionen** organisieren und instrumentalisieren die Prozesse der Wahrnehmung und Handlungsplanung in einer Weise, die im günstigen Fall die Realisierung angestrebter Ziele erlaubt (▶ Kap. 3). In Kapitel 8 diskutieren wir schließlich, wie **Handlungsziele** ihrerseits kontrolliert und implementiert werden. Alltägliches Handeln verlangt häufig das simultane Verfolgen verschiedener Ziele, sog. **Multitasking**, sowie das Wechseln zwischen Zielen. Dies wirft die Frage auf, wie verschiedene Aufgaben eigentlich koordiniert werden. Wenden wir uns nun aber zunächst den wichtigsten **neurobiologischen Grundlagen** der menschlichen Handlungssteuerung zu.

Kontrollfragen

Anfang der 50er Jahre des letzten Jahrhunderts hat der amerikanische Nobelpreisträger Robert Sperry postuliert, dass die Natur und Funktion sensorischer Prozesse nur zu verstehen ist, wenn man das Wechselspiel zwischen Wahrnehmung und Handlung untersucht (Sperry, 1952).

- Was könnten die Gründe dafür sein, dass die psychologische Forschung in der zweiten Hälfte des 20. Jahrhunderts diesem Rat nicht gefolgt ist?
- Welche Fragen hätten sich gestellt, wenn man Sperry's Rat gefolgt wäre?

Weiterführende Literatur

Hommel, B. (2009). Action control according to TEC (theory of event coding). *Psychological Research, 73*, 512–526.

Koch, I., Knoblich, G. & Prinz, W. (2006). Handlungsplanung und -steuerung: Überblick, Definitionen und methodische Ansätze. In J. Funke & P. A. Frensch (Hrsg.), *Handbuch der Allgemeinen Psychologie: Kognition* (S. 497–506). Göttingen: Hogrefe.

Literatur

Baddeley, A. D. (1986). *Working memory*. New York: Oxford University Press.

Baddeley, A. D. & Hitch, G. J. (1974). Working memory. In Bower, G. A. (ed.), *The psychology of learning and motivation* (pp. 47–89). New York: Academic Press.

Carpenter, W. B. (1852). On the influence of suggestion in modifying and directing muscular movement, independently of volition. *Proceedings of the Royal Institution*, 147–154.

Descartes, R. (1664). *Traité de l'homme*. Paris: Girard.

Donders, F. C. (1868/1969). On the speed of mental processes (original work published 1868). *Acta Psychologica, 30*, 412–431.

Freud, S. (1923). *Das Ich und das Es*. Leipzig: Internationaler Psychoanalytischer Verlag.

Hommel, B., Müsseler, J., Aschersleben, G. & Prinz, W. (2001). The theory of event coding (TEC). A framework for perception and action. *Behavioral & Brain Sciences, 24*, 849–937.

James, W. (1890). *The principles of psychology*. New York: Holt.

Lotze, R. H. (1852). *Medicinische Psychologie oder Physiologie der Seele*. Leipzig: Weidmann.

MacLeod, C. M. (2007). The concept of inhibition in cognition. In D. S. Gorfein & C. M. MacLeod (eds.), *Inhibition in cognition* (pp. 3–23). Washington, DC: American Psychological Association.

Neisser, U. (1967). *Cognitive psychology*. New York: Appleton Century Crofts.

Neisser, U. (1976). *Cognition and reality*. San Francisco: Freeman.

Norman, D. A. & Shallice, T. (1986). Attention to action: Willed and automatic control of behavior. In R. J. Davidson, G. E. Schwartz & D. Shapiro (eds.), *Consciousness and self-regulation, vol. 4* (pp. 1–17). New York: Plenum Press.

Sperry, R. W. (1952). Neurology and the mind-brain problem. *American Scientist, 40 (2)*, 291–312.

Stock, A. & Stock, C. (2004). A short history of ideo-motor action. *Psychological Research, 68*, 176–188.

Thorndike, E. L. (1898). What is a psychical fact? *Psychological Review, 5*, 645–650.

Turvey, M. T. (1977). Preliminaries to a theory of action with reference to vision. In R. Shaw & J. Bransford (eds.), *Perceiving, acting, and knowing. Toward an ecological psychology* (pp. 211–265). Hillsdale: Erlbaum.

Von Uexküll, J. (1921). *Umwelt und Innenwelt der Tiere*. Berlin, Heidelberg, New York, Tokio: Springer.

Woodworth, R. S. (1938). *Experimental psychology*. New York: Holt, Rinehart & Winston.

2 Neurobiologische Grundlagen der Planung und Ausführung von Bewegungen

Lernziele

- Wie funktioniert die neuronale Kommunikation im menschlichen Kortex?
- Welche kortikalen und subkortikalen Strukturen sind an der Planung menschlicher Handlungen beteiligt? Welche Rollen spielen sie?
- Welche kortikalen und subkortikalen Strukturen sind an der Ausführung von Bewegungen beteiligt?

»Einst hatte Gage alle Voraussetzungen besessen, um Entscheidungen zu treffen, die seinem Fortkommen dienlich waren. In persönlichen und sozialen Belangen zeigte er Verantwortungsgefühl. Das bewiesen seine beruflichen Erfolge, die Sorgfalt, mit der er seine Arbeit erledigte, und die Anerkennung, die ihm von Vorgesetzten und Kollegen entgegengebracht wurde. Er hielt sich an die sozialen Spielregeln und scheint sich moralischen Grundsätzen verpflichtet gefühlt zu haben. Nach dem Unfall kümmerten ihn keine sozialen Konventionen mehr, er verstieß gegen moralische Prinzipien, traf Entscheidungen, die seinen Interessen zuwiderliefen, und verbreitete Geschichten, … die, allein seiner Phantasie entsprungen, jeder Grundlage entbehrten … Gage ließ durch nichts erkennen, dass er sich um die Zukunft sorgte oder vorausplante« (Damasio, 1998, S. 34–35).

Was war geschehen? Phineas Gage war in der Mitte des 19. Jahrhunderts in den Vereinigten Staaten mit der Verlegung von Eisenbahnschienen beschäftigt, und seine Aufgabe als Sprengmeister bestand darin, hinderliche Gesteinsmassen durch Sprengung aus dem Weg zu räumen. Bei einer dieser Sprengungen wurde sein **frontaler Kortex** unglücklicherweise von einem Meißel durchbohrt. Wie ausführlich von dem Arzt John M. Harlow im Jahre 1868 beschrieben, wurde Gage trotz der schweren Verletzung erfolgreich behandelt und nahm nach einigen Monaten die Arbeit wieder auf. Wie Kollegen und Vorgesetzte jedoch feststellen mussten, war er »nicht mehr Gage«: Er war kaum noch motiviert, planlos und zeigte starke (unvorteilhafte) **Persönlichkeitsveränderungen**. Er war durchaus noch in der Lage zu arbeiten und nahm eine Arbeit in einer Pferdestallung auf, aber hatte zunehmend Mühe, Handlungspläne zu entwickeln und in entsprechende Handlungen umsetzen. Harlow beschrieb Gage als einen Menschen, der ständig Pläne für zukünftige Aktivitäten entwickelte, um sie sofort wieder aufzugeben und durch andere, scheinbar bessere zu ersetzen.

Die Analyse des Falls und v.a. des Schädels von Phineas Gage hat zu erheblichen Fortschritten unseres **Verständnisses** der Wechselwirkungen zwischen dem menschlichen Gehirn, kognitiven Prozessen und Handlungssteuerung geführt (▶ Abschn. 2.6.2). Tatsächlich lassen sich die wesentlichen Leistungen kognitiver Funktionen nicht selten erst dann richtig verstehen, wenn sie aus irgendwelchen Gründen abhanden gekommen sind, sei es durch fehlende Übung, natürliches Altern, Krankheiten oder Unfälle. Das gilt nicht nur für die Wahrnehmung oder das Gedächtnis, sondern auch für Handlungsplanung und Handlungskontrolle.

In diesem Zusammenhang besonders interessant sind Patienten, die z.B. aufgrund von **Hirnläsionen** spezifische Defizite in der Planung und/oder der Ausführung von Handlungen zeigen. Interessant deswegen, weil das Scheitern der Kontrolle von Handlungen bei Patienten mit spezifischen, umschriebenen Läsionen des Gehirns erste Hinweise dazu liefert, welche Rolle verschiedene Hirnregionen bei der Handlungskontrolle spielen. Aber auch Ergebnisse aus physiologischen **Tierversuchen** und Studien mit **bildgebenden Verfahren** (▶ Exkurs: Methoden zur Untersuchung von Hirnprozessen) haben zu einem besseren Verständnis der neuronalen Basis der menschlichen Handlungskontrolle beigetragen. Obwohl derzeit die Kartierung und das Verständnis der neuronalen Basis von Prozessen der Handlungsplanung und Handlungskontrolle weitaus weniger detailliert ist als beispielsweise die des visuellen Kortex, zeichnet sich ab, dass die gelingende Planung, Initiierung und Ausführung von Handlungen eine intakte Funktionsschleife voraussetzt, die den **frontalen Kortex**, den **prämotorischen und motorischen Kortex**, die **Basalganglien** und das **Kleinhirn** umfassen. Alle **Areale** (und viele andere, die wir aus didaktischen Gründen jedoch in diesem Zusammenhang außer Acht lassen) liefern spezifische Beiträge für die Handlungskontrolle.

Wenn wir im Folgenden versuchen werden, die wichtigsten Beiträge dieser Areale zu beschreiben, sollten wir jedoch nicht vergessen, dass nur deren Zusammenspiel und Integration effektives Handeln hervorbringt. Die Leistung bestimmter Gehirnareale muss immer im Zusammenhang gesehen werden mit der **Funktionsschleife**, zu der sie beitragen. Zudem haben wir keineswegs die Absicht, einen umfassenden Überblick der neurowissenschaftlichen Untersuchungen zur menschlichen Handlungskontrolle zu geben. Vielmehr wollen wir lediglich auf Eigenschaften der neuronalen Informationsverarbeitung hinweisen, die unmittelbare Konsequenzen für ein psychologisches Verständnis der Handlungskontrolle haben, und die wesentlichen Funktionen der für die Handlungskontrolle bedeutsamen neuroanatomischen Strukturen kurz behandeln.

Zur Orientierung, wo im menschlichen Gehirn die angesprochenen Bereiche zu finden sind, mag eine **Karte des Gehirns** dienen, die der deutsche Neurologe Korbinian Brodmann 1909 publizierte (◼ Abb. 2.1). Auf der Basis seiner zyto-architektonischen Studien unterteilte Brodmann die Hirnrinde in 52 Felder, die heute als **Brodmann-Areale (BA)** bezeichnet werden. Für eine Reihe dieser Areale gilt es als gesichert, dass die entsprechenden Neuronenpopulationen funktional unterschiedliche Rollen bei der zerebralen Informationsverarbeitung spielen. Wenden wir uns aber zunächst einmal der Frage zu, wie die verschiedenen anatomischen Areale eigentlich miteinander **kommunizieren**.

2.1 Neuronale Kommunikation

Die kleinste funktionale Einheit des Gehirns ist die **Nervenzelle** oder das **Neuron**. Das Gehirn eines Menschen hat davon ca. 100 Milliarden. Die Zahl der Neuronen bleibt von der Geburt bis weit über das 65. Lebensjahr hinaus i.d.R. annähernd konstant. Ein Neuron hat einen Zellkörper mit relativ kurzen Fortsätzen, den Dendriten, die als Input Information von anderen Neuronen aufnehmen und an den Zellkörper weiterleiten. Ein Neuron hat des Weiteren einen relativ langen Fortsatz, das Axon, das elektrische Impulse vom Zellkörper hin zu den Dendriten anderer Neurone weiterleitet. Die Stelle, an der das Axon eines Neurons mit einem Dendriten eines zweiten Neurons in Kontakt tritt, heißt

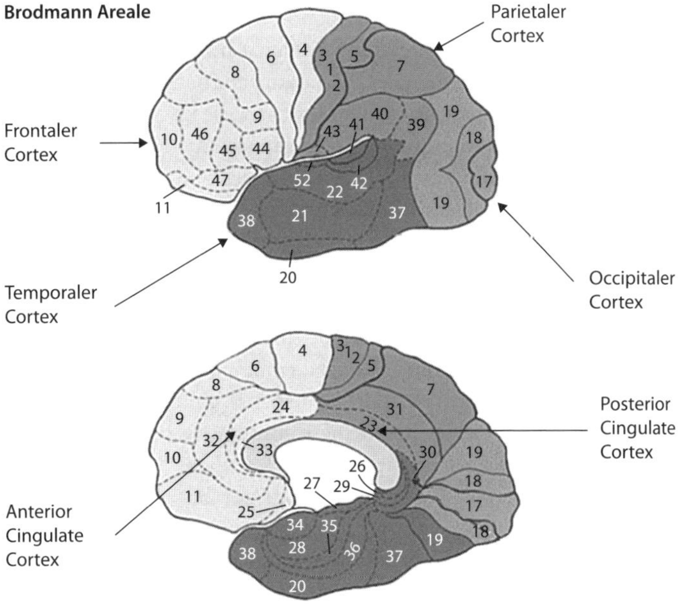

◼ **Abb. 2.1.** Kartierung des menschlichen Gehirns nach Brodmann

Synapse. Wenn nun die über das Axon geleiteten elektrischen Impulse eine bestimmte Schwelle überschreiten, wird am Ende des Axons ein chemischer Botenstoff (Neurotransmitter) ausgeschüttet. Der Kontakt des Neurotransmitters zu den Synapsen der Dendriten des zweiten und anderer, benachbarter Neurone sorgt dann schließlich dafür, dass der elektrische Impuls an das zweite Neuron und zu einer Vielzahl anderer Neurone übertragen wird.

Einzelne Neuronen scheinen hochgradig **spezialisiert** zu sein. Darauf weisen Studien hin, in denen extrem dünne Mikroelektroden in den Kortex von Tieren eingeführt werden. Wenn sich in der Nähe der Elektrodenspitze der Zellkörper eines aktiven Neurons befindet, werden die winzigen elektrischen Potentiale, die es erzeugt, über die Elektrode registriert. Das Signal lässt sich dann beispielsweise akustisch verstärken, sodass man die Aktivität des Neurons hören kann; je größer die elektrische Aktivität des Neurons, desto lauter das Geräusch. Präsentiert man nun dem Versuchstier visuelle oder akustische Ereignisse, zeigt sich, dass einzelne Neuronen auf die Verarbeitung ganz bestimmter Informationen eingestellt sind: Manche Zellen reagieren nur auf bestimmte Formen oder Orientierungen von Objekten, manche ausschließlich auf sichtbare Bewegungen in eine bestimmte Richtung. Manche Zellen im auditiven Kortex reagieren auf Töne einer spezifischen Frequenz, andere auf Töne mit bestimmter Lautstärke, wieder andere auf Töne, die ihre Frequenz ändern und höher oder tiefer werden. Andere Zellen reagieren auf Gesichter, manche auf ganz bestimmte Gesichter, manche auf alle Gesichter, die in eine bestimmte Richtung gedreht sind. Dann wiederum gibt es Zellen, die aktiv sind, wenn das Tier eine bestimmte Bewegung macht, aber auch dann, wenn es die gleiche Bewegung bei einem anderen Tier beobachtet. Wenn also ein einzelnes Neuron mit der spezifischen Reizinformation, auf die es eingestellt ist, konfrontiert wird, reagiert es mit einer **Aktivitätssteigerung** und signalisiert so, dass momentan eine ganz bestimmte Information vorliegt, z.B. eine Bewegung eines Objektes in eine bestimmte Richtung. Dieses eine Neuron »weiß« ausschließlich, dass sich beispielsweise etwas in genau der bestimmten Richtung bewegt, für die es spezialisiert ist, d.h. es operiert vollständig **merkmalsspezifisch**. Es kodiert nur dieses eine Merkmal, ohne dass es auch gleichzeitig etwas über andere Merkmale des Objektes »wüsste«, das sich da bewegt. Es hat keinerlei Information über seine Form, seine Farbe, seine Größe oder seine Identität, also über Merkmale, die in anderen, oft relativ weit entfernten und gelegentlich sogar unterschiedlich organisierten kortikalen Bereichen kodiert werden (sog. verteilte Kodierung von Merkmalen).

Das **Prinzip der verteilten Kodierung** ist sehr gut belegt für die Verarbeitung visueller Information; die verschiedenen Merkmale visueller Reize werden in verschiedenen kortikalen Farb-, Form-, Orientierungs- und Bewegungskarten kodiert (DeYoe u. Van Essen, 1988). Es gilt offenbar aber auch für die Kodierung der verschiedenen Merkmale von Handlungen. So wurde beispielsweise bei Affen gezeigt, dass die Richtung, der Kraftaufwand und die Weite einer Bewegung verteilt kodiert sind; beim Menschen gibt es vergleichbare Anzeichen für die Dauer, den Kraftaufwand und den Effektor, mit dem eine Bewegung ausgeführt wird (s. Überblick bei Hommel u. Elsner, 2009). Das Prinzip der verteilten Kodierung in verschiedenen Modulen bietet eine Reihe **evolutionärer Vorteile**: Phylogenetisch erlaubt es eine kontinuierliche Anpassung und den stetigen Ausbau des Gehirns, indem einzelne Module modifiziert, hinzugefügt oder eliminiert werden können, ohne dass das gesamte Gehirn vollständig »umgebaut« werden müsste. Ontogenetisch beinhaltet es ein vergleichbar hohes Maß an Toleranz gegenüber Schädigungen des Gehirns, die sich oft nur in dem (Dank der Plastizität des Gehirns gelegentlich reversiblen) Verlust von Teilfunktionen äußern, die nicht notwendigerweise die gesamte kortikale Verarbeitung beeinträchtigen (▶ Exkurs »Plastizität des Gehirns«).

Probleme bereitet ein solches System dann, wenn **gleichzeitig** mehrere unterschiedliche Merkmale neuronal repräsentiert sind – was in unserem täglichen Leben in aller Regel der Fall sein dürfte. In diesem Falle entsteht das Problem zu entscheiden, welche Merkmale zu welchen Wahrnehmungs- und Handlungsereignissen gehören. Zur Illustration des Problems stellen Sie sich einmal vor, auf dem Tisch vor Ihnen lägen zwei Früchte, links, nicht weit von Ihnen entfernt, ein grüner, noch nicht ganz reifer Apfel und rechts, etwas weiter entfernt, eine rote Erdbeere. Stellen Sie sich weiter vor, Sie möchten

Exkurs

Plastizität des Gehirns

Wie kommt es eigentlich zur Entstehung von bestimmten kortikalen Arealen und der Tatsache, dass neuronale Netzwerke so verbunden sind, wie sie es sind? Der Umstand, dass sich unsere Gehirne sehr ähnlich sind und auch denen von Primaten gleichen, legt nahe, dass genetische Schaltpläne bei der Entwicklung des Gehirns eine große Rolle spielen. Aber sie bestimmen keineswegs alles, da die Struktur unseres Gehirns in nicht unerheblichem Maße erfahrungsabhängig ist. Das belegen z.B. klassische Experimente der Nobelpreisträger David Hubel und Torsten Wiesel, die neugeborenen Katzen vor jedem direkten Kontakt mit Licht ein Auge verbanden (Hubel u. Wiesel, 1963). Die Katzen durften alles tun, was junge Katzen gern so machen, konnten dabei aber nur ein Auge benutzen. Nach mehreren Monaten nahmen die beiden Wissenschaftler den Verband ab und überprüften die neuronalen Verbindungen zwischen den beiden Augen und dem Gehirn. Das überraschende Ergebnis war, dass das verbundene Auge, obwohl **optisch intakt**, nicht mit den visuellen Arealen des Gehirns verbunden war. Es war **funktional blind**. Offenbar hatten sich unter diesen Umständen die Neuronen so vernetzt, dass ausschließlich Verbindungen zwischen den retinalen Zellen des sehenden Auges und dem visuellen Kortex etabliert wurden.

Diese frühen Versuche mit Tieren machen einen wichtigen Sachverhalt klar: Neurone vernetzen sich nicht nach einem festgelegten Bauplan, sondern nach **funktionalen, aktivitätsabhängigen Gesichtspunkten**. Welche Verbindungen etabliert werden, ist zwar zu einem gewissen Teil durch einen genetischen Kode festgelegt; so verbinden sich Zellen der Netzhaut des Auges tatsächlich nur mit Zellen des visuellen Kortex im okzipitalen Bereich des Gehirns und nicht etwa mit Neuronen der motorischen Areale des Kortex. Davon abgesehen sind neuronale Netzwerke außerordentlich plastisch und flexibel und passen sich fortlaufend durch Modifizieren, Installieren und Eliminieren von Verbindungen an die Gegebenheiten des Organismus und seine Aktivitäten an. Dass dies nicht nur für sich entwickelnde Gehirne von Babys und Kindern gilt, sondern auch für ausgewachsene Gehirne, belegen zahlreiche klinische und experimentelle Studien.

Im Tierexperiment kann man zeigen, dass Ausfälle von spezifischen Neuronenpopulation in erstaunlich kurzer Zeit **kompensiert** werden, indem andere Neuronenpopulationen Aufgaben der verloren gegangenen Populationen übernehmen. Sanes et al. (1992) durchtrennten bei Ratten den Nerv, der die Muskulatur der Barthaare versorgt. Das führte zunächst einmal zu einem funktionalen Verlust derjenigen Neuronenpopulationen des primärmotorischen Kortex, die für die Steuerung der Tasthaare verantwortlich sind. Innerhalb weniger Stunden nach der Läsion jedoch wurde das neuronale Netz, das Bewegungen der Gesichtsmuskulatur steuert, so reorganisiert, dass Neuronen in benachbarten Bereichen des motorischen Kortex die ausgefallenen Neuronenpopulationen ersetzten.

Pascual-Leone et al. (1993) haben gezeigt, dass die Größe der Fingerareale im motorischen Kortex aktivitätsabhängig variiert: Während bei blinden Personen, die wenig Expertise im Lesen von Blindenschrift haben, die Fingerareale der beiden Hände in ihrer räumlichen Ausdehnung in etwa identisch sind, findet man bei blinden Personen, die kompetent Blindenschrift lesen, dass das kortikale Areal, das für die Steuerung des Fingers der lesenden Hand verantwortlich ist, räumlich ausgedehnter ist als der entsprechende Bereich für die Steuerung des gleichen Fingers der anderen Hand. Komplementär zu solchen Beobachtungen, die darauf hinweisen, dass neuronale Repräsentationen in der motorischen Hirnrinde sich aktivitätsabhängig räumlich **ausdehnen** können, ist auch gezeigt worden, dass motorische Hirnareale sich **verkleinern**, wenn Bewegungsmöglichkeiten vorübergehend oder dauerhaft eingeschränkt sind. Liepert et al. (1995) haben Patienten untersucht, bei denen eines der beiden Fußgelenke in seiner Bewegungsfähigkeit eingeschränkt war, ohne dass gleichzeitig

▼

eine Läsion peripherer Nerven vorlag. Sie fanden, dass die motorischen Areale, die für die Steuerung des lädierten Fußgelenkes verantwortlich sind, sich im Vergleich mit den gleichen Arealen des nicht lädierten Fußgelenkes in ihrer Ausdehnung verkleinerten.

Solche Beobachtungen weisen darauf hin, dass neuronale Repräsentationen plastisch sind und sich flexibel an die Gegebenheiten des Organismus und seine Aktivitäten anpassen. In welchen **zeitlichen Dimensionen** solche Anpassungsprozesse vor sich gehen können, lässt sich mit Experimenten untersuchen, in denen die Versuchsteilnehmer motorische Fertigkeiten erwerben. Pascual-Leone et al. (1995) ließen ihre Versuchspersonen über fünf Tage hinweg Bewegungssequenzen der fünf Finger einer Hand auf der Tastatur eines Klaviers ausführen und analysierten die Veränderungen der Handrepräsentationen im motorischen Kortex. Sie fanden, dass die räumliche Ausdehnung des Handareals mit zunehmender Expertise in der Ausführung der Bewegungssequenzen zunahm. Dass dieser Zuwachs tatsächlich das spezifische Resultat des Fertigkeitserwerbs war und nicht etwa eine unspezifische Folge des Umstands, dass relativ häufig Bewegungen der Finger einer Hand ausgeführt wurden, legt die Beobachtung nahe, dass isolierte, nicht in eine zu erlernende Bewegungssequenz eingebettete Bewegungen der Finger keineswegs mit einer Ausdehnung des Handareals einhergehen.

Die Plastizität des menschlichen Gehirns zeigt sich auch in den oft bemerkenswerten Erfolgen in der Rehabilitation von Schlaganfallspatienten. **Schlaganfälle** beruhen in der überwiegenden Zahl der Fälle auf einer Mangeldurchblutung des Gehirns infolge eines Verschlusses von Blutgefäßen und zu einem geringeren Teil auf einer sog. Massenblutung (beispielweise nach einem Unfall). Es kommt zu einer Unterbrechung der Sauerstoffzufuhr und in der Folge zum Absterben vieler Nervenzellen im Gehirn. Folgen können motorische Behinderungen u.a. der Arme, Hände, Beine oder Füße einer Körperseite und Sprachausfälle sein. Diese Behinderungen führen dazu, dass die Betroffenen meist über lange Zeit nach dem akuten Schlaganfall bei der Ausführung täglich anfallender Tätigkeiten stark eingeschränkt sind. Fast alle **motorischen Anforderungen** wie z.B. Türen öffnen, sich anziehen, Zeitung lesen, Zähne putzen, Karten spielen usw. können oft nur noch mit dem gesunden Arm bewältigt werden.

Darüber hinaus erleiden manche Patienten durch den Schlaganfall **Sprachstörungen** (Aphasien), die sich als Schwierigkeiten beim Schreiben, beim Lesen, beim Verstehen oder der Produktion von Sprache manifestieren können. Aphasien entstehen durch Schädigungen der Neuronenpopulationen, die an der Sprachproduktion (Broca'sches Sprachzentrum; BA44 und BA45) und/oder dem Sprachverständnis (Wernicke'sches Zentrum; BA42 und BA22) beteiligt sind. Schädigungen im Broca-Areal führen hauptsächlich zu Störungen bei der Sprachproduktion bei weitgehend intaktem Sprachverständnis, während Schädigungen im Wernicke-Areal bei weitgehend intakter Sprachproduktion Prozesse des Sprachverstehens beeinträchtigen (Überblick s. Kolb u. Whishaw, 1996). Bei der Rehabilitation solcher Störungen können oftmals erstaunliche Verbesserungen erreicht werden. So kann z.B. die Sprachfähigkeit wiedererlangt werden, oder Lähmungen können fast vollständig verschwinden. Dass dies passiert, hängt wesentlich mit der Plastizität des menschlichen Gehirns zusammen, also seiner Fähigkeit, die neuronalen Strukturen fortlaufend anzupassen und zu modifizieren, sodass es Neuronen in anderen Hirnregionen gelingt, die Funktionen von zerstörten Hirnarealen zu übernehmen (Hallet, 2001).

gleichzeitig beide Früchte greifen, die Erdbeere mit der rechten Hand, um sie zu essen, und mit der linken Hand den Apfel, um ihn zur Seite zu legen. Wie ist dieses Szenario neuronal repräsentiert? Vermutlich in etwa so: Die Information, die von den beiden Früchten ausgeht, wird eine Vielzahl von Neuronen aktivieren, die u.a. signalisieren, dass folgende Merkmale vorliegen: »rot«, »grün«, »links«, »rechts«, »groß«, »klein«, »nah«, »fern«, »süß«, »sauer«. Was wir wahrnehmen, ist aber nicht eine

Ansammlung nebeneinander stehender, unverbundener Merkmale, sondern ein kohärentes Ganzes, nämlich eine rote Erdbeere, die rechts von einem etwas unreifen Apfel auf dem Tisch vor uns liegt. Die Vorbereitung der Bewegungen der beiden Hände wird ebenfalls eine Reihe merkmalsbasierter Kodes beinhalten wie »nah«, »weit«, »links«, »rechts« und Verschiedenes mehr. Auch hier gilt aber, dass wir Bewegungen phänomenal nicht in Form einzelner Merkmale oder Elemente repräsentieren, sondern als kohärente Gebilde, nämlich als Handlungspläne, die besagen, dass die rechte Hand die Erdbeere und die linke Hand den Apfel ergreifen wird.

Wie kann nun ein System, das auf dem Prinzip verteilter Repräsentationen basiert, entscheiden, welche der aktivierten Kodes zu welchem Wahrnehmungs- bzw. Handlungsereignis gehören? Stammen die Merkmale »rot«, »rechts« und »klein« von der gleichen Frucht? Gehören die Bewegungsmerkmale »rechts« (für die Hand) und »weit« (für die Amplitude der Bewegung) zusammen? Soll also die rechte Hand die größere und die linke Hand die kleinere Bewegung ausführen, oder ist es genau umgekehrt? Zur Lösung dieses Problems ist vermutlich eine Integration oder Bindung zusammengehöriger kognitiver bzw. kortikaler Merkmalskodes (Singer, 1994) erforderlich. Wie könnte diese Bindung aussehen?

Eine einfache **Lösung** des Problems wäre, wenn es im Gehirn einen Ort gäbe, wo die verteilt repräsentierten Kodes zusammengeführt und -gefügt werden, also eine Instanz vergleichbar der Zirbeldrüse in der kartesischen Denktradition, der Descartes die Funktion der zentralen Vermittlung zwischen afferenten und efferenten Prozessen zuschrieb. Eine solche **zentrale Instanz** existiert jedoch in den Gehirnen von Menschen und anderer höherer Spezies nicht.

Eine andere Idee zur **Lösung** des Bindungsproblems basiert darauf, dass räumlich verteilte Neuronenpopulationen, die unterschiedliche Informationen kodieren, miteinander **kommunizieren**. Individuelle Neuronen treten nämlich mit einer Vielzahl anderer Neurone in Kontakt und bilden sog. **funktionale Netzwerke**. Dies geschieht über Synapsen, mit denen die Axone einzelner Neuronen mit den Dendriten anderer Neurone in Kontakt treten. Bei der Geburt hat jedes Neuron ca. 2500 Synapsen. Im Laufe der ersten drei Lebensjahre nimmt ihre Anzahl massiv zu (bis auf etwa 15000 Synapsen pro Neuron), um dann schließlich etwa in der Zeit vom zehnten Lebensjahr bis zur Pubertät auf das Maß eines erwachsenen Gehirns (10000–20000) zurückzugehen (»synaptic pruning«; Huttenlocher, 1994). Somit besteht unser Gehirn aus einem ungeheuer komplexen Geflecht von Nervenzellen, die jeweils mit mehreren tausend anderen Nervenzellen über Synapsen in direkter Verbindung stehen. Die meisten Synapsen sind exzitatorischer Art (d.h. sie leiten Erregung weiter); einige sind inhibitorisch (hemmend) und verhindern eine unkontrollierte Ausbreitung der Erregung im gesamten Neuronenverband.

Ausgehend von der Erkenntnis, dass räumlich verteilte Neuronenpopulationen, die unterschiedliche Informationen kodieren, miteinander kommunizieren, wird nun in den letzten Jahren zunehmend und teils kontrovers eine Idee zur Lösung des Bindungsproblems diskutiert, die auf Überlegungen von von der Malsburg (1995) zurückgeht. Er vermutete, dass räumlich verteilte Neuronenpopulationen, die verschiedene Aspekte ein und desselben Ereignisses kodieren, ihre Entladungsmuster **zeitlich synchronisieren** und so signalisieren, welche der aktivierten Kodes zusammengehören und welche nicht. Tatsächlich fand man durch Einzelzellableitungen bei Katzen und Affen, dass Neuronenverbände in verschiedenen, teilweise recht weit voneinander entfernten Arealen des Kortex ihre Aktivitäten zeitlich koppeln. Bei Affen beobachtete man vor der Initiierung von Finger- oder Handbewegungen synchronisierte Aktivität zwischen Neuronen im primärmotorischen und prämotorischen Kortex und zwischen Neuronen in motorischen und somatosensorischen Arealen. Bei Katzen fand man zeitliche Synchronisation zwischen Neuronen des visuellen und des parietalen Kortex einerseits, und Neuronen des parietalen und des motorischen Kortex andererseits.

Beim Menschen lassen sich solche zeitlichen Synchronisationen von Neuronenverbänden im EEG nachweisen. Die in Tierstudien berichteten zeitlichen Kopplungen verteilter Neuronenpopulationen gehen stets mit **Oszillationen** der neuronalen Aktivität im Beta- (13–20 Hz) und/oder Gammabereich (30–80 Hz) einher, und solche Oszillationen lassen sich mittels sog. Wavelet-Analysen aus dem EEG-Frequenzspektum extrahieren. In solchen Experimenten kann man nun zeigen, dass EEG-Oszillationen sowohl im Zusammenhang mit Wahrnehmungs- als auch mit Handlungsprozessen auftreten. Tallon-Baudry u. Bertrand (1999) beispielsweise beobachteten einen Anstieg der oszillatorischen Aktivität im Gammabereich, wenn ihre Versuchspersonen visuelle Reizkonfigurationen betrachteten. EEG-Oszillationen treten auch im Zusammenhang mit Handlungen auf. Pfurtscheller et al. (1994) fanden Gamma-Oszillationen unmittelbar vor dem Beginn von Bewegungen mit dem rechten oder linken Zeigefinger, der rechten Zehe oder der Zunge, und zwar genau jeweils an den Orten des somatosensorischen Kortex, an denen die entsprechenden Körperteile repräsentiert sind (▶ Abschn. 2.2). Bei schnellen, ballistischen Bewegungen (d.h. kurze, schnelle Bewegungen, die nicht unterbrochen werden können) beginnt die oszillatorische Aktivität unmittelbar vor der Ausführung einer Bewegung und endet mit dem Bewegungsbeginn. Bei langsamen, geführten Bewegungen kann sie auch noch während der Bewegungsausführung andauern (Kristeva-Feige et al., 1993).

Nachdem wir nun in Grundzügen skizziert haben, wie Gehirne gebaut sind und wie sie arbeiten, wenden wir uns nun der Frage zu, welche kortikalen und subkortikalen Strukturen an der Planung und Ausführung von Handlungen **beteiligt** sind und welche **Rolle** sie spielen (◘ Abb. 2.2). Wir werden sehen, dass der präfrontale Kortex immer dann seine Nerven im Spiel hat, wenn wir zielgerichtet handeln. Die Neuronenverbände des primär-motorischen und des lateralen prämotorischen Kortex sind für die Ausführung von Bewegungen verantwortlich. Mit der Planung von Handlungen und der Sequenzierung einzelner Handlungselemente sind die Strukturen des supplementär motorischen Areals (SMA) betraut. Der dorsolaterale präfontale Kortex (DLPFC) repräsentiert das Handlungsziel und ist verantwortlich für die Aktivierung, Imple-

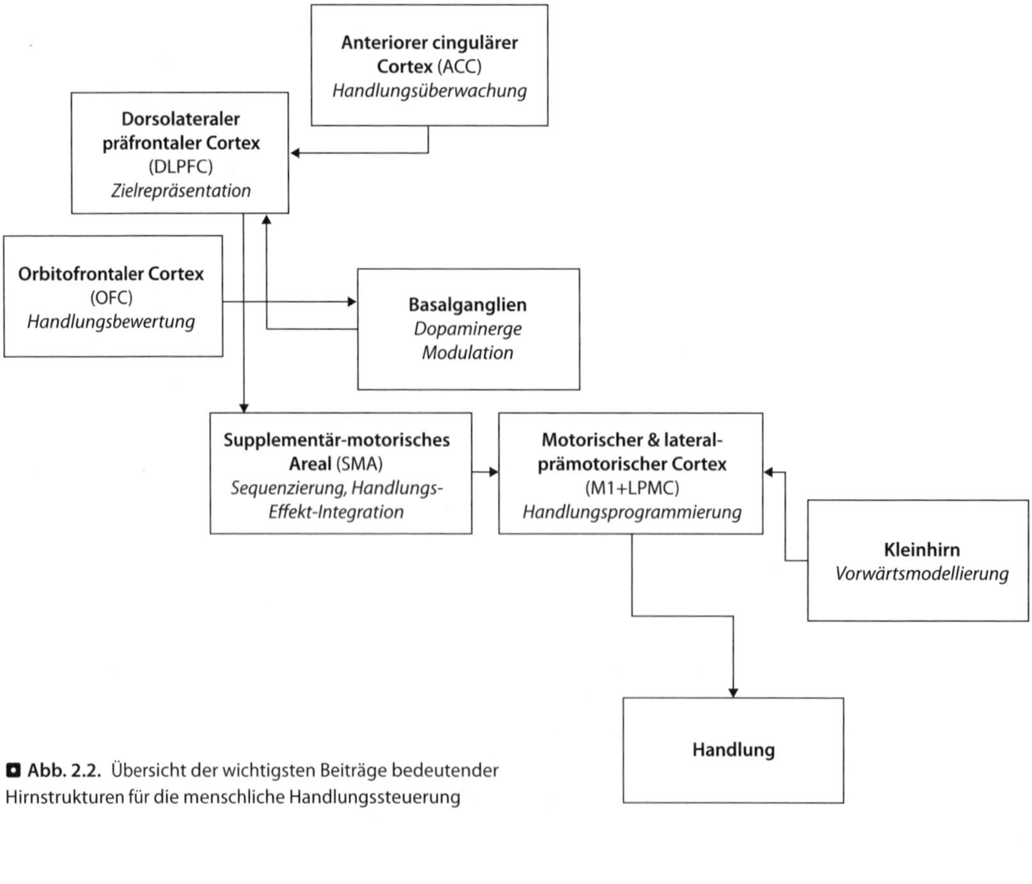

◘ **Abb. 2.2.** Übersicht der wichtigsten Beiträge bedeutender Hirnstrukturen für die menschliche Handlungssteuerung mentierung und Konfigurierung exekutiver Kontrollprozesse, die unsere Aktivitäten koordinieren und an veränderte Bedingungen anpassen. Der anteriore cinguläre Kortex (ACC) besorgt die Überwachung unserer Handlungen und ihrer Folgen und signalisiert an den DLPFC, falls eine Auffrischung des Handlungsziels erforderlich sein sollte. Die Auswahl von Handlungen im Zusammenspiel mit dem DLPFC berücksichtigt zu erwartende Belohnungen. Diese werden durch den orbitofrontalen Kortex (OFC) berechnet bzw. zur Verfügung gestellt. Wir werden auch sehen, dass subkortikale Strukturen eine entscheidende Rolle für die Handlungssteuerung spielen: Zu erwartende Belohnungen beeinflussen die Dopamin-Produktion in den Basalganglien, die ihrerseits die Arbeitsweise des DLPFC modulieren. Und schließlich erfordert die akkurate und flüssige Ausführung von Bewegungen intakte Strukturen des Kleinhirns, das auf der Basis von Vorwärtsmodellen das Gelingen konkreter Bewegungselemente überwacht (◘ Abb. 2.7).

2.2 Primär-motorischer Kortex und lateraler prämotorischer Kortex (BA4/6)

Gegen Ende des 19. Jahrhunderts entdeckten die deutschen Neurologen Gustav Fritsch und Eduard Hitzig, dass eine elektrische Reizung der Hirnrinde bei einem Hund Muskelkontraktionen auf der jeweils kontralateralen Seite auslöste: Bei einer Stimulation der rechten Hirnrinde bewegten sich Muskeln der linken Körperseite, und umgekehrt stellten sich bei einer Stimulation der linken Hirnrinde Kontraktionen von Muskeln der rechten Körperhälfte ein. Etwa zur gleichen Zeit entdeckte der englische Neurologe Hughlings Jackson, dass bestimmte Formen epileptischer Anfälle durch Läsionen motorischer Rindenfelder des Großhirns verursacht werden. Anfang des 20. Jahrhunderts wies der englische Neurophysiologe Charles Sherrington bei Affen nach, dass Kontraktionen von Muskeln sich dann besonders leicht induzieren lassen, wenn man die Elektroden im Gyrus praecentralis einer der beiden Hemisphären des Großhirns lokalisiert. Dieser Bereich wird heute als **primär-motorischer Kortex (M1)** (◘ Abb. 2.3) bezeichnet.

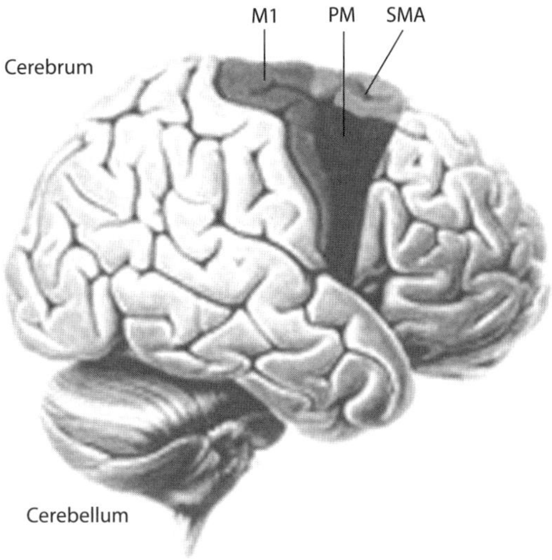

◘ **Abb. 2.3.** Motorische Rindenfelder des menschlichen Kortex. Aus Konczak, 2008. Mit freundlicher Genehmigung von Spektrum Akademischer Verlag

M1 befindet sich in den zentralen Bereichen der beiden Hemisphären (BA4) und grenzt direkt an sensorische Areale (an den somatosensorischen Kortex). Zahlreiche Beobachtungen deuten daraufhin, dass es sich bei M1 um eine wichtige **Schaltstelle zwischen Kognition und Motorik** handelt und dass seine Funktion entscheidend ist für die Ausführung von **Bewegungen**. So haben Patienten mit Schädigungen allein in motorischen Gebieten des Kortex keine nennenswerten Schwierigkeiten, Handlungsziele zu erinnern, aufrechtzuerhalten und zwischen Handlungszielen zu wechseln. Sie haben jedoch teils massive Schwierigkeiten die zu ihrer Realisierung erforderlichen Körperbewegungen auszuführen. Je nachdem, welche der beiden Hirnhemisphären geschädigt ist, kommt es zu leichteren (Parese) oder schweren bis vollständigen **Lähmungen** (Plegie bzw. Paralyse) von Gliedmaßen der **kontralateralen Körperseite**. Ist die linke Hemisphäre geschädigt, sind Effektoren auf der rechten Körperseite gelähmt und umgekehrt Effektoren der linken Körperseite, wenn die Schädigung rechtshemisphärisch lokalisiert ist. Jede Hälfte des motorischen Kortex steuert also die jeweils kontralateralen Effektoren (dies gilt jedenfalls für Teile der Gesichtsmimik und die Hände, nicht jedoch für die Steuerung von Fußbewegungen).

2.2.1 Motorischer Homunculus

In den 30er Jahren des 20. Jahrhunderts begann der kanadische Neurochirurg Wilder Penfield den freigelegten Kortex von Patienten, deren Schädeldecke für Operationszwecke geöffnet worden war, in verschiedenen Regionen der Hirnrinde elektrisch zu stimulieren. Da im Gehirn keine berührungs- und schmerzempfindlichen Zellen vorhanden sind, war dieses Verfahren für die Patienten völlig schmerzfrei. Penfield entdeckte, dass die Reizung von Stellen des Gehirns im Gyrus postcentralis **Berührungsempfindungen** an bestimmten Stellen des Körpers auslöste. Ferner fand er heraus, dass diese Reizpunkte nicht zufällig im Gehirn verteilt waren, sondern in Form einer recht **systematischen Karte** angeordnet waren. Außerdem stellte er fest, dass es eine solche Karte nicht nur für die Körperoberfläche gibt. In einem benachbarten Gehirnbereich, im Gyrus praecentralis, existiert eine ganz ähnliche Karte, auf der die Skelettmuskulatur des Körpers eingetragen ist. Je nachdem, wo er hier stimulierte, resultierten Kontraktionen spezifischer Gruppen der Skelettmuskulatur. Stimulierte er in Regionen ganz oben in der Nähe der Furche, die die beiden Hirnhälften trennt (medial), induzierte er Kontraktionen von Muskeln des kontralateralen Beines, stimulierte er eher seitlich in der lateralen motorischen Hirnrinde, resultierten Bewegungen der Hand- oder Gesichtsmuskulatur. Die systematische Kartierung des primär-motorischen Kortex zeigte, dass diese Hirnregion eine somatotope Karte der gesamten Skelettmuskulatur enthält. Diese Karte wird als **motorischer Homunculus** (► Abschn. 1.2.4) bezeichnet, der seinem sensorischen Äquivalent (dem somatosensorischen Homunculus auf der anderen Seite der Zentralfurche) gegenüberliegt.

Wie die ◘ Abb. 2.4 zeigt, ist diese Repräsentation stark verzerrt. Besonders wichtige Teile des Bewegungsapparates wie z.B. Hand und Mund sind stark überrepräsentiert, während andere wie z.B. der Rumpf stark unterrepräsentiert sind. Vermutlich hängt dies damit zusammen, dass die Größe der Rindenfelder nicht mit der Größe der innervierten Muskeln assoziiert ist, sondern mit der Komplexität der uns zur Verfügung stehenden motorischen Funktionen. Aus diesem Grund könnte z.B. die Hand, mit der wir sehr verschiedene Handlungen

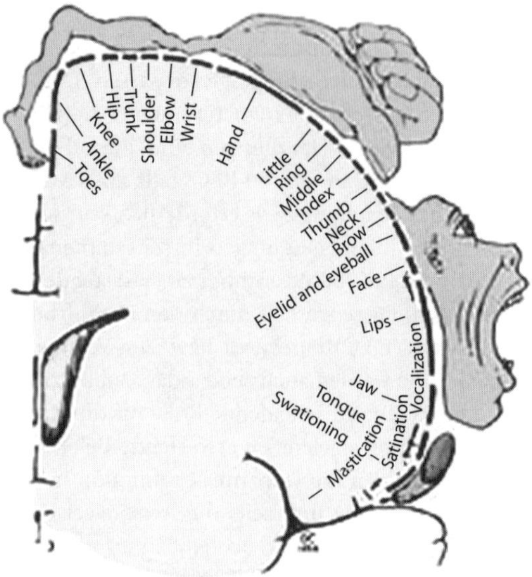

◘ **Abb. 2.4.** Motorischer Homunculus. (Aus Penfield & Rasmussen, 1950. © 1950 Gale, a part of Cengage Learning, Inc. Reproduced by permission)

ausführen, viel großflächiger repräsentiert sein als der Fuß, der i.d.R. stereotyp zur Fortbewegung eingesetzt wird. Derartige **somatotope Karten** befinden sich auch in den unmittelbar anterior zu M1 liegenden Rindenarealen. Den medial liegenden Bereich in der Nähe der Furche, die die beiden Hirnhemisphären trennt, bezeichnete Penfield als **supplementär-motorisches Areal (SMA)** (mediale BA6, ► Abschn. 2.3), den lateral dazu liegenden Bereich als **prämotorischer Kortex (PM)** (laterale BA6). PM und M1 arbeiten sehr eng zusammen, und viele Informationen, die M1 erhält, werden durch den PM vermittelt.

Welche Funktion könnte der motorische Homunculus haben? Was repräsentieren die Neuronenpopulationen, die ihn ausmachen? Die klassische Antwort auf diese Frage lautet: Er repräsentiert die Skelettmuskulatur des Körpers und steuert die Aktivität der verschiedenen Muskeln der Körperperipherie. Der motorische Homunculus wäre demnach eine Art **Haltekonstruktion**, an der die Muskeln wie mit Fäden aufgehängt sind und auf der der Wille spielt wie mit einer Marionette. Damit dies gelingen kann, müsste eigentlich eine 1:1-Verknüpfung von beispielsweise M1-Neuronen zu einer spezifischen Gruppe von Muskelfasern bestehen. Dies ist aber

Studie

Stimulation des primär-motorischen und prämotorischen Kortex

Graziano et al. (2002) haben den primär-motorischen und prämotorischen Kortex von zwei Affen an verschiedenen Orten elektrisch stimuliert. Im Unterschied zu den klassischen Untersuchungen von Penfield, der mit sehr kurzzeitigen Stimulationen gearbeitet hatte (ca. 50 ms), stimulierten die Autoren die Neuronen der motorischen Hirnrinde mit einer Dauer von 500 ms. Statt Zuckungen einzelner Muskel evozierten sie unter diesen Bedingungen **flüssige, räumlich und zeitlich gut koordinierte, auf räumliche Ziele gerichtete Bewegungen**. Die Stimulation eines bestimmten Ortes bewirkte beispielsweise, dass der Affe die Finger schloss, dann seine Hand in die Nähe des Kopfes bewegte und den Mund öffnete. Dieses Bewegungsmuster trat zuverlässig immer wieder auf, unabhängig davon, wo die Hand bei einem gegebenen Stimulationsdurchgang gestartet war. Wurden benachbarte Areale stimuliert, resultierte im Prinzip das gleiche Bewegungsmuster, allerdings mit einem wesentlichen Unterschied: Abhängig von dem Ort der Stimulation nahm die Hand **unterschiedliche Zielposition** nach Abschluss der Bewegung ein, etwas weiter unterhalb oder etwas weiter entfernt von der Mittellinie des Körpers.

Die (längerfristige) elektrische Stimulation von Neuronenpopulationen im motorischen und lateral-prämotorischen Kortex evoziert also relativ komplexe Bewegungen zu räumlich spezifizierten Zielen. Das könnte bedeuten, dass sich die somatotopen Karten des motorischen Kortex nicht auf bestimmte Muskelgruppen beziehen, sondern auf Positionen im Raum, d.h. auf potenzielle Ziele von Bewegungen im körpernahen Greif- oder Manipulationsraum. Tatsächlich fanden Graziano et al. eine sehr **enge Beziehung** zwischen den stimulierten Orten im Gehirn und den räumlichen Zielen der dadurch ausgelösten Bewegungen. Sie stimulierten den rechtshemisphärischen motorischen Kortex an acht verschiedenen Positionen innerhalb des Arm-Hand-Bereichs und erhielten, wiederum unabhängig von den Startpositionen, acht verschiedene Endstellungen der Hand (▣ Abb. 2.5; der Kreis auf der skizzierten Hirnhemisphäre zeigt das Areal, innerhalb dessen stimuliert wurde). Die linke Hand des Affen bewegte sich zu Positionen im oberen, mittleren oder unteren Greifraum, entweder auf der rechten Körperseite (ipsilateral zu der stimulierten Hemisphäre), körpermittig oder auf der linken Körperseite (kontralateral zu der stimulierten Hemisphäre). Mithilfe weiterer Messungen und Stimulation in motorischen und prämotorischen Arealen (rund um die in ▣ Abb. 2.5 durch Buchstaben markierten Orte) konnten Graziano et al. (2002) zeigen, dass eine ganze Reihe sehr komplexer Handlungen in der Form **somatotoper Karten** repräsentiert sind. Während z.B. Stimulation in einem Teilgebiet Handbewegungen zur Körpermitte in Brusthöhe, kombiniert mit einem Präzisionsgriff, einer Faust, einer offenen Hand mit gespreizten Fingern oder einer Rotation, auslösten, führte die Stimulation in einem anderen Teilgebiet zu Handbewegungen in Richtung der Schnauze des Affen, kombiniert mit einem Präzisionsgriff und der Öffnung des Mundes.

Diese Beobachtungen zeigen, dass die Neuronenpopulationen des lateralen prämotorischen und des primär-motorischen Kortex komplexe, koordinierte Bewegungen kontrollieren. Interessant ist v.a., dass diese Bewegungen auch nach hunderten von Stimulationsdurchgängen unverändert und zuverlässig auftraten. Selbst als ein Hindernis zwischen Hand und Zielposition platziert wurde, änderte sich die Bewegung nicht, sodass die Hand stets das Hindernis traf und, solange die Stimulation andauerte, permanent dagegen druckte. Die Induzierten Bewegungen waren zudem unabhängig davon, was der Affe ansonsten gerade tat – ob er nun still saß, sich spontan bewegte, nach einer Frucht griff oder gerade anästhesiert war.

▼

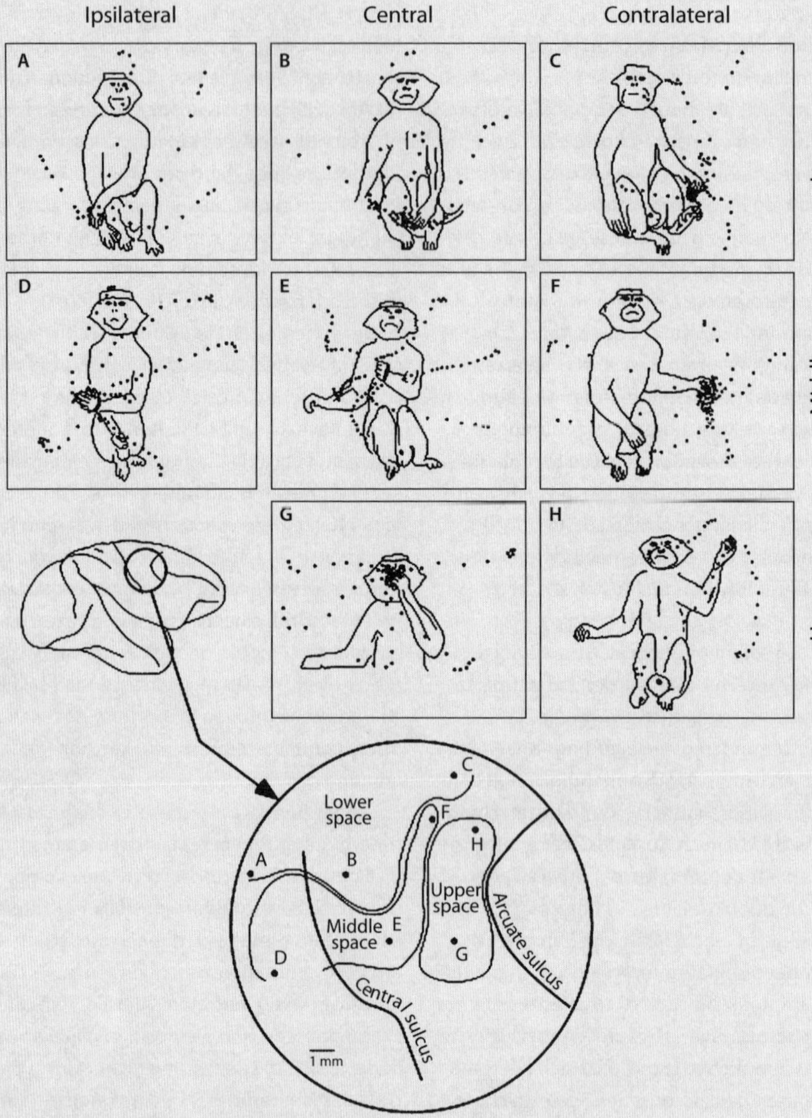

Abb. 2.5. Verschiedene Handstellungen bei Stimulation des motorischen Kortex eines Affen. (Aus Doya 1999. Mit freundlicher Genehmigung von Elsevier.)

offensichtlich nicht der Fall. Zwar ist es möglich, in somatotopen Karten beispielsweise Bein-, Hand- und Gesichtsbereiche zu unterscheiden, es gibt jedoch innerhalb dieser Bereich keine ausgeprägte Binnendifferenzierung: So konnte man bei systematischer Stimulation des Handareals bei Primaten keine somatotope Repräsentation der Handmuskeln nachweisen (Schieber, 1999). Zudem aktiviert die wiederholte Reizung desselben M1-Neurons bei unterschiedlichen motorischen Aufgaben jeweils unterschiedliche Muskelfasern (Georgopoulos et al. 1999). Außerdem können unterschiedliche Muskeln an ein und demselben Ort in M1 repräsentiert sein und unterschiedliche Orte in M1 ein und dieselbe Gruppe von Muskelfasern aktivieren (z.B. Penfield u. Boldrey, 1937). Somatotope Karten in M1 scheinen also *nicht* die Skelettmuskulatur des Körpers zu repräsentieren und nicht als Adresse für die Ansteuerung der verschiedenen Muskelfasergruppen zu fungieren.

Wenn die Neuronen in M1 und PM nun aber nicht einzelne Muskeln kontrollieren, was kodieren sie stattdessen? Welche Information stellen sie dann bereit? Untersuchungen an Primaten deuten daraufhin, dass sie eine Reihe **motorischer Parameter** kodieren wie etwa die Richtung und die Geschwindigkeit von Bewegungen, die Stellung von Gelenkwinkeln und Muskelkräfte (s.o.) und dass sie sogar komplexere Bewegungsabläufe **direkt steuern** können. Der motorische und Teile des prämotorischen Kortex (der allerdings auch bei der Wahrnehmung von Bewegungen beteiligt ist; ▶ Exkurs »Spiegelneurone«) stellen also in der Tat das **Endstück der menschlichen Handlungssteuerung** vor der eigentlichen muskulären Aktivität dar und nehmen selbst nicht mehr an der adaptiven Planung teil: Sie lassen ausführen, was andere kortikale Systeme geplant haben. Eines der hingegen mit der Planung von Bewegungen betrauten Systeme ist das sog. supplementär-motorische Areal, dem wir uns nun zuwenden.

2.3 Supplementär-motorisches Areal (BA6 medial)

Das supplementär-motorische Areal (SMA) ist der mediale Teil des prämotorischen Kortex und spielt eine wichtige Rolle bei der **Selektion, Planung** und **Sequenzierung** zielgerichteter Handlungen (▶ Kap. 5–7). Auch für die bewusste Wahrnehmung der **Intentionalität** einer Handlung scheint das SMA von Bedeutung zu sein. Zusammen mit dem lateralen Teil des prämotorischen Kortex stellt das SMA eine der wichtigsten Informationsquellen für den primär-motorischen Kortex dar.

2.3.1 Rolle des SMA bei der Sequenzierung von Handlungselementen

Belege für eine entscheidende Rolle des SMA bei der Sequenzierung von Bewegungen spielt, stammen **aus Patientenstudien, fMRT- und TMS-Studien** bei gesunden Personen und aus **Tieruntersuchungen**. So haben Patienten mit unilateralen Läsionen im SMA z.B. Defizite bei der Ausführung von sequenziellen Bewegungen mit dem kontralateralen Arm oder Schwierigkeiten, Rhythmen aus dem Gedächtnis zu reproduzieren (Dick et al., 1986; Halsband et al., 1993). Bei gesunden Personen ist das SMA sehr viel aktiver bei selbst initiierten als bei reizinduzierten Bewegungen (Deiber et al., 1999), und die Störung des SMA durch gezielte TMS-Impulse produziert Fehler bei der Generierung komplexer Bewegungssequenzen (Pascual-Leone et al., 2000).

Tanji u. Shima (1994) haben **unterschiedliche Neuronentypen** im SMA des Affen nachweisen können, Neuronentypen die offenbar unterschiedliche Aspekte der Sequenzierung von Bewegungen kodieren. Die Affen lernten zunächst verschiedene Bewegungen auszuführen und diese dann in bestimmten Abfolgen aus dem Gedächtnis aneinanderzureihen. **Drei Typen** von SMA-Neuronen konnten identifiziert werden:

- Neuronen, die während der Vorbereitung einer Bewegungssequenz feuerten
- Neuronen, die allein in dem Intervall zwischen zwei Bewegungen aktiv waren
- Neuronen, die die Abfolge von Einzelbewegungen zu repräsentieren schienen

In einer Folgestudie schalteten Shima u. Tanji (1998) die Neuronenpopulationen des SMA medikamentös zeitweise aus und fanden, dass die Affen unter

Exkurs

Spiegelneurone

Dem prämotorischen Kortex werden typischerweise Aufgaben im Bereich der Planung und Steuerung von Handlungen zugeschrieben. Umso überraschender war die Entdeckung von Neuronen mit sensumotorischen Eigenschaften im prämotorischen Kortex des Affen (di Pellegrino et al., 1992), die sowohl der **Wahrnehmung** als auch der Handlung dienen. Diese sog. Spiegelneurone (»mirror neurons«) waren nicht nur dann aktiv, wenn der Affe selbst eine Greifbewegung ausführte, sondern auch, wenn er eine derartige Handlung bei einem Artgenossen oder sogar bei einer menschlichen Person beobachtete. Die Aktivität dieser Neurone ist sehr spezifisch und eindeutig handlungsbezogen; sie tritt nur auf, wenn eine ganz bestimmte Greifbewegung mit einem bestimmten Zielobjekt ausgeführt wird (Übersicht bei Rizzolatti u. Craighero, 2004). Ein ähnliches gemeinsames System für die Ausführung und Beobachtung von Bewegungen scheint es auch beim Menschen zu geben (Decety u. Grèzes, 1999). Fadiga et al. (1995) zeigten, dass Menschen bei der Beobachtung einer Handlung anderer diejenigen Muskeln aktivieren, die sie selbst für die Ausführung dieser Handlung benutzen würden. Das neuronale Netzwerk, das die Beobachtung von Handlungen im Menschen aktiviert, umfasst neben dem prämotorischen Kortex auch parietale Bereiche und den superioren temporalen Sulcus (STS) (Grafton et al., 1996; Rizzolatti et al., 1996), nicht jedoch den primärmotorischen Kortex und das SMA.

Diese Beobachtungen haben sehr viel Aufsehen erregt, teils zu Recht, und teils zu Unrecht. Zu Unrecht in den Fällen, wo die Existenz von Spiegelneuronen im Sinne einer **Erklärung für eine Vielzahl schwierig zu verstehender Phänomene** interpretiert wurde wie Imitationslernen, Empathie oder mitmenschliches Verständnis. Wenn beispielsweise die Wahrnehmung einer Handlung einer anderen Person die eigenen Spiegelneurone aktiviert, dann erkläre dies, warum man diese Handlung so leicht imitieren kann und warum man dies manchmal vielleicht sogar unbewusst tut. Nun ist es natürlich durchaus möglich, dass Spiegelneurone an diesen kognitiven Leistungen beteiligt sind, aber ihre bloße Existenz kann keineswegs als hinreichende Erklärung gelten. Wie ist es denn überhaupt möglich, dass die eigenen Spiegelneurone die visuellen Handlungseffekte einer anderen Person in die eigene Motorik abbilden können, obwohl die andere Person doch oft einen ganz anderen Körperbau hat und daher ganz andere Muskeln in einer ganz anderen Weise einsetzen muss, um dieselbe Bewegung ausführen zu können? In gewissem Sinne lösen also Spiegelneuronen keine theoretischen Probleme und bieten auch kein besseres funktionales Verständnis der zugrunde liegenden Mechanismen.

Es gibt jedoch auch eine Reihe von Gründen, warum der Nachweis von Spiegelneuronen das erregte Aufsehen durchaus verdient. Ein Grund besteht darin, dass die Existenz von Spiegelneuronen auf die **enge Beziehung zwischen Wahrnehmung und Handlung** hinweist, eine Beziehung, die in herkömmlichen Lehrbüchern und in der Forschung oft übersehen wird. Wenn die reine Wahrnehmung eines Ereignisses zur Aktivierung motorischer Areale führt, dann stellt sich die Frage, ob bzw. in welcher Form handlungsbezogenes Wissen die Wahrnehmung beeinflusst. Dass es das tut, belegt z.B. die fMRT-Studie von Calvo-Merino et al. (2005). Sie untersuchten professionelle Ballett-Tänzer, Capoeira-Tänzer und Laien, die keinen der beiden Tanzstile beherrschten, und boten allen drei Gruppen Sequenzen von Ballet- und Capoeira-Bewegungen dar. Das neuronale Spiegelsystem war bei der Wahrnehmung dieser Sequenzen nur dann aktiviert, wenn die beobachtete Person den dargebotenen Tanzstil auch selbst beherrschte. Weitere Evidenz für die Rolle der eigenen motorischen Expertise bei der Wahrnehmung von Bewegungen liefert die fMRT-Studie von Grèzes et al. (2004). Hier sahen Versuchspersonen Videos von Personen (mit unkenntlich gemachten Gesichtern), die ein Gewicht anhoben, wobei diese Videos in einigen Fäl-

▼

len die Versuchsperson selbst zeigte. Die Registrierung der Aktivität des Spiegelsystems während der Betrachtung der Videos ergab eine signifikant frühere Aktivierung bei der Beobachtung eigener Bewegungen.

Ein weiterer Grund, warum die Entdeckung von Spiegelneuronen interessant ist, hat mit der **Beziehung zwischen Selbst- und Fremdwahrnehmung** zu tun. Sie könnte im Lichte der Spiegelneurone eine neue theoretische Bedeutung erlangen. Überlegen wir einmal, wie Spiegelneurone die Beziehung zwischen einer gesehenen Bewegung und einer selbst ausgeführten Bewegung herstellen können. Eine Möglichkeit besteht darin, dass wir zunächst die systematischen Relationen zwischen den eigenen Bewegungen und deren sensorischen Konsequenzen erwerben (▶ Abschn. 2.3 u. 2.4). Die eigenen Bewegungen erfahren wir meist propriozeptiv bzw. kinästhetisch und teilweise auch visuell. Wahrnehmung ist im Allgemeinen jedoch multimodal, und schon als Kinder lernen wir schnell, zwischen den verschiedenen sensorischen Modalitäten zu generalisieren (Spelke, 1976): Wir sehen, wie sich die Dinge anfühlen und fühlen, wie sie aussehen. Diese beiden Lernprozesse – die Assoziation von motorischen Kommandos und sensorischen Effekten einerseits und die Generalisierung über verschiedene Modalitäten hinweg andererseits – sind hinreichend, um ein Spiegelsystem zu etablieren, das auf wahrgenommene und eigene Bewegungen in gleicher Weise reagiert und das abhängig von der eigenen motorischen Erfahrungen ist (s. auch Keysers u. Perrett, 2004).

diesen Bedingungen vermehrt Fehler bei der Ausführung von Bewegungssequenzen aus dem Gedächtnis machten, nicht aber, wenn die auszuführenden Bewegungen durch visuelle Signale angezeigt wurden.

2.3.2 Rolle des SMA bei der Integration von Handlungen

Neben seiner Schlüsselrolle bei der Sequenzierung von Bewegungen ist das SMA auch maßgeblich an der **Kodierung** von Intentionen und Handlungszielen und an der **Selektion** intentionaler Handlungen beteiligt. Zielgerichtete Handlungen sind Bewegungen, die zum Zwecke der Erzeugung ganz bestimmter, intendierter Effekte ausgeführt werden: Man betätigt den Lichtschalter, um das Licht ein oder aus zu schalten, man fährt Fahrrad, um an einen anderen Ort zu gelangen, und man redet, um anderen etwas mitzuteilen. Intentionen und Ziele richten sich also auf die Beziehung zwischen Bewegungsmustern und angestrebten Ereignissen (▶ Kap. 3).

Auch bei der **Integration** von Bewegungen und Effekten spielt das SMA offenbar eine bedeutsame Rolle. In der Untersuchung von Elsner et al. (2002) erwarben Versuchspersonen z.B. zunächst neue auditive Handlungseffekte, indem sie Tasten drückten, die bestimmte Töne produzierten. Später wurden sie gebeten, auf die Darbietung eines weiteren Tones zu warten, während sie in einem PET-Scanner lagen (▶ Exkurs »Methoden zur Untersuchung von Hirnprozessen«), der ihre Hirnaktivität aufzeichnete. Während dieser Wartezeit wurden auch die zuvor erworbenen Handlungseffekte dargeboten, also die Töne, die zuvor durch Tastendruck produziert worden. Diese auditiven Handlungseffekte aktivierten neben dem auditiven Kortex das SMA und den Hippocampus (einer für das episodische Gedächtnis wichtigen Struktur). Diese Beobachtung wurde kürzlich von Melcher et al. (2008) in einem fMRT-Experiment repliziert. Dies legt nahe, dass erworbene Handlungseffekte mit den zugehörigen Bewegungsmustern integriert wurden, und dass diese Integration eine Verbindung zwischen dem SMA und sensorischen Repräsentationen im episodischen Gedächtnis herstellte. Wie wir in späteren Kapiteln noch sehen werden, stellt diese Verbindung eine wichtige **Voraussetzung** dar für die **Auswahl von Bewegungsmustern** nach Maßgabe der Effekte, die damit erreicht werden können. Mit anderen Worten, es ist diese Verbindung, die uns zielgerichtetes Handeln erlaubt.

Weitere Belege für eine Rolle des SMA bei der Integration von Bewegungen und ihren Effekten

Exkurs

Methoden zur Untersuchung von Hirnprozessen

Die klassische Methode, dem Gehirn bei der Arbeit zuzusehen, besteht darin, auf der Schädeloberfläche im Elektroenzephalogramm (EEG) die elektrischen Potenzialschwankungen zu messen, die vor, während oder nach einem sensorischen, motorischen oder psychischen Reiz- oder Reaktionsereignis auftreten. Der größte Anteil der Potenzialschwankungen im EEG geht auf die Spontanaktivität kortikaler Neuronen zurück. Das ändert sich jedoch sofort, wenn das Gehirn mit der Verarbeitung eines Reizes oder der Vorbereitung einer motorischen Reaktion beschäftigt ist. Dann kommt es zu systematischen Aktivierungsmustern, die nach Mittelung über mehrere Durchgänge im **evozierten Potenzial** (auch ereigniskorreliertes Potenzial (EKP) oder Event Related Potential (ERP) genannt) sichtbar werden.

Die evozierten Potentiale werden aus dem Spontan-EEG durch Mittelung über eine Reihe von Einzelantworten (i.d.R. einige Dutzend) auf visuelle oder akustische Signale extrahiert. Sie werden nach ihrer Ausrichtung, positiv oder negativ, und ihrem zeitlichen Auftreten klassifiziert. Zum Beispiel wird die erste Positivierung des Potenzials (meist im Bereich von 90–140 ms) als P1 bezeichnet, eine Komponente, die mit frühen reizbezogenen Verarbeitungsprozessen in Verbindung gebracht wird. Mit den Angaben von Polarität und Latenz sind die Komponenten evozierter Potenziale jedoch noch nicht hinreichend definiert. Dazu gehört auch die Angabe des Ortes bzw. der Orte auf der Schädeloberfläche, an der die verschiedenen Komponenten evozierter Potenziale registriert wurden. Das liefert Information dazu, welche kortikalen Bereiche bei der Darbietung von Reizen oder beim Lösen bestimmter Aufgaben involviert sein könnten (allerdings mit relativ schlechter räumlicher Auflösung). Insgesamt liefern evozierte Potenziale mit guter zeitlicher Auflösung (im Millisekundenbereich) wertvolle Informationen über die **hirnelektrische Aktivität**, die perzeptuelle und handlungsbezogene Prozesse begleitet.

Dem wesentlichen Manko evozierter Potenziale, ihre schlechte räumliche Auflösung, konnte durch die in den letzten Jahren entwickelten **bildgebenden Verfahren** begegnet werden. Die **Positron–Emissions–Tomografie (PET)** und die **funktionelle Magnet-Resonanz-Tomografie (fMRT)** sind relativ neue Techniken zur Darstellung funktionsabhängig aktivierter Hirnareale. PET basiert auf der Messung von radioaktiven Markersubstanzen, die zuvor in den Blutkreislauf injiziert wurden. Die radioaktiv markierten Substanzen werden verstärkt in metabolisch aktiven Zellen verbraucht, also den Zellen, die in besonderer Weise an der Lösung bestimmter Aufgaben beteiligt sind. Ein Positronendetektor, der um den Kopf geführt wird, zählt die emittierten Partikel, sodass ein Computer die Orte starker und schwacher Strahlung identifizieren kann. PET erreicht eine räumlicher Auflösung, die die Lokalisation im Millimeterbereich erlaubt, hat aber gleichzeitig eine sehr schlechte zeitliche Auflösung (im Bereich von mehreren, bis zu zehn Sekunden).

Der wesentliche **Vorzug** der funktionellen Magnet-Resonanz-Tomografie (fMRT) (auch als funktionelle Kernspintomografie oder Functional Magnetic Resonance Imaging (fMRI) bezeichnet), liegt darin, dass radioaktive Substanzen zur Markierung nicht erforderlich sind. Die einzige Voraussetzung ist, dass die Aufgabe, deren Hirnaktivierung untersucht werden soll (z.B. Lesen, Rechnen, Fingerbewegung), im räumlich eng begrenzten Kernspintomografen ausgeführt werden kann.

Die MRT-Technik nutzt den Umstand, dass unser Gehirn, wie anderes Körpergewebe auch, zu einem wesentlichen Prozentsatz aus Wasser besteht. Dieser Sachverhalt wird ausgenutzt, die Strukturen des Gehirns **bildlich** darzustellen: Die Wasserstoffmoleküle unseres Gehirns besitzen magnetische Eigenschaften; jedes ihrer Atome fungiert als magnetischer Dipol. Wenn diese Dipole in ein starkes Magnetfeld gebracht werden, richten sie sich wie eine Kompassnadel nach dem umge-

▼

benden Magnetfeld aus. Damit dies geschieht, wird ein extrem starkes **Magnetfeld** benötigt. Typischerweise werden in Kernspintomografen Magnetfelder erzeugt, die mehr als 50000-mal stärker sind als das Magnetfeld der Erde. Wenn die Ausrichtung der Dipole durch hochfrequente Energieimpulse gestört wird und sie im Anschluss wieder in ihre bevorzugte Ausrichtung zurückgehen, entstehen Impulse, die registriert und anschließend verstärkt werden. Diese Signale erlauben es nun, Wasserstoffmoleküle zu identifizieren und den relativen Anteil in verschiedenen Teilen des Gehirns festzustellen. Wie anderes Körpergewebe auch, besteht das Gehirn zu 70 Prozent aus Wasser, und verschiedene Teile des Gehirns haben unterschiedlich große Wasseranteile. Nervenzellen beispielsweise sind relativ wasserreich, während die Myelinschicht, die die Axone ummantelt, relativ wasserarm ist. Das generiert **Intensitätsunterschiede** zwischen Signalen aus unterschiedlichen Gewebestrukturen, die genutzt werden, um relativ detailliert unterschiedliche Strukturen des Gehirns zu identifizieren.

Bis zu diesem Punkt liefert die Kernspintomografie zunächst einmal eine Abbildung der **Architektur des Gehirns**. MRT-Aufnahmen zeigen mit einer räumlichen Auflösung von weniger als 0,5 mm, dass das Gehirn, oberflächlich betrachtet zwar ein wenig spektakuläres Organ, intern aber reich strukturiert ist. Allerdings liefert eine noch so detaillierte Darstellung der Strukturen allein keine Hinweise darauf, welche Rolle sie bei der Bewältigung verschiedener Aufgaben spielen könnten. Hierzu ist es notwendig, dem Gehirn sozusagen bei der Arbeit zuzusehen und die aufgaben- und funktionsabhängige Aktivierung verschiedener Hirnareale zu analysieren. Das gelingt mit Hilfe der funktionellen Kernspintomografie (fMRT), die indirekt die **Stoffwechselaktivität** des Gehirns misst. Um zu verstehen, in welcher Weise die Stoffwechselaktivität des Gehirns als Indikator für die Aktivierung von Neuronenpopulationen dienen kann, ist es zuvor notwendig, einen kurzen Blick auf die funktionalen Einheiten zu richten, die das Gehirn konstituieren.

▼

Die basale funktionale Einheit des Gehirns ist das **Neuron** (► Abschn. 2.1). Ein Neuron hat einen Zellkörper, mit relativ kurzen Fortsätzen, den Dendriten, die als Input Information von anderen Neuronen aufnehmen und an den Zellkörper weiterleiten. Ein Neuron hat des Weiteren einen relativ langen Fortsatz, das Axon, das elektrische Impulse vom Zellkörper hin zu den Dendriten anderer Neurone weiterleitet. Die Stelle, an der das Axon eines Neurons mit den Dendriten eines zweiten Neurons in Kontakt tritt, heißt **Synapse**. Wenn nun die elektrischen Impulse, die über das Axon geleitet werden, eine bestimmte Schwelle überschreiten, wird lokal am Ende des Axons die Ausschüttung eines chemischen **Neurotransmitters** getriggert. Der Kontakt des Neurotransmitters zu den Synapsen der Dendriten des zweiten und anderer, nahe benachbarter Neurone sorgt dann schließlich dafür, dass der elektrische Impuls an das zweite Neuron und zu einer Vielzahl anderer Neurone, die ein funktionales Netzwerk bilden, übertragen wird. Wichtig ist nun, dass Neurotransmitter nach der Ausschüttung wieder »recycelt« und in die Neuronen zurücktransportiert werden. Dieser Prozess benötigt Energie, mit der Folge, dass das Gehirn lokal besser **durchblutet** wird (sog. hämodynamische Antwort), um sicherzustellen, dass ausreichend Sauerstoff zur Verfügung steht.

Dieser Effekt wird nun genutzt, um die Bereiche des Gehirns zu identifizieren, die bei einer bestimmten Aufgabe besonders **aktiviert** sind: Die Eigenschaften der Dipole der Wassermoleküle hängen u.a. von dem Sauerstoffgehalt des umgebenden Blutes ab. Lokale Veränderungen des Sauerstoffgehalts stellen sich zeitlich etwas versetzt als Folge erhöhter neuronaler Aktivität ein, mit der Folge, dass Unterschiede in der Intensität der Signale von den Dipolen indirekt genutzt werden können, diejenigen Regionen des Gehirns zu identifizieren, die für den **erhöhten Sauerstoffbedarf** verantwortlich ist.

Nehmen wir als Beispiel ein klassisches Experiment zur Ausführung von Fingerbewegungen (»tapping«). Solche Bewegungen werden im prä- und primärmotorischen Kortex vorbereitet und nach Modifikation durch das extrapyramidale System und das Kleinhirn an die Motoneurone des Rückenmarks weitergeleitet. Um die neuronalen Aktivierungen im fMRT darstellen zu können, muss ein Proband im Kernspintomografen 5-mal über jeweils 30 Sekunden die Finger bewegen, jeweils im Wechsel mit ebenso lange dauernden Bewegungspausen. Der Kernspintomograf erzeugt in dieser Zeit einige 100 Aufnahmen für jede der beiden Bewegungsphasen. Diese werden dann gemittelt und zeigen nach einer aufwändigen Nachbearbeitung die Verteilung der neuronalen Aktivität bei Fingerbewegungen mit der rechten Hand.

Für die Interpretation von fMRT-Daten muss man sich klar machen, dass es nicht die neuronale Aktivität an sich ist, die hier abgebildet wird, sondern ein **Surrogat**, die hämodynamische Antwort auf einen erhöhten Energiebedarf *in der Folge* von neuronaler Aktivität. Diese ist sehr viel **träger** (sie entwickelt sich im Verlauf mehrerer Sekunden nach der Aufgabenstellung) als die neuronale Aktivierung, die nur wenige 100 ms andauert. Es gibt also immer eine Verzögerung von bis zu sechs Sekunden zwischen dem Zeitpunkt der neuronalen Aktivierung und der hämodynamischen Antwort. Das wäre kein Problem, wenn die hämodynamische Antwort immer in einem fixen Zeitintervall nach der neuronalen Aktivität eintreten würde. Das ist allerdings nicht der Fall. Es gibt nämlich Hinweise, dass der Zeitpunkt, zu dem die hämodynamische Reaktion einsetzt, zwischen Personen, Hirnregionen und Aufgaben variiert. Man kann also nicht sicher sein, ob die gemessene hämodynamische Reaktion tatsächlich die während der Aufgabenbearbeitung aufgetretene neuronale Aktivität widerspiegelt oder erst später aufgetretene Aktivität.

Diese Interpretationsprobleme lassen sich mithilfe verschiedener experimenteller Designs entschärfen. Erstens kann man ein **Blockdesign** realisieren: Experimentelle Blöcke, in denen die Versuchsperson die interessierende Aufgabe ausführt, wechseln ab mit Blöcken, in denen die Versuchsperson keine oder besser eine Kontrollaufgabe ausführt. Die Kontrollaufgabe sollte so gestaltet sein, dass sie mit Ausnahme des zu untersuchenden kognitiven Prozesses vollkommen mit der experimentellen Aufgabe übereinstimmt. Dann kann man die neuronalen Aktivierungen, die sich bei der Ausführung der Kontrollaufgabe einstellen, von den Aktivierungen, die sich bei der experimentellen Aufgabe einstellen, subtrahieren und so die Aktivität derjenigen Hirnregionen isolieren, die mit der untersuchten kognitiven Leistung spezifisch assoziiert sind.

Zweitens kann man ein sog. **parametrisches Design** wählen und die interessierende Manipulation systematisch in ihrer Intensität variieren. Wenn ein Gehirnareal systematisch von dieser Manipulation betroffen ist, so sollte das Ausmaß seiner Aktivierung auch systematisch mit der Intensität der Manipulation variieren. In einer Untersuchung zur Motivation könnte man z.B. den Anreiz für die Lösung einer Aufgabe in gleichmäßigen Abständen manipulieren und dann testen, welches Gehirnareal bei höheren Anreizen auch stärker aktiviert ist.

Drittens kann man Reizkonfigurationen als isolierte Ereignisse mit hinreichend langen Zeitintervallen präsentieren, sodass individuelle Reaktionen auf einzelne Ereignisse identifiziert werden können. Mit einem solchen **ereigniskorrelierten Ansatz** lassen sich potenziell konfundierende Faktoren wie Ermüdung oder Habituation vermeiden, die sich leicht bei repetitiver Stimulation einstellen.

Die Verfahren zur Untersuchung von Hirnprozessen, die wir bis hierhin skizziert haben, zielen darauf ab, ein Fenster zum Gehirn zu öffnen und ihm bei seiner »alltäglichen« Arbeit zuzusehen, ohne in spezifischer Weise von außen in diese Arbeit einzugreifen. Das ist nicht die einzige Möglichkeit, seine Arbeitsweise zu studieren. Die andere Möglichkeit ist, die verschiedenen Strukturen artifiziell zu stimulieren und die sensorischen und motorischen Konsequenzen externer Stimulation zu beobachten. Diesen Weg beschreitet man in **Stimulationsstudien**, die in der Regel mit Tieren durchgeführt werden, gelegentlich aber auch bei Menschen, deren Schädeldecke beispielsweise wegen hirnchirurgischer Eingriffe geöffnet ist.

▼

Die **elektrische Stimulation** von Neuronen im Kortex geht zurück auf Fritsch u. Hitzig (1870), die mittels Elektroden auf der Oberfläche des Gehirns demonstrierten, dass der motorische Kortex von Hunden eine somatotope Organisation aufweist. Diese Beobachtungen wurden in den folgenden Jahrzehnten für Affen und Menschen bestätigt. Asanuma et al. (1976) entwickelten die Methode weiter, indem sie über Mikroelektroden kortikale Neuronen mit geringer Spannung elektrisch stimulierten. Diese Technik bewährte sich in vielen Experimenten, in denen gezeigt wurde, dass die kurzzeitige (oft kürzer als 50 ms) Stimulation von Neuronen im motorischen Kortex Muskelaktivität evoziert, die im Wesentlichen in einem Zucken einzelner oder Gruppen von Muskelfasern besteht.

Graziano et al. (2002) verwendeten zusätzlich zur kurzzeitigen Stimulation **längere Stimulationszeiten** (500 ms), deren Dauer in etwa den Zeiten entsprach, die Affen für die Ausführung einfacher Arm- oder Handbewegungen benötigen. Sie fanden, dass unter diesen Bedingungen bei Affen recht komplexe, gut koordinierte Bewegungen evoziert werden. Das Zucken einzelner Muskelfasern bei kurzzeitiger Stimulation könnte schlicht der Beginn der längeren Bewegungssequenz gewesen sein, die durch länger anhaltende Stimulation evoziert wird.

In solchen Studien werden lokal eng umgrenzte Areale des Kortex stimuliert, unter der Annahme, dass die lokale Stimulation einer relativ geringen Zahl von Neuronen sich in einem sehr viel weiter verzweigten Netzwerk von Neuronen ausbreitet, die schließlich das Verhalten steuern. Allerdings entspricht die elektrische Stimulation von Neuronenpopulationen kaum echten biologischen oder physiologischen Vorgängen. Daher sind eventuell auftretende Effekte mit Vorsicht zu interpretieren. Denkbar wäre immer, dass die externe Stimulation ein artifizielles, unnatürliches Aktivierungsmuster in den beteiligten Neuronenpopulationen generiert. Überzeugend ist diese Methode dann, wenn die evozierten Bewegungen biologischen Bewegungen ähnlich sind und sich unter Rekurs auf andere bekannte Eigenschaften des jeweils untersuchten Hirnareals interpretieren lassen.

Eine weniger invasive Variante, den Kortex extern zu stimulieren, ist die **transkranielle Magnetstimulation (Transcranial Magnetic Stimulation, TMS)**. Dabei werden kortikale Neuronen durch ein Magnetfeld, dass mit einer Spule erzeugt wird, die an verschiedenen Positionen der Schädeloberfläche platziert werden kann, in ihrer elektrischen Aktivität beeinflusst. In Abhängigkeit von Stimulationsparametern wie Dauer und Intensität können so lokale Neuronenpopulationen des Gehirns zeitlich sehr präzise inhibiert (dies würde sozusagen zu einer transienten, funktionalen Läsion von Neuronenpopulation führen) oder umgekehrt auch aktiviert werden. Lokalisiert man das Magnetfeld beispielsweise über den visuellen Arealen des okzipitalen Kortex im Bereich von V5, einem Areal, von dem man annimmt, dass es für die Wahrnehmung von Bewegungen relevant ist, kann man zeigen, dass TMS selektiv die Wahrnehmbarkeit der Bewegungsrichtung eines Objektes stört, ohne gleichzeitig seine Identifikation zu beeinflussen. Stimuliert man Neuronenpopulationen des motorischen Kortex, kann man in Reaktionszeitexperimenten zeigen, dass TMS kurz vor der Ausführung einer Bewegung deren Ausführung verzögert, ohne gleichzeitig die Bewegungsform zu beeinflussen. Und man kann zeigen, dass die Stimulation des supplementär-motorischen Areals (SMA) selektiv die Ausführung komplexer Bewegungssequenzen stört, nicht aber die Ausführung weniger komplexer Sequenzen.

stammen von Haggard et al. (2002). Sie konnten zunächst zeigen, dass Probanden den Zeitpunkt von selbst produzierten Handlungseffekten systematisch unterschätzen: Selbst wenn der Effekt verzögert auftritt, wird er doch stets als zeitlich nahe an der Handlung erlebt. Auch diese Beobachtung spricht für eine Integration von Handlung und Handlungseffekten, die hier zu einer zeitlichen Illusion führt. Interessanterweise bricht diese Illusion zusammen, wenn man die Aktivität des SMA durch gezielte TMS-Impulse während der Handlungsausführung stört (Haggard et al., 2002). Das SMA scheint also sowohl für die Handlungseffektintegration als auch für bestimmte Aspekte des Erlebens von Intentionalität wichtig zu scin. Auch die fMRT-Studie von Lau et al. (2004) legt diese Schlussfolgerung nahe. Hier führten Versuchspersonen spontane Fingerbewegungen aus, und sie waren instruiert, ihre Aufmerksamkeit entweder auf externe Reizbedingungen oder ihre eigenen Intentionen zu richten. Die Aktivierung des SMA war im zweiten Fall deutlich größer, die stärkere Intentionalität der Handlung korrespondierte also mit einem stärkeren Beitrag des SMA.

Auch Patientenstudien legen eine enge Beziehung zwischen Intentionalität und SMA nahe. Bei einer Schädigung des SMA reagieren Patienten häufig auf Objekte in ihrer Umgebung mit Handlungen, die nicht von einem Gefühl der Intentionalität begleitet sind. Sie ergreifen beispielsweise einen vor ihnen liegenden Stift und beginnen offenbar absichtslos zu schreiben. Sehr ähnlich ist das sog. **anarchische Handsyndrom**, bei dem Patienten zwar wissen, dass sie bestimmte Bewegungen ausführen, aber gleichzeitig über keinerlei Vornahme oder Absicht, diese Bewegung auszuführen, berichten können (Marcel, 2003).

Aufschlussreich sind in diesem Zusammenhang auch Beobachtungen von Fried et al. (1991), die das SMA von Epilepsie-Patienten im Rahmen von voroperativen Maßnahmen bei einem neurochirurgischen Eingriff direkt stimuliert haben. Bei geringer Stimulationsintensität berichteten die Patienten, dass sie manchmal während der Stimulation den Drang verspürten, einen ganz bestimmten Körperteil zu bewegen. Wurde an der gleichen Stelle mit größerer Intensität stimuliert, resultierten tatsächlich Kontraktionen der Muskeln des entsprechenden Körperteils. Wie das anarchische Handsyndrom weist diese Beobachtung auf eine enge Verbindung zwischen der subjektiven Erfahrung von Intentionen und neuronalen Prozessen im SMA hin.

2.4 Kleinhirn

Die Integration von Handlungen und ihren Konsequenzen kommt unter Beteiligung des SMA zustande. Sie ist wichtig, weil sie die Auswahl alternativer Handlungen nach Maßgabe des intendierten Effektes erlaubt und die anschließende Beurteilung des Erfolges einer Handlung durch einen Vergleich von angestrebten und tatsächlich erreichten Effekten möglich macht (▶ Kap. 9). Die Effekte, von denen wir bislang gesprochen haben und auf die sich Intentionen üblicherweise beziehen, sind relativ abstrakt im Vergleich zu den konkreten Muskelaktivitäten und motorischen Parameter der zur Erreichung dieser Effekte notwendigen Bewegungen. Woher kommt die **Information**, um diese Aktivitäten zu kontrollieren und die Parameter zu spezifizieren? Es spricht viel dafür, dass v.a. das **Kleinhirn** (»cerebellum«) derartige Information zur Verfügung stellt.

Das Kleinhirn ist unterhalb des Großhirns im okzipitalen Bereich (dem Hinterhauptlappen) lokalisiert. **Schädigungen** des Kleinhirns resultieren nicht in kompletten Ausfällen motorischer Funktionen, sondern manifestieren sich in Problemen bei der **Koordination von Bewegungsabläufen**. Luciani (1891) beispielsweise untersuchte die Schwimmbewegungen von Hunden, denen eine der beiden Kleinhirnhemisphären entfernt worden war. Er beobachtete, dass die grundlegenden Bewegungsmuster bei allen vier Beinen im Prinzip erhalten waren. Gestört war jedoch die Koordination der beiden ipsilateral zur Schädigung gelegenen Beine: Deren Bewegungen waren unregelmäßig, unkoordiniert und hatten ihren Fluss verloren.

2.4.1 Folgen der Schädigung des Kleinhirns

Klinische Untersuchungen des englischen Neurologen Gordon Holmes an Soldaten des Ersten Weltkriegs mit Schussverletzungen im Kleinhirns zeigten, dass das Kleinhirn an der Regulation des **Muskeltonus** beteiligt ist, an der Kontrolle der **Stütz- und Gangmotorik** und an der **Koordination** von Bewegungssegmenten (Holmes, 1917, 1939). Kleinere Läsionen des Kleinhirns können relativ gut kompensiert werden, während größere Läsionen sog. **ataktische Bewegungsstörungen** hervorrufen. **Ataxie** beschreibt einen Mangel an Koordination, der sich in der Augen-, Sprech-, Rumpf- und Extremitätenmotorik zeigen kann. Ein Beispiel sind dysmetrische Zeigebewegungen bei Läsionen im Kleinhirn: Gesunde Personen sind i.d.R. ohne größere Schwierigkeiten in der Lage, bei geschlossenen Augen ihre beiden Hände von Positionen links und rechts des Rumpfes synchron aufeinander zu zu bewegen, sodass am Ende der Bewegung die gestreckten Zeigefinger der beiden Hände zentral vor dem Rumpf aufeinander treffen.

Patienten mit Kleinhirnläsionen sind nicht in der Lage, bei solchen Zeigebewegungen adäquate Bewegungsimpulse zu generieren, die dafür sorgen, dass die beiden Hände sich zeitlich und räumlich synchron bewegen. Das führt im Ergebnis vielfach zu unter- oder überschießenden Bewegungen. Sie haben oft Probleme beim Sprechen, was sich in einer verlangsamten, stockenden Sprache mit schlechter Artikulation und ungleicher Silbenbetonung zeigt. Darüber hinaus haben sie Schwierigkeiten bei der Ausführung schneller, alternierender Bewegungen, die ein präzises Umschalten von Agonisten und Antagonisten erfordern, haben vielfach einen unsicheren, breitbeinigen Gang und zeigen gelegentlich einen (Intentions-)Tremor, der im Unterschied zum Ruhetremor bei Parkinson-Patienten während der Bewegungsausführung und hier insbesondere in der Endphase der Bewegung auftritt, wo die Anforderungen an die Genauigkeit oft am größten sind.

2.4.2 Kognitive Funktionen des Kleinhirns

Das Kleinhirn unterhält zahlreiche rekurrente (d.h. reziproke, interaktive) Verbindungen mit nahezu allen Rindenfeldern des zerebralen Kortex (Middleton u. Strick, 2000). Es erhält Input vom motorischen Kortex und von fast allen sensorischer Arealen des zerebralen Kortex. Über aufsteigende Bahnen im Rückenmark erhält es zudem propriozeptive Informationen über den Zustand der Skelettmuskulatur und über aktuelle Stellungen der verschiedenen Gelenke. Es projiziert über den Thalamus auf die motorischen Areale des Großhirns und auf weite Bereiche des präfrontalen, parietalen und temporalen Kortex (◻ Abb. 2.6). Diese **starke Vernetzung** lässt darauf schließen, dass das Kleinhirn neben seinen motorischen Aufgaben auch in andere kognitive Prozesse involviert ist.

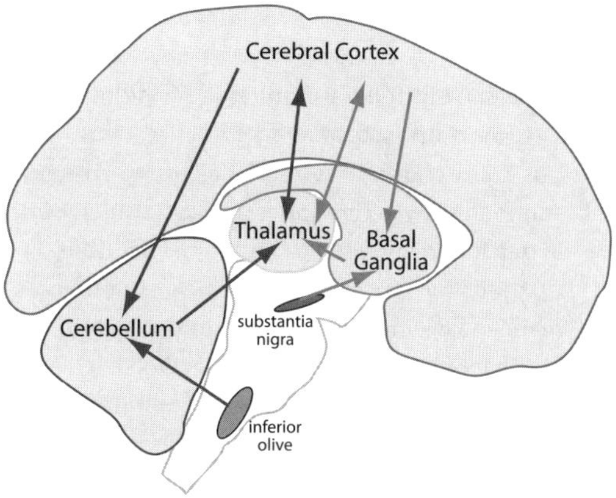

◻ **Abb. 2.6.** Vernetzung des Kleinhirns mit anderen Rindenfeldern des zerebralen Kortex. (Aus Doya 1999. Mit freundlicher Genehmigung von Elsevier)

Im Zusammenhang mit der Handlungssteuerung sind aber v.a. **zwei Funktionen** des Kleinhirns von Bedeutung, die teilweise miteinander verwoben sind: die Vorhersage der sensorischen Konsequenzen konkreter Bewegungen (sog. Vorwärtsmodellierung; ▶ Exkurs »Vorwärtsmodelle und inverse Modelle bei der Handlungssteuerung«) und die Kontrolle des motorischen Lernens (▶ Abschn. 9.4). Belege für eine Rolle des Kleinhirns beim motorischen Lernen wurden z.B. von Imanizu et al. (2000) berichtet. Diese Autoren baten Versuchspersonen in einer fMRT-Studie, einen bewegten Reiz mit einer Computermaus zu verfolgen und den Mauszeiger mit dem Reiz zur Deckung zu bringen. Der Bedarf an motorischem Lernen wurde durch eine Manipulation der Beziehung zwischen den Bewegungen von Maus und Mauszeiger induziert, sodass z.B. eine Bewegung der Maus nach oben in einer Bewegung des Mauszeigers

Exkurs

Vorwärtsmodelle und inverse Modelle bei der Handlungssteuerung

Das Konzept der Vorwärtsmodellierung entstammt der Systemtheorie, wie sie beispielsweise in den Ingenieurwissenschaften bei der Konstruktion von Robotern Anwendung findet. Nehmen Sie z.B. einmal an, Sie würden zum ersten Mal in Ihrem Leben probieren, ein Objekt zu ergreifen, z.B. eine Kaffeetasse, die vor Ihnen steht. Es steht also keinerlei motorische Erfahrung zur Verfügung, auf die Ihr Gehirn zurückgreifen kann, und so haben Sie keine andere Wahl, als verschiedene Bewegungen nach Versuch und Irrtum auszuprobieren. Mit zunehmender Erfahrung werden Sie die erforderliche Bewegung jedoch erwerben, es findet also **motorisches Lernen** statt. In Zukunft werden sie in der Lage sein, die gewünschte Greifhandlung zuverlässig auszuführen.

Systemtheoretisch ausgedrückt können Sie damit einen **gewünschten** (Soll-)Zustand in einen **tatsächlichen** (Ist-)Zustand überführen (■ Abb. 2.7). Zu Beginn der Bewegung wird der gewünschte mit dem tatsächlichen Zustand verglichen und der Unterschied (geschätzter Zustandsfehler) berechnet. Dies aktiviert eine motorische Kontrollstruktur, die wiederum Anweisungen an das motorische System durchgibt (s. äußere Schleife in ■ Abb. 2.7). Die Aktivität des motorischen Systems führt zu wahrnehmbaren sensorischen Veränderungen, Sie können sehen und fühlen, wie sich die Hand auf die Tasse zu bewegt. Dieser veränderte Zustand wird mit dem gewünschten Zustand verglichen; wenn sie sich entsprechen (wenn der geschätzte Fehler also gleich null ist), dann ist die Handlung beendet, anderenfalls wird die gesamte Schleife so lange durchlaufen, bis der gewünschte Zustand erreicht ist. Dieses Prinzip kennen Sie sicher von Ihrer Zentralheizung: Die Heizung wird so lange in Gang gehalten, bis die von Ihnen gewünschte Temperatur erreicht ist.

Wenn Sie derartige Schleifen im Zuge des motorischen Lernens öfter durchlaufen haben, dann besteht die Möglichkeit, systematische Beziehungen zwischen den motorischen Kommandos (bzw. den daraus resultierenden motorischen Aktivitäten) und den sensorischen Folgen zu entdecken und zu erler-

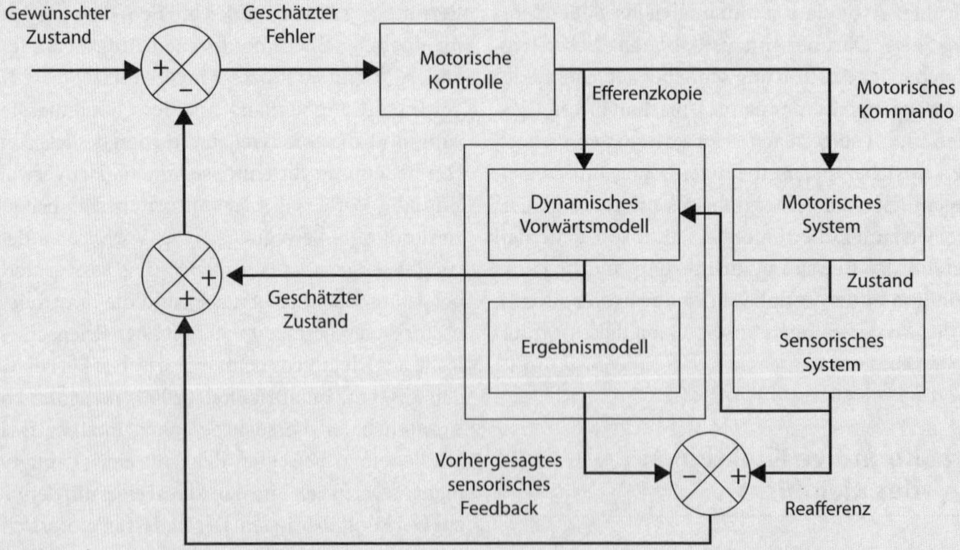

■ **Abb. 2.7.** Prinzip der Vorwärtsmodellierung. (Nach Wolpert et al. 1998)

▼

nen. Der Erwerb dieser Beziehungen erlaubt zweierlei: die inverse Modellierung und die Vorwärtsmodellierung der betreffenden Handlung. **Inverse Modelle** stellen Informationen darüber bereit, welche motorischen Kommandos erforderlich sind, um bestimmte Bewegungseffekte zu erzielen – wie also die Hand zu steuern ist, um eine Kaffeetasse an einem bestimmten Ort zu ergreifen. Die Beziehungen zwischen motorischen Kommandos und sensorischen Konsequenzen werden hier dazu benutzt, auf Basis der Letzteren Erstere zu bestimmen. **Vorwärtsmodelle** dienen dazu, um umgekehrt auf Basis der motorischen Kommandos die sensorischen Konsequenzen vorherzusagen (Wolpert et al. 1998).

Wozu könnten derartige Vorwärtsmodelle dienen? Warum sollte man die sensorischen Konsequenzen überhaupt vorhersagen wollen? Dafür gibt es eine ganze Reihe von **Gründen**. Vor allem schafft eine Vorhersage die Möglichkeit, noch vor Beginn der Bewegung intern zu prüfen, ob die ausgewählten Motorkommandos die intendierte Bewegung (d.h. die gewünschten sensorischen Effekte) tatsächlich realisieren und ggf. noch Korrekturen an den motorischen Kommandos vorzunehmen. Bestimmt ist es Ihnen schon öfter passiert, dass Sie eine Bewegung oder eine Wortäußerung unterbrochen oder gar nicht erst begonnen haben, weil Sie Ihnen irgendwie falsch vorkam. Sehr wahrscheinlich hat dabei die Vorhersage der in diesem Fall offenbar falschen sensorischen Konsequenzen eine Rolle gespielt. In dem abgebildeten Modell wurde dieser Möglichkeit Rechnung getragen: Eine Kopie des motorischen Kommandos (sog. Efferenzkopie, ein durch von Holst u. Mittelstaedt (1950) eingeführtes Konzept; (► Exkurs »Reafferenzprinzip«) wird dazu verwendet, um parallel zur motorischen Steuerung und Ausführung die wahrscheinlichen sensorischen Konsequenzen der Bewegung vorherzusagen. Diese Vorhersage kann direkt mit dem gewünschten Zielzustand verglichen werden und bei einem negativen Ergebnis (d.h. einem großen geschätzten Fehler) direkt an die motorischen Kontrollstrukturen weitergegeben werden und dort zu einer Veränderung des motorischen Kommandos führen.

▼

Die Möglichkeit, die Ausführung einer Bewegung unabhängig von deren tatsächlichen Konsequenzen überwachen und ggf. korrigieren zu können, **erleichtert** die Handlungskontrolle in vielen Situationen (► Kap. 9). Sensorische Rückmeldungen über Bewegungen (z.B. visuelles Feedback über die aktuelle Position der bewegten Hand) stehen, bedingt durch neuronale Übertragungs- und Verarbeitungszeiten, erst beträchtliche Zeit (oft mehrere hundert Millisekunden) nach dem Ablauf der Bewegung zur Verfügung. Würden die folgenden Bewegungselemente immer erst auf diese Rückmeldungen warten müssen (weil ja sichergestellt werden muss, dass die vorige Bewegung korrekt abgeschlossen wurde), so würden komplexere Handlungsabläufe sehr lange dauern, nicht besonders geschmeidig aussehen und sehr schwierig zu kontrollieren sein. In Wirklichkeit überlagern sich jedoch die Teilschritte einer Handlung (► Kap. 7). Gut zu sehen ist dies beim Greifen, wo sich die Hand bereits während der Bewegung in Richtung des zu ergreifenden Gegenstandes öffnet und auf dessen Größe einstellt (► Kap. 6). Wenn nun aber durch Vorwärtsmodellierung einer Bewegung deren mutmaßliche Ergebnisse bereits vor ihrem Ablauf zur Verfügung stehen, können daran anschließende Bewegungen bereits geplant und teilweise begonnen werden. Sowohl die Planung verschiedener Bewegungselemente als auch deren Ausführung kann sich dadurch zeitlich überlappen, und der gesamte Bewegungsablauf wird sehr **effektiv** und **geschmeidig**.

Ein weiterer Vorteil der Vorwärtsmodellierung besteht in der Möglichkeit, motorisches Lernen zu **kontrollieren** (► Abschn. 9.4). Bislang sind wir davon ausgegangen, dass die Vorwärtsmodellierung zum selben Ergebnis kommt wie die tatsächliche Handlung, dass also der vorhergesagte und der tatsächliche Zustand am Ende einer Bewegung identisch sind. Das wird zu Beginn des Erwerbs einer Handlung nicht immer so sein, denn die Vorhersagen sind sicherlich aufgrund des Mangels an Übung und Erfahrung oft bruchstückhaft und unzuverlässig. Wenn in diesem Fall die Vorhersage nicht mit dem Ergebnis einer Bewegung übereinstimmt, wenn also dem systemtheoretischen Jargon zufolge ein »Fehler« ermittelt wird, dann ist dies ein Hinweis darauf, dass die Bewegung noch nicht ausreichend motorisch erlernt wurde. Mit anderen Worten, die Identität von vorwärtsmodellierten Vorhersagen und tatsächlichen Bewegungsergebnissen signalisiert erfolgreiches motorisches Lernen, Differenzen hingegen weiteren Lernbedarf (Doya, 2000; Wolpert et al., 1998). In diesem Sinn kann ein Vergleich von Vorwärtsmodellierung und Bewegung die Funktion eines **Trainers** übernehmen, ohne dass Urteile anderer Personen benötigt würden.

von 120 Grad nach rechts resultierte. Um in diesem Fall den Mauszeiger tatsächlich nach oben zu bewegen, mussten die Versuchspersonen die Maus 120 Grad nach links bewegen. In dieser Bedingung war die Aktivität weiter Bereiche des Kleinhirns im Vergleich zu einer Kontrollbedingung zunächst massiv erhöht. Mit zunehmender Übung im Gebrauch der ungewohnten Maus nahm die Aktivierung ab und zwar proportional mit der Reduktion der Bewegungsfehler der Versuchspersonen (d.h. der Differenz zwischen der Position des bewegten Reizes und der Position des Mauszeigers). Dies legt nahe, dass das Kleinhirn beim **Erwerb eines neuen motorischen Modells** involviert ist. Aber auch noch nachdem die Versuchspersonen gelernt hatten, die neue Maus zu benutzen, war die Aktivität einiger Bereiche des Kleinhirns gegenüber der Kontrollbedingung erhöht, möglicherweise weil die neu erworbenen Modelle in dieser Aufgabe aktiv bereitgehalten werden müssen.

2.5 Basalganglien

Die Basalganglien sind eine Ansammlung **subkortikaler Kerne** (Nucleus caudatus und Putamen, zusammen auch als Striatum bezeichnet, Globus pallidus, Substantia nigra und Nucleus subthalamicus), die starke afferente Projektionen nicht nur aus motorischen Arealen der Großhirnrinde erhalten, sondern auch aus den frontalen Augenfeldern, dem limbischen System und dem orbitofrontalen und präfrontalen Kortex. In den Basalganglien bleiben die Signale aus den verschiedenen Rindenfeldern topografisch getrennt, werden dort parallel verarbeitet und an die ursprünglichen Rindenfelder zurück geschickt (Alexander, 1995). Der Umstand, dass die Basalganglien nicht nur mit motorischen Arealen der Großhirnrinde in Verbindung stehen, sondern auch mit dem limbischen und assoziativen System, deutet darauf hin, dass sie keineswegs ausschließlich für die **Willkürmotorik** relevant sind. Eine besonders wichtige Funktion der Basalganglien besteht in der **Produktion von Dopamin**, einem sehr einflussreichen Neurotransmitter, der zahlreiche kognitive und motorische Prozesse moduliert.

2.5.1 Folgen der Schädigung der Basalganglien

Schädigungen der Basalganglien führen zu einer Reihe von unterschiedlichen Störungen der **Willkürmotorik**, die sich in Abhängigkeit davon, welche Strukturen der Basalganglien geschädigt sind, in unterschiedlicher Weise manifestieren: Eine starke Verlangsamung von Bewegungen (Bradykinese), die sich in verlängerten Reaktionszeiten auf visuelle und akustische Reize und veränderten Geschwindigkeitsprofilen bei zielgerichteten Bewegungen widerspiegelt, Ruhetremor (unwillkürliche, rhythmische Oszillationen von Gliedmaßen) und eine erhöhte Steifigkeit der Muskulatur (Rigor) resultieren als Folge von Schädigungen der Substantia nigra. Derartige Störungen der Willkürmotorik stellen sich nicht selten gemeinsam bei der **Parkinsonschen Krankheit** (Morbus Parkinson) ein, eine der häufigsten neurologischen Erkrankungen (weltweit bekannte Parkinson-Patienten sind der 2005 verstorbene Papst Johannes Paul II und der ehemalige Box-Champion Muhammad Ali/ vormals Cassius Clay). Die neurophysiologische Ursache der Krankheit ist der massive Verlust dopamin-produzierender Neurone in der Substantia nigra. Schädigungen im Bereich des

Striatum sind Ursache der **Huntingtonschen Krankheit**, die sich in teils massiven Gang- und Standinstabilitäten manifestiert. Läsionen des Nucleus subthalamicus schließlich führen zu unwillkürlichen heftigen, großamplitudigen Bewegungen.

Sowohl die Parkinsonsche als auch die Huntingtonsche Krankheit werden dadurch erklärt, dass die Schädigung der Basalganglien (und die damit einhergehende dopaminerge Fehlregulation) zu einer **Störung der Balance** zwischen fördernden (exzitatorischen) und hemmenden (inhibitorischen) Einflüssen auf den Frontalkortex führt (Alexander et al., 1990). Die Ausführung willkürmotorischer Aktionen ist nach dieser Auffassung bei Parkinson-Patienten blockiert, weil die inhibitorischen Einflüsse drastisch erhöht sind, was wiederum die Initiierung willkürlicher Bewegungen unterdrückt bzw. erschwert. Bei Huntington-Patienten ist es genau umgekehrt: Hier ist der inhibitorische Einfluss der Basalganglien drastisch reduziert, was die Schwelle für die Initiierung motorischer Aktivitäten dramatisch senkt. Dies wiederum zieht die häufige Ausführung unwillkürlicher, schneller und abgehackter Bewegungen nach sich.

2.5.2 Kognitive Funktionen der Basalganglien

In den Basalganglien produziertes **Dopamin** übt nicht nur einen direkten Einfluss auf die **Handlungsregulation** aus, sondern moduliert auch den **Erwerb** von kognitiven und motorischen Fertigkeiten. Der unerwartete Erfolg einer Handlung zieht eine temporäre Erhöhung des Dopamin-Niveaus nach sich, während ein unerwarteter Misserfolg zu einer Reduktion des Niveaus führt (Schultz, 1998). Dies wiederum stellt Lernprozessen Information darüber zur Verfügung, ob das gezeigte Verhalten nützlich bzw. schädlich und erlernt bzw. in Zukunft vermieden werden sollte. Bahnbrechende Untersuchungen von Schultz et al. (1993) konnten diese Überlegungen untermauern. Die Wissenschaftler haben z.B. in einem operanten Konditionierungsparadigma Affen trainiert, auf visuelle Reize hin nach Objekten zu greifen, was durch die Verabreichung von Fruchtsaft belohnt wurde. Dopamin-produzierende Neuronen waren zu Beginn des Trainings dann besonders aktiv, wenn die Affen nach erfolgreichen Durchgängen ihre Belohnung erhielten. Nach ausreichendem Training begannen diese Neurone jedoch bereits zu feuern, wenn die visuellen Reize dargeboten wurden, und stellten ihre Aktivität beim Erhalt der Belohnung ein. Die Aktivität der Dopamin-Neurone signalisierte also zunächst die zu Beginn des Trainings **unerwarteten Belohnungen** und später zunehmend die **Erwartung** einer zukünftigen Belohnung (für ähnliche Beobachtungen beim Menschen s. Haruno et al., 2004). Doya (2000) zufolge könnten die Basalganglien auf der Basis von Erfahrung Informationen darüber bereithalten, welche Belohnungen unter den gegebenen situativen Bedingungen zu erwarten und welche Handlungsalternativen mit welchen Belohnungen assoziiert sind. Ein solches System könnte eine entscheidende Rolle bei der Evaluation und Selektion von Handlungen spielen und die Handlungsmöglichkeiten mit der größtmöglichen Belohnung begünstigen.

2.6 Präfrontaler Kortex

Der frontale und v.a. der präfrontale Kortex sind beim Menschen im Vergleich zu anderen Spezies besonders voluminös. Bei Hunden beispielsweise macht das Frontalhirn etwa sieben Prozent der Großhirnrinde aus, bei Affen bis zu 17 Prozent, beim Menschen dagegen mehr als 30 Prozent. Noch vor wenigen Jahrzehnten galt dieser Teil des Gehirns als die rätselhafteste Region überhaupt. Inzwischen aber hat sich herausgestellt, dass die Neuronenpopulationen des Frontalkortex nicht nur mit der primären Verarbeitung von Licht- und Schallreizen, Geruchs-, Geschmacks- oder Tastempfindungen beschäftigt sind, sondern v.a. mit sog. **exekutiven Funktionen**. Wann immer ein Mensch Pläne entwickelt, Urteile fällt, Absichten formuliert und sie in Handlungen umsetzt, ist der Frontalkortex aktiv. Daneben gilt die Frontalregion als unverzichtbar für das **Arbeitsgedächtnis**. Dabei handelt es sich um eine Art Zwischenspeicher, der beispielsweise dann benötigt wird, wenn Menschen sich unterhalten; denn um einen gesprochenen Satz zu verstehen, muss man am Ende noch wissen, was am Anfang gesagt worden ist. Ein solcher Zwischenspeicher wird auch dann benötigt, wenn man zu einer Party eingeladen ist und im Kopf behalten muss, welche der anderen Gäste man bereits begrüßt hat und welche man noch begrüßen muss. Mehr noch: Der Frontalkortex kontrolliert die **Prozesse**, die auf dem Weg von der Absicht zur Handlung ablaufen und erkennt **mögliche Fehler**. Noch bevor Sie Zucker (statt geriebenem Parmesankäse) über Ihre Spaghetti streuen, bringt Ihr Frontalkortex Korrekturen auf den Weg und lenkt Ihre Hand mit dem Löffel weg von der Zuckerdose zu der Schale mit dem Parmesankäse.

Dass die Frontalregion des menschlichen Gehirns mit Intentionen und deren Umsetzung in zieldienliches Verhalten beschäftigt ist, darauf deuten schon Beobachtungen bei Menschen mit **Schädigungen** in dieser Region hin. Sie handeln oft unüberlegt und vorschnell, wechseln ständig ihre Pläne, missachten wichtige Informationen und machen häufig Fehler, ohne es überhaupt zu bemerken. Sofern motorische Areale nicht betroffen sind, sind die Betroffenen bei der Ausführung von Bewegungen nicht spür- oder sichtbar behindert. Allerdings wirkt ihr Verhalten oft merkwürdig **inflexibel und umweltabhängig**: Sie haben Schwierigkeiten, Handlungen zu planen, Handlungsziele zu erinnern und aufrechtzuerhalten und zwischen Handlungszielen zu wechseln (Burgess, 2000). Die Kontrolle ihrer Handlungen scheint sich gewissermaßen in die Außenwelt verlagert zu haben, sodass die bloße Konfrontation mit Objekten zur Ausführung von solchen Handlungen verleitet, die routinemäßig mit diesen Objekten assoziiert sind: Manche Patienten rauchen, wenn sie auf Zigaretten stoßen, trinken, wenn sie ein Glas mit einem Getränk sehen und ergreifen oder manipulieren Gegenstände ohne erkennbares Ziel (► Abschn. 3.1.2). Insgesamt wirken ihre Handlungen über weite Strecken **wenig absichtsvoll**; sie scheinen nicht mehr bestimmte Ziele erreichen zu wollen, sondern nur noch auf externe Ereignisse zu reagieren. Im Folgenden werden wir drei besonders wichtige Areale des (prä-)frontalen Kortex besprechen und ihre wesentlichen Beiträge für die menschliche Handlungsplanung herausarbeiten.

2.6.1 Dorsolateraler präfrontaler Kortex (BA9/46)

Der **dorsolaterale präfrontale Kortex (DLPFC)** unterhält zahlreiche Verbindungen mit fast allen Bereichen des menschlichen Gehirns, v.a. dem orbitofrontalen Kortex, den Basalganglien, dem Hippocampus und dem temporalen, parietalen und okzipitalen Kortex. Seine Arbeitsweise ist in besonders starkem Maße von **Dopamin** abhängig, womit er durch den sog. mesokorticalen Pfad (der im ventralen Tectum beginnt) versorgt wird. Der DLPFC ist das Hirnareal, das im Menschen die längste Reifungszeit nötig hat (oft bis ins junge Erwachsenenalter hinein) und das durch Alterungsprozesse besonders schnell degeneriert und damit für zahlreiche kognitive Begleiterscheinungen des Alterns verantwortlich ist.

Dem DLPFC werden im Wesentlichen zwei wichtige, stark überlappende **Funktionen** der Handlungssteuerung zugeschrieben. Einer älteren Interpretation zufolge (Goldman-Rakic, 1987) dient diese Struktur als **Arbeitsgedächtnis** im Sinne von Baddeley (1986). Der Grund dafür war die wiederholte Beobachtung in Tierversuchen mit zellulären Ableitungen, dass Neurone im DLPFC durch den Gebrauch des Arbeitsgedächtnisses aktiviert werden. In einer dafür typischen Aufgabe werden z.B. einem Affen Zielpositionen für Augen- oder Handbewegungen kurzzeitig dargeboten, wobei die eigentliche Bewegung aber erst nach einer Verzögerung (»delay«) erfolgen darf. Die Zielpositionen müssen also bis zur Ausführung im Arbeitsgedächtnis behalten werden. Es hat sich gezeigt, dass während dieser Zeit Neurone im DLPFC verstärkt feuern. Daher wäre denkbar, dass diese Neurone die Zielpositionen während des Gedächtnisintervalls entweder selbst repräsentieren oder andere Repräsentationen der Positionen aktiv halten.

Jüngeren Überlegungen zufolge dient der DLPFC v.a. der **kognitiven Kontrolle** (Miller u. Cohen, 2001). Er repräsentiert die Ziele kognitiver und motorischer Handlungen und unterstützt aktiv alle Prozesse, die zur Ausführung dieser Handlungen erforderlich sind. Mit anderen Worten, der DLPFC könnte das **neuronale Korrelat des menschlichen Willens** darstellen. Tatsächlich haben eine Reihe von Untersuchungen mit bildgebenden

Verfahren gezeigt, dass der DLPFC v.a. bei der Vorbereitung auf eine neue Aufgabe aktiviert wird und dies umso mehr, je schwieriger diese Aufgabe ist, d.h. je stärker der Wille sein muss, um sie auszuführen. MacDonald et al. (2000) boten in einem fMRT-Experiment ihren Versuchspersonen z.B. Stroop-Reize dar, also Farbworte, die in inkongruenten Farben präsentiert wurden (wie z.B. das Wort »rot« in grüner Farbe; ► Abschn. 9.3). In verschiedenen Durchgängen sollte entweder das Wort gelesen werden, was die nächstliegende Reaktion sein dürfte, oder die Farbe benannt werden – eine schwierigere Aufgabe, weil in diesem Fall das Lesen des Wortes unterdrückt werden muss. Die Aktivierung des DLPFC nahm während der Vorbereitung auf die kommende Aufgabe deutlich zu, besonders deutlich aber bei der Vorbereitung auf die schwierigere Farbbenennungsaufgabe. Wenn man annimmt, dass der DLPFC nötig ist, um Handlungsziele aktiv zu halten und ihnen den nötigen Einfluss auf die handlungsrelevanten kognitiven Prozesse zu garantieren, dann lässt sich verstehen, warum frontale Läsionen zu großen Defiziten bei der Priorisierung, Organisation und Koordinierung verschiedener Handlungen führen (Burgess et al., 2000).

Bei einer liberalen Interpretation schließen sich die beiden angenommenen wesentlichen Funktionen des DLPFC übrigens keineswegs aus. So legt das Konzept des Arbeitsgedächtnisses keineswegs nahe, dass es sich dabei um eine Art Behälter handelt, in den Gedächtnisinhalte transferiert werden. Viel plausibler ist die Annahme, dass die Aktivierung des DLPFC zur **Aufrechterhaltung der betreffenden Repräsentationen** in den sensorischen oder Gedächtnisarealen führt. Die Kodes des Arbeitsgedächtnisses sind also nicht notwendigerweise Kopien von Repräsentationen aus anderen Bereichen des Gehirns, sondern lediglich **Indizes** bzw. **Zeiger**, die auf diese Repräsentationen verweisen. Genauso könnten auch Handlungsziele funktionieren, d.h. sie könnten die für das Erreichen eines bestimmten Zieles erforderlichen Prozesse indizieren bzw. auf sie verweisen und dadurch aktiv halten.

2.6.2 Orbitofrontaler Kortex (BA10-14/47)

Die neuroanatomische Lokalisation des **orbitofrontalen Kortex (OFC)** befindet sich noch in der Diskussion (Kringelbach u. Rolls, 2004), und auch die Abgrenzung zu benachbarten Gebieten wird von verschiedenen Autoren unterschiedlich gehandhabt; so fassen einige Autoren den OFC und den anterioren cingulären Kortex (► Abschn. 2.6.3) unter dem Begriff des **ventromedialen Kortex** zusammen. Der OFC erhält Informationen von allen sensorischen Systemen und, u.a. vom Hippocampus, der Amygdala und dem cingulären Kortex, sowie anderen Bereichen des präfrontalen Kortexes. Seinerseits leitete er Informationen u.a. weiter zum Striatum (wo er möglicherweise Einfluss auf die Dopamin-Produktion nimmt), zur Amygdala, entorhinalen Kortex, dem Hippocampus and dem inferioren temporalen Kortex.

Der OFC ist einerseits deutlich mit **affektiven Prozessen** verwoben, wobei angenommen wird, dass er eine entscheidende Rolle bei der **Assoziation von Reizmerkmalen** und den damit verbundenen Belohnungen (bzw. Bestrafungen) spielt (Rolls, 1999). Andererseits ist der OFC wichtig für die **Handlungsplanung**. Erste Hinweise auf diese Möglichkeit haben sich durch eine nachträgliche Analyse der Hirnverletzung des berühmt gewordenen Eisenbahnarbeiters Phineas Gage ergeben, dem wir bereits zu Beginn dieses Kapitels begegnet sind. Sie werden sich erinnern, dass bei einer Sprengung der frontale Kortex von Herrn Gage unglücklicherweise von einem Meißel durchbohrt wurde. Glücklicherweise sind sowohl der Schädel von Gage als auch der Meißel erhalten geblieben, und so ist es Hanna Damasio (Damasio et al., 1994) mithilfe einer Computersimulation gelungen, die Verletzung exakt zu rekonstruieren.

Der Rekonstruktion zufolge war v.a. der OFC in Mitleidenschaft gezogen worden, was nahe legt, dass die Planungsschwierigkeiten von Gage durch die Läsion dieses Hirnareals zustande kamen. Dies wirft die Frage auf, welchen Beitrag der OFC zur Handlungsplanung liefert und wie dieser Beitrag mit der Rolle des OFC bei affektiven Prozessen zu vereinbaren ist. Der Grundgedanke zur Erklärung dieses Zusammenhangs geht davon aus, dass Handlungsplanung **Entscheidungen** zwischen alternativen Reizen

(Rolls, 1999) bzw. Handlungen (Damasio, 1998) erfordert und dass diese Entscheidungen nach Maßgabe der jeweils zu erzielenden Belohnungen erfolgen. Damasio (1998) nimmt an, dass jede Handlung unter Mitwirkung des OFC mit einer Repräsentation ihrer **affektiven Konsequenzen** assoziiert wird. Wir lernen also, wie es sich »anfühlt« bzw. anfühlen würde, eine bestimmte Handlung auszuführen. Diese sog. **somatischen Marker** (»somatic marker«), d.h. die Repräsentationen erwarteter affektiver Körperreaktionen, erlauben relativ schnelle, oft auch intuitive Entscheidungen; man wählt einfach diejenige Handlung, die sich am besten »anfühlt«. Jüngere Untersuchungen an Patienten mit OFC-Schädigungen unterstützen diese Überlegung. Vor allem bei risikovollen Entscheidungsaufgaben schneiden diese Patienten wesentlich schlechter ab als gesunde Kontrollpersonen oder Patienten mit anderen Schädigungen (Bechara et al., 1998), und sie zeigen auch nicht die bei gesunden Personen üblichen Schweißausbrüche vor sehr riskanten Entscheidungen (Bechara et al., 1999).

2.6.3 Anteriorer cingulärer Kortex (BA24)

Der cinguläre Kortex schuldet seinen Namen (cingulum steht im Lateinischen für »Gürtel«) der Tatsache, dass er das Corpus callosum (Verbindung zwischen den beiden kortikale Hemisphären) wie einen Gürtel einschließt. Er ist ein Teil des **limbischen Systems**, dem eine wichtige Rolle bei der Entstehung von Emotionen und der Regulation von Gedächtnis und Verhalten zugeschrieben wird. Der anteriore cinguläre Kortex (ACC) erhält afferente Signale v.a. von thalamischen Kernen und sendet efferente Signale v.a. an anderer Areale des präfrontalen Kortex, den anterioren Nucleus und andere limbische Areale. Dem ACC wird eine wichtige Rolle bei der **Überwachung der Handlungssteuerung** zugeschrieben, wobei er v.a. mit dem DLPFC eng zusammenarbeitet. Überlegungen von Botvinick et al. (2001) zufolge registriert der ACC Konflikte bei Entscheidungen zwischen Reiz- und Reaktionsalternativen und bewirkt bei vorliegenden Konflikten eine Verstärkung der Repräsentation des Handlungszieles im DLPFC (▶ Abschn. 9.3). Diese **Verstärkung des Zieles** führt ihrerseits zu einer **Verstärkung der Aufmerksamkeit** auf die handlungsrelevante Information (Egner u. Hirsch, 2005).

? Kontrollfragen

Die gelingende Planung, Initiierung und Ausführung von Handlungen setzt eine intakte Funktionsschleife voraus, die den frontalen Kortex, den prämotorischen und motorischen Kortex, die Basalganglien und das Kleinhirn umfasst.

- Welche kortikalen und subkortikalen Areale sind an der Planung von Handlungen beteiligt?
- Welche kortikalen und subkortikalen Hirnregionen sind mit der Ausführung von Handlungen befasst?
- Wie kommunizieren die Neuronen innerhalb und zwischen den teilweise (für kortikale Verhältnisse) weit von einander entfernten Hirnarealen?

Das menschliche Gehirn repräsentiert Merkmale von Handlungen (wie Merkmale von sensorischen Ereignissen) nicht durch einzelne Neurone oder lokale Neuronenverbände, sondern durch neuronale Aktivität, die sich praktisch über das ganze Gehirn verteilt.

- Welche Probleme ergeben sich aus dem Prinzip verteilter Repräsentationen und welche Lösungsansätze werden vorgeschlagen?

Systemtheoretische Ansätze beschreiben motorisches Lernen als den Erwerb und die Adaptation von internen motorischen Modellen. *Inverse Modelle* stellen Informationen darüber bereit, welche motorischen Kommandos erforderlich sind, um bestimmte Bewegungseffekte zu erzielen; *Vorwärtsmodelle* dienen dazu, um umgekehrt auf Basis der motorischen Kommandos die sensorischen Konsequenzen vorherzusagen, die sich im Zuge und als Konsequenz der Ausführung von Bewegungen ergeben.

- Wie kann man unter dieser Perspektive verstehen, dass Astronauten sich relativ schnell an die Bedingungen der Schwerelosigkeit anpassen und geschickt und scheinbar mühelos Objekte manipulieren und Werkzeuge benutzen können?

Literatur

Alexander, G. E. (1995). Basal ganglia. In M. A. Arbib (ed.), *The handbook of brain theory and neural networks* (pp. 139–143). Cambridge, MA: MIT Press.

Alexander, G. E., Crutcher, M. D. & De Long, M. R. (1990). Basal ganglia-thalamocortical circuits: Parallel substrates for motor, oculomotor, »prefrontal« and »limbic« functions. *Progress in Brain Research, 85,* 119–146.

Asanuma, H., Arnold, A. & Zarzecki, P. (1976). Further study on the excitation of pyramidal tract cells by intracortical microstimulation. *Experimental Brain Research, 26,* 443–461.

Baddeley, A. D. (1986). *Working memory.* New York: Oxford University Press.

Bechara, A., Damasio, H., Damasio, A. R. & Lee, G. P. (1999). Different contributions of the human amygdala and ventromedial prefrontal cortex to decision-making. *Journal of Neuroscience, 19,* 5473–5481.

Bechara, A., Damasio, H., Tranel, D. & Anderson, S. W. (1998) Dissociation of working memory from decision making within the human prefrontal cortex. *Journal of Neuroscience, 18,* 428–437.

Botvinick, M. M., Braver, T. S., Carter, C. S., Barch, D. M. & Cohen, J. D. (2001). Evaluating the demand for control: Anterior cingulate cortex and crosstalk monitoring. *Psychological Review, 108,* 624–652.

Brodmann, K. (1909). *Vergleichende Lokalisationslehre der Grosshirnrinde in ihren Prinzipien, dargestellt auf Grund des Zellbaues.* Leipzig: JA Barth.

Burgess, P. W. (2000). Strategy application disorder: The role of the frontal lobes in human multitasking. *Psychological Research, 63,* 279–288.

Burgess, P. W., Veitch, E., de Lacy Costello A. & Shallice, T. (2000). The cognitive and neuroanatomical correlates of multitasking. *Neuropsychologica, 38,* 848–863.

Calvo-Merino, B., Glaser, D. E., Grèzes, J., Passingham, R. E. & Haggard, P. (2005). Action observation and acquired motor skills: An fMRI study with expert dancers. *Cerebral Cortex, 15,* 1243–1249.

Damasio, A. (1998). *Descartes' Irrtum: Fühlen, Denken und das menschliche Gehirn.* München: dtv.

Damasio, H., Grabowski, T., Frank, R., Galaburda, A. M. & Damasio, A. R. (1994). The return of Phineas Gage: Clues about the brain from the skull of a famous patient. *Science, 264,* 1102–1105.

Decety, J. & Grezes, J. (1999). Neural mechanisms subserving the perception of human actions. *Trends in Cognitive Sciences, 3,* 172–178.

Deiber, M. P., Honda, M., Ibañes, V., Sadato, N. & Hallett, M. (1999). Mesial motor areas in self-initiated versus externally triggered movements examined with fMRI: Effect of movement type and rate. *Journal of Neurophysiology, 81,* 3065–3077.

DeYoe, E. A. & Van Essen, D. C. (1988). Concurrent processing streams in monkey visual cortex. *Trends in Neurosciences, 11,* 219–226.

Dick, J. P. R., Benecke, R., Rothwell, J. C., Day, B. L. & Marsden, C. D. (1986). Simple and complex movements in a patient with infarction of the right supplementary motor area. *Movement Disorders, 1,* 255–266.

Di Pellegrino, G., Fadiga, L., Fogassi, L., Gallese, V. & Rizzolatti, G. (1992). Understanding motor events: A neurophysiological study. *Experimental Brain Research, 91,* 176–180.

Doya, K. (1999). What are the computations of the cerebellum, the basal ganglia, and the cerebral cortex. *Neural Networks, 12,* 961–974.

Doya, K. (2000). Complementary roles of basal ganglia and cerebellum in learning and motor control. *Current Opinion in Neurobiology, 10,* 732–739.

Egner, T. & Hirsch, J. (2005). Cognitive control mechanisms resolve conflict through cortical amplification of task-relevant information. *Nature Neuroscience, 8,* 1784–1790.

Elsner, B., Hommel, B., Mentschel, C., Drzezga, A., Prinz et al. (2002). Linking actions and their perceivable consequences in the human brain. *Neuroimage, 17,* 364–372.

Fadiga, L., Fogassi, L., Pavesi, G. & Rizzolatti, G. (1995). Motor facilitation during action observation: A magnetic stimulation study. *Journal of Neurophysiology, 73,* 2608–2611.

Fried, I., Katz, A., McCarthy, G., Sass, K. J., Williamson, P. et al. (1991). Functional organization of human supplementary motor cortex studied by electrical stimulation. *Journal of Neuroscience, 11,* 3656–3666.

Fritsch, G. & Hitzig, E. (1870). Über die elektrische Erregbarkeit des Grosshirns. *Archiv der Anatomischen und Physiologischen Wissenschaften der Medizin, 37,* 300–332.

Georgopoulos, A. P., Pellizzer, G., Poliakov, A. V. & Schieber, M. H. (1999). Neural coding of finger and wrist movements. *Journal of Computational Neuroscience, 6,* 279–288.

Goldman-Rakic, P. S. (1987). Circuitry of the prefrontal cortex and the regulation of behavior by representational knowledge. In F. Plum & V. Mountcastle (eds.), *Handbook of Physiology* (pp. 373–417). Bethesda: American Physiological Society.

Grafton, S. T., Arbib, M. A., Fadiga, L. & Rizzolatti, G. (1996). Localization of grasp representations in humans by positron emission tomography. 2. Observation compared with imagination. *Experimental Brain Research, 112,* 103–111.

Graziano, M. S. A., Taylor, C. S. R. & Moore, T. (2002). Complex movements evoked by microstimulation of precentral cortex. *Neuron, 34,* 841–851.

Grèzes, J., Frith, C. D. & Passingham, R. E. (2004). Inferring false beliefs from the actions of oneself and others: An fMRI study. *NeuroImage, 21,* 744–750.

Haggard, P., Aschersleben, G., Gehrke, J. & Prinz, W. (2002). Action, binding and awareness. In W. Prinz & B. Hommel (eds.), *Common mechanisms in perception and action: Attention and Performance, vol. XIX* (pp. 266–285). Oxford: Oxford University Press.

Hallett, M. (2001). Plasticity of the human motor cortex and recovery from stroke. *Brain Research Reviews, 36,* 169–174.

Halsband, U., Ito, N., Tanji, J. & Freund, H. J. (1993). The role of premotor cortex and the supplementary motor area in the temporal control of movement in man. *Brain, 116,* 243–266.

2

Hamilton, R. H. & Pascual-Leone, A. (1998). Cortical plasticity associated with Braille learning. *Trends in Cognitive Sciences, 2,* 168–174.

Harlow, J. M. (1868). Recovery from the passage of an iron bar through the head. *Publications of the Massachusetts Medical Society, 2,* 327–347.

Haruno, M., Kuroda, T., Doya, K., Toyama, K., Kimura, M. et al. (2004). A neural correlate of reward-based behavioral learning in Caudate Nucleus: A Functional Magnetic Resonance Imaging study of a stochastic decision task. *Journal of Neuroscience, 24,* 1660–1665.

Holmes, G. (1917). The symptoms of acute cerebellar injuries due to gunshot injuries. *Brain, 40,* 461–535.

Holmes, G. (1939). The cerebellum of man. *Brain, 62,* 1–30.

Hommel, B. & Elsner, B. (2009). Acquisition, representation, and control of action. In E. Morsella, J. A. Bargh & P. M. Gollwitzer (eds.), *Oxford handbook of human action* (pp. 371–398). New York: Oxford University Press.

Hubel, D. H. & Wiesel, T. N. (1963). Single-cell responses in striate cortex of kittens deprived of vision in one eye. *Journal of Neurophysiology, 26,* 1003 1017.

Huttenlocher, P. R. (1994). Synaptogenesis in human cerebral cortex. In G. Dawson & K. W. Fischer (eds.), *Human behavior and the developing brain* (pp. 35–54). New York: Guilford Press.

Imamizu, H., Miyauchi, S., Tamada, T., Sasaki, Y., Takino, R. et al. (2000). Human cerebellar activity reflecting an aquired internal model of a new tool. *Nature, 403,* 153–154.

Keysers, C. & Perrett, D. I. (2004). Demystifying social cognition: A Hebbian perspective. *Trends in Cognitive Sciences, 8,* 501–507.

Kolb, B. & Whishaw, I. Q. (1996). *Neuropsychologie*. Heidelberg: Spektrum Akademischer Verlag.

Konczak, J. (2008). Motorische Kontrolle. In J. Müsseler (Hrsg.), *Allgemeine Psychologie* (pp. 739–766). Heidelberg: Spektrum Akademischer Verlag

Kringelbach, M. L. & Rolls, E. T. (2004). The functional neuroanatomy of the human orbitofrontal cortex: Evidence from neuroimaging and neuropsychology. *Progress in Neurobiology, 72,* 341–372.

Kristeva-Feige, R., Feige, B., Makeig, S., Ross, B. & Elbert, T. (1993). Oscillatory brain activity during a motor task. *NeuroReport, 4,* 1291–1294.

Lau, H. C., Rogers, R. D., Haggard, P. & Passingham, R. E. (2004). Attention to intention. *Science, 303,* 1208–1210.

Liepert J., Tegenthoff, M. & Malin, J. P. (1995). Changes of cortical motor area size during immobilization. *Electroencephalography and Clinical Neurophysiology, 97,* 382–386.

Luciani, L. (1891). *Il cervelletto. Nuovi studi di fisiologia normale e patologica.* Firenze: Le Monnier.

MacDonald, A. W., Cohen, J. D., Stenger, V. A. & Carter, C. S. (2000). Dissociating the role of the dorsolateral prefrontal and anterior cingulated cortex in cognitive control. *Science, 288,* 1835–1838.

Marcel, A. J. (2003). Introspective report: Trust, self-knowledge and science. *Journal of Consciousness Studies, 10,* 167–186.

Melcher, T., Weidema, M., Eenshuistra, R. M., Hommel, B. & Gruber, O. (2008). The neural substrate of the ideomotor principle: An event-related fMRI analysis. *NeuroImage, 39,* 1274–1288.

Middleton, F. A. & Strick, P. L. (2000). Basal ganglia and cerebellar loops: Motor and cognitive circuits. *Brain Research Reviews, 31,* 236–250.

Miller, E. K. & Cohen, J. D. (2001). An integrative theory of prefrontal cortex function. *Annual Review of Neuroscience, 24,* 167–202.

Pascual-Leone, A., Cammarota, A., Wassermann, E. M., Brasil-Neto, J. P., Cohen, L. G. et al. (1993). Modulation of motor cortical outputs to the reading hand of Braille readers. *Annals of Neurology, 34,* 33–37.

Pascual-Leone, A., Dang, N., Cohen, L. G., Brasil-Neto, J. P., Cammarota, A. et al. (1995). Modulation of muscle responses evoked by transcranial magnetic stimulation during the acquisition of new fine motor skills. *Journal of Neurophysiology, 74,* 1037–1045.

Pascual-Leone, A., Walsh, V. & Rothwell, J. (2000). Transcranial magnetic stimulation in cognitive neuroscience – virtual lesion, chronometry, and functional connectivity. *Current Opinion in Neurobiology, 10,* 232–237.

Penfield, W. & Boldrey, E. (1937). Somatic motor and sensory representations in the cerebral cortex of man as studied by electrical stimulation. *Brain, 60,* 389–443.

Penfield, W. & Rasmussen, T. (1950). *The cerebral cortex of man: A clinical study of localization and function.* New York: MacMillan.

Pfurtscheller, G., Flotzinger, D. & Neuper, C. (1994). Differentiation between finger, toe and tongue movement in man based on 40 Hz EEG. *Electroencephalography and Clinical Neuropsychology, 90,* 456–460.

Procyk, E. & Goldman-Rakic, P. M. (2006). Modulation of dorsolateral prefrontal delay activity during self-organized behavior. *Journal of Neuroscience, 26,* 11313–11323.

Rizzolatti, G. & Craighero, L. (2004). The mirror-neuron system. *Annual Review of Neuroscience, 27,* 169–192.

Rizzolatti, G., Fadiga, L., Matelli, M., Bettinardi, V., Paulesu, E. et al. (1996). Localization of grasp representations in humans by PET: 1. Observation versus execution. *Experimental Brain Research, 111,* 246–252.

Rolls, E. T. (1999). *The brain and emotion.* Oxford: Oxford University Press.

Sanes, J. N., Wang, J. & Donoghue, J. P. (1992). Immediate and delayed changes of rat motor cortical output representation with new forelimb configurations. *Cerebral Cortex, 2,* 141–152.

Schieber, M. H. (1999). Somatotopic gradients in the distributed organization of the human primary motor cortex hand area: Evidence from small infarcts. *Experimental Brain Research, 128,* 139–148.

Schultz, W. (1998). Predictive reward signal of dopamine neurons. *Journal of Neurophysiology, 80,* 1–27.

Schultz, W., Apicella, P. & Ljungberg, T. (1993). Responses of monkey dopamine neurons to reward and conditioned stimuli during successive steps of learning a delayed response task. *Journal of Neuroscience, 13,* 900–913.

Shima, K. & Tanji, J. (1998). Both supplementary and presupplementary motor areas are crucial for the temporal organization of multiple movements. *Journal of Neurophysiology, 80*, 3247–3260.

Singer, W. (1994). The organization of sensory motor representations in the Neocortex: A hypothesis based on temporal coding. In Umilta, C. & Moscovitch, M. (eds.), *Attention and performance XV: Conscious and nonconscious information processing* (pp. 77–107). Cambridge, MA: MIT Press.

Spelke, E. S. (1976). Infant's intermodal perception of events. *Cognitive Psychology, 5*, 553–560.

Tallon-Baudry, C. & Bertrand, O. (1999). Oscillatory gamma activity in humans and its role in object representation. *Trends in Cognitive Sciences, 3*, 151–162.

Tanji, J. & Shima, K. (1994). Role for supplementary motor area cells in planning several movements ahead. *Nature, 371*, 413–416.

Von der Malsburg, C. (1995). Binding in models of perception and brain function. *Current Opinion in Neurobiology, 5*, 520–526.

Von Holst, E. & Mittelstaedt, H. (1950). Das Reafferenzprinzip. *Naturwissenschaften, 37*, 464–476.

Wolpert, D. M., Miall, R. C. & Kawato, M. (1998). Internal models in the cerebellum. *Trends in Cognitive Sciences, 2*, 338–347.

3 Intention und Handlungsziel

Lernziele

- Warum haben wir überhaupt Handlungsziele und wofür sind sie gut?
- Auf welche Weise steuern Handlungsziele unser Handeln?
- Sind Handlungsziele sensorisch oder verbal repräsentiert?
- Sind wir uns unserer Handlungsintentionen immer bewusst?
- Wo kommen Intentionen eigentlich her?
- Welchen Einfluss haben intra- und interindividuelle Unterschiede auf die Repräsentation von Zielen?

Wie binden Sie sich eigentlich Ihre Schnürsenkel zu? Die wenigsten Menschen können darauf eine vernünftige Antwort geben, ohne eine der beiden folgenden Strategien anzuwenden: Entweder beginnen sie tatsächlich, sich die Schnürsenkel zu binden, beobachten sich dabei und berichten darüber. Oder sie stellen sich den Bindevorgang vor und berichten, was sie dabei »vor ihrem inneren Auge« sehen. Beide Strategien machen eines deutlich: Wir wissen erstaunlich wenig über unsere eigenen Handlungen und scheinen keinen privilegierten Zugang zu dem Wissen zu haben, das uns ihre Ausführung erlaubt. Obwohl wir in der Lage sind, zielgerichtete, intentionale Handlungen auszuführen, wissen wir in gewissem Sinne eigentlich gar nicht, wie bzw. weshalb wir das tun können. Das vorliegende Kapitel macht einen Versuch, dieses Mysterium aufzulösen.

Unter einer **Handlung** versteht man eine intendierte, zielgerichtete Bewegung; die Ausführung einer Handlung setzt also die Existenz einer Handlungsintention und eines Handlungsziels definitorisch voraus. Aber was ist eine Intention? Wie ist ein Handlungsziel kognitiv repräsentiert? Wie kann so eine Repräsentation eine Handlung steuern? Beginnen wir mit der Beziehung zwischen Intention und Ziel. Viele **Definitionen** dieser Begriffe sind vorgeschlagen und v.a. in der Handlungsphilosophie eingehend diskutiert worden (Meggle, 1993). Während unter einem Ziel i.d.R. das angestrebte Produkt einer Handlung, der durch sie zu erreichende Endzustand verstanden wird, beinhaltet der Begriff der Intention manchmal auch noch das (bewusste) Streben auf das Ziel hin (z.B. Heckhausen u. Gollwitzer, 1987). Andere Autoren gehen davon aus, dass Ziele stets bewusst repräsentiert werden, während Intentionen unbewusste Strukturen und Prozesse sind, die diese Zielrepräsentationen in Verhalten umsetzen (Baars, 1988).

Im vorliegenden Buch wollen wir es zunächst einmal offen lassen, ob Intentionen und/oder Ziele notwendigerweise bewusst erlebt werden (▶ Abschn. 3.1), und verwenden infolgedessen die Begriffe »Intention« und »Ziel« austauschbar. Mit anderen Worten, wir verstehen Intentionen und Ziele vornehmlich als **funktional charakterisierte Zustände und Prozesse der Handlungssteuerung** und vernachlässigen die Art und Weise, wie die Zustände persönlich erfahren werden.

3.1 Funktion von Handlungszielen

Schon Ach (1910) hat angenommen, dass die Etablierung eines Handlungszieles, sei es infolge eigener Abwägung oder durch die Übernahme einer Aufgabe, eine »determinierende Tendenz« auf den Plan ruft. Die Repräsentation eines Zieles, so die Annahme, restrukturiert das kognitive Verarbeitungssystem und die an der Verarbeitung beteiligten Prozesse in einer Weise, die die Erreichung dieses Zieles ermöglicht. Wie soll man sich das vorstellen?

In seinen grundlegenden Arbeiten zur Willenspsychologie war Ach (1910, 1935) davon ausgegangen, dass sich der menschliche Wille im stetigen Widerstreit mit **Gewohnheiten** befindet. Wenn wir unseren Gewohnheiten folgen, so die Annahme, ist nur wenig Willenskraft erforderlich. Ach stellte sich Gewohnheiten als stark überlernte Reiz-Reaktions-Assoziation vor, die einmal von einem Reiz angestoßen mehr oder weniger automatisch die assoziierte Reaktion auslösen. Soll eine Gewohnheit jedoch durchbrochen werden, so ist das nach Ach nur durch eine starke Willensanstrengung möglich wie z.B. bei einem Raucher, der von seiner Sucht los kommen will. Zur Untersuchung dieses Zusammenhangs entwickelte Ach sein **»kombiniertes Verfahren«**. In einer ersten Versuchsphase erwarben dabei Versuchspersonen neue Reiz-Reaktions-Assoziationen, indem sie z.B. lernten, die Präsentation von sinnlosen Silben (z.B. »zup«) mit Reimen bzw. ähnlich klingenden Wörtern zu beantworten (»tup«). Nach einer ausgedehnten Übungsphase sollten die Versuchspersonen dieselben Reize mit anderen, neuen Reaktionen beantworten, z.B. mit Silbenumstellungen (»puz«). Wie vorhergesagt, fand Ach längerer Reaktionszeiten und mehr Fehler bei Reaktionen auf Silben, die zuvor mit einer anderen Reaktion gepaart waren als bei Reaktionen auf neue Silben. Er beobachtete auch starke intra- und interindividuelle Schwankungen in der Leistung, die er auf dynamische Veränderungen der Willensstärke und »Temperamentunterschiede« zurückführte.

Die Studien von Ach haben zu einem wahren Boom willenspsychologischer Untersuchungen geführt (Ach, 1935), aber da sämtliche Berichte darüber ausnahmslos in deutscher Sprache erschienen, war ihnen kein dauerhafter Einfluss auf die internationale Forschung beschieden. Aber auch inhaltliche Argumente schienen gegen die Konzeption vom gegen Gewohnheiten kämpfenden Willen zu sprechen. Lewin (1922) konnte die Ergebnisse von Ach (1910) nur unter sehr spezifischen Bedingungen replizieren, nämlich unter Bedingungen, die die Versuchspersonen ermutigten, sich sehr stark auf ihre neu erworbenen Gewohnheiten zu verlassen. Durch die Veränderung dieser Bedingungen versuchte Lewin, seine Versuchspersonen zu einer mehr intentional kontrollierten Verarbeitungsstrategie zu bewegen, und tatsächlich verschwanden die von Ach beobachteten Leistungsunterschiede zwischen der übungskongruenten und der übungsinkongruenten Bedingung. Lewin zufolge weisen diese Befunde auf die große Bedeutung der **Aufgabeneinstellung** (»task set«) hin, die offensichtlich einen direkten Einfluss auf das Ausmaß hat, in dem zuvor erworbene Assoziationen die Informationsverarbeitung beeinflussen.

3.1.1 Handlungsziel als Kontext

Nach einem langen Dornröschenschlaf ist das Verhältnis zwischen Wille und Gewohnheit oder, wie man mittlerweile sagt: zwischen intentionalen und automatischen Prozessen, wieder zum Diskussionsgegenstand geworden. Eines der ersten detaillierten Modelle, die sich mit dieser Frage beschäftigen, stammt von Cohen u. Huston (1994) (◘ Abb. 3.1) und heißt **Parallel-Distributed-Processing-Modell (PDP-Modell)** (Rumelhart u. McClelland, 1986). Es versucht anhand des Stroop-Effekts zu erklären, wie man verschiedene Reaktionen auf denselben Reiz ausführen kann. Der Stroop-Effekt tritt in Aufgaben auf, in der Versuchspersonen die Farbe von Farbwörtern benennen sollen (s. MacLeod, 1991). Dabei ist die Farbenennung einfacher, wenn Farbwort und Farbe kongruent sind (wenn man z.B. das in grün geschriebene Wort »grün« als »grün« benennen muss), als wenn sie inkongruent sind (wenn man das in grün geschriebene Wort »rot« als »grün« benennen muss). Offensichtlich induziert ein inkongruentes Wort zwei verschiedene Reaktionstendenzen (»grün« zu sagen und »rot« zu sagen), die miteinander in Widerstreit stehen und dadurch die Auswahl der richtigen Reaktion verzögern oder sogar die falsche Reaktion auslösen – wir erkennen hier unmittelbar die Logik von Achs (1910) kombinierten Verfahren. Das Problem beim Stroop-Effekt besteht also (wie bei Ach) darin, dass man mit demselben Reiz verschiedene, miteinander inkompatible Tätigkeiten ausführen kann.

Das PDP-Modell erklärt, wie man sich dabei für die eine oder andere Tätigkeit entscheiden kann und in welcher Weise inkongruente Reize die Reaktionsauswahl verzögern oder irreführen. ◘ Abb. 3.1 zeigt eine vereinfachte Version dieses Modells. Der Reiz besteht aus dem grün geschriebenen Wort »rot«. Die zwei aufgabenbezogenen Merkmale des Reizes (das Wort und seine Farbe) werden simultan in den jeweiligen Merkmalsdomänen verarbeitet, wo sie ihre entsprechenden Repräsentationen aktivieren. Diese Aktivierung wird dann über eine mittlere Relaisstation (»hidden units«) an die Reaktionsauswahl weitergeleitet, wo die entsprechenden (in diesem Fall verbalen) Reaktionen aktiviert werden.

Wenn das Modell keine weiteren Eigenschaften hätte, könnte man sich bei diesem Reiz niemals ent-

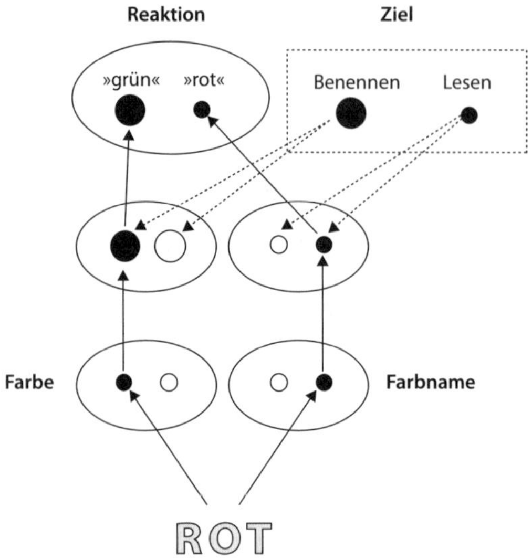

Abb. 3.1. PDP-Modell des Stroop-Effekts. (Nach Cohen u. Hudson 1994). [© 1994 Massachusetts Institute of Technology, by permission of the MIT Press]

scheiden, ob man nun »grün« oder »rot« sagen soll. Natürlich könnte man annehmen, dass dieses Modell Variabilität enthält, dass also manchmal die eine Reaktion und manchmal die anderen Reaktion gewinnt, z.B. weil manchmal die Farbe und manchmal der Farbname schneller verarbeitet oder die entsprechende Repräsentation stärker aktiviert wird. Aber das löst unser Problem nicht. Der Vorschlag von Cohen u. Huston besteht nun darin, den Verarbeitungsstrom auf der mittleren Ebene (also zwischen Reizidentifikation und Reaktionsauswahl) durch das **Handlungsziel** beeinflussen zu lassen. Wenn man das Ziel hat, die Farbe von Reizen zu benennen, dann unterstützt die Aktivierung dieses Zieles den Strom von Information von der Farbkodierung zur Reaktionsauswahl, nicht aber den Strom von Information von der Namenskodierung zur Reaktionsauswahl (s. die Pfeile mit gestrichelten Linien in ◘ Abb. 3.1). Mit anderen Worten, die **Farbe** eines Reizes hat einen stärkeren Einfluss auf die Auswahl der Reaktion als sein **Name**. Dementsprechend wird in unserem Fall die Reaktion »grün« stärker aktiviert als die Reaktion »rot«. Wenn man nun annimmt, dass der Einfluss des Farbnamens nicht völlig vermieden werden kann (z.B. weil die Reaktionen aus Farbnamen bestehen, weswegen sie nicht völlig ignoriert werden können), ist zu verstehen, warum inkongruente Reize die Reaktionsauswahl beeinträchtigen: Die richtige Reaktion wird zwar stärker aktiviert und schließlich gewinnen, aber auch die Durchsetzung gegen einen schwächeren Wettbewerber kostet Zeit. Das Modell kann auch erklären, wie man statt die Farbe zu benennen den Farbnamen lesen kann: Man aktiviert die Repräsentation des Zieles »Lesen«, was wiederum den Informationsstrom von der Namenskodierung zur Reaktionsauswahl stärker unterstützt als den Strom von der Farbkodierung zur Reaktionsauswahl.

3.1.2 Rolle des präfrontalen Kortex

Mittlerweile gibt es andere, z.T. bessere Modelle des Stroop-Effekts (MacLeod, 1991). Dennoch hat sich die allgemeine Idee von Cohen und Huston, dass Zielrepräsentationen zieldienliche Reiz-Reaktions-Verbindungen selektiv unterstützen, vielerorts bewährt (z.B. Gilbert u. Shallice, 2002). Sie ist u.a. gut vereinbar mit den Überlegungen von Ach (1910, 1935) und Lewin (1922): Im Einklang mit Ach befinden sich die von der Zielrepräsentation unterstützten Prozesse (der Wille) im Wettbewerb mit anderen, nicht unterstützten Assoziationen (den Gewohnheiten). Und im Einklang mit Lewin sind Bedingungen denkbar, unter denen die Unterstützung hinreichend stark ist, um den durch automatische Prozesse induzierten Konflikt auf ein Minimum zu beschränken.

Auch neurowissenschaftliche Untersuchungen sind **konsistent** mit dieser Idee (► Abschn. 2.6.1). Wie Miller u. Cohen (2001) aufzeigen, besitzt der präfrontale Kortex (PFC) eine Reihe von Attributen, die für die Repräsentation von Zielen im Sinne von Cohen und Huston erforderlich sind. Er ist u.a. in der Lage, neurale Repräsentationen selbstständig aktiv zu halten und gegen Störungen abzuschirmen, er hat die nötigen Verbindungen zu sensorischen und motorischen Zentren, und er verfügt über die hinreichende Plastizität, um kurzfristige Verbindungen schnell aufzubauen und an Veränderungen anzupassen.

Zudem haben Störungen präfrontaler Funktionen genau die **Auswirkungen**, die man aufgrund des Modells von Cohen u. Huston vorhersagen würde (▶ Abschn. 2.6.1): Patienten mit präfrontalen Läsionen neigen zur Ausführung gewohnter, reizinduzierter Handlungen und zur Perseveration (beharrliches Wiederholen von Bewegungen) (Milner, 1963), und sie haben große Schwierigkeiten bei der Farbbenennung in der Stroop-Aufgabe (Perrett, 1974). Besonders schwerwiegende Konsequenzen präfrontaler Läsionen wurden von Lhermitte (1983) berichtet. In dieser Studie konfrontierte er präfrontal geschädigte Patienten mit alltäglichen Objekten und beobachtete, dass die Patienten die Objekte unmittelbar und ohne jeden erkennbaren Grund benutzten: Papier und Bleistift induzierten unkontrollierbares Schreiben, Messer und Apfel spontanes Schälen und Essen, und Zigarette und Anzünder das Rauchen der Zigarette. Das Fehlen jeglicher Motive war offensichtlich, denn die Patienten aßen und tranken selbst unmittelbar nach dem Mittagessen, und sie setzten eine vor ihnen liegende Brille auch dann auf, wenn sie bereits eine trugen. Diese Beobachtungen legen in der Tat nahe, dass der präfrontale Kortex das Ausmaß kontrolliert, in dem Reize automatische Reaktionen hervorrufen, d.h. das Ausmaß, in dem überlernte Reiz-Reaktions-Assoziationen unser Verhalten bestimmen.

3.1.3 Kontrolle als Spezifikation von Kontrollparametern

Präfrontale Zielrepräsentationen beeinflussen also die Informationsverarbeitung durch die Unterstützung zieldienlicher Verbindungen zwischen Reizen und damit assoziierten Handlungen (s. auch Duncan, 2001). Wie aber tun sie das genau? Cohen u. Huston zufolge kontrollieren Zielrepräsentation weder die Identifikation von Reizen noch direkt die Auswahl von Handlungen, sondern den Informationsaustausch zwischen diesen beiden Funktionen. Zahlreiche empirische Beobachtungen lassen sich gut mit dieser Annahme vereinbaren, aber man kann sich fragen, ob Ziele nicht mehr bewirken können. Tatsächlich postulieren Logan u. Gordon (2001) in ihrem **Executive-Control-of-TVA-Modell (ECTVA-Modell)** (▶ Exkurs »ECTVA-Modell«) vier verschiedene Arten und Weisen, wie Ziele auf die Informationsverarbeitung Einfluss nehmen.

Die Implementierung eines Zieles im Arbeitsgedächtnis, so die Annahme, führt zur Spezifizierung von **vier variablen Kontrollparametern**: c, β, π und K (◘ Abb 3.2). Einer dieser Parameter legt fest, welche Kategorisierungen man vorzunehmen beabsichtigt (d.h. inwiefern und als was man Reizereignisse beurteilen möchte); ein zweiter bestimmt die Merkmale, die die handlungsrelevanten Reizereignisse kennzeichnen (d.h. an denen man handlungsrelevante Ereignisse erkennen kann); ein dritter beeinflusst, wie komplexe Reizereignisse perzeptuell strukturiert werden; ein vierter kontrolliert, ob man schnell und riskant oder langsam und präzise reagiert.

ECTVA ist keinesfalls als allgemeines Modell menschlichen Handelns gedacht, sondern gilt für die **Handlungskontrolle in Doppelaufgaben**. Ein allgemeineres Modell müsste wahrscheinlich wesentlich mehr Parameter enthalten. Aber ECTVA ist ein Schritt in die richtige Richtung, indem es die allgemein geteilte Überzeugung, dass Handlungsziele die Informationsverarbeitung beeinflussen, hinreichend konkretisiert, um sie im Detail empirisch überprüfen zu können.

Interessant erscheint auch die Frage, welche Beziehung zwischen dem PDP-Modell und dem ECTVA-Modell besteht. Obwohl keines der ursprünglichen Modellversionen an neuronale Strukturen gebunden war, lassen doch jüngere Arbeiten darauf schließen, dass diese Modelle kompatibel miteinander sind, dass man also ECTVA als eine detailreichere Version des PDP-Modells betrachten kann. Wie bereits erwähnt, gehen Miller u. Cohen (2001) davon aus, dass Handlungsziele im präfrontalen Kortex repräsentiert sind und von dort aus den Informationsfluss zwischen den sensorischen und motorischen Hirngebieten regulieren. Diese Vorstellung entspricht auch dem jüngsten Versuch von Bundesen et al. (2005), die funktionale TVA von Bundesen (1990), der Logan und Gordon ja zwei ihrer vier Parameter entnommen haben, in ein neuronales Modell zu überführen. Bundesen et al. gehen davon aus, dass die aufmerksamkeitsbezogenen Parameter β und π zwar Prozesse im visuellen System modulieren, selbst aber im präfrontalen Kortex festgelegt werden.

3

Exkurs

ECTVA-Modell

Das **Executive-Control-of-TVA-Modell (ECTVA-Modell)** (TVA steht für Theory of Visual Attention von Bundesen, 1990) stammt von Logan u. Gordon (2001) und geht davon aus, dass Handlungsinstruktionen (z.B. an eine Versuchsperson) im Arbeitsgedächtnis gespeichert werden (■ Abb. 3.2). Dort werden sie in verschiedene Kontrollparameter zerlegt, mit deren Hilfe untergeordnete kognitive Prozesse für die momentane Aufgabe zugeschnitten (bzw. parametrisiert) werden. Im Rahmen der für dieses Modell vorgesehenen Funktion (zur Erklärung von Handlungskontrolle in Doppelaufgaben) gehen die Autoren von zumindest vier Parametern aus.

Der **Parameter β** stammt aus Bundesens TVA (1990) und dient zur Bestimmung der in einer Aufgabe möglichen Kategorisierungen von Objekten, d.h. zur Kontrolle der Neigung, wahrgenommene Reize in einer bestimmten Weise zur kategorisieren. Nehmen Sie z.B. an, Sie haben den Auftrag, aus Ihrem Fenster zu schauen und bei jeder vorbeilaufenden Frau »weiblich« und bei jedem Mann »männlich« zu rufen. Dieser Auftrag verlangt also, Reize wenn möglich als »Frau« oder als »Mann« zu kategorisieren, sodass die β-Parameter der Frau- und Mann-Repräsentationen einen hohen Wert, alle anderen β-Parameter aber einen niedrigen Wert erhalten sollten.

Auch der **Parameter π** stammt aus der TVA. Er dient zur Auswahl handlungsrelevanter Objekte. Wenn Sie aus dem Fenster schauen, werden Sie natürlich nicht nur Menschen sehen, sondern auch Tiere, Autos und Fahrräder. Bevor Sie also einen Reiz zu kategorisieren versuchen, müssen Sie zunächst einmal die relevanten Reize heraussortieren. Im vorliegenden Fall sollten Sie sich also zunächst einmal ausschließlich auf Menschen konzentrieren (d.h. den π-Parameter für das Merkmal »Mensch« mit einem hohen Wert versehen) und nur dann, wenn Sie auch wirklich am Fenster vorbeilaufen (hoher Wert für das räumliche Merkmal »Straße«), diesen Reiz als »Frau« oder »Mann« kategorisieren.

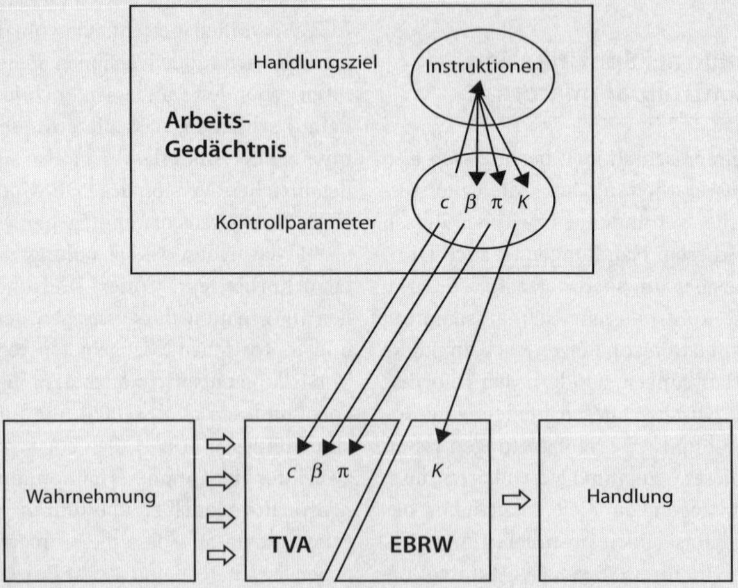

■ **Abb. 3.2.** ECTVA-Modell. (Aus Logan & Gordon, 2001. Reprinted with permission from APA. APA is not responsible for the accuracy of this translation)

▼

Der **Parameter c** erlaubt die Kontrolle über alternative perzeptuelle Organisationen komplexer Reize. Seine genaue Funktion lässt sich in der Kürze nicht vernünftig darstellen (s. Logan, 1996), aber die Grundidee ist intuitiv leicht zu erfassen. Komplexe Reizstrukturen erlauben es, die Korngröße oder den Fokus der Aufmerksamkeit zu verändern. In Ihrem Arbeitszimmer sitzend können Sie z.B. wahlweise das Zimmer als Ganzes, Ihren im Zimmer stehenden Schreibtisch, ein auf diesem Schreibtisch befindliches Buch, eine auf diesem Buch befindliche Aufschrift, einen Buchstaben dieser Aufschrift oder einen Teil dieses Buchstabens beachten. Je nachdem, wie Sie Ihre Aufmerksamkeit einstellen, wird es Ihnen leichter oder schwerer fallen, bestimmte Merkmale zu registrieren. Der Parameter c ist ein Maß dafür, er hängt also teils von der gewählten perzeptuellen Organisation (und diese wiederum vom Handlungsziel) und teils vom perzeptuell organisierten Reizkomplex ab.

Der **Parameter K** entstammt dem Entscheidungsmodell von Nosofsky u. Palmeri (1997). Moderne Entscheidungsmodelle gehen davon aus, dass Menschen in einem Entscheidungskonflikt Evidenz für die eine oder andere Reaktionsalternative suchen und das Ausmaß der gefundenen Evidenz aufsummieren. Wenn Sie z.B. wieder einmal damit beschäftigt sind, das Geschlecht der an Ihrem Fenster vorbeilaufenden Menschen zu bestimmen, dann wird es oft ein wenig dauern, bis Sie die richtige Reaktion bestimmt haben. Unbewusst verarbeiten Sie in dieser Zeit eine Fülle von Reizmerkmalen, die manchmal für die eine Reaktion sprechen und manchmal für die andere. Tatsächlich gibt es wenige Reize, die so eindeutig sind, dass sie nur für eine Reaktion sprechen. Denken Sie z.B. an die Haarlänge, die über verschiedene Generationen und Modewellen hinweg sehr unterschiedlich mit dem Geschlecht korreliert ist. Wenn man annimmt, dass jeder Bruchteil an Evidenz für eine bestimmte Reaktion den Aktivierungsgrad ihrer Repräsentation erhöht, dann bedeutet dies, dass bei fast jeder Entscheidung mehr als eine Reaktionsrepräsentation aktiviert ist. Daher wäre es unvernünftig, bereits bei der ersten besten Reaktionstendenz zu reagieren. Täte man das, würde man stets auf das am schnellsten verarbeitete, aber nicht unbedingt auf das informativste Merkmal reagieren. Bessere Reaktionen kommen zu Stande, wenn man eine gewisse Menge an Evidenz akkumuliert und dann diejenige Reaktion ausführt, deren Repräsentation am stärksten aktiviert ist. Idealerweise ist die Repräsentation dieser Reaktion viel stärker aktiviert als die der alternativen Reaktionen, denn in diesem Fall können Sie relativ sicher sein, dass sich um die richtige Reaktion handelt.

Aber was heißt schon »viel«? Hier kommt der Parameter K ins Spiel. Nosofsky u. Palmeri (1997) verwenden ihn, um »viel« zu quantifizieren, d.h. um zu bestimmen, um wie viel Einheiten die Repräsentation einer Reaktion stärker als ihre Alternativen aktiviert sein muss, um ausgewählt zu werden. Ist der Wert des Parameters klein, dann genügt die erstbeste Aktivierung. Ist er groß, dann muss schon sehr viel Evidenz für eine Reaktion sprechen, um sie auszuwählen. Logan u. Gordon (2001) nehmen nun an, dass handelnde Personen den Wert des Parameters K an ihr momentanes Handlungsziel anpassen können, also z.B. vorsichtig agieren (hoher Wert von K) oder eher schnell (geringer Wert).

3.1.4 Handlungsziel als globaler Vermittler

Bislang sind wir von Situationen ausgegangen, in denen die Handlungsziele eindeutig definiert sind, in denen die handelnde Person genau weiß, was sie zu erwarten hat, mit welchen Reizen sie konfrontiert werden wird und wie darauf zu reagieren ist. Diese Situationen gibt es, aber sie sind nicht sehr häufig. Was wir häufiger erleben, sind Situationen, in denen ein Handlungsziel zunächst einmal **vage definiert** ist und erst durch die Verarbeitung situativer Bedingungen und weiteres Nachdenken zunehmend präziser wird. Wenn wir z.B. einen Bekannten, den wir viele Jahre nicht gesehen haben, in einem Café suchen, dann haben wir zunächst vielleicht noch keine genaue Vorstellung davon, wie wir ihn am besten von den anderen Gästen unterscheiden können (weil wir nicht wissen konnten, dass er zwischenzeitlich ergraut ist und eine Brille trägt), wie wir das Café am zweckmäßigsten absuchen sollen und wie genau wir reagieren werden, wenn wir ihn schließlich finden. Wir können also in diesem Fall die ECTVA-Parameter c, π und K nur ungenügend spezifizieren. Situationen dieser Art sind der Ausgangspunkt von Baars' (1988) **Theorie des globalen Arbeitsraumes (Global-Workspace-Theory, GWT)**.

Die GWT folgt der Annahme von James (1890), dass das konkrete Handlungsziel stets **bewusst** ist. Bewusste Inhalte befinden sich im sog. **globalen Arbeitsraum** (»global workspace«; (◘ Abb. 3.3a), der im Wesentlichen zwei Funktionen hat. Erstens beeinflusst sein Inhalt die Arbeitsweise von parallel arbeitenden »spezialisierten Prozessoren«, wobei es sich um die Gesamtheit aller angeborenen oder erworbenen kognitiven Fertigkeiten handelt, also um die ausführenden Prozesse der untersten Ebene unseres Arbeitsmodells (◘ Abb. 1.2). In dieser Hinsicht gleicht Baars' Modell den anderen, bisher besprochenen Modellen: Ziele strukturieren die Informationsverarbeitung.

Die zweite Funktion des globalen Arbeitsraumes ist jedoch neu. Da die spezialisierten Prozessoren modular organisiert sind, können sie Informationen zwar bearbeiten und weiterleiten, sich aber nicht direkt mit anderen Prozessoren austauschen. Dieser Austausch funktioniert indirekt über den globalen Arbeitsraum, zu dem die spezialisierten Prozessoren ihre Ergebnisse weiterleiten und sie dort für den gesamten kognitiven Apparat und alle beteiligten Modulen erreichbar zur Verfügung stellen. Die spezialisierten Prozessoren sind sozusagen die **Betriebe**, die Information in kognitive Produkte umwandeln, ohne dabei mögliche Interessenten in ihre Produktionsgeheimnisse einzuweihen, und der globale Arbeitsraum ist der **Markt**, auf dem die fertigen Produkte offen zur Schau gestellt und zum Kauf angeboten werden. Da der globale Arbeitsraum global ist und zum Informationsaustausch zwischen Modulen dient, ist seine Kapazität auf einen Inhalt, ein Ereignis bzw. einen Sachverhalt begrenzt, anderenfalls könnte sich ja kein Modul »sicher sein«, über welches Ereignis gerade kommuniziert wird. Baars zufolge passt das gut zu der Tatsache, dass auch unser Bewusstsein nicht mehr als einen Inhalt zugleich haben kann.

Interessant und innovativ an der GWT ist die Annahme, dass die im globalen Arbeitsraum repräsentierten Handlungsziele **kontinuierlich angepasst** werden können. Sie werden durch eine zunehmend abstrakte, ineinander verschachtelte Zielhierarchie bestimmt, die von relativ konkreten Oberzielen (z.B. »Mach' es ohne Fehler!«) bis zu sehr vagen Lebenszielen reichen kann (z.B. »Genieße das Leben!«). ◘ Abb. 3.3b gibt ein Beispiel für eine verbale Handlung (»Ich möchte ein Eis!«). Die Zielhierarchie reicht hier von einer allgemeinen Äußerungsintention (man möchte einen bestimmten Wunsch ausdrücken), über situative und sprachbedingte Handlungsbedingungen, die übrigens in der GWT alle unbewusst repräsentiert sind, bis hin zur konkreten, bewussten »Zielvorstellung« (»goal image«), die letztlich die Arbeit der spezialisierten Prozessoren organisiert. Darüber hinaus werden Ziele aber auch von den Ergebnissen der spezialisierten Prozessoren beeinflusst (► Exkurs »Entscheiden in der Global-Workspace-Theorie«).

3.2 Repräsentation von Handlungszielen

Bei unserer Diskussion der Funktion von Handlungszielen haben wir bislang offen gelassen, was ein **Handlungsziel** eigentlich ist. In dem PDP-Mo-

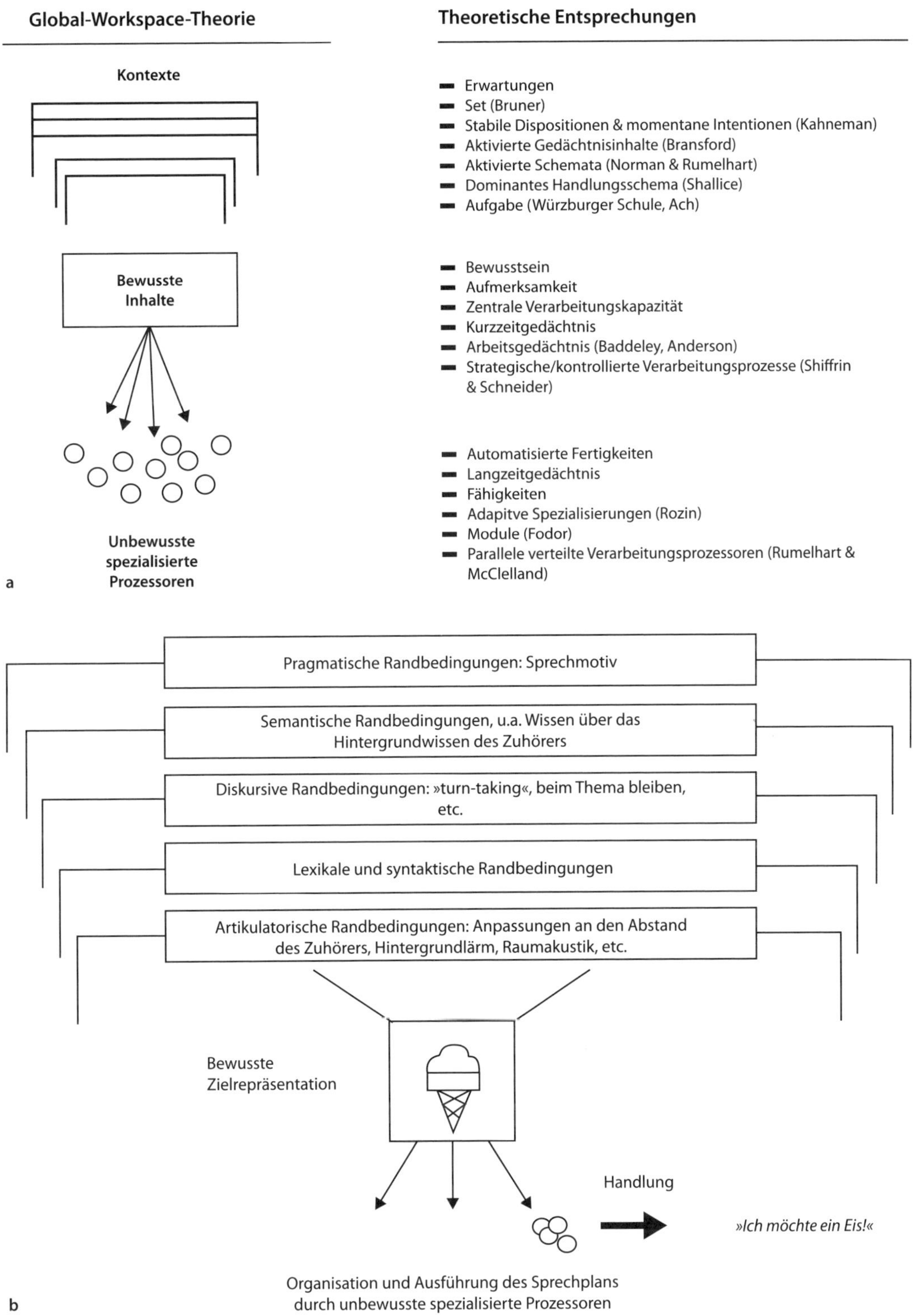

Abb. 3.3. Global-Workspace-Theorie

3

Exkurs

Entscheiden in der Global-Workspace-Theorie

In der **Global-Workspace-Theorie (GWT)** von Baars (1988) werden Ziele nicht nur von übergeordneten Prozessen (»top-down«) beeinflusst, sondern auch von den Ergebnissen der spezialisierten Prozessoren – schließlich befindet sich die Zielvorstellung im globalen Arbeitsraum. Ein Beispiel ist die Entscheidung zwischen zwei **Alternativen**, z.B. für eine von zwei Reaktionen in einem psychologischen Experiment.

Derartige **Entscheidungen** treffen wir innerhalb von 100 ms oder schneller, was ausgiebige Abwägungen ausschließt. Meist sind wir uns zwar der möglichen Alternativen bewusst, wir können aber nur wenig darüber sagen, warum wir uns schließlich für die eine oder andere Alternative entscheiden. Bei der Diskussion von Mechanismen der Reaktionsauswahl im Entscheidungsmodell von Nosofsky u. Palmeri (1997) und in ECTVA (s.o.) wurde bereits erörtert, wie solche Entscheidungen zu Stande kommen könnten: Jede von Wahrnehmungs- oder anderen Prozessen registrierte Evidenz für die eine oder andere Reaktionsalternative erhöht den Aktivierungsgrad von deren Repräsentation, bis schließlich eine Repräsentation das gesetzte Kriterium erreicht und die zugehörige Reaktion ausgeführt wird.

In der GWT lässt sich dieser **Prozess** in der in ◘ Abb. 3.4 gezeigten Weise darstellen. Die zwei Alternativen A und B befinden sich im globalen Arbeitsraum, sind also prinzipiell bewusstseinsfähig. Da aber die bewusste Repräsentation in ihrer Kapazität beschränkt ist, befinden sich die zwei Alternativen in einem dynamischen Konflikt, kämpfen also um die Vorherrschaft. Der Ausgang dieses Konfliktes hängt davon ab, wie viel **Unterstützung** die Alternativen durch die Arbeitsergebnisse der spezialisierten Prozessoren erhalten (die im Sinne von Nosofsky und Palmeri kontinuierlich Evidenz akkumulieren). Im gezeigten Beispiel erhält die Alternative A die meiste Unterstützung, gewinnt die Oberhand im globalen Arbeitsraum (und damit im Bewusstsein) und bewirkt dadurch schließlich die Ausführung der Reaktion A.

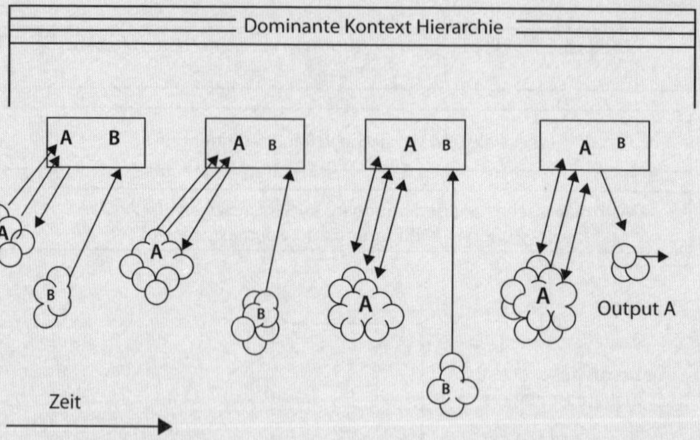

◘ **Abb. 3.4.** Einfluss des Kontextes auf die Entscheidung aus Sicht der Global-Workspace-Theorie dell besteht das Handlungsziel z.B. aus wenig mehr als einem repräsentationalen Kode (beispielsweise ‚Farbe benennen' in der Stroop-Aufgabe), dessen Funktion innerhalb des dargestellten Netzwerks (nämlich den Informationsstrom von der Farbkodierung zur Reaktionsauswahl stärker zu unterstützen als den Strom von der Namenskodierung zur Reaktionsauswahl) viel eindeutiger ist als sein eigentlicher Inhalt. Andere Ansätze und Modelle der Handlungssteuerung sind nicht expliziter, wie sehr auch die integrative Bedeutung von Handlungszielen betont wird. In Bezug auf den **Inhalt** von Handlungszielen drängen sich v.a. zwei Fragen auf:

- In welchem Format sind Handlungsziele repräsentiert? Müssen sie z.B. sensorischer Natur sein, wie die Diskussion der GWT nahe legt, oder dürfen sie auch abstrakt sein?
- Müssen Handlungsziele wirklich bewusst repräsentiert sein, um Einfluss auf die Informationsverarbeitung nehmen zu können?

3.2.1 Rolle des Bewusstseins

Wenn es um Handlungskontrolle geht, nehmen die meisten Menschen (unter ihnen auch die meisten Autoren psychologischer Theorien) implizit oder explizit an, dass effektive Handlungsziele notwendigerweise **bewusst** sein müssen (z.B. Atkinson u. Shiffrin, 1968; Baars, 1988; Norman u. Shallice, 1986; Umiltà, 1988). Nicht selten scheint die Verbindung zwischen Bewusstsein und Handlungskontrolle so evident, dass Autoren stets von »bewusster Kontrolle« sprechen, als ob schon die Idee unbewusster Kontrolle abwegig wäre. Norman u. Shallice (1986) kontrastieren z.B. automatische, reizgetriebene Handlungen mit Handlungen, die unter »willkürlicher bewusster Kontrolle« (»deliberate conscious control«) stehen, und die einzigen kontrollbezogenen Einträge im Stichwortverzeichnis von Johnson u. Proctors (2004) Lehrbuch der Aufmerksamkeit sind »controlled and automatic processing« und »conscious control«, was zu implizieren scheint, dass Handlungsziele bewusst repräsentiert sein müssen, um Einfluss auf die Informationsverarbeitung nehmen zu können. Sicher ist es nicht unplausibel, anzunehmen, dass uns unsere Handlungsziele stets bewusst sind, aber stimmt das auch?

Wegner (2002) hat zahlreiche Argumente zusammengetragen, die diese Möglichkeit in Zweifel ziehen. Wenn zielgerichtete Handlungen und das Bewusstsein, zielgerichtet zu handeln, notwendigerweise zusammengehören, so sein Argument, dann müsste es unmöglich sein,

- zielgerichtet zu handeln, ohne sich dessen bewusst zu sein und
- nur zu glauben, zielgerichtet zu handeln, ohne es tatsächlich zu tun.

Tatsächlich zeigen aber zahlreiche Beispiele, dass dies sehr wohl möglich zu sein scheint.

Beispiele für die Fähigkeit, ohne bewusst repräsentiertes Ziel zu handeln, stammen aus Beobachtungen sog. **Automatismen**. Zahlreiche Autoren haben beispielsweise von Personen mit der Neigung zum »automatischen Schreiben« berichtet (Übersichten bei Hilgard, 1986; Koutstaal, 1992). Solche Personen fertigen wiederholt kürzere oder längere handschriftlicher Texte an, ohne sich selbst über den Inhalt und Grund dieses Verhaltens klar zu sein. Oft sind sie überzeugt davon, dass sie von einem »Agenten« oder einer »höheren Macht« zur Übermittlung von Botschaften missbraucht werden. Mattison (1855, S. 63) z.B. zitiert einen automatischen Schreiber wie folgt: »My hand was frequently used, by some power and intelligence entirely foreign to my own, to write upon subjects of which I was uninformed, and in which I felt little or no interest« (»Häufig hat eine fremde Macht meine Hand benutzt, um über Dinge zu schreiben, von denen ich nichts wusste und die mich nur wenig oder gar nicht interessierten«). Ähnliche Beobachtungen sind an Patienten gemacht worden, die unter dem anarchischen Handsyndrom leiden (► Abschn. 2.3). Diese neuropsychologische Störung führt dazu, dass der Patient normale Empfindungen in der betroffenen Hand hat, aber überzeugt ist, dass sie nicht zu seinem eigenen Körper gehört und nicht von ihm selbst kontrolliert werden kann. Tatsächlich »verhält« sich die Hand auch unproduktiv und unabhängig vom sonstigen Körper des Patienten, in einigen Fällen treten sogar Angriffe der Hand auf den Patienten auf. Diese und eine Fülle weiterer Beispiele (Wegner, 2002) legen nahe, dass zielgerichtete Handlungen wie z.B. das Schreiben eines Textes, der bewussten Repräsentation des Handlungszieles nicht bedürfen.

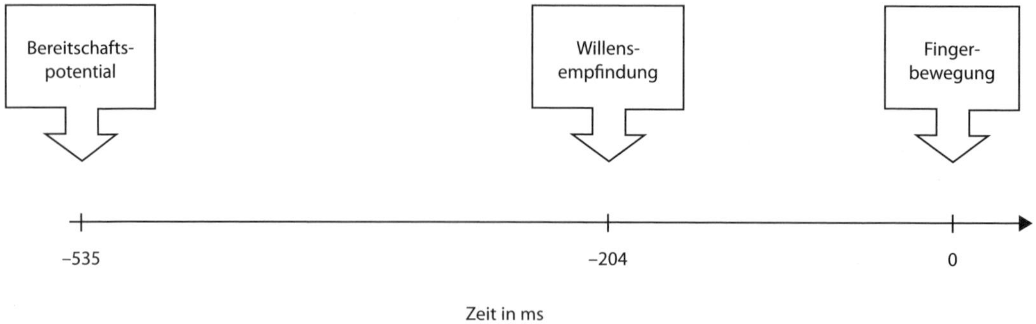

Abb. 3.5. Zeitliche Relationen zwischen elektrophysiologischen, intentionalen und motorischen Aspekten der Handlungen im Experiment von Libet

Eine vergleichbare Schlussfolgerung erlaubt ein berühmt gewordenes Experiment von Libet et al. (1983). In diesem Experiment hatten Versuchspersonen die Aufgabe, zu einem beliebigen, selbst gewählten Zeitpunkt ihre Finger zu heben. Dabei wurde der Zeitpunkt gemessen, zu dem die Personen ihre Intention bildeten, den Finger zu heben. Zu diesem Zweck sahen sie einen sich im Kreis drehenden Zeiger (eine Art superschnelle Uhr) und gaben nach der jeweiligen Bewegung die Zeigerposition (die »Uhrzeit«) an, zu der sie ihre Intention gebildet hatten. Zudem wurde mithilfe von EEG-Elektroden das sog. Bereitschaftspotenzial gemessen, ein kortikales Signal, das systematisch einige hundert Millisekunden vor dem Beginn willkürlicher Bewegungen auftritt (Kornhuber u. Deecke, 1965). Abb. 3.5 zeigt die mittleren Zeitpunkte, zu denen das Bereitschaftspotenzial und die Willensempfindung relativ zur gemessenen Fingerbewegung auftraten. Wenig überraschend kündigt das Bereitschaftspotenzial die Bewegung ungefähr eine halbe Sekunde vorher an. Umso mehr überraschend ist jedoch die Beobachtung, dass der physiologisch messbare Handlungsbeginn der Intention **zeitlich deutlich vorausgeht**: Die Probanden begannen also mit der Vorbereitung der Handlung lange, bevor sie diese ausführen wollten. Mit der Überlegung, dass Handlungsziele bewusst sein müssen, um Handlungen zu kontrollieren, ist dies kaum zu vereinbaren.

Andere Beispiele zeigen, dass es möglich zu sein scheint, **nur zu glauben**, zielgerichtet zu handeln, ohne es aber tatsächlich zu tun. Ein besonders dramatisches, wenn auch vielleicht nicht besonders repräsentatives Beispiel sind die Berichte von Menschen mit amputierten Gliedmaßen. In einer Studie mit 300 Betroffenen (Henderson u. Smyth, 1948) berichteten 98 Prozent über die Erfahrung von Bewegungen der amputierten Glieder (»phantom limbs«). Die erfahrenen Bewegungen können unwillkürlich oder willkürlich sein, und sie können sich auch auf alle möglichen Gliedmaßen (Finger, Ellenbogen, Arme, Zehen oder Beine) und Bewegungsformen beziehen.

Ähnliche Kontrollillusionen lassen sich auch bei unversehrten Probanden herstellen. Nielsen (1963) bat seine Versuchspersonen, Handschuhe anzuziehen und mithilfe eines Stiftes Figuren nachzuzeichnen. Die Bewegungen wurden innerhalb eines Kastens ausgeführt, und die Versuchspersonen konnten ihre eigene Hand nur von oben, durch ein Loch in dem Kasten sehen. Das glaubten sie zumindest. In Wirklichkeit sahen sie nämlich in einen Spiegel, der ihren Blick auf die ebenfalls behandschuhte Hand des Versuchsleiters »umleitete«. Der Versuchsleiter führte dieselben Zeichenbewegungen aus wie die Versuchspersonen, wich aber in einigen Fällen von der korrekten Zeichenlinie ab, was die Versuchspersonen sofort durch kompensatorische Bewegungen zu korrigieren versuchten. Mit anderen Worten, die Versuchspersonen hielten die Bewegungen des Versuchsleiters tatsächlich für ihre eigenen.

Ein weiteres Beispiel stammt von Delgado (1969), der in der Lage war, den motorischen Kortex von Patienten am offenen Gehirn zu stimulieren. Die Stimulation bewirkte Kopf- und Körperbewe-

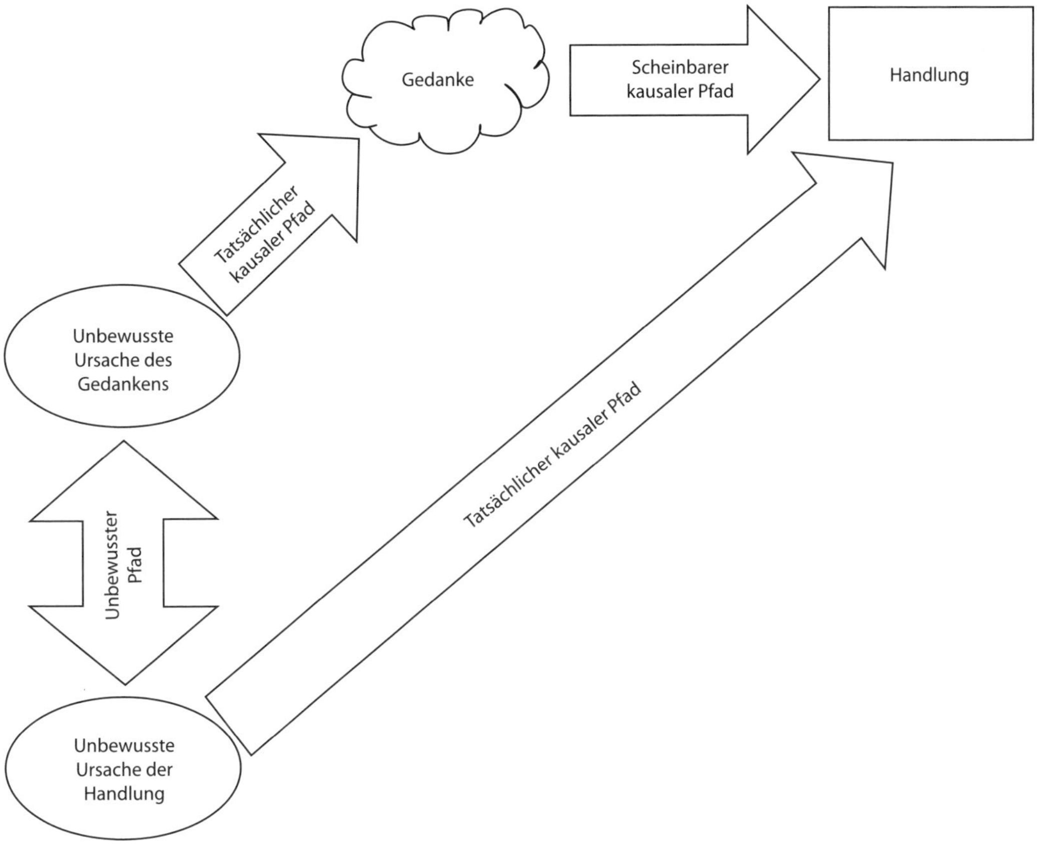

Abb. 3.6. Theorie von der Parallelität erlebter und tatsächlicher Kausalität beim menschlichen Handeln). (Aus Wegner, 2002. © 2002 Massachusetts Institute of Technology, by permission of the MIT Press)

gungen zu der einen oder anderen Seite. Delgado fragte die Patienten unmittelbar nach der Bewegung, warum sie sie ausgeführt hatten. Interessanterweise gaben die Patienten stets plausible Gründe an wie z.B. dass sie nach ihren Hausschuhen oder der Ursache eines Geräusches gesucht hätten oder unter ihr Bett sehen wollten.

Wegner (2002) weist daraufhin, dass diese Beispiele nicht mit der Annahme einer notwendigen Beziehung zwischen dem bewussten Erleben eines Handlungszieles oder eines Willensimpulses und dem Ausführen einer zielgerichteten Handlung im Einklang stehen. Zielerleben und Handlungskontrolle sind zweifellos hoch korreliert, aber sie stehen Wegner zufolge nicht in einem direkten kausalen Zusammenhang. Sein Gegenentwurf ist in Abb. 3.6 skizziert. Die kritische Annahme besteht darin, dass es sich bei dem Erleben einer Intention (»thought«) und der Ausführung einer Handlung (»action«) um zwei Prozesse handelt, die **unabhängig** voneinander verursacht werden. Das Haben einer Intention ist demnach nicht der ursächliche Grund für die Handlung. Wegner hält es allerdings für möglich, dass die eigentlichen Ursachen dieser beiden Prozesse (»unconscious cause of thought« und »unconscious cause of action«) miteinander kommunizieren, sodass die Ausführung einer Handlung i.d.R. mit dem Erleben einer Intention einhergeht. Berücksichtigt man nun, dass die Handlungsausführung normalerweise erst nach dem Beginn des Intentionserlebens abgeschlossen ist und das Handlungsergebnis erst dann wahrgenommen werden kann, dann sind die meisten Handlungen von der Ereignissequenz »Intention führt zu Handlungseffekt« begleitet. Aus Untersuchungen zur kausalen Wahrnehmung (z.B. Heider u. Simmel,

1944) wissen wir, dass derartige Ereignissequenzen spontan auch dann im Sinne einer **kausalen Beziehungen** interpretiert werden, wenn die betreffenden Ereignisse bloß miteinander korreliert sind (d.h. auch unabhängig voneinander vorkommen können). Somit ist es wenig erstaunlich, dass Menschen die Neigung haben, ihre Intentionen als Ursache ihrer Handlungen zu begreifen. Wenn Wegner aber Recht hat, dann ist die Neigung unbegründet.

Es wird nicht überraschen, dass dieser radikale theoretische Ansatz skeptische Reaktionen ausgelöst hat (z.B. Haggard, 2005). Und nicht etwa, weil der zugrunde liegende Gedanke vollkommen neu wäre: Bereits Münsterberg (1888) und Ziehen (1927) hatten die Möglichkeit erwogen, dass die wesentlichen Faktoren unserer Handlungskontrolle **unbewusster Natur** sind. Aber unserer Intuition entspricht dies eben nicht. Jedoch gibt es auch noch bessere Argumente, zunächst einmal skeptisch zu bleiben. So lässt Wegner z.B. vollkommen offen, wie, bei welcher Gelegenheit und durch welche Faktoren Handlungen und Intentionserlebnisse ausgelöst werden. Nehmen wir z.B. an, die ursächlichen Prozesse wären untrennbar miteinander verknüpft oder sogar identisch, d.h. Handlungen und Intentionserlebnisse hätte dieselbe Ursache. Einerseits wäre dann Wegners Annahme, dass das Erleben einer Intention für die Handlung nicht ursächlich ist, noch korrekt. Andererseits wäre es dann auch zutreffend, die identifizierte Ursache als Intention, Willensimpuls oder Handlungsziel zu bezeichnen und anzunehmen, dass das »Haben« oder Aktivieren einer Intention in kausaler Hinsicht relevanter ist als ihr Erleben. Intentionen wäre dann die Ursache menschlichen Handelns, ob sie nun bewusst oder unbewusst sind.

Auch mit der GWT von Baars (1988) ist Wegners Ansatz nicht inkompatibel. Baars postuliert einen engen Zusammenhang zwischen der bewussten Repräsentation eines Handlungszieles und seiner globalen Zugänglichkeit. Die aus Wegners Sicht kritische Frage ist dabei, **wie eng** dieser Zusammenhang eigentlich ist. Es wäre z.B. denkbar, dass Ziele tatsächlich nur dann oder v.a. dann Kontrolle über die Handlungssteuerung erhalten, wenn sie im globalen Arbeitsraum repräsentiert sind (ganz wie Baars annimmt) und dass mit dieser Art der globalen Repräsentation die Wahrscheinlichkeit zunimmt, bewusst repräsentiert zu werden, dass aber das bewusste Erleben selbst in diesem Prozess keine ursächliche Rolle spielt. Mit anderen Worten, vielleicht ist die globale Repräsentation wichtiger als die Frage, ob damit bewusstes Erleben verbunden ist. Diese Möglichkeit empirisch zu untersuchen ist natürlich schwierig, aber nicht unmöglich. Wenn es z.B. gelänge, einen zuverlässigen neuronalen Indikator für einen globalen Verarbeitungsmodus zu finden, dann ließe sich ermitteln, ob dieser Verarbeitungsmodus ausschließlich in Begleitung bewusster Erfahrungen auftritt (wie Baars annimmt), oder ob Ausnahmen möglich sind (was ein Ansatz im Sinne von Wegner nahe legt). Tatsächlich ist es Gross et al. (2004) kürzlich gelungen, Evidenz für globale Informationsverarbeitung mithilfe von magnetoencephalographischen Methoden nachzuweisen. Die Herausforderung besteht nun darin, derartige Methoden systematisch mit zuverlässigen Messungen bewussten Erlebens zu kombinieren.

3.2.2 Format von Zielrepräsentationen

Wenden wir uns nun der Frage zu wie, d.h. in welchem Format Handlungsziele eigentlich repräsentiert sind. Im Rahmen unserer Diskussion der GWT sind wir bereits der Annahme begegnet, dass konkrete Ziele innerhalb eines möglicherweise komplex strukturierten und hierarchisch verschachtelten Systems abstrakterer Ziele definiert sind (◘ Abb. 3.3b). Wir verfolgen demnach viele allgemeinere Ziele zugleich und stellen (meistens) sicher, dass diese miteinander konsistent sind. Das konkreteste Ziel, d.h. dasjenige, das schließlich in den globalen Arbeitsraum gelangt, ist in der GWT jedoch immer **sensorisch** definiert. Es bezieht sich also auf die wahrnehmbaren Effekte einer Bewegung wie z.B. auf den gefühlten Druck, den hörbaren Klick und die sichtbare Bewegung einer Taste, mit deren Hilfe man die Zimmerbeleuchtung einschaltet. Der Umstand, dass Ziele in der GWT immer sensorisch definiert sind, erklärt sich aus der Tatsache, dass die GWT in der von Herbart (1825), Lotze (1852), Carpenter (1852) und James (1890) begründeten ideomotorischen Denktradition steht (► Abschn. 1.2; s. Stock u. Stock, 2004 für einen breiten historischen Überblick).

Ideomotorische Theorien wollen erklären, wie man eine willkürliche Handlung ausführen kann, obwohl man doch so wenig von seinem eigenen motorischen Apparat versteht. So jedenfalls sah Lotze (1852) das wesentliche theoretische Problem, angeregt durch die Arbeiten von Herbart (1825). Folgerichtig ging er davon aus, dass der Erwerb der Handlungskontrolle nicht etwa darin besteht, den eigenen Körper dem Willen gefügig zu machen oder mehr Einsicht in sein eigenes motorisches Funktionieren zu erlangen. Vielmehr nimmt man gegenüber seinem eigenen Verhalten eine Art **Beobachterrolle** ein und studiert die Beziehung zwischen seinen eigenen mentalen Ausgangsbedingungen (Wahrnehmungen, Konklusionen, Gefühle usw.) und den daraus resultierenden, zunächst einmal reflexhaften motorischen Akten (■ Abb. 3.7). Auf diese Weise lernen wir (meistens wohl unbewusst), dass wir z.B. auf die Wahrnehmung eines bestimmten sensorischen Ereignisses (s_1) mit einer bestimmten motorischen Bewegung reagieren (m_a), d.h. wir registrierenbestimmteEreignis-Bewegungs-Sequenzen ($s_1 \rightarrow m_a$, $s_2 \rightarrow m_b$, usw.). Wohlgemerkt, das Verhalten, das wir zu Beginn (etwa als sich entwickelndes Kind oder Anfänger in einer Sportart) an uns selbst beobachten, ist nicht willkürlich, sondern **reflexhaft**, da wir ja noch nicht wissen, wie wir die beobachteten Reaktionen intentional erzeugen können. Der Erwerb der Reiz-Reaktions-Regeln bietet dazu jedoch eine Gelegenheit: Wenn wir einmal gelernt haben, dass die Bewegung m_a regelmäßig von der Wahrnehmung eines bestimmten Reizes s_1 hervorgerufen wird, brauchen wir diesen Reiz bloß mental zu simulieren (ihn uns vorzustellen), um m_a intentional zu generieren. Man überredet sozusagen das eigene motorische System, bestimmte, intendierte Akte zu erzeugen, indem man diejenigen Ausgangsbedingungen herstellt, auf die das System gewöhnlich mit genau diesen Akten reagiert. In Lotzes eigenen Worten:

»Hier wie überall kann daher der Wille nur jene inneren psychischen Zustände erzeugen, welche der Naturlauf zu Anfangspunkten der Wirkung nach außen bestimmt hat; die Ausführung der Wirkung dagegen muss er der eigenen unwillkührlichen Kraft überlassen, mit der jene Zustände ihre Folgen herbeizuführen genöthigt sind« (Lotze, 1852, S. 301).

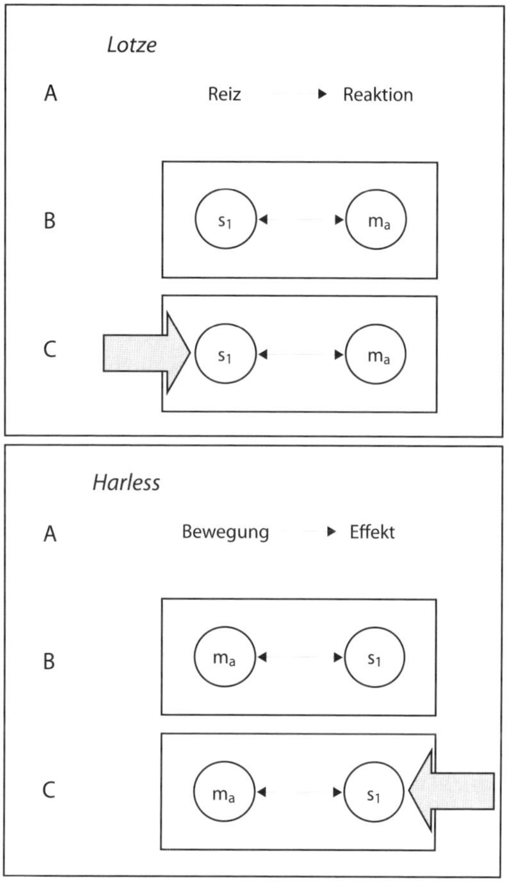

■ **Abb. 3.7.** Erwerb intentionalen Handelns

Harless (1861) fokussierte mehr auf den eigentlichen Lernprozess, d.h. auf den **Erwerb intentionalen Handelns**. Er stimmte mit Lotze überein, dass das motorische System zunächst nicht direkt kontrollierbar ist, sondern schon pränatal zufällige oder reflexhafte Bewegungen generiert. Auch er glaubte, dass der Erwerb der Regelhaftigkeit dieser Bewegungen und ihrer sensorischen Begleiterscheinungen wesentlich für die intentionale Handlungssteuerung sind. Während Lotze jedoch v.a. die sensorischen Ausgangssituationen diskutierte, d.h. die den Bewegungen vorausgehenden Ereignisse, richtete sich das Interesse von Harless auf die wahrgenommenen Bewegungseffekte, d.h. auf die durch die Bewegungen hervorgebrachten Ereignisse. Wir lernen also, dass die Ausführung einer bestimmten

Bewegung (m_a) regelmäßig bestimmte Wahrnehmungen hervorruft (s_1), dass z.B. die Bewegung eines Fingers ganz bestimmte visuelle und kinästhetische, oft auch taktile und auditive Wahrnehmungen erzeugt. Das wiederholte Registrieren solcher Bewegungs-Ereignis-Sequenzen ($m_1 \rightarrow s_a$, $m_2 \rightarrow s_b$, usw.) führt laut Harless zur Bildung von bidirektionalen Bewegungs-Effekt-Assoziationen ($m_1 \leftrightarrow s_a$, $m_2 \leftrightarrow s_b$, usw.). Dies erlaubt uns dann, den Spieß sozusagen umzudrehen Wir können uns einen erwünschten Handlungseffekt (d.h. die angestrebte Wahrnehmung) vorstellen und dadurch die damit assoziierte Bewegung nun intentional hervorrufen. In modernerer Terminologie könnte man sagen, dass der Erwerb von Assoziationen zwischen motorischen Mustern und ihren sensorischen Effekten die Repräsentationen dieser Effekte zu Abrufreizen (»retrieval cues«, »primes«) der motorischen Muster macht. Wir brauchen also weiter gar nichts über unser motorisches System zu wissen und motorische Muster gar nicht direkt zu aktivieren, wir aktivieren lediglich die Repräsentation eines gewünschten Effektes (d.h. dessen, was wir mit der gesuchten Handlung erreichen wollen). Diese Aktivierung wird dann automatisch an das assoziierte motorische Muster »durchgereicht«.

Der Ansatz von Harless stellt die Basis für das von James (1890) popularisierte **ideomotorische Prinzip** dar, das lange Zeit in Vergessenheit geraten war und erst kürzlich wieder als Grundlage für Modelle der intentionalen Handlungskontrolle entdeckt wurde (Baars, 1988; Greenwald, 1970; Hommel et al., 2001). Vor dem Hintergrund dieses Prinzips leuchtet ein, warum das konkrete, handlungssteuernde Handlungsziel in Baars' GWT sensorisch definiert ist (ideomotorische Theorien sprechen oft vom »goal image«, bei Harless hieß es noch »Effektbild«). Dem ideomotorischen Prinzip zufolge sind nur die Repräsentationen sensorischer Handlungseffekte unmittelbar mit motorischen Mustern verknüpft. Abstrakte Handlungsziele sind demnach prinzipiell unzureichend, um Handlungen direkt auszulösen, sie können höchstens auf der Suche nach einem konkreten, sensorischen definierten Handlungsziel behilflich sein (■ Abb. 3.3b). Erst dieses konkrete Handlungsziel ist in der Lage, selbst in die Handlungssteuerung einzugreifen. Baars (1988) nennt das die »Impulsivität« sensorisch definierter Handlungsziele. Tatsächlich aktiviert die Vorstellung einer Bewegung nicht nur diejenigen sensorischen Hirnareale, die an der Verarbeitung von Bewegungsfeedback beteiligt sind, sondern auch den prämotorischen Kortex und die SMA (Decety et al., 1994). Selbst die Beobachtung von Handlungen (d.h. ihrer sensorischen Effekte) führt zu motorischer Aktivität und zur Aktivierung derjenigen Muskeln, die man selbst bei der Ausführung der betreffenden Handlung gebrauchen würde (Fadiga et al. 1995).

Nicht alle Autoren gehen davon aus, dass effektiv wirksame Handlungsziele notwendigerweise sensorisch definiert sein müssen. Vor allem Vygotsky (1934) hat für eine zentrale Rolle der Sprache und insbesondere des **inneren Sprechens** (»inner speech«) plädiert. Er ging von einer dramatischen Veränderung der Beziehung zwischen innerem Sprechen und Handlungssteuerung in den ersten Lebensjahren eines Kindes aus. Kurz nach Beginn der Sprachfähigkeit, so Vygotsky, folgt typischerweise die Sprache der Handlung: Junge Kinder handeln erst und beschreiben dann, was sie getan haben. Nach einiger Zeit erfüllt die Sprache mehr eine begleitende, kommentierende Rolle. Kinder beschreiben dann, was sie gerade tun. Der letzte Entwicklungsschritt sieht die Sprache mehr in einer vorbereitenden, ankündigenden Funktion: Ältere Kinder sagen erst, was sie tun wollen, und tun es dann. Vygotsky zufolge tun sie das nicht bloß aus kommunikativen Gründen, sondern die sprachliche Benennung der Handlung dient zur **Handlungssteuerung**. Mit der Versprachlichung von Handlungen und Handlungselementen erwerben Handelnde den Vorteil, weitgehend unabhängig von den situativen Gegebenheiten planen zu können, und versprachlichte Handlungspläne sind mithilfe äußeren (d.h. lauten) oder inneren Sprechens relativ leicht im Arbeitsgedächtnis zu implementieren und aufrechtzuerhalten. Ein weiterer Vorteil von Sprache besteht darin, dass man mit ihrer Hilfe Relationen zwischen Handlungselementen (»erst die Schuhe anziehen und dann in den Garten gehen«) leichter kodieren kann (Zelazo, 1999).

Tatsächlich häufen sich die Hinweise darauf, dass Sprache auch an der Kontrolle nicht-sprachlicher Handlungen beteiligt ist (▶ Exkurs »Evidenz für die verbale Steuerung von Handlungen«). Wie verträgt sich aber der offenbar große Nutzen verbaler Kodierung mit der Annahme, dass effektive (»impulsive«) Handlungsziele **sensorisch definiert** sein müssen? Einerseits wäre denkbar, dass sich der Vorteil sensorischer Kodierung nur auf die ersten Lebensjahre beschränkt und dass mit zunehmender Entwicklung die sprachliche Handlungssteuerung Oberhand gewinnt. Allerdings weisen Untersuchungen zum Erwerb von Handlungseffekten (▶ Abschn. 3.3) nicht darauf hin, dass die Bedeutung sensorisch definierter Handlungsziele im Laufe der Entwicklung abnimmt. Andererseits wäre es aber auch möglich, dass die verbale Handlungssteuerung die sensorische lediglich ergänzt und so die menschlichen Planungsmöglichkeiten erweitert. Diese Option würde gut zu Pavlovs (1927) Unterscheidung zwischen einem »ersten Signalsystem« (das auf sensorischen Repräsentationen und Assoziationen zwischen ihnen beruht) und einem »zweiten Signalsystem« (das auf verbalen Repräsentationen beruht) passen. Das zweite, verbale Signalsystem könnte an das erste »andocken«, indem Assoziationen zwischen sensorisch repräsentierten Handlungseffekten einerseits und den zugehörigen verbalen Beschreibungen andererseits ausgebildet werden.

Exkurs

Evidenz für die verbale Steuerung von Handlungen

Erste empirische Unterstützung für die verbale Steuerung von Handlungen ergab sich aus den entwicklungspsychologischen Untersuchungen von Luria (1961). In einer Studie bat Luria z.B. 1,5–2-jährige Kinder, einen Gummiball mit der Hand zusammenzudrücken (der gemessene Druck war die abhängige Variable), wenn ein Licht vor ihnen eingeschaltet wurde. Sobald diese Instruktion gegeben wurde, begannen die Kinder mit dem wiederholten Drücken des Gummiballs, noch bevor das Lichtsignal präsentiert wurde. Luria zufolge löste die bloße Verarbeitung der verbalen Handlungsbeschreibung unmittelbar die zugehörige motorische Handlung aus. Es scheint also, dass in diesem Fall auch eine nicht-sensorische, symbolische Repräsentation des Handlungsziels »impulsive« Qualitäten im Sinne von Baars (1988) haben konnte. In einem nächsten Schritt versuchten Luria et al. die Kinder zu motivieren, ihre Handlung **sprachlich zu kodieren**, indem sie die Kinder instruierten, bei jedem Balldruck z.B. »Los!« zu sagen. Kinder im Alter von 1,5–2 Jahren waren kaum in der Lage, diese Aufgabe auszuführen; sie hörten meist schon bald mit der verbalen Benennung auf. 3–4-jährige Kinder zeigten mithilfe dieses Kodierungstricks jedoch eine perfekte Leistung. Luria nimmt an, dass in diesem Alter verbale Kontrollfunktionen bereits gut funktionieren und die Kinder deshalb verbale Kodes für die Handlungskontrolle nutzen können.

Jüngere Untersuchungen an Kindern und Erwachsenen unterstützen sowohl die Annahme einer direkten Verknüpfung zwischen verbalen Repräsentation und Handlungen als auch die Vermutung einer zentralen Rolle des (inneren oder äußeren) Sprechens bei der Kontrolle von Handlungen. Gentilucci et al. (2000) ließen Probanden z.B. Gegenstände ergreifen, die hinsichtlich ihrer Größe, Position und Entfernung zur handelnden Person variierten. Auf den Gegenständen befanden sich **verbale Labels**, die für die Aufgabe eigentlich keine Rolle spielten. Dennoch spiegelten sich die Labels in den Verläufen der Bewegungen wider: Beispielsweise wurden die Bewegungen schneller bei der Aufschrift »weit« als bei der Aufschrift »nah« ausgeführt, und die Hand wurde bei der Aufschrift »groß« weiter geöffnet als bei der Aufschrift »klein«. Dies legt nahe, dass das bloße Lesen eines handlungsbezogenen Wortes ausreicht, um entsprechende Handlungsparameter zu beeinflussen.

Hauk et al. (2004) boten ihren Versuchspersonen handlungsbezogene Verben dar, die mit bestimmten Körperteilen assoziiert waren, in diesem Fall dem Gesicht (z.B. lecken), Arm (greifen) oder

▼

3

Fuß (treten). Während den Darbietungen wurden mithilfe von fMRI die Gehirnaktivitäten gemessen und mit denen verglichen, die bei der Ausführung der entsprechenden Handlungen aktiviert werden. Wie Penfield u. Rasmussen (1950) bereits festgestellt hatten, sind Bewegungen der eigenen Gliedmaßen im menschlichen Gehirn in einer somatotopen Weise repräsentiert, in Form des sog. Penfieldschen Homunculus (▶ Abschn. 2.2). Genau in dieser Weise aktivierten auch die **handlungsbezogenen Verben** den motorischen Kortex: Verben wie »treten« aktivierten Areale, die mit der Fußrepräsentation überlappen, Verben wie »greifen« aktivierten handbezogene Areale und Verben wie »lecken« gesichtsbezogene Areale.

Wie Studien zum Aufgabenwechsel (▶ Kap. 8) weiter zeigen, ist auch die **verbale Benennung** des jeweiligen Handlungszieles hilfreich. In solchen Studien wechseln Probanden zwischen zwei oder mehreren Aufgaben hin und her, z.B. zwischen der Benennung der Farbe und der Benennung der Form visueller Reize. Üblicherweise treten in solchen Aufgaben **Wechselkosten** auf, d.h. Probanden sind langsamer, wenn sie zu einer neuen Aufgabe wechseln müssen. Diese Wechselkosten sind jedoch deutlich reduziert, wenn die Probanden während der Vorbereitung auf den Wechsel das neue Handlungsziel verbal benennen, also z.B. jeweils »Farbe« oder »Form« sagen (Goschke, 2000). Manipulationen, die die verbale Benennung verhindern, z.B. die Artikulation irrelevanter Wörter, erhöhen hingegen die Wechselkosten (Emerson u. Miyake, 2003). Interessanterweise ist dies nur dann der Fall, wenn die jeweiligen Aufgaben nicht oder nicht eindeutig durch externe Signale angekündigt werden; sind die externen Signale jedoch eindeutig (z.B. die Wörter »Farbe« und »Form«), dann hat die Störung der Artikulation keine Auswirkungen auf die Wechselkosten (Miyake et al. 2004). Dies legt nahe, dass **inneres** oder **äußeres Sprechen** beim Abruf bzw. bei der Implementation des jeweiligen Handlungszieles behilflich ist.

3.3 Erwerb von Handlungszielen

Bei unserer bisherigen Diskussion der Funktion und Repräsentation von Handlungszielen sind wir davon ausgegangen, dass Menschen solche Ziele haben und sie aktiv verfolgen. Woher aber kommen Handlungsziele eigentlich? Aus einer ideomotorischen Perspektive sind konkrete Handlungsziele nichts anderes als Repräsentationen von zunächst zufällig und **unwillkürlich** erzeugten Bewegungseffekten, die man nun benutzt, um die entsprechenden Effekte **willkürlich** zu erzeugen. Dies setzt voraus, dass die Ausführung von Bewegungen mit dem mehr oder weniger automatischen Erwerb neuer Effekte verbunden ist und dass die Repräsentationen dieser Effekte auch tatsächlich mit den Bewegungen assoziiert werden, die sie hervorgebracht haben. Diese Assoziationen zwischen motorischer Bewegung (m) und sensorischem Effekt (s) müssen **bilateral** sein (m↔s), sodass sich Aktivierungen sowohl von m nach s (m→s) als auch von s nach m (s→m) ausbreiten können (◘ Abb. 3.7, unten). Der Grund liegt darin, dass beim Erwerb von Assoziationen die betreffenden Repräsentationen in der umgekehrten Reihenfolge aktiviert werden (m→s) wie bei der späteren willkürlichen Aktivierungen der Bewegungsrepräsentation durch die aktive Antizipation des gewünschten Effektes (s→m). Wenn das zutrifft, dann sollte man den Erwerb von Handlungseffekten und von Bewegungs-Effekt-Assoziationen relativ einfach untersuchen können: Man kombiniert zunächst bestimmte Bewegungen mit neuen, zunächst arbiträren Effekten (in der Hoffnung, dadurch Bewegungs→Effekt-Assoziationen zu induzieren) und prüft anschließend, ob die Präsentation eines dieser neuen Effekte auch die entsprechende Bewegung aktiviert (Effekt→Bewegung), ob also die Effekte zu wirksamen **Bewegungsprimes** geworden sind.

Untersuchungen an Säuglingen und Kindern legen nahe, dass wir tatsächlich von den ersten Lebensjahren an (und vielleicht sogar schon früher) neue Bewegungs- bzw. Handlungseffekte wahrnehmen, erwerben und versuchen, sie aktiv zu kontrollieren

Exkurs

Untersuchung des Erwerbs von Handlungseffekten bei Säuglingen und Kindern

Die experimentelle Arbeit mit jungen Versuchspersonen ist oft sehr aufwändig und mühsam. Vor allem die Untersuchung von noch nicht sprachfähigen Kindern ist schwierig, denn sie lassen sich ja nicht in der herkömmlichen Weise instruieren. Findige Entwicklungspsychologen haben aber doch Möglichkeiten entwickelt, um Lernprozesse praktisch von der Geburt an (und manchmal sogar noch früher!) zu messen. Hervorragende Beispiele aus dem Bereich der Entwicklung des Gedächtnisses für Handlungseffekte stammen aus der Gruppe um Carolyn Rovee-Collier.

Die Wissenschaftler haben z.B. Säuglingen die Gelegenheit gegeben, ein über ihrem Bettchen hängendes Mobile mit einem Fuß zu bewegen. Dabei wurde ein Fuß des Säuglings mit einem Band umwickelt, dessen anderes Ende entweder mit einem elastischen Stab oder mit einem über dem Bett angebrachten Mobile verbunden war (z.B. Rovee u. Rovee, 1969). In der Mobile-Gruppe wurden die Säuglinge also in die Lage versetzt, neue Effekte mithilfe ihres Fußes herzustellen, während in der Kontrollgruppe (in der der Fuß mit dem Stab verbunden war) das Mobile unabhängig von den Fußbewegungen bewegt wurde. In weiteren Studien dieser Art erhielten Säuglinge die Gelegenheit, ein Mobile durch Druck auf ihr Kopfkissen zu bewegen oder die Höhe eines Tones (Rochat u. Striano, 1999) bzw. die Darbietungsqualität eines Filmes (Kalnins u. Bruner, 1973) durch Variation des auf einen Schnuller ausgeübten Drucks zu manipulieren. Bei etwas älteren Kindern werden Handlungseffekte oft im Laufe von Spielen dargeboten, wie etwa beim Steuern einer Spielzeugeisenbahn mithilfe eines Joysticks. Die Joystick-Bewegung dient hier als Handlung und die Bewegung der Eisenbahn als Handlungseffekt.

Untersuchungen dieser Art haben zweierlei gezeigt: Erstens sind Säuglinge unter Versuchsbedingungen mit handlungsabhängigem Feedback oft aktiver. Dies könnte ein Hinweis darauf sein, dass die Möglichkeit, einen neuen Handlungseffekt kontrollieren zu können, an sich motivierend wirkt. Da jedoch die Häufigkeit des neuen Ereignisses (z.B. die Anzahl der Mobile-Bewegungen) i.d.R. nicht streng kontrolliert wurde, kann man nicht ausschließen, dass sich das Ereignis in den bewegungsabhängigen Bedingungen öfter einstellte und dadurch motivierender wirkte.

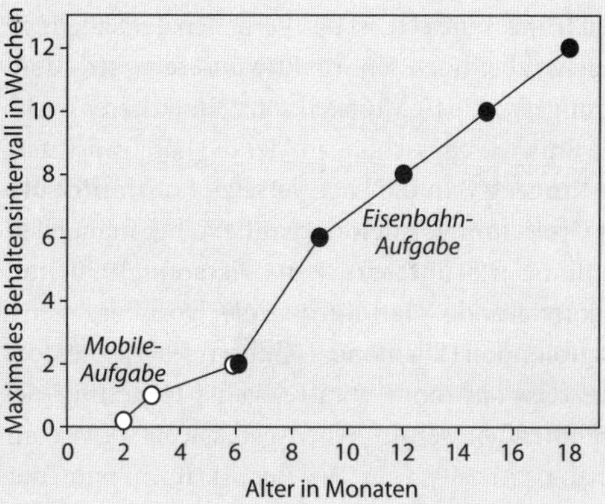

Abb. 3.8. Behaltensintervalle für Handlungs-Effekt-Beziehungen als Funktion des Lebensalters. (Aus Rovee-Collier & Cuevas, 2008. Reprinted with permission from APA. APA is not responsible for the accuracy of this translation)

Zweitens, und dieser Befund ist theoretisch interessanter, geben die Ergebnisse Hinweise auf die Existenz bilateraler Bewegungs-Effekt-Assoziationen: Wenn die Säuglinge etwas später wieder mit dem Mobile konfrontiert wurden, zeigten sie auch wieder die zugehörigen Fußbewegungen. Die Erfahrung der Kontingenz zwischen motorischer Bewegung und sensorischem Ereignis induzierte also offenbar eine bilaterale (d.h. in beide Richtungen gehende) Assoziation zwischen deren kognitiven Repräsentationen. Dementsprechend führt die spätere Reaktivierung der Repräsentation des sensorischen Ereignisses zu einer Aktivierung (»priming«) der zuvor damit einher gegangenen Bewegung. Assoziationen zwischen Bewegungs- und Effekt-Repräsentationen werden bereits im Alter von zwei Monaten erworben und halten schon sehr früh zwei oder mehr Tage an (Butler u. Rovee-Collier, 1989; Abb. 3.8).

(s.o.). Obwohl der Erwerb von Bewegungs-Effekt-Assoziationen schon bald nach der Geburt (und vielleicht früher) einsetzt, ist das Verhalten der Säuglinge zunächst aber noch sehr **reaktiv** und **reizgetrieben**. Mit ungefähr 7–10 Monaten setzt ein weiterer wichtiger Entwicklungsschub ein, der die heranwachsenden Kinder z.B in die Lage versetzt, **kontraproduktive Greif- und Vermeidungsreflexe** bei manuellen Handlungen zu **unterdrücken** (Diamond, 1990) und **konkurrierende Handlungsziele** vorübergehend **auszublenden** (Diamond u. Gilbert, 1989). Dies legt nahe, dass das momentan relevante Handlungsziel zunehmend besser im Arbeitsgedächtnis (oder dem globalen Arbeitsraum, in der Terminologie der GWT) aufrechterhalten und gegen Störungen durch alternative Ziele oder Handlungstendenzen abgeschirmt werden kann. Dieser Entwicklungssprung ist wahrscheinlich auf die Reifung des für die Repräsentation von Handlungszielen wichtigen (dorsolateralen) präfrontalen Kortex zurückzuführen, dessen metabolische Kreisläufe erst mit 8–12 Monaten erwachsenenähnliche Ausmaße annehmen (Chugani, 1994). Im Vergleich zu anderen Gehirnarealen reift der frontale Kortex besonders langsam. Wie ◘ Abb. 3.9 zeigt, ist die Reifung (Myelinisierung) der meisten anderen Areale ungefähr in der Pubertät abgeschlossen, während frontale Gebiete noch bis ins frühe Erwachsenenalter weiter reifen.

Mit 5–6 Jahren ist ein weiterer wichtiger Schritt in der Entwicklung der Handlungskontrolle zu beobachten: Relevante Handlungsziele können nun noch besser gegen konkurrierende Handlungstendenzen **abgeschirmt** werden. Dies gelingt in diesem Alter auch dann, wenn konkurrierende Tendenzen durch aktuell wahrgenommene Reize induziert werden. Mit anderen Worten, Kindern gelingt es zunehmend, wichtige Interessen gegenüber umweltseitigen Verleitungen durchzusetzen (Hommel u. Elsner, 2009). Jüngere Kinder haben z.B. wesentlich größere Schwierigkeiten, in Anwesenheit einer sofort verfügbaren, aber kleinen Belohnung auf eine bevorzugte oder größere Belohnung zu warten; Kinder ab 5–6 Jahren meistern hingegen diese Aufgabe (Mischel u. Mischel, 1983). In diesem Alter haben sie auch zunehmend weniger Schwierigkeiten, reizinkompatible Reaktionen auszuführen bzw. nicht erwünschte Handlungen zu unterdrücken (Gerstadt et al. 1994). Ein Beispiel dafür ist die von Gerstadt et al. (1994) verwendete Tag-und-Nacht-Aufgabe, eine kinderfreundliche Version der Stroop-Aufgabe. Kinder werden hier mit bebilderten Karten konfrontiert, auf die sie mit einem seman-

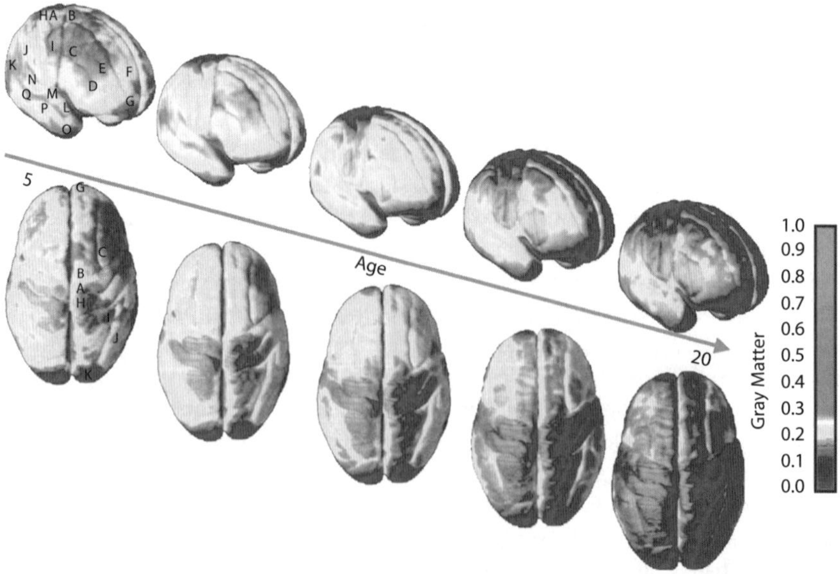

◘ **Abb. 3.9. Farbige Abb. ▶ hinterer, innerer Buchdeckel.** Reifung des menschlichen Gehirns zwischen dem 5. und 20. Lebensjahr. (Aus Chugani, 1994. Mit freundlicher Genehmigung von Guilford Press)

tisch eigentlich falschen Assoziat reagieren müssen. Sie sollten z.B. auf das Bild einer Sonne mit dem Wort »Nacht« und auf das Bild eines Mondes mit dem Wort »Tag« antworten. Wie in der Stroop-Aufgabe müssen die Kinder ihre stärker überlernten Gewohnheiten (z.B. auf die Sonne mit »Tag« zu reagieren) unterdrücken, indem sie die Repräsentation des momentanen, damit inkompatiblen Handlungsziels besonders stark aktivieren und aktiv halten. Wie bereits erwähnt, obliegt diese Aktivierung dem dorsolateralen präfrontalen Kortex, und so ist es plausibel, das die Verlässlichkeit, mit der Handlungsziele aktiviert werden, mit der Reifung des frontalen Kortex zunimmt.

Die vorliegenden Befunde legen nahe, dass Kinder und Säuglinge bereits sehr früh neue Handlungsziele erwerben und diese mit den zugehörigen motorischen Mustern verbinden. Die **Nutzung** der so entstehenden Assoziationen für die intentionale Handlungssteuerung beginnt etwas mühsamer und braucht viele Jahre zur Perfektion. Natürlich ist der **Erwerb** neuer Handlungsziele keineswegs auf die frühe Kindheit beschränkt. Auch **Novizen** in einer neuen Tätigkeit oder Sportart haben sehr ähnliche Probleme wie Kinder: Sie müssen lernen, welche Bewegungen zu welchen Effekten führen und diese Effekte dann intentional hervorbringen.

Zahlreiche Studien zeigen, dass Erwachsene neue Handlungseffekte mehr oder weniger **automatisch** erwerben (s. Übersicht bei Hommel, 2009). In der Studie von Elsner u. Hommel (2001) absolvierten Probanden z.B. zwei Versuchsphasen. In einer ersten Phase führten sie linke und rechte Tastendrücke in willkürlicher Folge aus. Jeder Tastendruck produzierte einen bestimmten Ton, z.B. einen hohen Ton beim Drücken der linken und einen tiefen Ton beim Drücken der rechten Taste. Die Erwartung war, dass diese Erfahrung zur Ausbildung entsprechender Bewegungs-Ton-Assoziationen führen würde, was wiederum die Töne in wirksame Bewegungs-Primes verwandeln sollte. Um dies zu prüfen, erhielten einige Probanden in einer zweiten Phase den Auftrag, auf hohe und tiefe Töne entsprechend die linke bzw. rechte Taste zu drücken. Diese Instruktion war also kompatibel mit der Beziehung zwischen Tastendrücken und Tönen in der ersten Phase. Andere Probanden erhielten die umgekehrte, übungsinkompatible Instruktion, sie sollten also auf hohe und tiefe Töne entsprechend die rechte bzw. linke Taste drücken. Wie vorhergesagt, war die Leistung in der übungskompatiblen Gruppe besser als in der übungsinkompatiblen Gruppe. Obwohl also die Beziehung zwischen Tasten und Tönen in der ersten Versuchsphase vollkommen irrelevant für die Aufgabe war, hatten die Versuchspersonen doch beide miteinander assoziiert, was bei übungskompatibler Instruktion von Vorteil war. Ähnliche Studien haben gezeigt, dass Erwachsene Handlungseffekte der unterschiedlichsten Art mit den dafür verantwortlichen Handlungen **integrieren** (s. Übersichten bei Hommel, 2009; Hommel u. Elsner, 2009) wie z.B. die Position von auditiven und visuellen Reizen, visuell dargebotene Buchstaben und Wörter oder die affektive Valenz von Reizen. Wie bereits erörtert (▶ Abschn. 2.3), spielt das supplementär-motorische Areal (SMA) eine entscheidende Rolle bei der Integration von Handlungen und ihren Effekten. Im Zuge dieser Integration werden unter Vermittlung des Hippocampus neue Verbindungen zwischen Handlungsplänen im SMA und Repräsentationen der zugehörigen Effekte in den sensorischen Hirnarealen angelegt, die z.B. bei der Wahrnehmung der Effekte wieder reaktiviert werden (Elsner et al., 2002; Melcher et al., 2008).

3.4 Intraindividuelle Dynamik und interindividuelle Unterschiede

Handlungsziele müssen aktiv aufrechterhalten werden, um effektiv zu sein. Bereits James (1890) war davon ausgegangen, dass sich alternative Handlungsziele in einem stetigen Wettbewerb um die Handlungskontrolle befinden. Diesen Wettbewerb kann ein Handlungsziel nur gewinnen, wenn es Unterstützung von »höherer Stelle« bekommt, d.h. durch langfristigere und stabilere **Oberziele** (◘ Abb. 3.3b; Bargh u. Barndollar, 1996). Dies sind aber nicht die einzigen Faktoren, die bestimmen, wie stabil ein bestimmtes Handlungsziel im Arbeitsgedächtnis aufrechterhalten wird. Neben interindividuellen Unterschieden müssen wir auch von **intraindividuellen Fluktuationen** ausgehen. Einige dieser Fluktuationen könnten von den Ergebnissen der Handlungsüberwachung abhängen. So könnte das Registrieren eines Reaktionskonfliktes oder eines Handlungsfehlers zu einer Anpassung des Aktivierungsgrades des Handlungszieles führen, d.h. das Handlungsziel könnte nach festgestellten Problemen bei der Verarbeitung zusätzliche Unterstützung erfahren (▶ Kap. 9).

Die **Aktivierungsstärke** von Handlungszielen könnte aber auch spontan fluktuieren. Wie solche Fluktuationen statistisch erfasst werden und für die Vorhersage von Verhalten genutzt werden können, hat De Jong (2000) gezeigt. De Jong geht davon aus, dass Menschen in repetitiven Aufgaben wie etwa in psychologischen Experimenten mit vielen Durchgängen, manchmal vorbereitet und manchmal unvorbereitet sind. In einem Experiment sollte es daher Durchgänge geben, in denen das relevante Handlungsziel zuvor aktiviert wurde, und andere Durchgänge, in denen das nicht der Fall war. Mit anderen Worten, die Gesamtleistung in einem Experiment wie z.B. die mittlere Reaktionszeit in einer bestimmten Bedingung, sollte eine Mischung aus zwei statistischen Verteilungen darstellen: der Verteilung aus den vorbereiteten und der Verteilung aus den unvorbereiteten Durchgängen. Mithilfe der multinomialen Maximum-Likelihood-Methode (MMLM) von Yantis et al. (1991) ließ sich die Wahrscheinlichkeit ermitteln, mit der ein bestimmtes Datum aus der einen oder anderen Verteilung stammte. Diese Technik erlaubte es De Jong, das Verhältnis zwischen vorbereiteten und unvorbereiteten Durchgängen für jede einzelne Versuchsperson zu berechnen. Die so erhaltenen individuellen Vorbereitungsindizes ermöglichten eine zuverlässige Vorhersage der individuellen Leistung in Stroop-Aufgaben (De Jong et al. 1999) und Studien zum Aufgabenwechsel (De Jong, 2000).

Von einem anderen, systematischeren Trend in der Aktivierungsstärke von Handlungszielen haben Altmann und Gray (2002) berichtet. Sie führten ein Aufgabenwechsel-Experiment durch, indem auf jeden der (seltenen) Wechsel zu einer neuen Aufgabe 16 Aufgabenwiederholungen folgten. Die Leistungen nahmen über die Wiederholungen kontinuierlich ab, d.h. die Reaktionszeit stieg mit der Anzahl der Wiederholungen. Dies spricht dafür, dass ein Handlungsziel kurz nach einem Wechsel besonders stark aktiviert ist (und die aufgabenspezifischen Prozesse besonders effektiv unterstützt), diese Aktivierung jedoch mit der Zeit spontan abnimmt.

Neben intraindividuellen Fluktuationen haben in den letzten Jahren auch zunehmend **interindividuelle Unterschiede Beachtung** gefunden. Duncan et al. (1996) haben beobachtet, dass Versuchspersonen mit niedrigen Werten in Tests der allgemeinen Intelligenz (Spearmans Faktor g) häufiger als andere das Handlungsziel »aus den Augen verlieren«, d.h. die Kriterien der instruierten Aufgabe vergessen. Wie Duncan et al. weiter zeigen, hat das bei diesen Versuchspersonen festgestellte Verhaltensmuster starke Ähnlichkeiten mit dem von Patienten mit Läsionen im frontalen Kortex. Dies spricht dafür, dass Indizes allgemeiner Intelligenz zu einem erheblichen Teil kognitive Funktionen messen, die mit der Aufrechterhaltung von Handlungszielen zu tun haben und einen intakten frontalen Kortex benötigen.

Wenn es zutrifft, dass interindividuelle (und möglicherweise auch intraindividuelle) Unterschiede etwas mit der Aufrechterhaltung von Handlungszielen zu tun haben, dann sollte man einen Zusammenhang zwischen diesen Unterschieden und der individuellen Kapazität des Arbeitsgedächtnisses erwarten. Tatsächlich zeigen Probanden mit guten Leistungen in Tests des Arbeitsgedächtnisses auch bessere Leistungen in Aufgaben, in denen die Aufrechterhaltung von Handlungszielen besonders wichtig ist wie z.B. Stroop-Aufgaben oder Aufgaben mit häufigen Zielwechseln (s. Übersicht bei Kane u. Engle, 2002).

Kontrollfragen

Wenn es um Handlungskontrolle geht, nehmen die meisten Menschen (unter ihnen auch die meisten Autoren psychologischer Theorien) implizit oder explizit an, dass effektive Handlungsziele notwendigerweise bewusst sein müssen.

- Gibt es Beispiele, die zeigen, dass wir auch ohne bewusst repräsentierte Ziele handeln können?
- Gibt es Argumente, die Anlass geben zu zweifeln, dass effektive Handlungsziele notwendigerweise bewusst sein müssen?

Menschen können sehr häufig mit ein und demselben Reiz verschiedene, miteinander inkompatible Tätigkeiten ausführen. Wenn

▼

wir beispielsweise den Buchstaben F sehen, können wir seinen Namen angeben, wir können angeben, ob es sich um einen Vokal oder Konsonanten handelt, in welcher Farbe oder in welchem Form er geschrieben ist und vieles mehr.

- Wie stellt unser kognitiver Apparat sicher, dass i.d.R. nur eine der möglichen Handlungsalternativen zum Zuge kommt und andere nicht?
- Welche Rolle spielt der präfrontale Kortex dabei?

Ideomotorische Theorien wollen erklären, wie man eine willkürliche Handlung ausführen kann, obwohl man doch so wenig von seinem eigenen motorischen Apparat versteht.

- Wie konzipieren solche Ansätze den Erwerb der Beziehungen zwischen dem, was wir tun (motorische Bewegungen), und dem, was wir dadurch bewirken (Handlungseffekte)?
- Wie kann man experimentell belegen, dass die Ausführung von Bewegungen mit dem Erwerb neuer Effekte verbunden ist und dass die Repräsentationen dieser Effekte auch tatsächlich mit den Bewegungen assoziiert werden, die sie hervorgebracht haben?

Weiterführende Literatur

Baars, B. J. (1988). *A cognitive theory of consciousness.* Cambridge: Cambridge University Press.

Goschke, T. (2004). Vom freien Willen zur Selbstdetermination. Kognitive und volitionale Mechanismen der intentionalen Handlungssteuerung. *Psychologische Rundschau, 55,* 186–197.

Hommel, B. (2007). Consciousness and control: Not identical twins. *Journal of Consciousness Studies, 14,* 155–176.

Wegner, D. M. (2002). *The illusion of conscious will.* Cambridge, MA: MIT Press.

Literatur

Ach, N. (1910). *Über den Willensakt und das Temperament.* Leipzig: Quelle & Meyer.

Ach, N. (1935). Analyse des Willens. In E. Abderhalden (ed.), *Handbuch der biologischen Arbeitsmethoden, vol. VI.* Berlin: Urban & Schwarzenberg.

Altmann, E. M. & Gray, W. D. (2002). Forgetting to remember: The functional relationship of decay and interference. *Psychological Science, 13,* 27–33.

Atkinson, R. C. & Shiffrin, R. M. (1968). Human memory: A proposed system and its control processes. In K. W. Spence (ed.), *Psychology of learning and motivation: Advances in research and theory* (pp. 89–195). New York: Academic Press.

Baars, B. J. (1988). *A cognitive theory of consciousness.* Cambridge: Cambridge University Press.

Bargh, J. A. & Barndollar, K. (1996). Automaticity in action: The unconscious as repository of chronic goals and motives. In P. M. Gollwitzer & J. A. Bargh (eds.), *The psychology of action: Linking cognition and motivation to behavior* (pp. 457–471). New York: Guilford Press.

Bundesen, C. (1990). A theory of visual attention. *Psychological Review, 97,* 523–547.

Bundesen, C., Habekost, T. & Kyllingsbaek, S. (2005). A neural theory of visual attention. Bridging cognition and neurophysiology. *Psychological Review, 112,* 291–328.

Butler, J. & Rovee-Collier, C. (1989). Contextual gating of memory retrieval. *Developmental Psychobiology, 22,* 533–552.

Carpenter, W. B. (1852). On the influence of suggestion in modifying and directing muscular movement, independently of volition. *Proceedings Royal Institution of Great Britain, 54 (1),* 147–154.

Chugani, H. T. (1994). Development of regional brain glucose metabolism in relation to behavior and plasticity. In G. Dawson & K. Fischer (eds.), *Human behavior and the developing brain* (pp. 153–175). New York: Guilford Press.

Cohen, J. D. & Huston, T. A. (1994). Progress in the use of interactive models for understanding attention and performance. In C. Umilta & M. Moscovitch (eds.), *Attention and performance, vol. XV* (pp. 453–456). Cambridge, MA: MIT Press.

Decety, J., Perani, D., Jeannerod, M., Bettinardi, V., Tadary, B. et al. (1994). Mapping motor representations with positron emission tomography. *Nature, 371,* 600–602.

De Jong, R. (2000) An intention-activation account of residual switch costs. In S. Monsell & J. Driver (eds.), *Control of cognitive processes: Attention and performance, vol. XVIII* (pp. 357–376). Cambridge, MA: MIT Press.

De Jong, R., Berendsen, E. & Cools, R. (1999). Goal neglect and inhibitory limitations: dissociable causes of interference effects in conflict situations. *Acta Psychologica, 101,* 379–394.

Delgado, J. M. R. (1969). *Physical control of the mind: Toward a psychocivilized society.* New York: Harper & Row.

Diamond, A. (1990). Developmental time course in human infants and infant monkeys, and the neural bases of inhibitory control of reaching. *Annals of the New York Academy of Sciences, 608,* 637–676.

Diamond, A. & Gilbert, J. (1989). Development as progressive inhibitory control of action: Retrieval of a contiguous object. *Cognitive Development, 4*, 223–249.
Duncan, J. (2001). An adaptive coding model of neural function in prefrontal cortex. *Nature Reviews Neuroscience, 2*, 820–829.
Duncan, J., Emslie, H., Williams, P., Johnson, R. & Freer, C. (1996). Intelligence and the frontal lobe: The organization of goal-directed behavior. *Cognitive Psychology, 30*, 257–303.
Elsner, B. & Hommel, B. (2001). Effect anticipation and action control. *Journal of Experimental Psychology: Human Perception and Performance, 27*, 229–240.
Elsner, B., Hommel, B., Mentschel, C., Drzezga, A., Prinz, W. et al. (2002). Linking actions and their perceivable consequences in the human brain. *Neuroimage, 17*, 364–372.
Emerson, M. J. & Miyake, A. (2003). The role of inner speech in task switching: A dual-task investigation. *Journal of Memory and Language, 48*, 148–168.
Fadiga, L., Fogassi, L., Pavesi, G. & Rizzolatti, G. (1995). Motor facilitation during action observation: A magnetic stimulation study. *Journal of Neurophysiology, 73*, 2608–2611.
Gentilucci, M., Benuzzi, F., Bertolani, L., Daprati, E. & Gangitano, M. (2000). Language and motor control. *Experimental Brain Research, 133*, 468–490.
Gerstadt, C. L., Hong, Y. J. & Diamond, A. (1994). The relationship between cognition and action: Performance of 3.5 to 7 year olds on Stroop-like day–night test. *Cognition, 53*, 129–153.
Gilbert, S. J. & Shallice, T. (2002). Task switching: A PDP model. *Cognitive Psychology, 44*, 297–337.
Goschke, T. (2000). Intentional reconfiguration and involuntary persistence in task set switching. In S. Monsell & J. Driver (eds.), *Control of cognitive processes: Attention and performance, vol. XVIII* (pp. 331–355). Cambridge, MA: MIT Press.
Greenwald, A. (1970). Sensory feedback mechanisms in performance control: With special reference to the ideomotor mechanism. *Psychological Review, 77*, 73–99.
Gross, J., Schmitz, F., Schnitzler, I., Kessler, K., Shapiro, K. et al. (2004). Long-range neural synchrony predicts temporal limitations of visual attention in humans. *Proceedings of the National Academy of Sciences (USA), 101*, 13050–13055.
Haggard, P. (2005). Conscious intention and motor cognition. *Trends in Cognitive Sciences, 9*, 290–295.
Harless, E. (1861). Der Apparat des Willens. *Zeitschrift für Philosophie und philosophische Kritik, 38*, 50–73.
Hauk, O., Johnsrude, I. & Pulvermüller, F. (2004). Somatotopic representation of action words in human motor and premotor cortex. *Neuron, 41*, 301–307.
Heckhausen, H. & Gollwitzer, P. M. (1987). Thought contents and cognitive functioning in motivational vs. volitional states of mind. *Motivation and Emotion, 11*, 101–120.
Heider, F. & Simmel, M. (1944). An experimental study of apparent behavior. *American Journal of Psychology, 57*, 243–249.
Henderson, W. R. & Smyth, G. E. (1948). Phantom limbs. *Journal of Neurology, Neurosurgery and Psychiatry, 11*, 88–112.
Herbart, J. F. (1825). *Psychologie als Wissenschaft neu gegründet auf Erfahrung, Metaphysik und Mathematik. Zweiter, analytischer Teil.* Königsberg: Unzer.
Hilgard, E. R. (1986). *Divided consciousness: Multiple controls in human thought and action.* New York: Wiley.
Hommel, B. (2009). Action control according to TEC (theory of event coding). *Psychological Research, 73*, 512–526.
Hommel, B. & Elsner, B. (2009). Acquisition, representation, and control of action. In E. Morsella, J. A. Bargh & P. M. Gollwitzer (eds.), *Oxford handbook of human action* (pp. 371–398). New York: Oxford University Press.
Hommel, B., Müsseler, J., Aschersleben, G. & Prinz, W. (2001). The theory of event coding (TEC): A framework for perception and action planning. *Behavioral and Brain Sciences, 24*, 849–878.
James, W. (1890). *The principles of psychology.* New York: Holt.
Johnson, A. & Proctor, R. W. (2004). *Attention: Theory and practice.* Thousand Oaks, CA: Sage.
Kalnins, I. & Bruner, J. (1973). The coordination of visual observation and instrumental behavior in early infancy. *Perception, 2*, 307–314.
Kane, M. J. & Engle, R. W. (2002). The role of prefrontal cortex in working-memory capacity, executive attention, and general fluid intelligence: An individual differences perspective. *Psychonomic Bulletin & Review, 9*, 637–671.
Kornhuber, H. H. & Deecke, L. (1965). Hirnpotentialänderungen bei Willkürbewegungen und passiven Bewegungen des Menschen: Bereitschaftspotential und reafferente Potentiale. *Pflügers Archiv, 284*, 1–17.
Koutstaal, W. (1992). Skirting the Abyss: A history of experimental explorations of automatic writing in psychology. *Journal of the History of the Behavioral Sciences, 28*, 5–27.
Lewin, K. (1922). Das Problem der Willensmessung und das Grundgesetz der Assoziation. *Psychologische Forschung, 1*, 191–302.
Lhermitte, F. (1983). «Utilization behaviour" and its relation to lesions of the frontal lobes. *Brain, 106*, 237–255.
Libet, B., Gleason, C. A., Wright, E. W. & Pearl, D. K. (1983). Time of conscious intention to act in relation to onset of cerebral activity (readiness-potential). *Brain, 106*, 623–642.
Logan, G. D. (1996). The CODE theory of visual attention: An integration of space-based and object-based attention. *Psychological Review, 103*, 603–649.
Logan, G. D. & Gordon, R. D. (2001). Executive control of visual attention in dual-task situations. *Psychological Review, 108*, 393–434.
Lotze, R. H. (1852). *Medicinische Psychologie oder Physiologie der Seele.* Leipzig: Weidmann.
Luria, A. R. (1961). The development of the regulatory role of speech. In J. Tizard (ed.), *The role of speech in the regulation of normal and abnormal behavior* (pp. 50–96). New York: Liverlight.
MacLeod, C. M. (1991). Half a century of research on the Stroop effect: An integrative review. *Psychological Bulletin, 109*, 163–203.
Mattison, H. (1855). *Spirit-rapping unveiled!* New York: Derby.
Meggle, G. (1993). *Handlung, Kommunikation, Bedeutung.* Frankfurt a.M.: Suhrkamp.
Melcher, T., Weidema, M., Eenshuistra, R. M., Hommel, B. & Gruber, O. (2008). The neural substrate of the ideomotor

principle: An event-related fMRI analysis. *NeuroImage, 39,* 1274–1288.

Miller, E. K. & Cohen, J. D. (2001). An integrative theory of prefrontal cortex function. *Annual Review of Neuroscience, 24,* 167–202.

Milner, B. (1963). Effects of different brain lesions on card sorting: The role of frontal lobes. *Archives of Neurology, 9,* 90–100.

Mischel, H. N. & Mischel, W. (1983). The development of children's knowledge of self-control strategies. *Child Development, 54,* 603–619.

Miyake, A., Emerson, M. J., Padilla, F. & Ahn, J. (2004). Inner speech as a retrieval aid for task goals: The effects of cue type and articulatory suppression in the random task cuing paradigm. *Acta Psychologica, 115,* 123–142.

Münsterberg, H. (1888). *Die Willenshandlung. Ein Beitrag zur physiologischen Psychologie.* Freiburg: Mohr.

Nielsen, T. I. (1963) Volition: A new experimental approach. *Scandinavian Journal of Psychology, 4,* 225–230.

Norman, D. A. & Shallice, T. (1986). Attention to action: Willed and automatic control of behaviour. In R. J. Davidson, G. E. Schwartz & D. Shapiro (eds.), *Consciousness and self-regulation* (pp. 1–18). New York: Plenum.

Nosofsky R. M. & Palmeri, T. J. (1997). An exemplar-based random walk model of speeded classification. *Psychological Review, 104* (2), 266–300.

Pavlov, I. P. (1927). *Conditioned reflexes.* London: Oxford University Press.

Penfield, W. & Rasmussen, T. (1950). *The cerebral cortex of man: A clinical study of localization and function.* New York: MacMillan.

Perret, E. (1974). The left frontal lobe of man and the suppression of habitual responses in verbal categorical behavior. *Neuropsychologia, 12,* 323–330.

Prinz, W. (1992). Why don't we perceive our brain states? *European Journal of Cognitive Psychology, 4,* 1–20.

Rochat, P. & Striano, T. (1999). Emerging selfexploration by 2-month-old infants. *Developmental Science, 2,* 206–218.

Rovee, C. K. & Rovee, D. T. (1969). Conjugate reinforcement of infants' exploratory behavior. *Journal of Experimental Child Psychology, 8,* 33–39.

Rovee-Collier, C. & Cuevas, K. (2009). Infant memory. In J. H. Byrne (ed.), *Learning and memory: A comprehensive reference* (pp. 687–714). Oxford: Academic Press.

Rovee-Collier, C., Sullivan, M. W., Enright, M. K., Lucas, D. & Fagen, J. W. (1980). Reactivation of infant memory. *Science, 208,* 1159–1161.

Rumelhart, D. E. & McClelland, J. L. (1986). Parallel distributed processing: *Explorations in the microstructure of cognition.* Cambridge, MA: MIT Press.

Spearman, C. (1927). *The abilities of man.*London: Macmillan.

Stock, A. & Stock, C. (2004). A short history of ideo-motor action. *Psychological Research, 68,* 176–188.

Umiltà, C. (1988). The control operations of consciousness. In A. J. Marcel & E. Bisiach (eds.), *Consciousness in contemporary science* (pp. 334–356). Oxford: Oxford University Press.

Vygotsky, L. (1934/1986). *Thought and language.* Cambridge, MA: MIT Press.

Wegner, D. M. (2002). *The illusion of conscious will.* Cambridge, MA: MIT Press.

Yantis, S., Meyer, D. E. & Smith, J. E. K. (1991). Analyses of multinomial mixture distributions: New tests for stochastic models of cognition and action. *Psychological Bulletin, 110,* 350–374.

Zelazo, P. D. (1999). Self-reflection and the development of consciously controlled processing. In P. Mitchell & K. J. Riggs (eds.), *Children's reasoning and the mind.* Hove: Psychology Press.

Ziehen, T. (1927). *Sechs Vorträge zur Willenspsychologie.* Jena: Fischer.

4 Wahrnehmung und Handlung

Lernziele
- Was ist die Beziehung zwischen Wahrnehmung und Handlung?
- Beruht Wahrnehmen und Handeln auf der Verarbeitung derselben Information?
- Welchen Einfluss hat die Wahrnehmung auf die Handlung?
- Welchen Einfluss hat die Handlung auf die Wahrnehmung?
- Wie lässt sich die Interaktion zwischen Wahrnehmung und Handlung theoretisch erklären?

Geschrieben steht: »Im Anfang war das Wort!«
Hier stock' ich schon! Wer hilft mir weiter fort?
Ich kann das Wort so hoch unmöglich schätzen,
Ich muss es anders übersetzen,
Wenn ich vom Geiste recht erleuchtet bin.
Geschrieben steht: Im Anfang war der Sinn.
Bedenke wohl die erste Zeile,
Dass deine Feder sich nicht übereile!
Ist es der Sinn, der alles wirkt und schafft?
Es sollte steh'n: Im Anfang war die Kraft!
Doch, auch indem ich dieses niederschreibe,
Schon warnt mich was, dass ich dabei nicht bleibe.
Mir hilft der Geist! Auf einmal seh' ich Rat
Und schreibe getrost: Im Anfang war die Tat!
(Goethe, Faust, Teil 1, 3. Szene)

»Der Akt des Fortbewegens, der mehr Information *erfordert*, wenn er erfolgreich ausgeführt werden soll, *erzeugt* auch weitere Information für den sich bewegenden Wahrnehmenden. Wenn das nicht so wäre, hätte die Evolution kaum sich bewegende Tiere hervorgebracht.«
(Neisser, 1976, S. 93).

Beide Zitate machen in unterschiedlicher Weise deutlich, dass wir zum größten Teil selbst unsere Wahrnehmungswelt erschaffen. Nicht in dem Sinne, dass wir Dinge sehen, die es nicht gibt. Wohl aber in dem Sinne, dass wir selbst es sind, die sich bestimmten Reizen aussetzen. Das gilt im Kleinen wie im Großen. Schon was Sie sehen, sehen Sie nur deswegen, weil Sie zuvor Ihre Augen auf die entsprechende Reizquelle gerichtet und Ihren Körper entsprechend auf sie zu bewegt haben. Die Fernsehsendung, über die Sie sich vielleicht beschweren, haben Sie wahrscheinlich selbst eingeschaltet. Etwas wahrzunehmen, bedeutet also nicht, etwas passiv zu rezipieren und einem Reizstrom ausgesetzt zu sein, sondern eine bestimmte Information über ein Ereignis aktiv aufgesucht und damit die Wahrnehmung selbstständig hergestellt zu haben. Damit nehmen wir die vielleicht wichtigste Schlussfolgerung aus diesem Kapitel vorweg: Wahrnehmen ist immer auch Handeln und Handeln erzeugt immer auch Wahrnehmung.

Das psychologische Denken über den Zusammenhang zwischen Wahrnehmung und Handlung wurde bis weit in die 80er Jahre des 20. Jahrhunderts hinein dominiert von der Vorstellung, dass Handlungen die Endstrecke des sensomotorischen Bogens darstellen. Damit sind sie das Schlussglied einer Kette von Ereignissen, die am Sinnesorgan beginnt und am Muskel endet (▶ Abschn. 1.2.1). Handlungen kommen nach dieser Vorstellung eigentlich nur als **Folge** von Wahrnehmungsprozessen zu Stande; sie werden als Reaktionen auf die Wahrnehmung äußerer Ereignisse in Gang gesetzt und sind damit zeitlich und kausal Folgen von Reizen. Diese Perspektive hat sich in mancherlei Hinsicht als **irreführend** erwiesen. Zwar dienen sequenzielle Stufenmodelle der Informationsverarbeitung noch stets als nützliche erste Annäherungen zum Verständnis neuer oder noch nicht gut verstandener Phänomene, aber zumindest **zwei Implikationen** dieser Ansätze haben sich nicht bewährt:

- Erstens ist die Verarbeitung von Informationen nicht so eindimensional wie es der sensomotorische Ansatz nahe legt. Reize werden nicht erst einem Wahrnehmungsprozess unterzogen, der dann die Handlung initiiert, vielmehr finden zahlreiche wahrnehmungs- und handlungsbezogene Prozesse **gleichzeitig** statt. Umweltinformation wird **parallel** von zahlreichen spezialisierten Modulen verarbeitet und zu verschiedenen Zeitpunkten an verschiedene handlungsbezogene Module weitergeleitet, die Handlungspläne in einer räumlich und funktional verteilten Weise erstellen. Diese Tatsache führt zu zahlreichen sog. **Dissoziationsphänomenen**, d.h. Beobachtungen unterschiedlicher Auswirkungen natürlicher und experimenteller Variationen auf Wahrnehmung einerseits und Handlung andererseits. Mit anderen Worten, Wahrnehmung und Handlung reagieren manchmal verschieden auf dieselbe Anforderung. Das legt nahe, dass es *die* Wahrnehmung und *die* Handlungsplanung eigentlich gar nicht gibt, jedenfalls nicht in dem sensomotorischen Sinne, dass die Wahrnehmung ein einheitlicher Prozess ist, der der Handlungsplanung stets vorausgeht und sie inhaltlich bestimmt (► Abschn. 4.1).

- Zweitens hat sich der sensomotorische Ansatz insofern als irreführend erwiesen, als dass er Wahrnehmung und Handlung als unabhängige Verarbeitungsstufen auffasst. Das impliziert, dass Wahrnehmungsprozesse abgeschlossen sein müssen, bevor eine Handlung initiiert werden kann, und dass Reizeigenschaften nur als Ganzes, d.h. als Teil der Wahrnehmung, die Handlung beeinflussen können. Es häufen sich jedoch Beobachtungen, dass diese Implikationen nicht zutreffen und dass z.B. die Handlungsplanung in die Wahrnehmung **eingreift**, sie inhaltlich **strukturiert** und manchmal auch **behindert** (► Abschn. 4.2).

Zusammengenommen zeigen derartige Beobachtungen, dass Wahrnehmung und Handlung enger miteinander verwoben sind als üblicherweise angenommen. Dies hat neue theoretische Überlegungen und Ansätze auf den Plan gerufen, die Wahrnehmung und Handlung als verschiedene Seiten derselben Medaille betrachten (► Abschn. 4.3).

4.1 Dissoziationen von Wahrnehmung und Handlung

4.1.1 Adaptation und sensomotorisches Lernen

Eine nahe liegende Möglichkeit, die Beziehung zwischen Wahrnehmung und Handlung zu studieren, besteht darin, die Art dieser Beziehung zu verändern. Bereits im 19. Jahrhundert wurden sog. **Prismen-Adaptations-Versuche** durchgeführt, die genau dies taten (Helmholtz, 1866; Stratton, 1896). Einer der ersten systematischen Berichte stammt von dem amerikanischen Psychologen George Stratton, der in einem Selbstversuch seine Augenpartie mit einer Maske abdeckte. Mit dem linken Auge konnte er nichts sehen, und am Ort des rechten Auges ragte ein kurzes Rohr mit optischen Linsen aus der Maske. Die Linsen vor Strattons rechtem Auge stellten seine Welt auf den Kopf. Was unten war, sah er oben, was in der Welt oben war, sah er unten, was links war, war rechts, und was rechts war, war links. Sieben Tage lang setzte er die **Umkehrbrille** nicht mehr ab (nachts trug er Augenklappen), um zu beobachten, wie sein Gehirn mit der neuen Sicht auf die Welt umgehen würde. Strattons Selbstversuch sollte folgendes jahrhundertealtes Rätsel aufklären: Wie kommt es, dass wir die Welt aufrecht sehen, obwohl das Bild, das auf der Netzhaut unserer Augen zustande kommt, die Welt auf dem Kopf zeigt? Muss, so fragte sich Stratton, das Bild auf der Netzhaut auf dem Kopf stehen, damit wir die Welt als aufrecht wahrnehmen können? Oder könnten sich die neuronalen Netzwerke unseres Gehirns auch an eine andere Orientierung der Abbildung der Welt anpassen?

Stratton stellte fest, dass sich die Neuronenpopulationen seines Gehirns relativ schnell an die »**verkehrte**« **Welt** anpassten. Am Anfang des Experiments war es ihm nicht möglich, Notizen zu machen und während des Schreibens gleichzeitig auf das Blatt zu schauen. Wollte er nach etwas greifen, bewegte er die falsche Hand. Solange er seine Arme oder Beine nicht sah, fühlte er sie am gewohnten Ort, gerieten sie jedoch ins Blickfeld, und er stieß sich beispielsweise, fühlte er den Stoß dort, wo er das Bein sah. Innerhalb weniger Tage verschwanden diese bizarren Effekte, und am fünften Tag konnte er wieder durch das Haus gehen, ohne alles mit seinen Händen ertasten zu müssen. Als er die Brille absetzte, tauchten die bizarren Wahrnehmungseindrücke und die Bewegungsstörungen aus der Anfangsphase seines Selbstversuchs kurzfristig wieder auf. Nach 87 Stunden mit der Umkehrbrille kam Stratton (1896) zu dem Schluss, dass das umgekehrte Bild der Welt auf der Netzhaut für das aufrechte Sehen nicht notwendig sei. Das Gehirn könne auch aus einem »verkehrten« Bild der Welt Kohärenz zwischen dem herstellen, was man sieht, hört und fühlt.

Etwa 50 Jahre später haben Theodor Erismann und Ivo Kohler (Kohler, 1951) die Beobachtungen von Stratton größtenteils bestätigt und erweitert. Ihre Versuchspersonen trugen Umkehrbrillen, die durch ein Spiegelsystem realisiert wurden, das »oben« und »unten« sowie »links« und »rechts« vertauschte. Zu Beginn des Experimentes traten teils massive Störungen bei der Steuerung von Handlungen und Bewegungen auf. Schon nach einigen Tagen konnten die Probanden jedoch Fahrrad- und Skitouren unternehmen, und sie nahmen die Welt offenbar sogar wieder als aufrecht wahr. Als nach erfolgter Adaptation die Brille abgenommen wurde, kam es zu den von Stratton beschriebenen Nacheffekten. Griffen die Versuchspersonen ohne Umkehrbrille nach Objekten, zielte der Griff zunächst auf diejenige Position im Raum, die die Objekte eingenommen hätten, wenn die Brille noch getragen worden wäre.

Die lang andauernden Adaptationsstudien zeigen, dass sich das Bewegungsverhalten zuerst normalisiert, und der Wahrnehmungseindruck erst später folgt. Offenbar ist die Steuerung von Bewegungen nicht auf die bewusste Repräsentation der Wahrnehmungsinhalte angewiesen. Nicht weniger interessant ist eine zweite Beobachtung in solchen Experimenten: Erfolgreiche Adaptationen an eine veränderte Wahrnehmungswelt scheinen zu erfordern, dass Personen (und Tiere) ihre Umgebung aktiv explorieren und mit ihr interagieren (Kohler, 1951). Wahrnehmung und Handlung hängen also einerseits in gewisser Weise voneinander ab, andererseits scheint aber die Handlung keine unmittelbare Konsequenz der Wahrnehmung zu sein.

Adaptationsleistungen dieser Art werden übrigens nicht nur in gezielt darauf ausgerichteten Experimenten gefordert, sie werden auch in unserem alltäglichen Leben verlangt, wenn auch in weniger dramatischem Umfang. Jedem Brillenträger ist vermutlich das Phänomen bekannt, dass man beim erstmaligen Tragen einer Brille oder einer Veränderung der Gläser die Umgebung oft verzerrt sieht. In Abhängigkeit von der Stärke der Brillengläser kann die Verzerrung so stark sein, dass die Steuerung der eigenen Bewegungen Schwierigkeiten bereitet, beispielsweise beim Greifen nach Objekten, beim Gehen, beim Treppensteigen oder beim Tippen auf einer Tastatur. Meist erlebt man aber, dass diese Verzerrungen innerhalb kurzer Zeit verschwinden. Offenbar passt sich unser kognitives System relativ schnell an die neue Situation an, sodass die Umgebung schließlich wieder wie gewohnt aussieht und man sich wieder sicher bewegen kann.

Dieses Phänomen ist Gegenstand von **Prismen-Experimenten**, die typischerweise aus drei Phasen bestehen: dem Vortest, der Adaptationsphase und dem Nachtest. Beim Vortest trägt die Versuchsperson kein Prisma und wird gebeten, mit der nicht sichtbaren Hand auf ein gesehenes Ziel zu zeigen. Während der Adaptationsphase trägt sie ein Prisma, wodurch beispielsweise die Position von Objekten in der horizontalen Dimension verschoben wird. Wenn sie nun mit der nicht sichtbaren Hand auf ein Objekt zeigt, das infolge der prismatischen Verschiebung z.B. rechts von seiner tatsächlichen Position wahrgenommen wird, wird die Versuchsperson zunächst auch rechts neben das Ziel zeigen (◘ Abb. 4.1a). Nach jeder Bewegung wird sie jedoch über deren Genauigkeit informiert, wodurch der Fehler im Verlauf mehrerer Durchgänge immer kleiner wird und schließlich verschwindet. Nach kurzer Zeit wird sie manuell an die prismatische Verschiebung adaptiert sein und korrekt auf das Ziel zeigen, selbst wenn sie das Zielobjekt immer noch an der falschen Stelle sieht. Der Nachtest schließlich ist in seinem Ablauf identisch mit dem Vortest, und die Differenz zwischen Vortest- und Nachtestleistung dient der Ermittlung des Adaptationseffektes. In unserem Beispiel, in dem das Zielobjekt infolge des Prismas nach rechts verschoben schien, wird die Versuchspersonen im Nachtest ohne das Prisma links neben das Ziel zeigen (◘ Abb. 4.1b). Sie korrigiert also die Zeigebewegung automatisch weg von der Position des wahrgenommenen Zielobjekts, ob-

Abb. 4.1. Reaktion in der Adaptationsphase (**a**) und nach erfolgter Adaptation (**b**). (Aus Bedford, 1993. Copyright Elsevier (1993). Mit freundlicher Genehmigung von Elsevier)

wohl dies nun eigentlich nicht mehr notwendig ist. Die Zeigebewegung beruht demnach auf anderer räumlicher Information als die Wahrnehmung.

Beobachtungen dieser Art werfen zwei **Fragen** auf. Die erste ergibt sich aus dem Befund, dass sich Wahrnehmung und Handlung in solchen Adaptationsexperimenten ganz unterschiedlich verhalten. Sie werden von den experimentellen Manipulationen unterschiedlich betroffen, adaptieren zu unterschiedlichen Zeitpunkten und zeigen unterschiedliche **Nacheffekte**. Warum ist das so, und was sagt das über die Verarbeitung der für die Wahrnehmung und Handlungsplanung erforderlichen Information? (▶ Abschn. 4.1.2). Die zweite Frage ergibt sich aus der Beobachtung der Nacheffekte. Dass man bei hinreichendem Feedback in der Adaptationsphase lernt, seine Handlungen an die prismatischen Verzerrungen anzupassen, ist wenig überraschend; aber dass das erworbene Wissen die Handlungssteuerung auch dann noch beeinflusst, wenn es gar nicht mehr erforderlich wäre, ist schwieriger zu verstehen. Welches Wissen wird hier erworben, und warum produziert es diese Nacheffekte?

Eine Möglichkeit wäre, dass Probanden in der Adaptationsphase neue **Reiz-Reaktions-Regeln** (▶ Kap. 5) erwerben. Wenn man z.B. einen Reiz um 10 Grad nach links verschoben wahrnimmt, dann braucht man für eine korrekte Reaktion ja lediglich zu lernen, auf eine Position 10 Grad links von dem Reiz zu zeigen. Diese Art von Lernen hätte mit dem Prisma nicht notwendigerweise etwas zu tun, denn man könnte ja auch ohne Prisma lernen, auf Positionen 10 Grad links von gezeigten Objekten zu zeigen. Genau diese Bedingung hat Bedford (1993, 1999) experimentell untersucht, aber das Ergebnismuster unterschied sich grundlegend von den für Adaptationsexperimente typischen Beobachtungen. Reiz-Reaktions-Regeln sind es also offenbar nicht, was man im Adaptationsversuch erwirbt – aber was ist es dann?

Zunächst muss man sich klar machen, welche Arten von Repräsentationen bei der Adaptation an ein Prisma betroffen sind. Das wäre zum einen die visuelle Repräsentation der Zielposition, die propriozeptive Repräsentation des Zeigefingers und das motorische Kommando, das den Zeigefinger in eine bestimmte räumliche Position befördert. Alle drei Repräsentationen beinhalten **räumliche Positionen**. Wenn wir im Alltag ein Zielobjekt sehen und darauf zeigen, dann stimmen diese Positionen typischerweise überein, aber dies ist keineswegs genetisch einprogrammiert, sondern das Ergebnis mühevollen sensomotorischen Lernens (▶ Abschn. 2.4). Ein Säugling kann z.B. zunächst noch gar nicht wissen, welche gesehene Position mit welcher gefühlten Position übereinstimmt, und welches motorische Kommando erforderlich ist, um die Hand in diese Position zu bringen. Die Korrelationen zwischen visuellen, propriozeptiven und motorischen Positionskodes müssen nicht nur **erlernt**, sondern sie müssen auch zeitlebens **aktualisiert** werden. Alle Veränderungen des Wahrnehmungsflusses (etwa durch die natürliche Veränderungen des Auges oder das Tragen einer Brille) und des Körpers (z.B. durch Reifung und Wachstum oder Alterungsprozesse) verändern diese Korrelationen und erfordern daher eine kontinuierliche **Anpassung** des sensomotorischen Wissens. Derartige Anpassungen scheinen im Adaptationsversuch angestoßen zu werden. So wird z.B. die nach rechts verschobene visuelle Wahrnehmung mit einem neuen motorischen Kommando gepaart und damit auch mit einer neuen propriozeptiven Wahrnehmung der Handposition. Solche Anpassungen verändern nicht notwendigerweise die Wahrnehmung an sich (sodass die visuelle Reizwahrnehmung auch nach der Anpassung durchaus noch verschoben sein kann), aber sie modifizieren die gespeicherten Assoziationen zwischen visuellen, propriozeptiven und motorischen Kodes. Wenn später das Prisma entfernt wird, geht das sensomotorische System davon aus, dass die erfolgten Anpassungen noch gültig sind (sodass die Handbewegung »angepasst« wird). Damit dies nicht mehr zutrifft, ist erst wieder Übung notwendig.

4.1.2 Pfade der visuellen Informationsverarbeitung

Der eingangs beschriebene sensomotorische Ansatz beruht u.a. auf der Annahme, dass sich die menschliche Informationsverarbeitung als eine Kette von Verarbeitungsschritten beschreiben lässt. Diese Annahme ist jedoch in den letzten Jahren zunehmend angezweifelt worden, besonders angesichts neurophysiologischer und -psychologischer Befunde, die auf die parallele Verarbeitung retinaler Information entlang zwei separater kortikaler Pfade hinweisen: einem sog. **ventralen Pfad**, der vom primären visuellen Kortex (BA 17 bzw. V1) in den inferotemporalen Kortex projiziert, und einem sog. **dorsalen Pfad**, der vom primären visuellen Kortex in den posteriorparietalen Kortex projiziert (◘ Abb. 4.2). In bahnbrechenden Experimenten am Affen haben Ungerleider u. Mishkin (1982) gezeigt, dass der ventrale Verarbeitungspfad eine zentrale Rolle für die Objekterkennung spielt und Information über die Identität von Objekten bereitstellt (deswegen auch »Was«-Pfad genannt). Der dorsale Pfad stellt hingegen Information über die räumliche Position der Objekte bereit und erlaubt die Lokalisierung von Objekten im Raum (»Wo«-Pfad).

Folgen selektiver Schädigung visueller Pfade

Neurone des ventralen Verarbeitungspfades im inferotemporalen Kortex sind u.a. auf die Registrierung und Erkennung visueller Reizmerkmale wie Farbe, Form und Textur spezialisiert. Unterstützt werden sie dabei von hochspezialisierten Neuronen, die z.B. auf bestimmte Gesichter oder Orte reagieren. Schädigungen des ventralen Verarbeitungspfades führen dementsprechend zu teils massiven Einbußen bei **Erkennungsleistungen** und sind oft mit **visuellen Agnosien** assoziiert. Patienten mit visuellen Agnosien erkennen zumeist einfache visuelle Reize wie Lichtpunkte oder Linien, scheitern aber bei komplexeren Konfigurationen, können Umrisse oder Objekte nicht identifizieren, oder Farben und Objekte nicht miteinander assoziieren (► Exkurs »Arten visueller Agnosie«). Visuelle Agnosien betreffen also nicht die Identifikation isolierter Merkmale von Objekten, sondern v.a. die Integration von einzelnen Merkmalen zu einem einheitlichen und kohärenten Wahrnehmungseindruck (Perzept).

Trotz starker Einbußen bei der Identifikation von Objekten und ihrer Merkmale zeigen agnostische Patienten teilweise nahezu perfekte Leistungen bei der Steuerung von Handlungen, die auf **visuelle Information** angewiesen sind. Ein Beispiel ist die

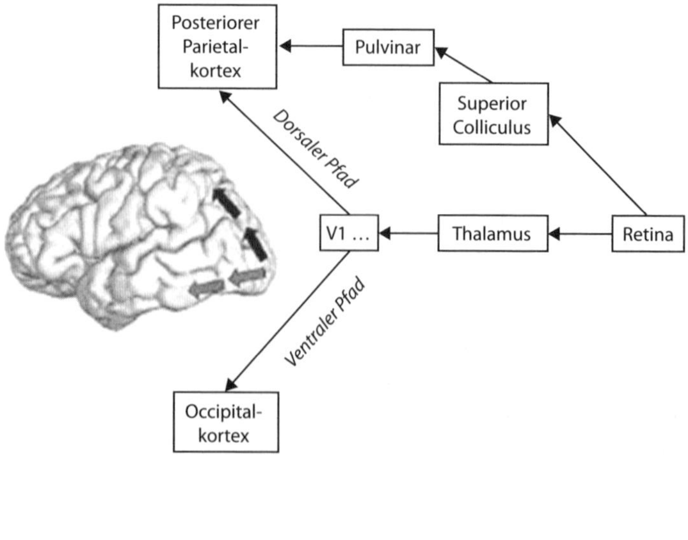

◘ **Abb. 4.2.** Anatomie des dorsalen und ventralen Pfades im menschlichen Gehirn

Exkurs

Arten visueller Agnosie

Integrationsleistungen, die dafür sorgen, dass kohärente Wahrnehmungseindrücke entstehen, können in ganz spezifischer Weise in Mitleidenschaft gezogen sein: Eine **apperzeptive Agnosie** führt zu Defiziten bereits beim Erkennen und Unterscheiden von einfachen Formen, z.B. beim Unterscheiden zwischen einem Quadrat und einem Rechteck. Daraus resultiert notwendigerweise, dass auch alle nachfolgenden Verarbeitungsprozesse bei der weiteren Objekterkennung beeinträchtigt werden. Als Ursache für diese Störung wird vermutet, dass die Neuronenpopulation, die die Form von Objekten repräsentieren, entweder selbst geschädigt sind oder aber wegen defekter Verbindungen keine Information von den Neuronen des primären visuellen Kortex erhalten.

Patienten mit **assoziativer Agnosie** haben dagegen keine Schwierigkeiten, Formen zu erkennen und zu diskriminieren, sie können aber Objekte nicht gut identifizieren. Diese Schwierigkeit rührt vermutlich daher, dass sie der wahrgenommenen Reizkonfiguration nicht die Bedeutung (die Semantik) des Objektes zuordnen können. Die Ursache dafür liegt wahrscheinlich in einer Beeinträchtigung der Kommunikation zwischen den für die Objektrepräsentation und den für die semantische Repräsentation verantwortlichen Neuronenpopulationen.

Patienten mit **Farbagnosie** sind nicht in der Lage, Farben und Formen von Objekten zu integrieren, obwohl Farb- und Formwahrnehmung jeweils intakt sind. Sie können Farben diskriminieren und identifizieren, sie aber nicht mit der Form eines Objektes in Zusammenhang bringen (»das rote Quadrat«) oder die typische Farbe eines Objektes aus dem Gedächtnis benennen (z.B. die Farbe einer reifen Erdbeere). Ursache für dieses Defizit ist vermutlich die Beeinträchtigung der Kommunikation zwischen den für Form- und Farbrepräsentation verantwortlichen Arealen.

Eine vierte Form der visuellen Agnosie bezieht sich auf das Erkennen von Gesichtern. Menschen, die von der **Prosopagnosie** betroffen sind, können Objekte identifizieren und Personen anhand ihrer Stimme oder anderer typischer Merkmale erkennen, nicht aber anhand ihrer Gesichter. Die Ursache für dieses Defizit könnte darin liegen, dass selektiv Neuronenpopulationen des sog. »Gesichtsareals« im Gyrus fusiformis des ventralen Verarbeitungspfades geschädigt sind.

Patientin D. F., deren inferotemporaler visueller Kortex von einer schweren Kohlenmonoxid-Vergiftung in Mitleidenschaft gezogen wurde (s.u.). Interessanterweise haben Schädigungen des dorsalen Pfades oft Konsequenzen, die sich gegenüber denen des ventralen Pfades gewissermaßen spiegelbildlich verhalten (Überblick bei Milner u. Goodale, 1995). So hatte z.B. die Patientin R. V. trotz beidseitiger Schädigung ihres posteriorparietalen Kortex keinerlei Schwierigkeiten, die für D. F. nicht erkennbaren Objekte eindeutig zu identifizieren. Sie hatte jedoch massive Schwierigkeiten, diese Objekte zu ergreifen, und es gelang ihr beim Versuch, diese hochzuheben, oft nicht, ihre Finger an geeigneten, gegenüberliegenden Objektorten zu positionieren.

Derartige Probleme sind typisch für Patienten mit dorsalen Schädigungen. Oft sind sie nicht in der Lage, Handbewegungen im der Läsion gegenüberliegende Gesichtsfeld visuomotorisch zu koordinieren (optische Ataxie; Balint, 1909). Sie haben generell Schwierigkeiten, ihre Hand in die richtige Richtung zu führen und die Orientierung ihrer Hand der Orientierung von Objekten anzupassen, obwohl sie die relative Position und die Orientierung von Objekten verbal korrekt beschreiben können. Sie können die Größe von Objekten korrekt einschätzen, passen bei Greifbewegungen ihre Hand jedoch nicht an die Größe der Objekte an. Wir können also festhalten, dass Schädigungen des dorsalen Pfades die visuomotorische Koordination beim manuellen Umgang mit Objekten beeinträchtigen, ohne jedoch die bewusste Wahrnehmung zu beeinflussen. Die Vermutung liegt nahe, dass sich die bewusste Wahrnehmung **anderer visueller Informationen** bedient als die sensomotorische Handlungssteuerung.

4

Studie

Schädigungen des ventralen visuellen Verarbeitungspfades: Der Fall D. F.

Die Patientin D. F. erlitt eine schwere Kohlenmonoxid-Vergiftung, die zu erheblichen Schädigungen in ihrem inferotemporaler visueller Kortex führte. Als sie aus dem Koma erwachte, war sie zunächst vollständig blind, konnte aber nach einigen Tagen wieder Farben und Texturen erkennen. Sie war jedoch nicht in der Lage, die Formen von Gegenständen oder Gesichter zu erkennen, nicht einmal ihr eigenes oder das ihres Mannes. Andererseits hatte sie keine Schwierigkeiten, Menschen anhand ihrer Stimmen zu erkennen oder Gegenstände zu benennen, wenn man sie ihr in die Hand gab. Erstaunlich war nun, dass sie einerseits die Orientierung von Objekten nicht angeben konnte, andererseits aber Bewegungen perfekt auch dann ausführten wenn sie »Wissen« um die Orientierung von Objekten voraussetzen (Goodale et al., 1991). Beispielsweise war sie außer Stande, verbal oder mit einer Handbewegung anzugeben, ob ein Briefschlitz vertikal oder horizontal orientiert war. Wenn man ihr aber einen Brief gab und sie aufforderte, diesen in den Briefschlitz zu stecken, konnte sie dies mühelos tun: Sie führte den Brief zum Schlitz und drehte die Hand so, dass er die gleiche Orientierung aufwies wie der Schlitz, in den sie ihn einwerfen sollte. Ihre Hand »wusste« also mehr über die Orientierung des Briefschlitzes als ihre bewusste Wahrnehmung.

Die Patientin hatte auch keine bewusste Repräsentation über die Größe oder die Form von gesehenen Objekten. Legte man zwei unterschiedlich große Holzklötze auf den Tisch vor ihr, konnte sie nicht angeben, welcher der beiden der größere war. Auch wenn man sie bat, die Größe eines Holzklotzes mit Daumen und Zeigefinger anzuzeigen, gab es keine systematischen Beziehungen zwischen der angezeigten und der tatsächlichen Größe des Objektes. Wenn man sie dagegen aufforderte, einen Klotz zu ergreifen, bewegte sie ihre Hand zielstrebig auf das Objekt zu und spreizte Daumen und Zeigefinger so, wie es der Größe des Klotzes entsprach. Sie skalierte also den Abstand von Daumen und Zeigefinger nach den Dimensionen des Objektes, das sie zu ergreifen beabsichtigte, obwohl sie unfähig zu sein schien, diese Objektdimension bewusst wahrzunehmen.

Um ein Objekt erfolgreich aufzuheben, reicht es nicht, die Hand entsprechend der Orientierung des Objektes zu rotieren und den Abstand der Finger der Größe des Objektes anzupassen. Man muss auch Finger und Daumen an passenden, gegenüberliegenden Positionen des Objektes platzieren, und dafür Information über das Aussehen und den Umriss des zu ergreifenden Gegenstandes verarbeiten. D. F. bewältigte auch diese Anforderung ohne nennenswerte Probleme; obwohl sie das Aussehen und die Konturen von solchen nicht-symme-

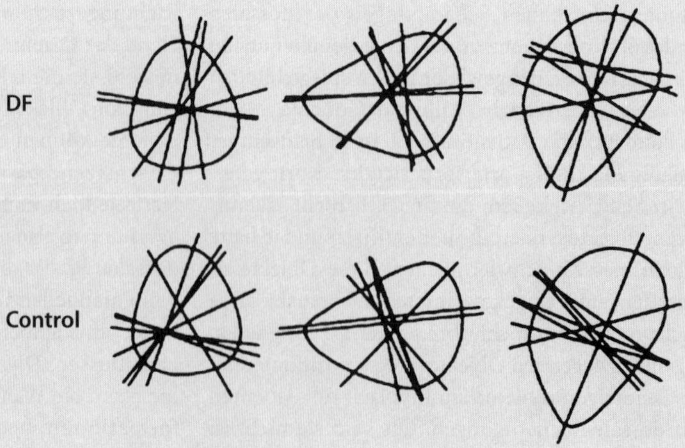

Abb. 4.3. Orientierung der Hand der Patientin D. F. beim Ergreifen von Gegenständen. (Aus Goodale & Humphrey, 1998. Mit freundlicher Genehmigung von Elsevier)

▼

trischen, rundlichen Gegenständen (■ Abb. 4.3) verbal nicht beschreiben konnte, positionierte sie ihre Finger an geeigneten Stellen der Objekte und hob sie wie gesunde Kontrollpersonen auf. Wir können also festhalten, dass Schädigungen des ventralen Pfades eine Beeinträchtigung bewusster Wahrnehmungsleistungen nach sich ziehen, ohne jedoch die visuomotorische Koordination beim manuellen Umgang mit Objekten zu beeinflussen. Mit anderen Worten, die bewusste Wahrnehmung scheint sich anderer visueller Informationen zu bedienen als die sensomotorische Handlungssteuerung.

Wahrnehmungs-Handlungs-Modell von Milner und Goodale

Die Befunde zu den Auswirkungen ventraler und dorsaler Schädigungen stellen eine sog. **Doppeldissoziation** dar: Ventrale Schädigungen beeinträchtigen die bewusste Wahrnehmung, nicht aber sensomotorisches Handeln, während für dorsale Schädigungen genau das Umgekehrte zutrifft. Diese Beobachtungen unterstützen die Vermutung von Ungerleider u. Mishkin (1982), dass die beiden Verarbeitungspfade unterschiedlichen Funktionen dienen; allerdings passen sie weniger gut zu der Annahme eines Was-Pfades und eines Wo-Pfades. Für die bewusste Identifikation von Objekten ist Was-Information sicherlich entscheidend, aber die sensomotorische Handlungssteuerung benötigt mehr als bloß räumliche Wo-Information. Aus diesem Grund haben Goodale u. Milner (1992; s. auch Milner u. Goodale, 1995) die Unterscheidung zwischen einem **ventralen Was-Pfad** und einem **dorsalen Wie-Pfad** vorgeschlagen. Demnach ist der ventrale Pfad v.a. für die Identifikation von Objekten und ihren Merkmalen verantwortlich. Nur ventral verarbeitete Information ist dem Bewusstsein zugänglich (obwohl nicht alle ventrale Information bewusst werden muss), und nur der ventrale Pfad hat Zugang zum semantischen Gedächtnis. Es ist also der ventrale Pfad, der Reizinformation mit Gedächtniseinträgen vergleichen und so die Identität von Reizobjekten erkennen kann. Der dorsale Pfad ist hingegen für die ausnahmslos nicht-bewusste visuelle Steuerung von Handlungen verantwortlich. Er hat keinen Zugang zum Gedächtnis und liefert »online« diejenige visuelle Information, die für die visuelle Kontrolle von Handlungen benötigt wird: Information über die Größe von Objekten, ihre Orientierung und Position im Raum sowie Information über die Richtung und Geschwindigkeit bewegter Objekte.

Der Ansatz von Milner und Goodale kann nicht nur die gefundenen doppelten Dissoziationen bei Patienten erklären, sondern erlaubt auch eine Reihe von **Vorhersagen** für das Verhalten gesunder Probanden. Tatsächlich sollte es möglich sein, dass ein und derselbe sensorische Input die bewusste Wahrnehmung und die Steuerung manueller Handlungen ganz unterschiedlich beeinflusst. Um dies zu untersuchen, haben sich Aglioti et al. (1995) der sog. **Ebbinghaus-Titchener-Illusion** bedient. Diese Illusion entsteht, wenn man mit zwei Kreisen von gleicher Größe konfrontiert wird (■ Abb. 4.4). Einer der Kreise ist von einem Ring kleinerer Kreise umgeben, der andere von einem Ring größerer Kreise. In der Standardversion der Täuschung (A) sind die beiden mittleren Kreise physikalisch gleich, werden aber von den meisten Personen als unterschiedlich groß wahrgenommen. Im unteren Teil (B) scheinen die beiden Kreise für die meisten Personen von gleicher Größe zu sein, obwohl hier der rechte innere Kreis physikalisch größer als der linke ist.

Statt Zeichnungen zu verwenden, konstruierten Aglioti et al. (1995) analoge Anordnungen mit Scheiben, die die Versuchspersonen mit Daumen und Zeigefinger ergreifen sollten. Wenn die beiden mittleren Scheiben ihrer Einschätzung nach gleich groß erschienen, mussten sie die linke der beiden Scheiben aufheben, wenn sie dagegen unterschiedlich groß erschienen, die rechte. Auf diese Weise erhoben Aglioti et al. ein (indirektes) Wahrnehmungsurteil und fanden, dass die Versuchspersonen sensitiv für die Täuschung waren: Welche Scheibe als Ziel der Greifhandlung gewählt wurde, hing von dem Größenkontrast zwischen der mittleren Scheibe und der sie umgebenden Kreise ab. Physikalisch un-

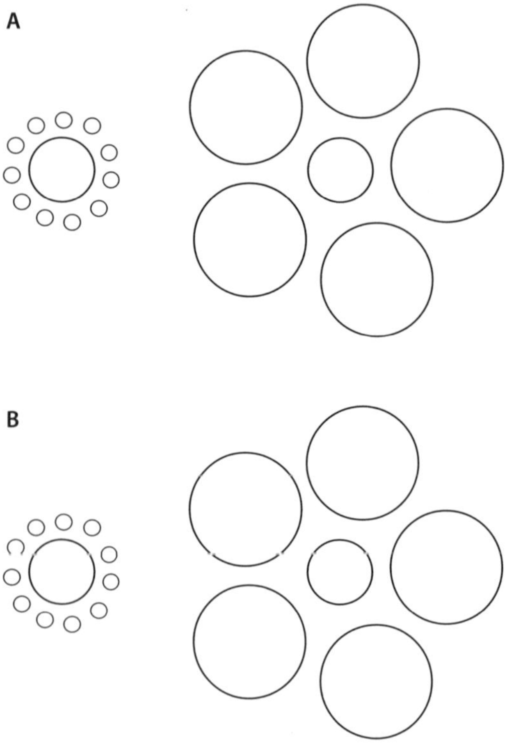

◘ Abb. 4.4. Ebbinghaus-Titchener-Illusion. (Aus Aglioti et al. 1995. Mit freundlicher Genehmigung von Elsevier)

terschiedliche Scheiben wurden also als gleich groß und physikalisch identische Scheiben als unterschiedlich groß beurteilt (Ebbinghaus-Titchener-Illusion). Die Frage war nun, ob auch die Bewegung, mit der die Scheiben ergriffen wurden, von der wahrgenommenen Größe der Scheiben beeinflusst wurde. Dies war nicht der Fall: Die Greiföffnung (Abstand zwischen Daumen und Zeigefinger) hing allein von der physikalischen Größe der Scheiben ab und wurde durch die wahrgenommenen Größe nicht moduliert. Mit anderen Worten, das visuelle System versorgte die Handlungssteuerung mit objektiverer Information als die bewusste Wahrnehmung. Vergleichbare Dissoziationen zwischen dem Wahrnehmungsurteil und der Steuerung räumlicher Bewegungen (z.B. bei der Spezifikation der Zielposition einer Bewegung oder der Kontrolle des Fingerabstandes beim Ergreifen eines Gegenstandes) zeigen sich auch bei anderen visuellen Illusionen und im Zusammenhang mit Scheinbewegungen. Bridgeman et al. (1981) induzierten z.B. Scheinbewegungen eines statischen Zielreizes, indem sie ihn auf einem bewegten Hintergrund (beispielsweise einem Punktmuster, das sich horizontal über den Bildschirm bewegt) darboten. Die Versuchspersonen nahmen den Reiz zwar einerseits als bewegt war, konnten aber andererseits mühelos mit dem Finger auf ihn zeigen.

Goodale und Milner haben angenommen, dass die beiden Verarbeitungspfade parallel und weitgehend unabhängig voneinander operieren. Diese Annahme ist allerdings umstritten, und auch die vorgeschlagene Aufgabenteilung wurde kritisiert. Neurophysiologische Befunde belegen z.B. frühe Interaktionen zwischen dorsalem und ventralem Verarbeitungspfad (Van Essen u. DeYoe, 1995), und experimentelle Beobachtungen zeigen, dass die Kontrolle von Bewegungen in manchen Fällen keineswegs so immun gegenüber **Täuschungen** der Wahrnehmung ist wie ursprünglich vermutet wurde (Überblick s. Glover, 2004). Wird die motorische Antwort beispielsweise nicht sofort, sondern mit einer zeitlichen Verzögerung (im Sekundenbereich) ausgeführt, beeinflusst die Wahrnehmungstäuschung auch die Handlungssteuerung (Gentilucci et al. 1996). Bedingungen dieser Art erfordern den Einsatz von (wahrscheinlich ventralen) Gedächtnisrepräsentationen für die Handlungssteuerung, was wiederum den Einfluss der Illusion erhöht.

Wie stark die Handlungssteuerung von visuellen Illusionen beeinflusst wird, hängt auch von der Verfügbarkeit **von visuellem Feedback** ab. Gentilucci et al. (1996) haben Versuchspersonen gebeten, bei einer **Müller-Lyer-Täuschung** mit dem Finger auf den Anfang und das Ende der gesehenen Linie zu zeigen (◘ Abb. 4.5). Manipuliert wurde die Verfügbarkeit der visuellen Information. Waren Hand und Zeichnung während der Bewegung sichtbar, fielen die Effekte der Täuschung auf die Bewegung gering aus; sie nahmen jedoch kontinuierlich zu, je weniger visuelles Feedback zur Verfügung stand.

Andere Untersuchungen haben gezeigt, dass manche Parameter von Bewegungen von visuellen Täuschungen nicht beeinflusst werden, während andere durch die Wahrnehmungstäuschung sehr wohl beeinträchtigt werden. Van Donkelaar (1999) hat beispielsweise berichtet, dass die Genauigkeit von Zeigebewegungen von der Ebbinghaus-Titchener-Illusion nicht betroffen ist, die **Bewegungs-**

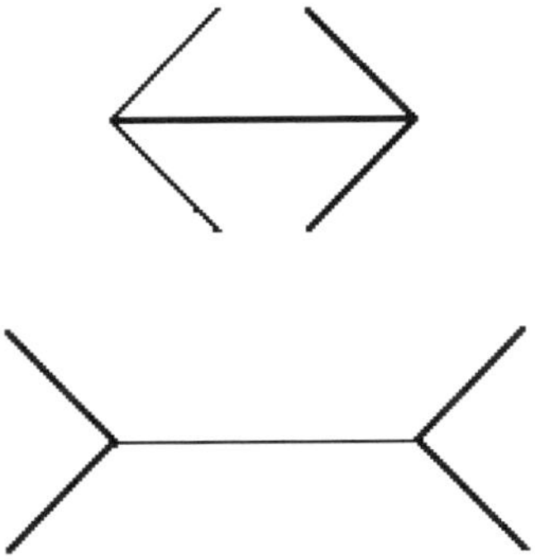

■ **Abb. 4.5.** Müller-Lyer-Illusion

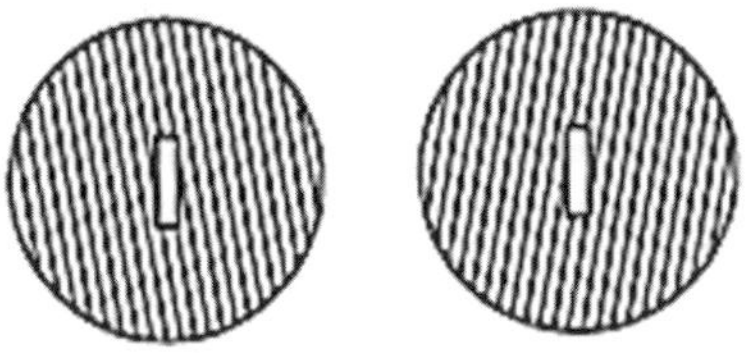

■ **Abb. 4.6.** Orientierungs-Illusion. (Aus Glover & Dixon, 2001. Mit freundlicher Genehmigung der Psychonomic Society)

zeiten jedoch schon. Zeigten die Versuchspersonen auf Kreise, die kleiner aussahen, waren die Bewegungszeiten länger als wenn sie auf Kreise zeigten, die größer erschienen. In ähnlicher Weise konnte in Untersuchungen zur **Ponzo-Illusion** gezeigt werden, dass zwar die Greiföffnung den physikalischen Gegebenheiten folgt, die Kraft, mit der die Objekte gegriffen werden, jedoch einen Einfluss der Illusion zeigt (Brenner u. Smeets, 1996). Glover u. Dixon (2002) untersuchten die Veränderungen der Handöffnung im Verlauf der Bewegung bei der Ebbinghaus-Titchener-Illusion und der Orientierungs-Illusion (■ Abb. 4.6). Hier hatten die Versuchspersonen mit Daumen und Zeigefinger unterschiedlich orientierte Gegenstände zu ergreifen, die auf dem Hintergrund unterschiedlich orientierter Linienkonfigurationen platziert waren. Analysiert wurde die Orientierung der Hand bei der Annäherung an die Objekte. Es zeigte sich, dass Effekte der Wahrnehmungstäuschung auf die Orientierung der Hand zu Beginn der Bewegung groß waren und im weiteren Verlauf der Bewegung kontinuierlich geringer wurden.

Solche Beobachtungen sind nicht gut vereinbar mit der von Goodale u. Milner propagierten Idee streng separierter, unabhängig voneinander operierender Verarbeitungspfade. Vielmehr scheinen diese beiden Systeme in vielfältiger und komplexer Weise bei der Planung und Ausführung von Handlungen miteinander zu **interagieren**. Glover (2004) und Hommel et al. (2001; Hommel, 2006) haben deshalb **Modifikationen** der ursprünglichen Idee von Milner u. Goodale vorgeschlagen. Demnach könnten beide Verarbeitungsströme an der Handlungssteuerung beteiligt sein, allerdings mit unterschiedlichen Aufgaben. Der ventrale Pfad könnte v.a. mit der Auswahl und Vorbereitung von Handlungen beschäftigt sein und die zielbezogenen, maßgeblichen Eigenschaften der Handlung festlegen. Der dorsale Pfad hätte demgegenüber die Aufgabe, noch nicht festgelegte, situationsabhängige Handlungseigenschaften »online« festzulegen (► Abschn. 6.2.1).

Auch wenn sich die Annahmen von Goodale u. Milner möglicherweise im Detail als revisionsbedürftig erweisen, haben sie dennoch einen wichtigen, stimulierenden Beitrag zum Verständnis des Zusammenhanges zwischen Wahrnehmung und Handlungssteuerung geliefert. Vor allem haben sie Wege eröffnet, um Dissoziationen zwischen Wahrnehmung und Handlung zu interpretieren und ihre funktionalen Grundlagen besser zu verstehen. Damit dies gelingen konnte, musste die lang gehegte Grundannahme linearer Modelle der menschlichen Informationsverarbeitung, wonach Reize zuerst einem Wahrnehmungsprozess unterzogen werden, der dann die Handlung initiiert, aufgegeben und ersetzt werden durch die Annahme paralleler Verarbeitungsstränge mit unterschiedlichen Verarbeitungsfunktionen.

4.2 Interaktionen von Wahrnehmung und Handlung

In jüngerer Zeit ist auch eine andere Grundannahme linearer Modelle der menschlichen Informationsverarbeitung in die Kritik geraten. Nach der Logik linearer Modelle erfordert der Übergang von der Wahrnehmung zur Handlung einen Übersetzungsprozess, der die jeweils relevante Reizinformation auswählt und in eine passende Reaktion transformiert. Zweifel an dieser Idee kamen jedoch auf, als gezeigt wurde, dass nicht nur die relevante Information in Reaktionen übersetzt wird, sondern oft auch vollständig **irrelevante Information**. Es ließ sich zeigen, dass irrelevante Reizinformation Handlungen direkt aktivieren und manchmal sogar auslösen kann.

4.2.1 Einfluss der Reizverarbeitung auf die Handlungskontrolle

Einflüsse der Reizverarbeitung auf die Handlungsauswahl werden schon lange in der Literatur diskutiert, meist unter dem von Fitts u. Seeger (1953) vorgeschlagenen Begriff der **Reiz-Reaktions-Kompatibilität**. Der Begriff entstammt den 50er Jahren des vorigen Jahrhunderts, wo er v.a. im Zusammenhang mit Fragen der Hardware-Ergonomie Verwendung fand. In einer umfassenden Studie hatte beispielsweise Loveless (1962) leistungssteigernde und leistungsmindernde Kombinationen von Anzeigeinstrumenten und manuellen Kontrollapparaten miteinander verglichen und festgestellt, dass Ähnlichkeiten zwischen der Art und Weise, wie eine bestimmte Information dargestellt wird und wie darauf zu reagieren ist, besonders nützlich sind. Wenn z.B. eine Temperaturanzeige von links (niedrige Temperatur) nach rechts geht (hohe Temperatur), dann sollte ein Apparat zur Regulierung der Temperatur Bewegungen nach links in eine Verringerung der Temperatur, Bewegungen nach rechts in eine Erhöhung der Temperatur umsetzen.

Fitts und Kollegen haben die Auswirkungen der **räumlichen Beziehung** zwischen Reizen und Reaktionen in einer Reihe von Experimenten als erste systematisch untersucht. Fitts u. Seeger (1953) fanden z.B., dass räumlich positionierte Reize am schnellsten mit räumlich korrespondierenden Joystick-Reaktionen beantwortet werden können. Fitts u. Deininger (1954) machten ganz ähnliche Beobachtungen bei stärker symbolischen räumlichen Beziehung zwischen Reizen und Reaktionen: So reagierten Probanden wesentlich schneller, wenn sie auf visuell dargebotene Uhrzeiten (3:00, 6:00, 12:00 usw.) mit symbolisch kompatiblen Reaktionen antworteten (bei 3:00 nach rechts, bei 6:00 nach unten, bei 12:00 nach oben, usw.) als mit symbolisch inkompatiblen Reaktionen (z.B. bei 3:00 nach links oben, bei 6:00 nach oben, bei 12:00 nach rechts unten).

Später wiesen Simon u. Rudell (1967) nach, dass räumliche Kompatibilität auch dann die Leistung beeinflusst, wenn die Reizposition **nicht aufgabenrelevant** ist. Nehmen wir z.B. an, dass Probanden eine linke Taste drücken, wenn ein Quadrat erscheint und eine rechte Taste, wenn ein Kreis erscheint (statt der Form könnte man auch ein beliebiges anderes nichträumliches Merkmal wählen). Nehmen wir weiter an, dass das Quadrat und der Kreis zufällig auf der linken oder rechten Seite eines Bildschirms erscheinen. Was sich nun zeigt und mittlerweile als **Simon-Effekt** bezeichnet wird, ist, dass die Reaktionen schneller sind, wenn der Reiz auf der Seite der Reaktion erscheint, wenn also z.B. das Quadrat links oder der Kreis rechts präsentiert wird. In diesen Fällen spricht man von Reiz-Reaktions-Kompatibilität, während man bei der Darbietung eines rechten Quadrats oder linken Kreises von Reiz-Reaktions-Inkompatibilität sprechen würde.

Zahlreiche Effekte der Reiz-Reaktions-Kompatibilität sind über die Jahre berichtet worden. Viele davon sind **nicht-räumlich** (Übersicht bei Kornblum et al., 1990; Proctor u. Vu, 2006; Hommel u. Prinz, 1997). Greenwald (1970) beobachtete z.B., dass sprachliche Reaktionen schneller abgegeben werden können, wenn sie durch auditive statt visuelle Signale angezeigt werden, während schriftliche Reaktionen schneller auf visuelle als auf auditive Signale ausgeführt werden. Die Kombinationen von auditiven Reizen und Sprachreaktionen einerseits und von visuellen Reizen und Schreibreaktionen andererseits sind also besonders reiz-reaktionskompatibel. Auch der Stroop-Effekt lässt sich als ein Effekt der Reiz-Reaktions-Kompatibilität interpretieren, denn schließlich zeigt er, dass eingefärbte Farbworte schneller und störungsfreier gelesen als benannt werden können. Auch wenn die Vielzahl von Kompatibilitätseffekten verwirrend erscheinen mag, so folgen sie doch einem einheitlichen Muster (Kornblum et al., 1990; Prinz, 1990): Generell kann man Reaktionen leichter, besser und schneller ausführen,

- wenn die Reiz- und Reaktions-Sets **dimensional überlappen**, wenn sich also Reize und Reaktionen auf derselben (z.B. räumlichen) Merk-

malsdimension beschreiben lassen (»set level compatibility« nach Kornblum et al.) und
- wenn sich Reize und Reaktionen hinsichtlich der Ausprägungen der auf dieser Dimension definierten **Merkmale** entsprechen (»element level compatibility« nach Kornblum et al.).

Was bedeutet das konkret? Nehmen wir z.B. zwei Reaktionsalternativen wie das Drücken einer linken oder rechten Taste. Kombinieren wir diese zwei Reaktionen mit Reizen auf der linken bzw. rechten Seite eines Bildschirms, so erhalten wie ein hohes Maß an dimensionaler Überlappung (»set level compatibility«), d.h. sowohl Reize als auch Reaktionen sind räumlich, und zwar auf derselben horizontalen Achse definiert. Würden wir die zwei Reaktionen mit den visuell dargebotenen Uhrzeiten 3:00 und 9:00 kombinieren, wäre die **Merkmalsüberlappung** geringer (denn die Reize variieren nicht mehr auf derselben Achse), aber immer noch vorhanden (denn symbolisch implizieren diese beiden Uhrzeiten linke und rechte Positionen auf der Uhr). Würden wir dagegen die zwei Reaktionen mit einem stets in der Mitte dargebotenen Quadrat bzw. Kreis kombinieren, dann gäbe es keinerlei Merkmalsüberlappung mehr (obwohl man sich natürlich schlaue Eselsbrücken einfallen lassen könnte!). Wenn es keine Merkmalsüberlappung gibt, können sich die Ausprägungen der Merkmale in Reizen und Reaktionen auch nicht entsprechen: Die linke Reaktion ist z.B. kompatibel mit einem tatsächlich oder symbolisch (9:00) linken Reiz und inkompatibel mit einem tatsächlich oder symbolisch (3:00) rechten Reiz, aber weder kompatibel noch inkompatibel mit einem Quadrat oder Kreis. Mit anderen Worten, Kompatibilität auf dem »element level« (Merkmalskompatibilität) setzt Kompatibilität auf dem »set level« (d.h. dimensionale Überlappung) voraus. Nur bei vorhandener Set-Level-Kompatibilität können Reiz-Reaktion-Zuordnungen kompatibel oder inkompatibel sein.

Effekte der Reiz-Reaktions-Kompatibilität zeigen, dass die Auswahl einer Handlung nicht allein aus der selektiven Übersetzung der relevanten Reizmerkmale in instruierte Reaktionen bestehen kann. Wenn z.B. in einem Versuchsdurchgang ein Reiz auf der linken Seite des Displays erscheint, warum sollte man dann eine »linke« Reaktion schneller initiieren können als eine »rechte«? Fragen dieser Art haben zahlreiche **Zwei-Prozess-Modelle der Reaktionsauswahl** auf den Plan gerufen. Im Prinzip folgen diese Modelle der Logik von Ach (1910), Wille und Gewohnheit miteinander zu kombinieren. Kornblum et al. (1990) nehmen im Rahmen ihres Kompabilitätsmodells beispielsweise an, dass Reize in Kompatibilitätsaufgaben entlang zweier Routen verarbeitet werden, einer intentionalen und einer automatischen Route (◘ Abb. 4.7).

Die **intentionale Route** ist mehr oder weniger so beschaffen wie in klassischen Stufenmodellen vorgesehen: Das relevante Reizmerkmal wird verwendet, um die korrekte Reaktion zu finden. Diese wird schließlich identifiziert, das dazugehörige motorische Programm wird abgerufen und ausgeführt. Entlang der **automatischen Route** können jedoch sowohl relevante als auch irrelevante Reizmerkmale merkmalsüberlappende Reaktionen aktivieren. Werden auf diese Weise Reaktionen automatisch aktiviert, dann müssen sie mit der intentional aktivierten Reaktion **verglichen** werden. Stimmen beide überein, wie bei Reiz-Reaktions-Kompatibilität zu erwarten, dann wird die aktivierte Reaktion ausgeführt. Stimmen sie jedoch nicht überein, dann muss die automatisch aktivierte Reaktion erst abgebrochen werden, bevor die intentional aktivierte Reaktion zur Ausführung gelangen kann. Und dies kostet Zeit, was eine entsprechende **Verzögerung** der Reaktionszeit erklären kann.

Das Kompatibilitätsmodell von Kornblum et al. (1990) kann zahlreiche **Kompatibilitätsphänomene** erklären, z.B. den Simon-Effekt. Wenn in unserem Beispiel das Quadrat auf der linken Seite erscheint und mit dem Druck einer linken Taste beantwortet werden soll, so wird der Reiz in zweierlei Weise verarbeitet: Zum einen wird die Reizform entlang der intentionalen Route identifiziert und in die korrekte, d.h. linke Reaktion übersetzt. Zum anderen führt die Verarbeitung der Reizposition entlang der automatischen Route zur unwillkürlichen Aktivierung der räumlich korrespondierenden, d.h. linken Reaktion. Der **Verifikationsprozess** stellt fest, dass die automatisch aktivierte Reaktion kongruent mit der intendierten Reaktion ist, sodass sie sofort ausgeführt werden kann. Der Fall liegt anders, wenn das Quadrat auf der rechten Seite erscheint. Die Verarbeitung auf der intentionalen

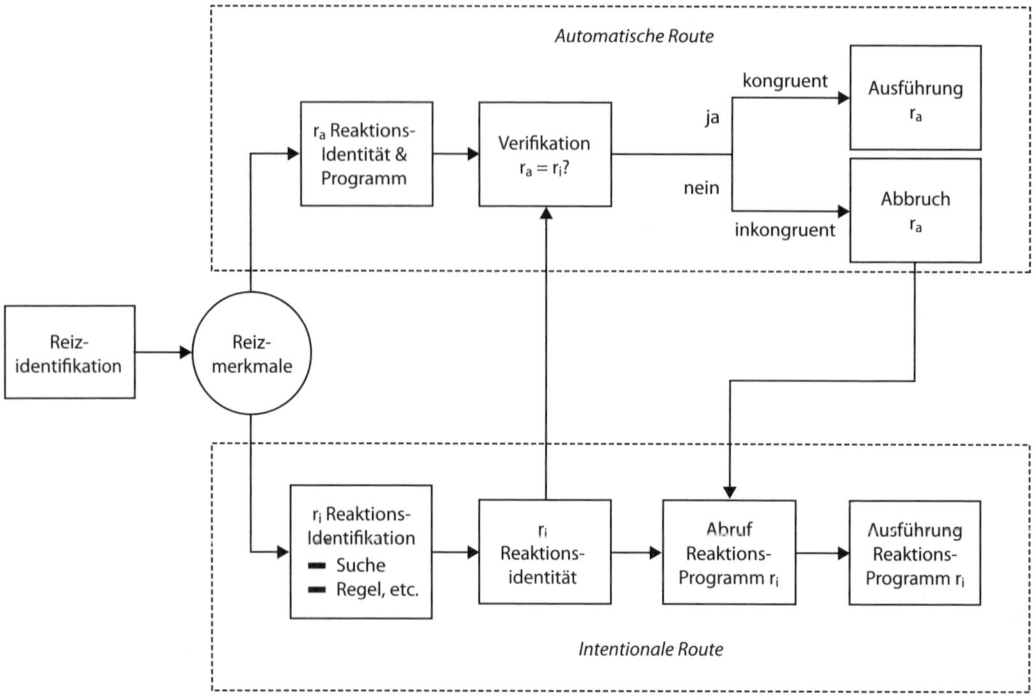

Abb. 4.7. Modell der dimensionalen Überlappung. (Aus Kornblum et al., 1990. Reprinted with permission from APA. APA is not responsible for the accuracy of this translation)

Route verläuft genauso, aber die Verarbeitung der Reizposition entlang der automatischen Route endet hier in der unwillkürlichen Aktivierung der rechten Reaktion. Der Verifikationsprozess muss feststellen, dass die automatisch aktivierte Reaktion inkongruent mit der intendierten Reaktion ist, sodass diese zunächst abgebrochen werden muss, bevor die intendierte Reaktion ausgeführt werden kann. Dies kostet Zeit, und diese Zeitkosten zeigen sich in Form des Simon-Effektes.

Dieses Szenario setzt voraus, dass irrelevante Reizinformationen tatsächlich Reaktionen unmittelbar aktivieren können. Wie realistisch ist diese Annahme? Um dies zu überprüfen, haben sich einige Autoren des sog. **lateralisierten Bereitschaftspotenzials (Lateralized Readiness Potential, LRP)** (De Jong et al., 1988) bedient. Das LRP ist ein elektrophysiologisch messbares Potenzial, das kurz vor der Ausführung von Reaktionen mit der linken bzw. rechten Hand auftritt und gemeinhin als Maß für die **Aktivierung einer Reaktion** interpretiert wird (Eimer, 1997). Wenn linke und rechte Reize tatsächlich räumlich korrespondierende Handlungen unmittelbar aktivieren können, dann sollten sie entsprechende LRPs auslösen. Dies lässt sich tatsächlich nachweisen (Sommer et al., 1993). Besonders interessant ist das Befundmuster in inkompatiblen Durchgängen, wenn also Reiz- und Reaktionspositionen räumlich nicht korrespondieren. Der Reiz ruft dann ein LRP der falschen (d.h. räumlich korrespondierenden) Reaktion hervor, das erst langsam durch das LRP der richtigen Reaktion ersetzt wird (► Abschn. 5.3; Abb. 5.4). Weitere Unterstützung für die Annahme einer **automatischen Reizverarbeitung** ergibt sich aus der Beobachtung, dass selbst nicht bewusst wahrgenommene Reize ein LRP verursachen (Eimer u. Schlaghecken, 1998).

4.2.2 Einfluss der Handlungskontrolle auf die Reizverarbeitung

Wir haben bereits eine Reihe von Beobachtungen diskutiert, die für die Existenz paralleler Verarbeitungsströme bei der menschlichen Informationsverarbeitung sprechen. Angesichts dieser Beobachtungen müssen wir die zunächst plausible Überlegung von Descartes und Donders (▶ Abschn. 1.2.2) verwerfen, dass sich die Beziehung zwischen Wahrnehmung und Handlung als systematische, durch das Bewusstsein kontrollierte Weiterverarbeitung aufgenommener Informationen bis hin zur anschließenden Reaktion beschreiben lässt. Es gibt jedoch auch andere Gründe, diese Überlegung zu verwerfen. Sowohl Descartes als auch Donders, und mit ihnen zahlreiche andere Forscher, fassen die Beziehung zwischen Wahrnehmung und Handlung als **Einrichtungsverkehr** auf und sehen Handlungen als notwendige **Konsequenzen** von Wahrnehmungen. Wie bereits eingangs erläutert (▶ Abschn. 1.2.3), übersieht diese Konzeption die Tatsache, dass Handlungen zumeist durch innere Ursachen getrieben, also mehr **durch Ziele motiviert** als durch externe Reize stimuliert werden. Dies legt wiederum nahe, dass nicht nur die Wahrnehmung die Handlungssteuerung beeinflussen kann, sondern dass auch die Handlungssteuerung Einfluss auf die Wahrnehmung hat. Tatsächlich mehren sich die Hinweise darauf, dass die Verarbeitung und Wahrnehmung von Reizen systematisch von Handlungszielen und Prozessen der Handlungskontrolle **gesteuert** werden. Auch bei Befunden zum Einfluss der Handlungskontrolle auf die Wahrnehmung lassen sich Effekte der dimensionalen Überlappung an sich (entsprechend der Kornblumschen »set level compatibility«; ▶ Abschn. 4.2.1) und Effekte der Merkmalskompatibilität (»element level compatibility«) unterscheiden. Wenden wir uns zunächst den Effekten der dimensionalen Überlappung zu.

Effekte dimensionaler Überlappung

In ihrer fMRI-Untersuchung zum Erkennen von Regelhaftigkeiten in visuellen Reizsequenzen machten Schubotz u. von Cramon (2003) eine überraschende Entdeckung: Ihre Versuchspersonen sahen Sequenzen von Reizen, die bestimmten Regeln folgten und z.B. immer größer wurden oder systematisch zwischen verschiedenen Farben hin und her wechselten. Die Aufgabe bestand darin, jeweils am Ende einer Reizsequenz anzugeben, ob die letzten drei gesehenen Reize den systematisch aufgebauten Erwartungen entsprochen hatten oder nicht. Es handelte sich also um eine reine Wahrnehmungsaufgabe, und doch fanden Schubotz u. von Cramon, dass diese Aufgabe konsistent Areale im prämotorischen Kortex aktivierte. Diese Areale werden im Allgemeinen mit der **Handlungssteuerung** in Verbindung gebracht. Welche Gebiete aktiviert wurden, hing von der jeweils relevanten Reizdimension ab: Die Beachtung von Formeigenschaften führte zur Aktivierung von Gebieten, die für die Steuerung von Greifbewegungen verantwortlich sind (BA 6), während die Beachtung von zeitlichen oder auditiven Eigenschaften zur Aktivierung von Gebieten führte, die mit der Steuerung von rhythmischen Hand- und Sprechbewegungen assoziiert sind (BA 44). Schubotz u. von Cramon vermuteten daraufhin, dass eine **unmittelbare Verbindung** zwischen wahrnehmungs- und handlungsbezogenen neuronalen Systemen bestehen könnte, mit der Folge, dass die Beachtung verschiedener Reizdimensionen (wie Größe oder Tonhöhe) unausweichlich zur Aktivierung dimensionsspezifischer Handlungskonzepte (wie Greifen und Sprechen) führt.

Ausgehend von dieser Untersuchung haben Fagioli et al. (2007) die Frage gestellt, ob auch das Umgekehrte gilt, ob also die Vorbereitung auf eine bestimmte Handlung die Aufmerksamkeit automatisch auf die damit verbundenen Reizdimensionen richtet. Wie beschrieben, spielt der ventrale Pfad eine wichtige Rolle bei der Handlungsvorbereitung, aber er überlässt dem dorsalen Pfad die Bereitstellung aktueller Information (▶ Abschn. 4.1.2). Woher weiß der dorsale Pfad aber, welche Information für die momentane Handlung wichtig ist? Der ventrale Pfad könnte dies dadurch mitteilen, dass er Merkmalen der für die momentane Handlung relevanten Dimensionen Vorrang einräumt (◘ Abb. 4.8) (Hommel, 2010). Um dies zu überprüfen, haben Fagioli et al. ihre Versuchspersonen aufgefordert, eine Zeige- oder eine Greifhandlung vorzubereiten, aber noch nicht auszuführen. Zwischen Vorbereitung und Ausführung mussten die Probanden erst noch einen visuellen Reiz identifizieren, der sich entweder durch seine abweichende Größe oder seine abweichende Position definierte. Wie erwartet hing die Identifikationsleistung von der Art der **Handlungsvorbereitung** ab: Größendefinierte Abweichler wurden bei Vorbereitung einer Greifhandlung schneller erkannt, während positionsdefinierte Abweichler besser erkannt wurden, wenn eine Zeigehandlung vorbereitet war. Die Vorbereitung einer

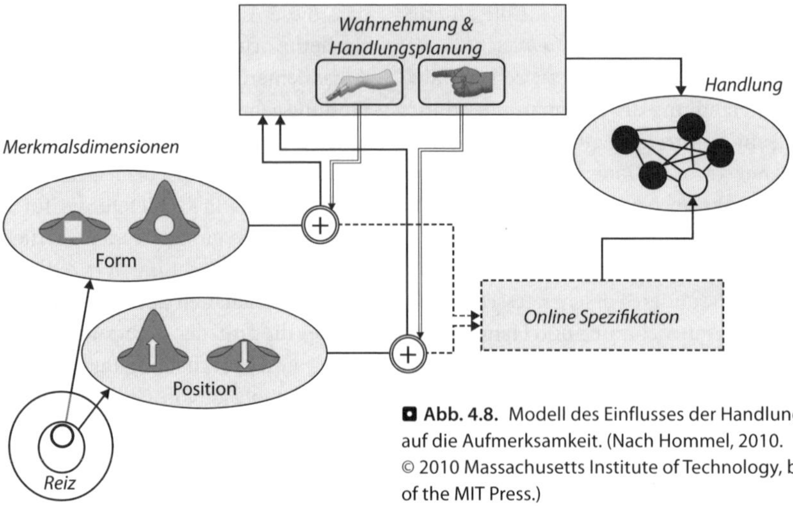

Abb. 4.8. Modell des Einflusses der Handlungskontrolle auf die Aufmerksamkeit. (Nach Hommel, 2010. © 2010 Massachusetts Institute of Technology, by permission of the MIT Press.)

Handlung scheint also automatisch die Verarbeitung solcher Merkmale zu begünstigen, die zur Feinsteuerung dieser Handlung besonders wichtig sind.

Dieser Mechanismus könnte auch eine Reihe anderer Beobachtungen erklären, die auf einen Einfluss von Handlungen auf die Wahrnehmung schließen lassen. Einige dieser Beobachtungen sind im Zusammenhang mit sog. mehrdeutigen, bi- bzw. multistabilen Scheinbewegungen gemacht worden. **Multistabile Scheinbewegungen** sind Bewegungen, bei denen die Art oder Richtung der Bewegung für die Betrachter nicht eindeutig ist. Ein Beispiel ist die **Barber-Pole-Illusion**, die durch die Bewegung eines Streifenmusters hinter einer Öffnung entsteht. Ist diese Öffnung ein horizontal gestrecktes Rechteck, so scheinen sich die Streifen horizontal zu bewegen (von links nach rechts oder von rechts nach links). Ist die Öffnung ein vertikal gestrecktes Rechteck, scheinen sich die Streifen in vertikalen Richtung zu bewegen (von oben nach unten oder von unten nach oben). Ist die Öffnung dagegen quadratisch, ist die Richtung der wahrgenommenen Bewegung uneindeutig: Die Streifen bewegen sich mal in vertikaler und mal in horizontaler Richtung. Bewegt man nun beim Betrachten dieser uneindeutigen Anordnung seine Hände, dann führen vertikale Handbewegungen zur Wahrnehmung vertikal bewegter Streifen, während horizontale Handbewegungen zur Wahrnehmung horizontal bewegter Streifen führen (Ishimura u. Shimojo, 1994). Die Richtung der manuellen Handlung wirkt sich also auf die gesehene Richtung der Bewegung der Streifen aus, möglicherweise weil die Handlungssteuerung die Aufmerksamkeit stärker auf die handlungsrelevanten Reizdimensionen lenkt.

Handlungen beeinflussen unsere Wahrnehmung nicht nur in solchen ziemlich künstlichen Situationen, sondern auch dann, wenn wir reale dynamische Ereignisse beobachten. In einer Vielzahl von Experimenten haben Viviani et al. (1982, 1989) den Zusammenhang zwischen der Geschwindigkeit von Bewegungen, mit denen geometrische Figuren wie beispielsweise Ellipsen oder Kreise gezeichnet werden, und der produzierten Bewegungsbahn untersucht. Sie konnten nachweisen, dass ein gesetzmäßiger Zusammenhang zwischen Geschwindigkeit und Bewegungsbahn besteht. Die Geschwindigkeit hängt von dem Radius der Bahn ab: Je enger die Kurve, desto langsamer die Bewegung. Für diesen Zusammenhang haben Viviani et al. das sog. **Zwei-Drittel-Potenz-Gesetz (Two-thirds Power Law)** entwickelt, das den Zusammenhang zwischen Winkelgeschwindigkeit und Krümmung beschreibt (Viviani u. Terzuolo, 1982; Lacquaniti et al., 1983).

Der gleiche gesetzmäßige Zusammenhang zwischen Krümmung und Geschwindigkeit scheint auch für die Wahrnehmung zu gelten: Die Geschwindigkeit eines Punktes, der sich beispielsweise auf einer elliptischen Bahn bewegt, wird nur dann als gleichförmig wahrgenommen, wenn die Geschwindigkeit denselben Gesetzen folgt wie sie für die Produktion einer solchen Bewegung gelten. Umgekehrt sieht die gleiche Bewegung keineswegs gleichförmig aus, wenn man sie mit konstanter Geschwindigkeit präsentiert. Das Gleiche gilt auch für lineare Bewegungen, die nur dann als konstant wahrgenommen werden, wenn zu Beginn der Bewegung eine Beschleunigungsphase realisiert wird (Mashhour, 1964; Rachlin, 1966; Runeson, 1974; Viviani u. Stucchi, 1989). Solche Beobachtungen legen nahe, dass unser (nicht notwendigerweise bewusstes) Wissen darüber, wie unser motorischer Apparat Bewegungen ausführt, implizit an der Wahrnehmung von Bewegungen beteiligt ist; es scheint den Rahmen dafür zu liefern, wie dynamische Ereignisse wahrgenommen und repräsentiert werden. Die Wahrnehmung dynamischer Ereignisse scheint demnach nicht allein auf den physikalischen Eigenschaften gesehener Bewegungen zu basieren, sondern vielmehr aus dem **Zusammenspiel** zwischen sensorischer Information und den Prinzipien des motorischen Systems zu resultieren.

Effekte der Merkmalsüberlappung

Neben diesen Befunden zur dimensionalen Überlappung zwischen Handlungs- und Reizsets gibt es auch eine Reihe von Beobachtungen zur direkten Wechselwirkung zwischen handlungs- und wahrnehmungsbezogenen Merkmalen (»set level compability«). Derartige Kompatibilitäten können sich in zweierlei Weise auswirken: **förderlich** und **hemmend**. Diese beiden Wirkungsweisen lassen sich jedoch theoretisch erklären (► Abschn. 4.3.2). Ein Beispiel für einen **fördernden Effekt** der Kompatibilitat zwischen Handlung und Reiz auf die Reizverarbeitung wurde von Craighero et al. (1999) berichtet. Sie instruierten ihre Versuchspersonen, ein Objekt in einer bestimmten Orientierung (beispielsweise nach links geneigt) zu ergreifen, dies jedoch erst bei Darbietung eines Start-Signals zu tun. Die Eigenschaften dieses Signals waren für die Aufgabe eigentlich irrelevant, hatten aber doch einen Bezug zur Handlung: Das Signal bestand nämlich aus dem Bild eines Objektes, das dieselbe Orientierung oder eine andere Orientierung hatte als das zu ergreifende Objekt. Mit anderen Worten, die Orientierung des Start-Signals war mit der auszulösenden Handlung kompatibel oder inkompatibel. Die vorbereitete Bewegung konnte schneller ausgeführt werden, wenn das Start-Signal kompatibel mit der Handlung war. Kontrollversuche, in denen die Probanden manchmal auch mit dem Fuß reagieren mussten, ergaben, dass dieser Kompatibilitätseffekt durch die schnellere Verarbeitung des Start-Signals zustande kam und nicht durch die schnellere Ausführung der vorbereiteten Handlung.

Die Kompatibilität zwischen Handlungs- und Reizmerkmalen kann sich jedoch **hinderlich** auswirken, v.a. wenn die betreffende Handlung nicht sofort ausgeführt wird. Müsseler u. Hommel (1997) ließen z.B. Versuchspersonen manuelle Handlungen (Druck einer linken oder rechten Taste) vorbereiten und boten ihnen dann, noch vor der Ausführung dieser Handlung, nach links oder rechts zeigende Pfeile auf einen Bildschirm dar. Die Pfeile wurden nur sehr kurz präsentiert und von einem Zufallsmuster maskiert, sodass sie nur sehr schwer zu sehen waren und nur mit größter Mühe identifiziert werden konnten. Die Frage in diesem Experiment war, ob sich die Kompatibilität zwischen der vorbereiteten Handlung (linker oder rechter Tastendruck) und dem zu identifizierenden Reiz auf die Identifikationsleistung auswirken würde. Es zeigte sich, dass die Erkennungsleistung für kompatible Reize schlechter war als für inkompatible Reize. Ein nach rechts weisender Pfeil war durch die Vorbereitung einer rechten Reaktion praktisch nicht mehr wahrnehmbar, dasselbe galt für einen nach links weisenden Pfeil bei der Vorbereitung einer linken Reaktion. Diese Effekte sind relativ **spezifisch** für die jeweiligen Merkmale. So behindert die Vorbereitung von manuellen Links-rechts-Bewegungen die Wahrnehmung kompatibler visueller, nach links bzw. rechts zeigender Pfeile, aber nicht die Wahrnehmung der visuellen Worte »links« und »rechts«. Umgekehrt behindert die Vorbereitung der verbalen Produktion der Worte »links« und »rechts« die Wahrnehmung der kompatiblen Worte, nicht aber die Wahrnehmung von Pfeilen (Hommel u. Müsseler, 2006).

Derartige negative Kompatibilitätseffekte finden sich auch unter weniger künstlichen Umständen. Hamilton et al. (2004) zeigten ihren Probanden z.B. kurze Videos, in denen eine Hand zu sehen war,

Abb. 4.9. Anheben und Schätzen von Gewichten. (Aus Hamilton et al., 2004. Mit freundlicher Genehmigung von Elsevier)

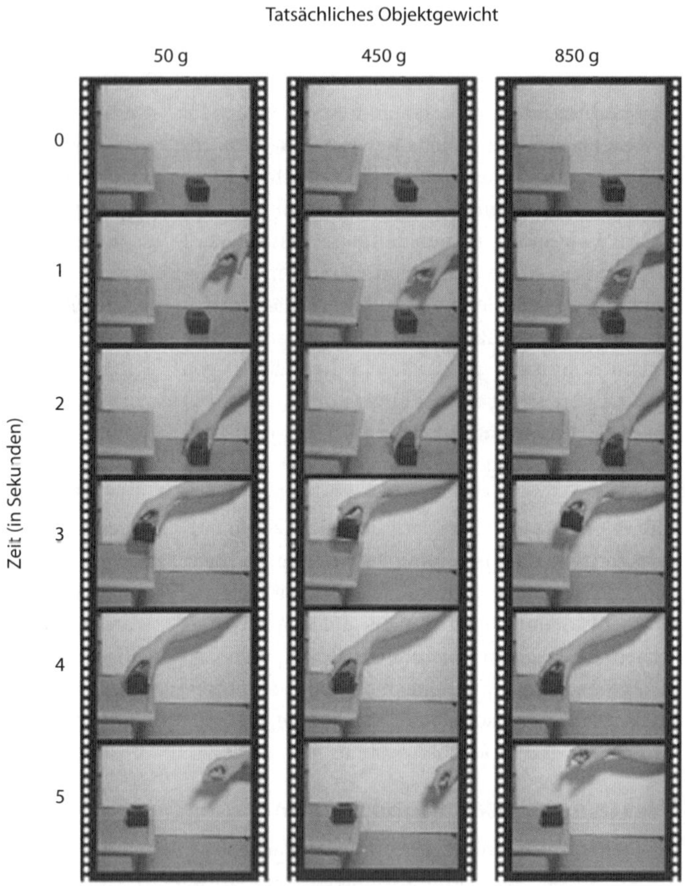

die ein Objekt ergriff und auf einem Tablett abstellte (Abb. 4.9). Die Probanden sollten das Gewicht dieser gezeigten Objekte schätzen, während sie selbst unterschiedlich schwere Objekte ergriffen und auf einem Tablett ablegten. Die Frage war, ob das Gewicht des selbst gehobenen Objektes die Gewichtsschätzungen beeinflussen würde. Das war eindeutig der Fall: Hob die Versuchsperson selbst ein leichtes Objekt, überschätzte sie das Gewicht des gesehenen Objektes; hob sie hingegen ein schweres Objekt, dann unterschätzte sie das Gewicht der gesehenen Objektes. Auch hier sehen wir, dass die Planung bzw. Ausführung einer Handlung das Wahrnehmungsurteil in ganz spezifischer Weise beeinflusst.

4.3 Integration von Wahrnehmung und Handlung

In seinem 1967 erschienenen Buch *Cognitive Psychology*, das zu einem Manifest der kognitiven Psychologie wurde, hat Ulric Neisser die Auffassung vertreten, dass die Analyse kognitiver Prozesse von der Reiz- und Wahrnehmungsseite her in Angriff genommen werden muss. Das Ziel dieses Ansatzes war, die menschliche Kognition als Folge derjenigen Prozesse zu rekonstruieren, die mit der Registrierung, Verarbeitung und Transformation der laufend eintreffenden Reizinformation befasst sind. Dies wäre Kognitionsforschung als Wissenschaft vom Schicksal des perzeptuellen Inputs auf seiner Wanderung durch das kognitive System. Diese Vorstellung einer vom Reiz zur Reaktion laufenden linearen Kette von Verarbeitungsprozessen stellt zwar eine folgerichtige Entwicklung der Überlegungen von Descartes und Donders dar (▶ Abschn. 1.2.1), ist aber mit den in diesem Kapitel diskutierten Beobachtungen nicht wirklich vereinbar (wie übrigens von Neisser selbst in seinem 1976 erschienenen, allerdings weniger einflussreichen Buch *Cognition and Reality* antizipiert). Im Gegensatz dazu müssen wir davon ausgehen, dass Reizinformation in parallel operierenden Pfaden mit unterschiedlichen Funktionen bei der Handlungsplanung und Bewegungssteuerung verarbeitet wird, dass sowohl relevante wie auch irrelevante Reize Handlungen mit überlappenden Merkmalen aktivieren können und dass die Planung von Handlungen einen selektiven Einfluss auf Aufmerksamkeit und Wahrnehmung ausübt. Wie lassen sich diese vielfältigen Beobachtungen sinnvoll theoretisch integrieren?

4.3.1 Theorie der Ereigniskodierung

Ein Rahmenmodell, das diese Integration erlaubt, ist von Prinz (1990, 1992) und Kollegen am damaligen Max-Planck-Institut für psychologische Forschung in München entwickelt und unter dem Namen **Theorie der Ereigniskodierung (Theory of Event Coding, TEC)** bekannt geworden (Hommel et al., 2001). TEC ist der bislang umfassendste Versuch, das klassische Reiz-Reaktions-Modell durch ein Arbeitsmodell der menschlichen Kognition und Handlungssteuerung zu ersetzen, das nicht den Reiz an den Anfangspunkt der Analyse stellt, sondern die Intentionalität des Akteurs, seine aktuellen Handlungsdispositionen und Handlungsmöglichkeiten. Im Vordergrund steht also nicht die Frage, wie man auf Reize reagiert, sondern wie man **Handlungsdispositionen in Handlungen umsetzt**. Dabei geht TEC von drei Basisannahmen aus, die wir im Weiteren erläutern:

- Wahrgenommene Ereignisse und produzierte Ereignisse (eigene Handlungen) sind in einem gemeinsamen Repräsentationsmedium kodiert (»common coding«; s. Prinz, 1990).
- Die Repräsentation der Ereignisse erfolgt durch Kodes ihrer Merkmale; Ereignisse werden also »verteilt« repräsentiert und nicht z.B. durch abstrakte Symbole.
- Die Kodes beziehen sich auf die distalen Eigenschaften (s.u.) der repräsentierten Ereignisse.

Gemeinsame Kodierung von Wahrnehmung und Handlung

Wenden wir uns zunächst der ersten dieser Annahmen zu, die besonders stark von herkömmlichen Modellen abweicht. Wieso und in welchem Sinne sollte eine Handlung aus kognitiver Sicht wie ein wahrgenommenes Ereignis repräsentiert sein? TEC steht in der Tradition ideomotorischer Ansätze (Lotze, 1852; Münsterberg, 1888; James, 1890; Überblick bei Stock u. Stock, 2004) (▶ Abschn. 3.2.2 u. 3.3). Sie gehen davon aus, dass wir unsere motorischen Fähigkeiten nur **indirekt**, durch die Wahrnehmung der dadurch erzielbaren sensorischen Effekte erfahren können. Wir haben also eigentlich keinen direkten Zugang zu unserer Motorik, sondern müssen erst **lernen**, welche sensorischen Effekte wir mithilfe bestimmter motorischer Muster erzeugen können (Elsner u. Hommel, 2001). Lassen Sie uns diesen Prozess einmal anhand der ◻ Abb. 4.10 durchspielen.

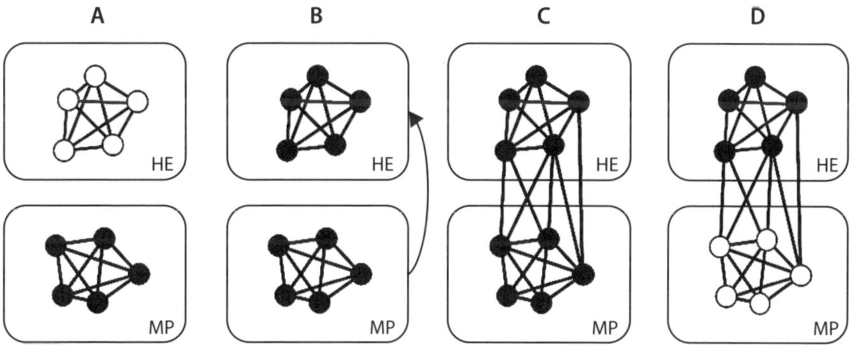

◻ **Abb. 4.10.** Logik der Entstehung sensomotorischer kognitiver Strukturen als Basis intentionalen Handelns

Jede Körperbewegung wird durch die Aktivierung bestimmter motorischer Muster hervorgebracht, die beim Säugling oder dem Neuling in einer Sportart oft mehr oder weniger zufällig entstehen, mit zunehmender Entwicklung bzw. Übung aber immer systematischer und zielgerichteter werden. In ◘ Abb. 4.10 steht das als MP bezeichnete Netzwerk für all die Repräsentation, die für die motorische Realisierung einer bestimmten Bewegung aktiviert werden. TEC und die ideomotorische Theorie gehen davon aus, dass dieses Netzwerk das allererste Mal notwendigerweise **unwillkürlich aktiviert** wird. Denn bevor man eine Bewegung ausgeführt hat, kann man im Normalfall nicht wissen, was für Konsequenzen sie haben wird. Ohne Wissen der Konsequenzen kann man sie logischerweise nicht ausführen, *um* bestimmte Konsequenzen zu erzielen, was aber wiederum eine notwendige Voraussetzung zielgerichteten Handeln darstellt. Das erste Mal wird MP also ohne Wissen der Konsequenzen ausgeführt, indem das entsprechende Netzwerk (zufällig oder durch einen Reflex) aktiviert wird (◘ Abb. 4.10a).

Bewegungen bewirken eine Vielzahl wahrnehmbarer Effekte, die sich mehr oder weniger zuverlässig während und nach der Ausführung einer Bewegung einstellen. Wenn wir etwa den Lichtschalter bedienen, fühlen und sehen wir die Bewegung unseres Fingers und des Lichtschalters, und wir nehmen die visuellen Veränderungen wahr, die sich aus dem Aufleuchten bzw. Erlöschen des Lichtes ergeben. TEC zufolge repräsentieren wir all diese Effekte unserer Handlungen durch **kognitive Merkmalskodes**, d.h. durch eine Vielzahl von Kodes, die für die Eigenschaften der durch die Handlungen hervorgerufenen sensorischen Effekte stehen (Handlungseffekte). Wenn Sie eine Bewegung ausführen, kommt es also zur zeitnahen Aktivierung von zwei Arten von Repräsentationen: der Aktivierung des motorischen Musters oder Programms, das die betreffenden Bewegung hervorbringt, und der Aktivierung der Kodes der Handlungseffekte (◘ Abb. 4.10b). Aus der Lernforschung ist bekannt, dass die zeitlich überlappende Aktivierung neuronaler Strukturen zu deren Assoziation führt, gemäß dem sog. Hebbschen Prinzip: »What fires together wires together« (»Neurone, die gleichzeitig aktiv sind, verbinden sich in einem Netzwerk«; Hebb, 1949). Diese Assoziation führt zu einer Integration des motorischen Musters und der Kodes der durch Ausführung dieses Musters realisierten Handlungseffekte, die beiden Netzwerke (MP und HE) werden also eine **funktionale Einheit** (◘ Abb. 4.10c).

Durch die Integration motorischer Muster und sensorische Effekte entstehen **sensomotorische Einheiten**. Sie repräsentieren Handlungen und bieten der betreffenden Person einen kognitiven Zugang zur nunmehr willkürlich aktivierbaren Handlung: Man kann nun nämlich das motorische Programm dadurch aktivieren, dass man sich die gewünschten Konsequenzen vorstellt (d.h. die Kodes der gewünschten Handlungseffekte intern aktiviert; ◘ Abb. 4.10d). Diese Aktivierung führt entlang der entstandenen Assoziationen zur Mitaktivierung des assoziierten motorischen Musters, sodass die motorische Aktivität nunmehr unter intentionaler Kontrolle steht. Die entstandenen Einheiten repräsentieren aber auch Wahrnehmungen, denn sie kodieren weiterhin die durch eine Handlung zu erwartenden sensorischen Konsequenzen. In diesem Sinne sind also laut TEC Wahrnehmung und Handlung **gemeinsam kodiert**.

Distale Repräsentation von Wahrnehmung und Handlung

Dieses Annahmen und Beobachtungen machen ein wenig deutlich, warum bzw. in welchem Sinne TEC annimmt, dass Ereignisse verteilt repräsentiert sind (also durch Netzwerke von Kodes ihrer Merkmale und nicht durch einzelne Symbole) und sich die repräsentierenden Kodes auf die distalen Eigenschaften der repräsentierten Ereignisse beziehen. Der Begriff der **distalen Repräsentation** ist von Heider (1926) in die Wahrnehmungspsychologie eingeführt und dem Begriff der **proximalen Repräsentation** gegenübergestellt worden. Es wird davon ausgegangen, dass die Objekte unserer Umwelt i.d.R. eine bestimmte Position, Form, Farbe und weitere Eigenschaften haben, die unabhängig von unserer Wahrnehmung physikalisch gemessen werden können. Diese Eigenschaften können visuell wahrgenommen werden, wenn sie das Umgebungslicht in bestimmter Weise reflektieren und diese Reflexionen unsere Retina erreichen. Dort werden die Lichtwellen durch Rezeptoren registriert und durch chemische Prozesse in elektrische Impulse umgewandelt, die im Weiteren unser Gehirn erreichen und dort in die Wahrnehmung des Objektes umgesetzt werden.

Heider hat auf die Komplexität dieses Prozesses hingewiesen und auf ein Phänomen aufmerksam gemacht: Unsere bewusste Wahrnehmung bezieht sich ausnahmslos auf die distalen (d.h. die in der Umwelt messbaren) Eigenschaften der Objekte, obwohl die Beziehung zwischen den distalen Eigenschaften und den Eigenschaften der proximalen Repräsentation (der Abbildung des Objektes auf der Retina) keineswegs eine eindeutige geometrisch-physikalische Beziehung besteht. Ein Beispiel für diese **Uneindeutigkeit** ist die Tatsache, dass große Objekte in weiter Ferne retinal genauso abgebildet werden wie kleine Objekte in großer Nähe. Nicht weniger uneindeutig ist die Beziehung zwischen der internen Repräsentation proximaler Eigenschaften (die sich gesetzmäßig aus dem retinalen Muster ergibt) und der internen Repräsentation distaler Eigenschaften.

Wie Brunswik (1944) deutlich gemacht hat, lässt sich ein ganz ähnliches theoretisches Problem für das **zielgerichtete Handeln** definieren. Die kognitiven Repräsentationen von Handlungszielen beziehen sich ausnahmslos auf die distalen Eigenschaften von Handlungen (d.h. die objektiv messbaren Eigenschaften von Handlungskonsequenzen wie z.B. die neue Position einer Hand nach einer Bewegung), nicht aber auf deren proximale Eigenschaften (die zur Bewegung erforderlichen muskulären Kommandos), obwohl doch die proximalen Eigenschaften die distalen Eigenschaften erst hervorrufen. Wir können diese theoretischen Probleme an dieser Stelle nicht aufklären (s. die weiterführende Diskussion in Prinz, 1992), aber uns liegt daran, zu betonen, dass sich unsere kognitiven Repräsentationen auf die **distalen** und auf nicht die proximalen Eigenschaften von wahrgenommenen und produzierten Ereignissen beziehen. Um dennoch zu erklären, wie man aus distalen Handlungsrepräsentationen proximal definierte motorische Muster erzeugen kann, nimmt TEC an, dass Kodes distal definierter Handlungseffekte automatisch mit zeitnah aktivierten Kodes proximal definierter motorischer Muster integriert werden.

Verteilte Repräsentation von Wahrnehmung und Handlung

Die Annahme von TEC, dass Ereignisse verteilt, d.h. durch Kodes ihrer Merkmale repräsentiert werden, ist u.a. durch neurowissenschaftliche Befunde motiviert. Das menschliche Gehirn repräsentiert externe Ereignisse nicht durch einzelne Neurone oder lokale Neuronenverbände, sondern durch neuronale Aktivität, die sich praktisch über das ganze Gehirn verteilt (► Abschn. 2.1). Vor allem vom visuellen System ist bekannt, dass es die Eigenschaften visueller Objekte parallel in verschiedenen sog. **Eigenschaftskarten** (»feature maps«) kodiert (DeYoe u. Van Essen, 1988). TEC verallgemeinert dieses Prinzip und nimmt an, dass alle wahrgenommenen und produzierten Ereignisse durch Kodes ihrer Merkmale repräsentiert sind. Eine wichtige Implikation dieser Annahme besteht darin, dass sie Ähnlichkeiten zwischen verschiedenen Repräsentationen erlaubt und verschiedene Grade merkmalsbezogener Überlappung zwischen Ereignisrepräsentation möglich macht. Wahrgenommene Objekte oder Handlungen können einander also ähnlich sein, und zwar in dem Maße, indem sie hinsichtlich ihrer Merkmale überlappen. Auch wahrgenommene Ereignisse und Handlungen können dementsprechend überlappen, wie vom Modell der dimensionalen Überlappung von Kornblum et al. (1990) zwar gefordert, aber nicht theoretisch hergeleitet wird. Vor allem für die Erklärung von Interaktionen zwischen Wahrnehmung und Handlung ist die Annahme der Merkmalsüberlappung wesentlich, wie wir im Weiteren noch sehen werden.

Das momentane **Handlungsziel** spielt eine wichtige Rolle bei der Regelung des kognitiven Info rmationsflusses(► Kap. 3). In TEC haben Handlungsziele v.a. die **Funktion**, die relativen Beiträge der einzelnen Merkmalskodes eines repräsentierenden Netzwerkes zu modulieren. Ein Beispiel für dieses Prinzip haben wir bereits kennen gelernt (► Abschn. 3.1.1). Um den Stroop-Effekt zu erklären, haben Cohen u. Huston (1994; ◘ Abb. 3.1) angenommen, dass das Handlungsziel »Farbe benennen« den Einfluss derjenigen Kodes erhöht, die die Farbe eines Reizes repräsentieren, während das Handlungsziel »Wort lesen« den Einfluss von Wortkodes erhöht. Ganz ähnlich geht TEC davon aus, dass Handlungsziele nicht nur die Auswahl geeigneter Handlungen begünstigen, sondern auch diejenigen Dimensionen, die die für diese Handlungen wichtigen Informationen kodieren. Wichtig in diesem Sinne ist einerseits Information, die für die Ausführung einer Handlung von Bedeutung ist (wie in Abschn. 4.2.2 besprochen, ◘ Abb. 4.8), andererseits Information über das Erreichen des Handlungszieles. Wenn Sie z.B. eine Tasse Kaffee mit Ihrer bevorzugten (dominanten) Hand ergreifen wollen, dann wird dieses Handlungsziel die Verarbeitung der Positionen von Tasse und Henkel und die Verarbeitung der Form der Tasse begünstigen, denn schließlich muss die Hand »wissen«, wo sie hin soll, und die Finger, worum sie sich schließen sollen. Intentionen führen also laut TEC u.a. zu einer zieldienlichen **Gewichtung von Merkmalsdimensionen** (»intentional weighting«).

Zweifellos klingen alle diese Überlegungen sehr abstrakt und teilweise kontraintuitiv. Lassen Sie uns daher ein paar der bereits diskutierten empirischen Beobachtungen zur Interaktion zwischen Wahrnehmung und Handlung noch einmal Revue passieren, um zu illustrieren, wie TEC diese Phänomene rekonstruiert und erklärt. Bei dieser Gelegenheit können wir auch weitere Beobachtungen vorstellen, die im Rahmen der Entwicklung der TEC gemacht wurden bzw. zu ihrer Übungsprüfung dienten.

4.3.2 Empirische Implikationen der Theorie der Ereigniskodierung

Simon-Effekt

Einer der vielen Belege für die enge Verflechtung von Wahrnehmung und Handlung ist der bereits beschriebene **Simon-Effekt** (► Abschn. 4.2.1). Er zeigt sich z.B. bei der Aufgabe, auf die Darbietung eines Quadrates mit dem Druck einer linken Taste und auf die Darbietung eines Kreises mit dem Druck einer rechten Taste zu reagieren. Der Simon-Effekt bestünde dann darin, dass z.B. der linke Tastendruck schneller ausgeführt werden kann, wenn das Quadrat auf der linken statt auf der rechten Seite des Bildschirms erscheint.

Die Analyse dieses Effektes aus der Sicht von TEC beginnt bereits vor der Ausführung der ersten Reaktion. Wenn Sie eine Versuchsperson erfolgreich instruieren wollen, eine linke oder rechte Taste zu drücken, dann muss diese Person wissen, wie sie das machen soll. TEC zufolge muss sie also gelernt haben, dass die Bewegung des linken bzw. rechten Zeigefingers »linke« bzw. »rechte« sensorische Effekte hervorruft, d.h. sicht- und spürbare Bewegungen (an) der linken bzw. rechten Hand, die im Normalfall auch links bzw. rechts von der Körpermitte positioniert sind, etc. Dieser Sachverhalt ist in ◘ Abb. 4.11a vereinfacht dargestellt: Die Aktivierung der motorischen Programme, die zur Bewegung des linken bzw. rechten Zeigefingers führen (mp_l und mp_r), geht mit der Aktivierung der Kodes »links« bzw. »rechts« einher. TEC zufolge hat dies zu dauerhaften Assoziationen zwischen den betroffenen motorischen Programmen und den räumlichen Kodes geführt (◘ Abb. 4.11b) (wobei wir viele andere Kodes der Einfachheit übergehen wie z.B. Repräsentationen der Identität des Fingers und der Hand).

Wenn nun z.B. das Quadrat auf der linken Seite des Bildschirms erscheint, dann führt dies (u.a.) zur Aktivierung des Formkodes (eckig) und des Kodes der räumlichen Reizposition (links). Um die Aufgabe korrekt ausführen zu können, muss die Versuchsperson den Formkode mit den passenden motorischen Programmen verknüpft haben (◘ Abb. 4.11c–d). Im Prinzip führt also die Aktivierung des Formkodes »eckig« zur Aktivierung des motorischen Programms mp_r, tatsächlich aber geschieht viel mehr: Die Aktivierung des räumlichen Kodes »links« führt nämlich auch zur Aktivierung desselben Programms (◘ Abb. 4.11c), denn dieser Kode war ja schon vor Beginn des Experimentes mit dem Programm mp_r assoziiert. Wenn wir nun annehmen, dass sich diese Aktivierungen von zwei Seiten aufsummieren, dann lässt sich verstehen, warum Reaktionen schneller ausgeführt werden können, wenn Reiz und Reaktion räumlich korrespondieren. Anders ist die Situation im inkompatiblen Fall, wenn also Reiz und Reaktion nicht korrespondieren (◘ Abb. 4.11d). In diesem Fall aktiviert der räumliche Kode des Reizes die falsche Reaktion, was zu einem Reaktionskonflikt und einer damit verbundenen Verzögerung der Reaktion führt.

Diese Überlegungen erklären den Simon-Effekt, aber sie lassen sich auch leicht **generalisieren** und auf andere Effekte und Beobachtungen anwenden. Das allgemeine Prinzip der Kodeüberlappung ist keineswegs an räumliche Aufgaben gebunden. Ganz

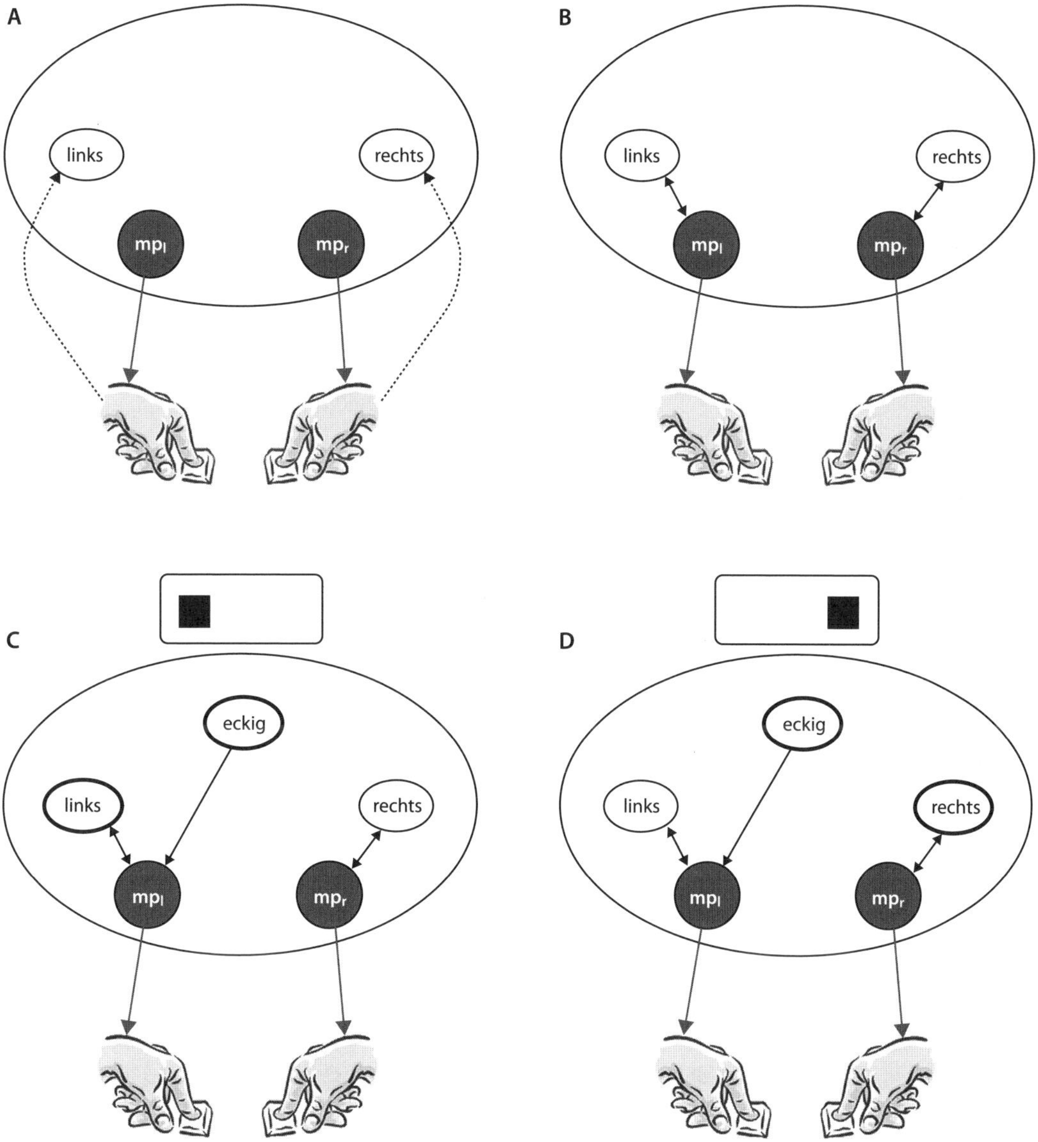

Abb. 4.11. Analyse des Simon-Effekts aus Sicht der Theorie der Ereigniskodierung

allgemein würde man erwarten, dass Handlungen immer dann besonders effizient ausgeführt werden können, wenn ihre Merkmale mit denen der signalisierenden Reize überlappen (▶ Abschn. 4.2.1).

Umkehrung des Simon-Effekts

Die Art und Weise, wie TEC den Einfluss von Handlungszielen operationalisiert, lässt sich besonders gut anhand der Analyse eines Experimentes von Hommel (1993) demonstrieren. In diesem Experiment reagierten Versuchspersonen mit linken und rechten Tastendrücken auf tiefe und hohe Töne, die zufällig über einen linken oder rechten Lautsprecher dargeboten wurden – wieder eine klassische Simon-Aufgabe. Allerdings gab es eine Besonderheit: die Reaktionstasten waren überkreuz mit

Abb. 4.12. Kompatible und inkompatible Bedingungen

zwei Lichtelektroden verbunden, sodass der Druck der linken Taste ein rechtes Licht einschaltete und der Druck der rechten Taste ein linkes Licht (Abb. 4.12).

Die Aufgabe wurde von zwei Gruppen von Versuchspersonen bearbeitet, die einerseits exakt dieselbe Aufgabe ausführten, andererseits auf verschiedene Weise dazu instruiert wurden. Die erste Gruppe wurde instruiert, auf tiefe Töne mit der linken Taste und auf hohe Töne mit der rechten Taste zu reagieren. Die beiden Lampen wurden in dieser Instruktion nicht erwähnt. Im Gegensatz zu dieser »Tasteninstruktion« erhielt die zweite Gruppe eine Instruktion, die sich auf die Lichter bezog: Bei einem tiefen Ton sollte das rechte Licht und bei einem hohen Ton das linke Licht eingeschaltet werden. Oberflächlich betrachtet taten beide Versuchsgruppen genau dasselbe, denn das rechte Licht wurde ja mit der linken Taste eingeschaltet und das linke Licht mit der rechten Taste. Dennoch verhielten sich die beiden Gruppen ganz unterschiedlich. Bei einer Tasteninstruktion wurde die linke Taste schneller gedrückt, wenn der tiefe Ton links ertönte, und die rechte Taste wurde schneller gedrückt, wenn der hohe Ton rechts ertönte. Die Reaktionen waren also schneller, wenn Reiz- und Reaktions-Positionen korrespondierten – ein klassischer Simon-Effekt. Bei einer Lichtinstruktion kehrte sich der Effekt jedoch vollständig um: Die linke Taste wurde schneller gedrückt, wenn der tiefe Ton *rechts* ertönte, und die rechte Taste wurde schneller gedrückt, wenn der hohe Ton *links* ertönte. Nicht die Beziehung zwischen Reiz und Reaktion war hier also wichtig, sondern die Beziehung zwischen Reiz und dem durch die Reaktion erzeugten Licht. Wie ist das möglich?

Warum der Simon-Effekt überhaupt auftritt, haben wir bereits diskutiert. Wenden wir uns daher der Frage zu, in welcher Weise die Lichtinstruktion die kognitive Verarbeitung so verändern konnte, dass sich der Effekt umdrehte. TEC zufolge werden Handlungen durch Kodes ihrer Effekte repräsentiert, und auch in Bezug auf das Experiment von Hommel (1993) ist anzunehmen, dass die Versuchspersonen bereits vor Beginn des Versuches feste Assoziationen zwischen den motorischen Programmen für die Bewegung des linken und rechten Zeigefingers (mp_l und mp_r) und den entsprechenden räumlichen Kodes (»links« und »rechts«) erworben hatten (Abb. 4.13a). Bereits zu Beginn des Versuches erfuhren die Versuchspersonen aber auch, dass jede Bewegung des linken Zeigefingers auch einen auffälligen Handlungseffekt auf der rechten

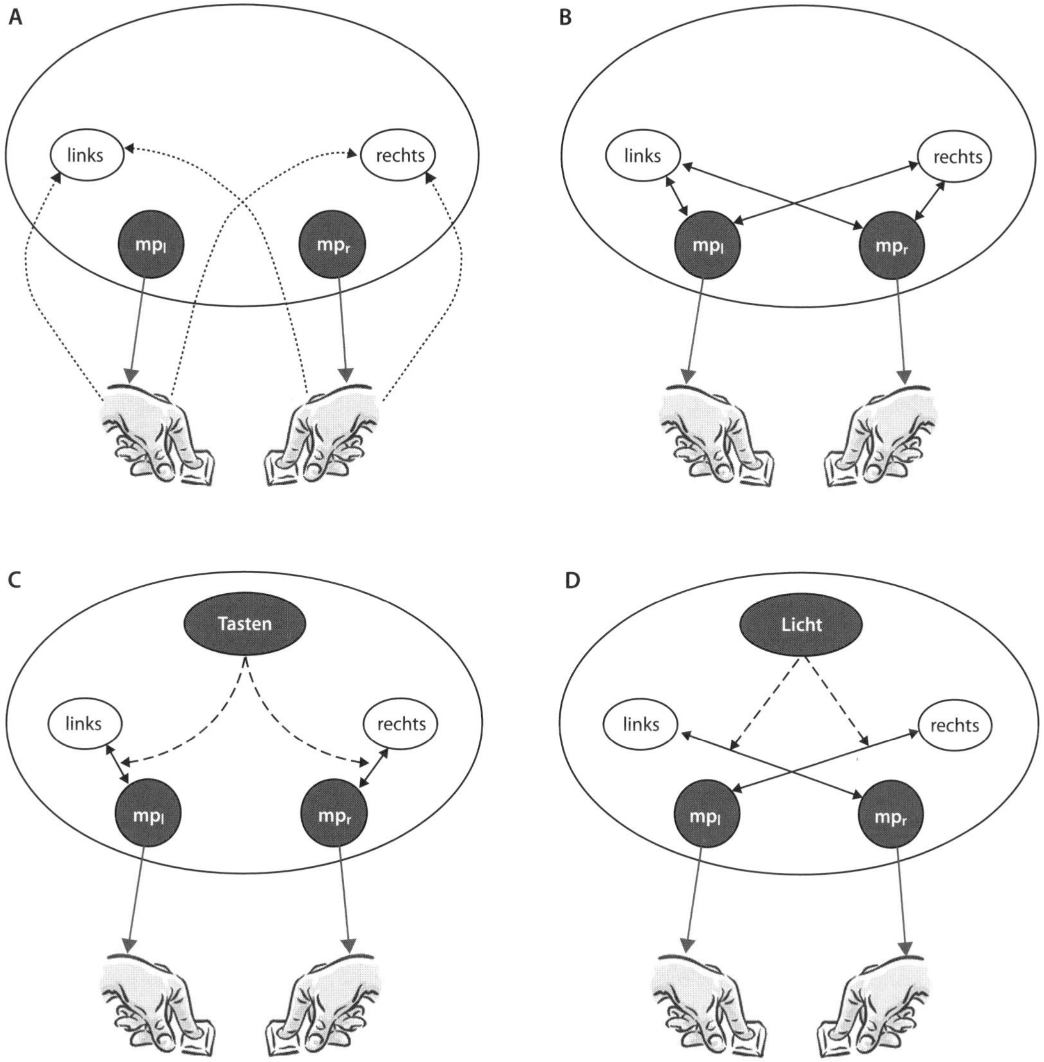

Abb. 4.13. Analyse von Instruktionseffekten auf den Simon-Effekt aus Sicht der Theorie der Ereigniskodierung

Seite verursachte (das Aufleuchten des rechten Lichtes), während Bewegungen des rechten Zeigefingers auch linke Handlungseffekte verursachten (das Aufleuchten des linken Lichtes). Die Tatsache, dass nun jedes der beiden motorischen Programme sowohl linke als auch rechte Effekte hervorrief (Abb. 4.13a), sollte TEC zufolge dafür sorgen, dass jedes Programm mit jedem der beiden räumlichen Effektkodes assoziiert wurde (Abb. 4.13b). Im Prinzip würde dies den Simon-Effekt eliminieren, denn sowohl linke als auch rechte Reize würden beide Reaktionsalternativen gleichermaßen aktivieren.

Die beiden Instruktionen implizieren allerdings jeweils unterschiedliche Handlungsziele: Die Tasteninstruktion besagt, dass das eigentliche Ziel der Handlungen im Drücken bestimmter Tasten besteht, während die Lichtinstruktion nahe legt, dass es um das Einschalten bestimmter Lichter geht. Unterschiedliche Ziele wirken sich laut TEC auf die Gewichtung der Kodes aus, durch die eine gegebene Handlung repräsentiert wird. Die Tasteninstruktion sollte daher zu einer stärkeren Gewichtung tastenbezogener Handlungseffekte führen, und somit die Assoziationen zwischen mp_l und »links« bzw. mp_r und »rechts« hervorheben (■ Abb. 4.13c). Die Lichtinstruktion sollte hingegen zu einer stärkeren Gewichtung lichtbezogener Handlungseffekte führen, und somit die Assoziationen zwischen mp_l und »rechts« bzw. mp_r und »links« betonen (■ Abb. 4.13d). Dadurch werden linker und rechter Tastendruck aus kognitiver Sicht als »rechte« und »linke« Handlungen repräsentiert. Das Erscheinen eines rechten Reizes würde dementsprechend den rechten räumlichen Kode aktivieren, der nun v.a. mit dem für den linken Tastendruck verantwortlichen motorischen Programm assoziiert ist: Rechte Reize werden dadurch tatsächlich **kompatibel** mit linken Reaktionen, und umgekehrt.

Handlungseffekt-Blindheit

Ein weiterer, auf den ersten Blick merkwürdiger Befund, den wir bereits kennen gelernt haben, ist von Müsseler u. Hommel (1997) berichtet worden. In dieser Untersuchung bereiteten Versuchspersonen den Druck einer linken bzw. rechten Taste vor und wurden vor Ausführung dieser Handlung mit einem maskierten, und daher kaum sichtbaren visuellen Pfeil konfrontiert, der nach links oder rechts wies. Den Versuchspersonen war es praktisch unmöglich, reaktionskompatible Pfeile zu erkennen. Die Vorbereitung eines linken oder rechten Tastendrucks machte also einen nach links bzw. rechts weisenden Pfeil mehr oder weniger unsichtbar. Wie kann das sein, und warum wirkt sich hier Kompatibilität zwischen Reizen und Reaktionen **negativ** aus?

Um diese Zusammenhänge verständlich zu machen, wenden wir uns zunächst den Prozessannahmen von TEC zu. TEC geht davon aus, dass Handlungen (wie andere Ereignisse auch) verteilt repräsentiert sind, d.h. durch ein ganzes Netzwerk von Merkmalkodes. Wie bereitet man ein derartiges Netzwerk für die spätere Ausführung einer Handlung vor? Zum einen müssen die wesentlichen Merkmalkodes **aktiviert**, d.h. in einem Zustand erhöhter Bereitschaft versetzt werden. Dies reicht aber nicht aus. Denn zeitnah sind ja auch eine ganze Reihe anderer Kodes aktiv, z.B. die für die Identifikation der Reize benötigten Kodes. Um sicherzustellen, dass bei der gleichzeitigen Kodierung verschiedener Ereignisse die involvierten Kodes nicht durcheinander geraten, nimmt TEC einen **Integrationsprozess** an, der die zum selben Ereignis gehörenden Kodes zusammenbindet (► Abschn. 6.4). Auf die Phase der Aktivierung von Kodes folgt also eine Phase der Integration (Stoet u. Hommel, 1999).

Nehmen wir z.B. an, dass Sie den Druck einer linken Taste vorbereiten. Unter anderem führt dies zur Aktivierung des relevanten motorischen Programms (mp_l) und des damit assoziierten räumlichen Kodes (»links«). Die Integration dieser aktivierten Komponenten in einen Handlungsplan bindet den räumlichen Kode temporär an das betreffende, geplante Ereignis (d.h. an die Repräsentationen der wahrgenommenen Merkmale des Ereignisses). In gewissem Sinne ist der räumliche Kode dadurch bereits »besetzt«, wenn ein linker Reiz als »links« identifiziert werden muss; er steht also zur Repräsentation des linken Reizes nicht zur Verfügung. Solange der räumliche Kode an den Plan gebunden bleibt, wären Sie tendenziell »blind« mit Bezug auf die Eigenschaft »links« als Aspekt anderer Ereignisse. Diese **Blindheit** sollte verschwinden, sobald Sie die Handlung ausgeführt haben, was sich auch empirisch nachweisen lässt (Wühr u. Müsseler, 2001).

Handlungs-Effekt-Kompatibilität

TEC leistet nicht nur gute Dienste bei der Erklärung einer ganzen Reihe zunächst merkwürdig erscheinender Beobachtungen, sondern sie hat auch neue Untersuchungsfragen und Forschungsansätze motiviert. Ein Beispiel dafür sind Untersuchungen zur **Kompatibilität** zwischen Handlungen und ihren Effekten (Überblick bei Kunde, 2006). Herkömmliche Modelle der Informationsverarbeitung lassen eigentlich nicht vermuten, dass sich die Konsequenzen einer Handlung auf die zur Initiierung dieser Handlung benötigte Reaktionszeit auswirken. Schließlich treten die Konsequenzen erst nach der Initiierung auf und dürften daher eigentlich keine Prozesse beeinflussen, die ihnen zeitlich vorausgehen. TEC zufolge dienen Handlungen aber zur Erreichung bestimmter Konsequenzen und werden durch Kodes dieser Konsequenzen repräsentiert. Die Auswahl einer Handlung erfolgt daher auf Basis dieser Kodes (► Kap. 5), sodass sich die Art der erwarteten Konsequenzen sehr wohl auf die Geschwindigkeit dieser Auswahl auswirken kann.

Tatsächlich reagieren Versuchsteilnehmern in Wahlreaktionsaufgaben besser und schneller, wenn die geforderte Reaktion zu dem dadurch erzeugten Handlungseffekte passt, wenn also Handlung und (erworbener) Handlungseffekt kompatibel sind (Kunde, 2001, 2003; Kunde et al., 2004). Beispielsweise werden linke und rechte Reaktionen schneller ausgewählt, wenn die linke Reaktion einen linken visuellen Effekt hervorruft und die rechte Reaktion einen rechten Effekt. Auch wird z.B. ein kräftiger bzw. schwacher Druck auf eine Reaktionstaste schneller initiiert, wenn diesem Tastendruck ein lauter bzw. leiser Ton folgt. Bereits während der Auswahl einer Handlung scheinen Versuchspersonen also die Effekte ihrer Handlungen zu antizipieren, und diese Antizipationen nehmen Einfluss auf den Prozess der Auswahl (▶ Kap. 5).

Kontrollfragen

Sequenzielle Stufenmodelle der Informationsverarbeitung konzipieren den Weg von der Wahrnehmung zur Handlung als Ein-Richtungs-Verkehr, in dem Reize zunächst einmal einem Wahrnehmungsprozess unterzogen werden, dessen Ergebnisse dann Handlungen initiieren. Wie plausibel ist diese Annahme?

- Gibt es möglicherweise experimentelle Beobachtungen, die zeigen, dass wahrnehmungs- und handlungsbezogene Prozesse gleichzeitig stattfinden?

Nach der Logik linearer Modelle erfordert der Übergang von der Wahrnehmung zur Handlung einen Übersetzungsprozess, der die jeweils relevante Reizinformation auswählt und in eine passende Reaktion transformiert.

- Wie kann man zeigen, dass sowohl relevante als auch irrelevante Aspekte einer Reizkonfiguration in die Handlungssteuerung einbezogen werden?

Es ist gut belegt, dass die Verarbeitung visueller Information entlang zweier neuronaler Pfade erfolgt, nämlich einem ventralen Pfad, der für die Identifikation von Objekten und ihren Merkmalen verantwortlich ist und einem dorsalen Pfad, der für die visuelle Steuerung von Handlungen verantwortlich ist.

▼

- Stellen Sie sich einmal vor, Ihr dorsaler Pfad wäre über Nacht ausgelöscht worden. Welche Konsequenzen hätte dies für Ihre bewusste Wahrnehmung und für Ihre Fähigkeit, Objekte zu ergreifen und zu manipulieren.

Die Kompatibilität zwischen Handlungs- und Reizmerkmalen kann sich förderlich, aber auch hinderlich auswirken.

- Unter welchen Bedingungen findet man Förderung, unter welchen Hemmung?
- Kann man verstehen, dass die Kompatibilität zwischen Reizen und Reaktionen negative Auswirkungen haben kann?

Weiterführende Literatur

Goodale, M. A. & Humphrey, G. K. (1998). The objects of action and perception. *Cognition, 67*, 181–207.

Hoffmann, J. (1993). *Vorhersage und Erkenntnis*. Göttingen: Hogrefe.

Hommel, B., Müsseler, J., Aschersleben, G. & Prinz, W. (2001). The theory of event coding (TEC). A framework for perception and action. *Behavioral & Brain Sciences, 24*, 849–937.

Prinz, W. (1990). A common coding approach to perception and action. In O. Neumann & W. Prinz (eds.), *Relationships between perception and action: Current approaches* (pp. 167–201). Berlin, Heidelberg, New York, Tokio: Springer.

Stock, A. & Stock, C. (2004). A short history of ideo-motor action. *Psychological Research, 68*, 176–188.

Literatur

Ach, N. (1910). *Über den Willensakt und das Temperament.* Leipzig: Quelle & Meyer.

Aglioti, S., DeSouza, J. F. & Goodale, M. A. (1995). Size-contrast illusions deceive the eye but not the hand. *Current Biology, 5*, 679–685.

Balint, R. (1909). Seelenlähmung des ›Schauens‹, optische Ataxie, räumliche Störung der Aufmerksamkeit. *Monatschrift für Psychiatrie und Neurologie, 25*, 51–81.

Bedford, F. L. (1993). Perceptual and cognitive spatial learning. *Journal of Experimental Psychology: Human Perception and Performance, 19*, 517–530.

Bedford, F. L. (1999). Keeping perception accurate. *Trends in Cognitive Sciences, 3*, 4–11.

Brenner, E. & Smeets, J. B. J. (1996). Size illusion influences how we lift but not how we grasp an object. *Experimental Brain Research, 111*, 473–476.

Bridgeman, B., Kirch, M. & Sperling, A. (1981). Segregation of cognitive and motor aspects of visual function using induced motion. *Perception and Psychophysics, 29*, 336–342.

Brunswik, E. (1944). Distal focussing of perception. Size constancy in a representative sample of situations. *Psychological Monographs, 56* (254), 1–49.

Cohen, J. D. & Huston, T. A. (1994). Progress in the use of interactive models for understanding attention and performance. In C. Umiltà & M. Moscovitch (eds.), *Attention and performance, vol. XV* (pp. 453–456). Cambridge, MA: MIT Press.

Craighero, L., Fadiga, L., Rizzolatti, G. & Umiltà, C. A. (1999). Action for perception: A motor-visual attentional effect. *Journal of Experimental Psychology: Human Perception and Performance, 25,* 1673–1692.

De Jong, R., Wierda, M., Mulder, B. & Mulder, L. J. M. (1988). The use of partial information in response processing. *Journal of Experimental Psychology: Human Perception and Performance, 14,* 682–692.

DeYoe, E. A. & Van Essen, D. C. (1988). Concurrent processing streams in monkey visual cortex. *Trends in Neurosciences, 11,* 219–226.

Eimer, M. (1997). The lateralized readiness potential as an online measure of automatic response activation in S-R compatibility situations. In B. Hommel & W. Prinz (eds.), *Theoretical issues in stimulus-response compatibility* (pp. 41–73). Amsterdam: Elsevier.

Eimer, M. & Schlaghecken, F. (1998). Effects of masked stimuli on motor activations: Behavioral and electrophysiological evidence. *Journal of Experimental Psychology: Human Perception and Performance, 24,* 1737–1747.

Elsner, B. & Hommel, B. (2001). Effect anticipation and action control. *Journal of Experimental Psychology: Human Perception and Performance, 27,* 229–240.

Fagioli, S., Hommel, B. & Schubotz, R.I. (2007). Intentional control of attention: Action planning primes action-related stimulus dimensions. *Psychological Research, 71,* 22–29.

Fitts, P. M. & Deiniger, R. L. (1954). S-R compatibility: Correspondence among paired elements within stimulus and response codes. *Journal of Experimental Psychology, 48* (6), 483–492.

Fitts, P. M. & Seeger, C. M. (1953) S-R compatibility: Spatial characteristics of stimulus and response codes. *Journal of Experimental Psychology, 46,* 199–210.

Gentilucci, M., Chieffi, S., Daprati, E., Saetti, M. C. & Toni, I. (1996). Visual illusion and action. *Neuropsychologia, 34,* 369–376.

Glover, S. (2004). Separate visual representations in the planning and control of action. *Behavioral and Brain Sciences, 27,* 3–78.

Glover, S. & Dixon, P. (2002). Dynamic effects of the Ebbinghaus illusion in grasping: Support for a planning/control model of action. *Perception & Psychophysics, 64,* 266–278.

Goodale, M. A. & Milner, A. D. (1992). Separate visual pathways for perception and action. *Trends in Neurosciences, 15,* 20–25.

Goodale, M. A., Milner, A. D., Jakobson, L. S. & Carey, D. P. (1991). A neurological dissociation between perceiving objects and grasping them. *Nature, 349,* 154–156.

Greenwald, A. (1970). Sensory feedback mechanisms in performance control: With special reference to the ideomotor mechanism. *Psychological Review, 77,* 73–99.

Hamilton, A., Wolpert, D. M. & Frith, U. (2004). Your own action influences how you perceive another person's action. *Current Biology, 14,* 493–498.

Hebb, D. O. (1949). *The organization of behavior.* New York: Wiley.

Heider, F. (1926). Ding und Medium. *Symposion, 1,* 109–157.

Helmholtz, H. (1866). *Handbuch der Physiologischen Optik, vol. 3.* Hamburg: Voss.

Hommel, B. (1993). Inverting the Simon effect by intention: Determinants of direction and extent of effects of irrelevant spatial information. *Psychological Research/Psychologische Forschung, 55,* 270–279.

Hommel, B. (2006). How we do what we want: A neuro-cognitive perspective on human action planning. In R. J. Jorna, W. van Wezel & A. Meystel (eds.), *Planning in intelligent systems: Aspects, motivations and methods* (pp. 27–56). New York: Wiley.

Hommel, B. (2010). Grounding attention in action control: The intentional control of selection. In B. J. Bruya (ed.), *Effortless attention: A new perspective in the cognitive science of attention and action*(pp. 121–140). Cambridge, MA: MIT Press.

Hommel, B. & Müsseler, J. (2006). Action-feature integration blinds to feature overlapping perceptual events: Evidence from manual and vocal actions. *Quarterly Journal of Experimental Psychology, 59,* 509–523.

Hommel, B., Müsseler, J., Aschersleben, G. & Prinz, W. (2001). The theory of event coding (TEC). A framework for perception and action. *Behavioral & Brain Sciences, 24,* 849–937.

Hommel, B. & Prinz, W. (eds.). (1997). *Theoretical issues in stimulus-response compatibility.* Amsterdam: Elsevier.

Ishimura, G. & Shimojo, S. (1994). Voluntary action captures visual motion. *Investigative Ophthalmology and Visual Sciences, 35,* 1275.

James, W. (1890). *The principles of psychology.* New York: Holt.

Kohler, I. (1951). *Über Aufbau und Wandlungen der Wahrnehmungswelt, insbesondere über »bedingte Empfindungen«.* Wien: Rohrer.

Kornblum, S., Hasbroucq, T. & Osman, A. (1990). Dimensional overlap: Cognitive basis for stimulus response compatibility: A model and taxonomy. *Psychological Review, 97,* 253–270.

Kunde, W. (2001). Response-effect compatibility in manual choice reaction tasks. *Journal of Experimental Psychology: Human Perception and Performance, 27,* 387–394.

Kunde, W. (2003). Temporal response-effect compatibility. *Psychological Research, 67,* 153–159.

Kunde, W. (2006). Antezedente Effektrepräsentationen in der Verhaltenssteuerung. *Psychologische Rundschau, 57,* 34–42.

Kunde, W., Koch, I. & Hoffmann, J. (2004). Anticipated action effects affect the selection, initiation and execution of actions. *The Quarterly Journal of Experimental Psychology. Section A: Human Experimental Psychology, 57A,* 87–106.

Lacquaniti, F., Terzuolo, C. & Viviani, P. (1983). The law relating the kinematic and figural aspects of drawing movements. *Acta Psychologica, 54,* 115–130.

Lotze, R. H. (1852). *Medicinische Psychologie oder die Physiologie der Seele.* Leipzig: Weidmann´sche Buchhandlung.

Loveless, N. F. (1962). Direction-or-motion stereotypes: A review. *Ergonomics, 5*, 357–383.

Mashhour, M. (1964). *Psychophysical relations in the perception of velocity*. Stockholm: Almquist.

Merigan, W. H. & Maunsell, J. H. (1993). How parallel are the primate visual pathways? *Annual Review of Neuroscience, 16*, 369–402.

Milner, A. D. & Goodale, M. A. (1995). *The visual brain in action*. Oxford: Oxford University Press.

Münsterberg, H. (1888). *Die Willenshandlung. Ein Beitrag zur physiologischen Psychologie*. Freiburg: Mohr.

Müsseler, J. & Hommel, B. (1997). Blindness to response-compatible stimuli. *Journal of Experimental Psychology: Human Perception and Performance, 23*, 861–872.

Neisser, U. (1967). *Cognitive psychology*. New York: Appleton Century Crofts.

Neisser, U. (1976). *Cognition and reality*. San Francisco: Freeman.

Prinz, W. (1990). A common coding approach to perception and action. In O. Neumann & W. Prinz (eds.), *Relationships between perception and action: Current approaches* (pp. 167–201). Berlin, Heidelberg, New York, Tokio: Springer.

Prinz, W. (1992). Why don't we perceive our brain states? *European* Journal of Cognitive Psychology, 4, 1–20.

Proctor, R. W. & Vu, K.-P. L. (2006). *Stimulus-response compatibility principle: Data, theory, and application.* Boca Raton, FL: Taylor & Francis.

Rachlin, H. C. (1966). Scaling subjective velocity, distance, and duration. *Perception & Psychophysics, 1*, 77–82.

Runeson, S. (1974). Constant velocity – not perceived as such. *Psychological Research, 38*, 3–23.

Schubotz, R. I. & von Cramon, D. Y. (2003). Functional-anatomical concepts on human premotor cortex: Evidence from fMRI and PET studies. *NeuroImage, 20*, 120–131.

Simon, J. R. & Rudell, A. P. (1967). Auditory S-R compatibility: The effect of an irrelevant cue on information processing. *Journal of Applied Psychology, 51*, 300–304.

Sommer, W., Leuthold, H. & Hermanutz, M. (1993). Covert effects of alcohol revealed by event-related potentials. *Perception & Psychophysics, 54*, 127–135.

Stock, A. & Stock, C. (2004). A short history of ideo-motor action. *Psychological Research, 68*, 176–188.

Stoet, G. & Hommel, B. (1999). Action planning and the temporal binding of response codes. *Journal of Experimental Psychology: Human Perception and Performance, 25*, 1625–1640.

Stratton, G. M. (1896). Some preliminary experiments on vision without inversion of the retinal image *Psychological Review, 3*, 611–617.

Ungerleider, L. & Mishkin, M. (1982). Two cortical visual systems. In D. J. Ingle, M. A. Goodale & R. J. W. Mansfield (eds.), *Analysis of visual behavior* (pp. 549–586). Cambridge, MA: MIT Press.

Van Donkelaar, P. (1999). Pointing movements are effected by size-contrast illusions. *Experimental Brain Research, 125*, 517–520.

Van Essen, D. C. & DeYoe, E. A. (1995). Concurrent processing in the primate visual cortex. In M.S. Gazzaniga (ed.), *The cognitive neurosciences* (pp. 383–400). Cambridge, MA: MIT Press.

Viviani, P. & Stucchi, N. (1989). The effect of movement velocity on form perception: Geometric illusions in dynamic displays. *Perception & Psychophysics, 46*, 266–274.

Viviani, P. & Terzuolo, C. A. (1982). Trajectory determines movement dynamics. *Neuroscience, 7*, 431–437.

Wühr, P. & Müsseler, J. (2001). Time course of the blindness to response-compatible stimuli. *Journal of Experimental Psychology: Human Perception and Performance, 27*, 1260–1270.

5 Auswahl einer Handlung

Lernziele

- Wie nehmen Handlungsziele Einfluss auf unsere Entscheidungen?
- Welche Rolle spielen Regeln bei der Auswahl von Handlungen? Wann und unter welchen Umständen kommen sie zum Einsatz?
- In welchem Sinne kann die Auswahl einer Handlung automatisch sein?
- Mithilfe welcher Mechanismen können wir intuitive Entscheidungen fällen?

»... der Würfel, Kobold des Perversen, befahl mir, etwa alle 10 Minuten in eine andere Rolle zu schlüpfen, wobei die folgenden 6 Rollen zu absolvieren waren: Jesus, biederer Würfler, zügelloser Sexomane, stummer Debiler, geschwätziger Künstler und agitierender Linksextremer. Meine Vorschläge hatte ich unter dem Einfluss von Marihuana zu Papier gebracht, das ich eine halbe Stunde lang geraucht hatte; der Genuss von Marihuana wiederum war ein Vorschlag, den ich unter Alkoholeinfluss gemacht hatte; Alkohol hatte ich wiederum getrunken weil der Würfel – und so weiter und so fort.«
(aus: Luke Rhinehart, Der Würfler, S. 189)

Der hier beschriebene, relativ abenteuerliche Lebensstil der Hauptperson des aus psychologischer Sicht außerordentlich interessanten Buches »Der Würfler« entsteht aus der Schwierigkeit, Entscheidungen zu treffen. Wäre es nicht möglich, so die Überlegung, die oft quälenden Abwägungen zu überspringen und die Entscheidung an einen Würfel zu delegieren? Die Hauptperson beginnt also, vor jeder Entscheidung die denkbaren Alternativen den Zahlen eins bis sechs zuzuordnen, und die Entscheidung dann auszuwürfeln. Zum Genuss des Lesers kommt sie dadurch in Teufels Küche, macht aber auch eine ganze Reihe interessanter und spannender Erfahrungen. Diesen Lebensentwurf kann man mögen oder auch nicht, aber er macht doch eines deutlich: Entscheidungen sind schwierig, und wir quälen uns oft damit. Warum das so ist, und warum das angesichts der Beschaffenheit unseres kognitiven Systems auch so sein muss, ist das Thema dieses Kapitels.

Wer die Wahl hat, hat die Qual. Tagtäglich, stündlich und minütlich stehen uns im Normalfall so viele Handlungsalternativen offen, dass es manchem schwer fällt, sich für eine zu entscheiden. Das gilt sowohl für abstrakte Handlungsalternativen wie z.B. verschiedene Berufe, die man ergreifen, oder Partner, die man wählen könnte, als auch für die scheinbar einfachsten Bewegungen wie der Griff zur Kaffeetasse, den man auf 1000 verschiedene Weisen ausführen könnte. Wie wählen wir Handlungen aus? Wie stellen wir sicher, dass sie unseren Handlungszielen dienen?

Von Nuancen abgesehen, lassen sich wenigstens **zwei Perspektiven** ausmachen: sensomotorische Ansätze (in diesem Zusammenhang oft auch chronometrische Ansätze oder Informationsverarbeitungsansätze genannt), die sich v.a. mit der reizinduzierten Auswahl von reaktiven Handlungen beschäftigen, und ideomotorische Ansätze, denen es mehr um die Frage geht, wie das Handlungsziel die Auswahl einer Handlung ermöglicht und steuert. Auch hier werden wir sehen, dass sich die beiden Perspektiven keineswegs ausschließen, sondern dass sie lediglich unterschiedliche Facetten in der Handlungssteuerung hervorheben und sich mit verschiedenen Phasen der Handlungsauswahl beschäftigen. In unserer Darstellung folgen wir hauptsächlich den Vorschlägen von Fitts (1965) und Rasmussen (1980) (▶ Abschn. 9.1), die drei verschiedene **Modi der Handlungssteuerung** unterscheiden:

- den **kognitiven** (Fitts) bzw. **wissensbasierten** (Rasmussen) **Modus**, in dem die handelnde Person ein Handlungsziel in eine geeignete Handlung umsetzt, d.h. eine zielinduzierte Handlungsauswahl vornimmt (▶ Abschn. 5.1)
- den **assoziativen** bzw. **regelbasierten Modus**, in dem sie bestimmte, vorab definierte Reize nach Maßgabe bestimmter Regeln in zugeordnete Reaktionen übersetzt, d.h. eine regelgeleitete Handlungsauswahl vornimmt (▶ Abschn. 5.2)
- den **autonomen** bzw. **fertigkeitsbasierten Modus**, in dem Reize mehr oder weniger automatisch assoziierte Reaktionen auslösen, in dem

also eine Art automatische Handlungsauswahl stattfindet (▶ Abschn. 5.3)

Auch wenn diese drei Selektionsmodi zweifellos einen großen Teil unserer alltäglichen Handlungsentscheidungen abdecken, fehlt ein weiterer Modus: Man entscheidet manchmal »aus dem Bauch heraus«, ohne einem klar definierten Ziel zu folgen, eine erworbene Regel anzuwenden oder einer Gewohnheit nachzugehen, z.B. beim Kauf eines neuen, eigentlich überflüssigen Kleidungsstücks oder einer technischen Spielerei. Diese Art des **intuitiven Entscheidens** hat in den letzten Jahren viel Aufmerksamkeit in der Forschung auf sich gezogen (▶ Abschn. 5.4).

5.1 Zielinduzierte Handlungsauswahl

Handlungen sind motorische Mittel, um bestimmte Ziele zu erreichen. Ein Handlungsziel, ist eine Antizipation, d. h. eine bewusst oder unbewusst repräsentierte, sensorische oder verbale Beschreibung eines intendierten, noch herzustellenden Zustandes (▶ Kap. 3). Wie gelangt man nun von der Repräsentation dieses Zustandes zu den motorischen Mitteln, die nötig sind, um ihn herzustellen?

Theorien zum Problemlösen schlagen für Probleme dieser Art zwei mögliche **Lösungsstrategien**.

- **Hill-Climbing-Technik:** Sie besteht in einem willkürlichen Durchprobieren möglicher Alternativen(z.B. Robertson, 1999). Die erstbeste Alternative wird probeweise ausgewählt und mental simuliert, um zu sehen, zu welchem Ergebnis sie führen würde. Wenn das Ergebnis eine Verbesserung des momentanen Zustandes bedeutet, wenn sich dadurch also der wahrgenommene Abstand zum Ziel verringern würde, dann wird diese Alternative realisiert, anderenfalls wird die nächste Alternative ausprobiert.
- **Mittel-Ziel-Analyse:** Diese Strategie ist wesentlich effizienter. Die Analyse beginnt mit dem zu erreichenden Ziel und arbeitet sich dann gewissermaßen rückwärts zum momentanen Ausgangszustand durch, um den Lösungsweg in realisierbare Teilstrecken zu zerlegen. Beide Strategien gehen also davon aus, dass mögliche Alternativen dahingehend bewertet werden, inwiefern die Zustände, die man mit ihrer Hilfe erreichen kann, mit dem Ziel übereinstimmen. Wenn wir diese Logik auf die Auswahl konkreter Handlungen anwenden, dann müssen wir annehmen, dass die Repräsentationen von Handlungen auch Information über die durch diese Handlungen zu erreichenden Zustände enthalten. Darin besteht das Postulat des ideomotorischen Ansatzes, dass nämlich Handlungen durch Kodes ihrer sensorischen Effekte repräsentiert sind.

Nehmen wir z.B. an, dass Sie ein Auto fahren und in eine gefährliche Situation geraten. Sie haben gelernt, dass es in derartigen Situationen eine gute Idee ist, zu bremsen, und genau dies sei nun Ihr Handlungsziel. Das Handlungsziel ist sensorisch und/oder verbal repräsentiert und bezieht sich auf den gewünschten Zustand. Konkret bedeutet das, dass Sie Repräsentationen der sensorischen Eindrücke aktivieren, die Sie zuvor beim Bremsen von Autos hatten (◻ Abb. 5.1; Perzept »bremsen«), ggf. begleitet von der Aktivierung der Repräsentationen von Worten wie »bremsen« etc. Aktivierungen kognitiver Repräsentationen breiten sich aus, aktivieren also andere Repräsentationen, die mit ihnen assoziiert sind. Wenn Sie ein erfahrener Autofahrer sind, dann werden Sie negative Beschleunigung v.a. im Zusammenhang mit Bremsmanövern kennen gelernt haben. Bremsmanöver werden Sie i.d.R. mithilfe des Bremspedals ausgeführt haben, sodass bei Ihnen die Handlung »Bremspedal treten« mit dem Handlungseffekt »negative Beschleunigung« assoziiert ist. In einigen wenigen Fällen, z.B. wenn die Fußbremse nicht funktioniert hat, haben Sie vielleicht den Wagen mithilfe der Handbremse zum Stehen gebracht; dementsprechend ist auch die Handlung »Handbremse anziehen« mit dem Handlungseffekt »negative Beschleunigung« assoziiert, allerdings schwächer als die Handlung »Bremspedal treten« (◻ Abb. 5.1).

Die Aktivierung des Handlungszieles hat also zur Folge, dass mindestens zwei Handlungen aktiviert werden. Dies hat verschiedene Konsequenzen. Zum einen könnte ein leichter Entscheidungskonflikt zwischen den zwei Handlungsalternativen entstehen, der aber durch die unterschiedliche Assozia-

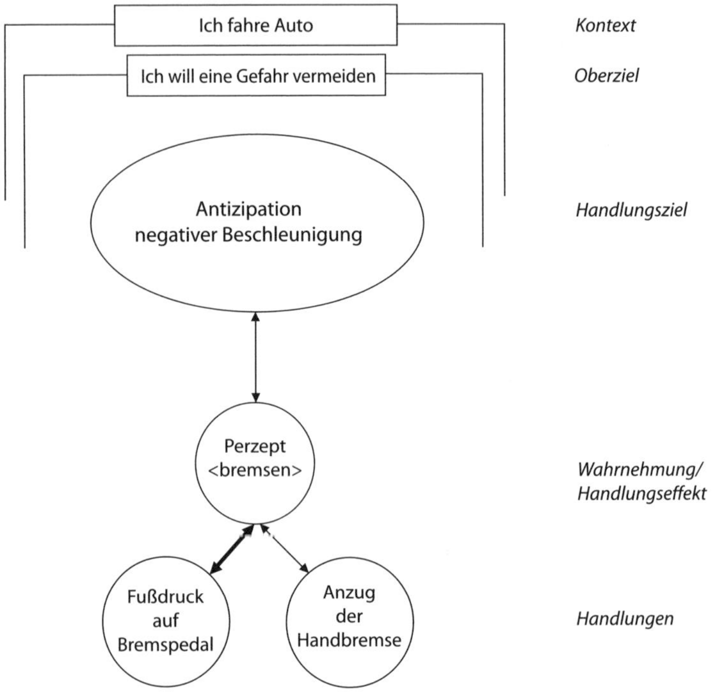

Abb. 5.1. Rolle des Handlungsziels für die Handlungsselektion

tionsstärke zwischen den Handlungen und dem Handlungseffekt schnell zu Gunsten des Trittes auf das Bremspedal entschieden sein wird. Zum anderen wird deutlich, dass in jedem Fall eine vernünftige Lösung gefunden, d.h. eine zieldienliche Handlung ausgewählt werden wird. Ob dies bei einem gegebenen Ziel der Fall sein wird, hängt natürlich davon ab, ob ähnliche Ziele schon einmal aktiv realisiert wurden, ob also **Handlungs-Effekt-Assoziationen** erworben worden sind, deren Effektkomponente dem momentan repräsentierten Ziel hinreichend ähnlich ist. Anderenfalls bleiben nur Versuch und Irrtum.

Die sensorische Repräsentation des Handlungszieles ist für das Finden einer angemessenen Handlungsalternative sicherlich von Vorteil, aber nicht unbedingt notwendig. Auch **sprachlich** repräsentierte Handlungsziele erlauben die Auswahl geeigneter Handlungen, vorausgesetzt, die verwendeten sprachlichen Konzepte sind mit den entsprechenden Handlungen assoziiert. Dass dies funktioniert, erkennen Sie schon daran, dass Sie in der Lage sind, eine Aufgabe mithilfe einer mündlichen oder schriftlichen Instruktion auszuführen und ein Gericht mithilfe eines Rezeptes zu kochen. Allerdings sehen Sie an diesen Beispielen auch, dass die Auswahl von Handlungen aufgrund verbaler Repräsentationen schwieriger und weniger eindeutig ist als mithilfe sensorischer Repräsentationen, wenn Ihnen z.B. eine Fernsehköchin vormacht, was zu tun ist.

Der ideomotorische Ansatz ermöglicht uns u.a. auch eine Vorstellung davon, wie Probleme **kreativ gelöst** werden können. Nehmen wir z.B. an, dass Sie in der genannten Notsituation die zwei besonders nahe liegenden Handlungen (Bremspedal betätigen und Handbremse anziehen) nacheinander ausgeführt haben, aber aufgrund technischer Defekte keinen Erfolg damit hatten. Was würden Sie als nächstes tun? Nehmen wir an, die am stärksten mit dem zielbezogenen Wahrnehmungseindruck (Perzept) »bremsen« assoziierten, im Augenblick aber erfolglosen Handlungen würden kurzfristig inhibiert. Das würde bedeuten, dass nun auch schwächere Assoziate des Perzeptes zum Zuge kommen, oder Assoziate, die eigentlich in anderen Kontexten vorkommen. Ein anderer Kontext, in dem das Handlungsziel und das zugehörige Perzept »bremsen« eine Rolle spielen, ist das Fahrradfahren. Beim Fahrradfahren würden Sie je nach Modell die Handbremse anziehen (was in diesem Fall etwas andere

Bewegungen erforderte als beim Autofahren) und/oder die Rücktrittbremse betätigen. Beide Handlungen nutzen Ihnen im Auto aber wenig. Was würden Sie noch tun können, um Ihr Fahrrad zum Stillstand zu bringen? Sie können mit Ihrem Fuß bremsen, d.h. einen Fuß auf die Straße setzen und so viel Reibung damit erzeugen, dass das Fahrrad schließlich zum Stehen kommt.

5.2 Regelgeleitete Handlungsauswahl

Unvorhergesehene Notfälle sind zum Glück nicht der Normalfall in unserem alltäglichen Handeln. Oft haben wir Situationen bereits mehrmals erlebt, und oft stehen situative Reize zur Verfügung, die uns auf die beste Handlungsalternative hinweisen. Diese Hinweise können **semantischer** Natur sein: Wenn wir z.B. wissen, dass wir die U-Bahn bei der Haltestelle »Königsplatz« verlassen müssen, dann informiert uns die Aufschrift »Königsplatz« über den richtigen Ort, um die Handlung auszuführen. Hinweise können aber auch **episodischer** Natur sein: Auch wenn die Farbe »grün« nicht in einem unmittelbar erkennbaren Zusammenhang mit den Bewegungen von Fußgängern und Fahrzeugen steht, so haben wir doch über die Jahre gelernt, dass wir bei »grün« über eine beampelte Straße oder Kreuzung gehen oder fahren können. Mit anderen Worten, sobald systematische Zusammenhänge zwischen Reizen und Handlungen bestehen oder erwartet werden können, sind wir in der Lage, Regeln auszubilden, die die Auswahl der richtigen Handlung steuern können.

Die **regelgeleitete Handlungsauswahl** wird typischerweise auf zweierlei Weise modelliert. Aus der Sicht konnektionistischer (bzw. PDP-)Modelle handelt es sich bei Regeln um kontextuell angepasste Reiz-Reaktions-Verbindungen. Wie so etwas aussehen könnte, wird am Beispiel der **Fußgängerampel** dargestellt (▣ Abb. 5.2, vgl. Abb. 3.1). In einer ersten Merkmalsdomäne werden die relevanten Merkmale der Reizalternativen kodiert, in unserem Fall z.B. die grüne oder rote Farbe des Ampelmännchens oder seine zwei möglichen Formen. Aktivierungen dieser Domäne werden über eine mittlere Repräsentationsebene, eine Art Relaisstation, die

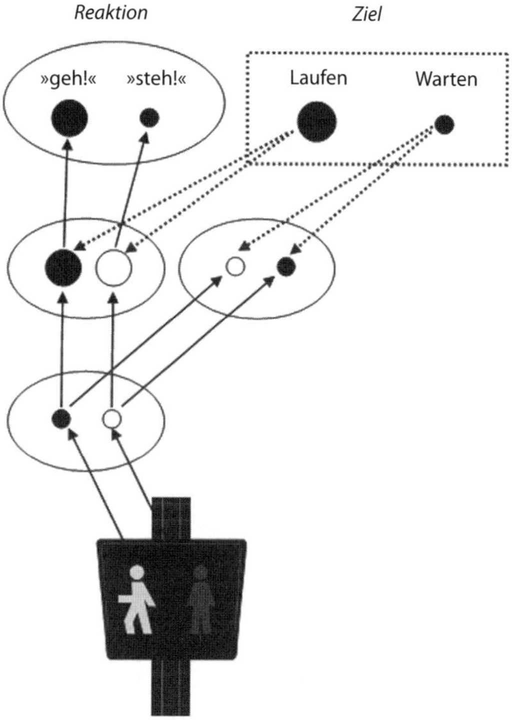

▣ **Abb. 5.2.** Regelgeleitete Handlungsselektion

von Handlungszielen moduliert wird, zur Handlungsauswahl weitergeleitet. In unserem Beispiel gibt es zwei Relaisstationen. Die eine führt zu der in dieser Situation relevanten Handlungsdomäne, in der die zwei Handlungsalternativen »gehen« und »stehen« unterschieden werden, die andere Station könnte mit beliebigen anderen, im Augenblick irrelevanten Handlungsalternativen verbunden sein (die wir der Einfachheit halber nicht angezeigt haben). Wir haben in diesem Beispiel zwei Ziele unterschieden: das relevante Ziel »laufen« und das momentan irrrelevante Ziel »warten«. Aufgrund der Systemkonfiguation führt die Aktivierung des Zieles »laufen« zu einer Verstärkung der von der Eingangsdomäne zu den Alternativen »gehen« und »stehen« verlaufenden Aktivierungen. Das Aufleuchten des grünen Ampelmännchens aktiviert also die Alternative »gehen«, während das Aufleuchten des roten Ampelmännchens die Aktivierung der Alternative »stehen« zur Folge hätte. Diese Regel (*wenn* »grün«, *dann* »gehen«; *wenn* »rot«, *dann* »stehen«) ist **kontextuell angepasst**, denn wenn ein anderes Ziel als »laufen« aktiviert wäre (z.B. »warten«), würden die Handlungsalternativen »gehen« und »stehen« durch die Ampelmännchen nur unwesentlich aktiviert werden. Letztlich lässt sich auch die Anforderung in der Stroop-Aufgabe als ein System kontextuell angepasster Regeln auffassen (◘ Abb. 3.1). Daraus ergeben sich folgende Varianten:

- *wenn* das Wort »rot« in grün geschrieben *und* das Ziel »Farbe benennen«, *dann* sage »grün«
- *wenn* das Wort »rot« in grün geschrieben *und* das Ziel »Wort lesen«, *dann* sage »rot«
- *wenn* das Wort »rot« in rot geschrieben *und* das Ziel »Farbe benennen«, *dann* sage »rot«
- *wenn* das Wort »rot« in rot geschrieben *und* das Ziel »Wort lesen«, *dann* sage »rot«, usw.

Eine alternative Strategie, regelgeleitetes Handeln zu modellieren, ist unter dem Namen **Adaptive Character of Thought (ACT)** bekannt geworden; die aktuelle Version ist ACT-R (Anderson, 1993). Dabei handelt es sich um eine Rahmentheorie des Erwerbs, der Repräsentation und des Gebrauchs deklarativen Wissens und prozeduralen Wissens. Die wesentlichen Einheiten dieser Theorie werden **Produktionen** (»productions«) genannt. Produktionen bestehen aus einem Bedingungsteil, der den Wenn-Aspekt einer Regel repräsentiert, und einem Aktionsteil, der den Dann-Aspekt repräsentiert. Aus der Perspektive von ACT-R sind für die erfolgreiche Verarbeitung des Ampelmännchens also mindestens zwei Produktionen erforderlich: eine, in der »grün« im Bedingungsteil und »gehen« im Aktionsteil aufgeführt sind, und eine zweite, in der »rot« im Bedingungsteil und »stehen« im Aktionsteil repräsentiert sind.

Die Auswahl von Handlungen ist von einer Reihe von **Faktoren** abhängig. Darunter befinden sich allgemeine Faktoren, von denen die Effizienz der Handlungsauswahl zwar beeinflusst wird, deren Wirkung aber nicht spezifisch für Auswahlprozesse ist. Dazu gehören z.B. Strategien, wie etwa besonders schnell oder besonders genau zu reagieren (Woodworth, 1899), oder die Zeit zur Vorbereitung auf einen Durchgang (Niemi u. Näätänen, 1981). Im Folgenden konzentrieren wir uns auf Faktoren, die die Auswahl von Handlungen in einer spezifischen, theoretisch interessanten Weise beeinflussen.

5.2.1 Zahl der Handlungsalternativen

Bereits Donders (1868) wies daraufhin, dass die Auswahl einer Handlung Zeit kostet. In seiner Studie verglich er u.a. die **Reaktionszeiten** (RZ) in drei verschiedene Aufgaben:

- **a-Reaktions-Aufgaben**, in denen beim Erscheinen eines vorher definierten Reizes (ein aufleuchtendes Licht) eine vorher definierte Reaktion auszuführen war
- **b-Reaktions-Aufgaben**, in denen in jedem Durchgang einer von zwei Reizen erschien, von denen jeder eine andere Reaktion verlangte
- **c-Reaktions-Aufgaben**, in denen die Reaktion feststand, aber nur auf einen von zwei möglichen Reizen reagiert werden sollte (sog. Go-Nogo-Aufgabe)

Donders' Überlegung war, dass diese Aufgaben z.T. unterschiedliche Prozesse erfordern und dass man durch **Vergleiche** der entsprechenden Reaktionszeiten die Dauer dieser Prozesse messen könnte. Die a-Reaktion stellt in diesem Zusammenhang ein Maß der erforderlichen basalen sensorischen und motorischen Prozesse dar. Die Reaktionszeit in dieser Aufgabe entspricht der für das Entdecken eines Reizes und der Ausführung einer Bewegung erforderlichen Zeit. Der Unterschied zur c-Reaktion besteht darin, dass in der c-Aufgabe zwei Reize diskriminiert werden müssen. Die Kosten dieser **Reizdiskrimination** lassen sich dadurch bestimmen, dass man die mittlere Reaktionszeit in der a-Aufgabe von der mittleren Reaktionszeit in der c-Aufgabe abzieht (Reizdiskriminationszeit = $RZ_c - RZ_a$). In ähnlicher Weise kann man die für die Auswahl einer Handlung erforderliche Zeit bestimmen: Da sich b-Reaktionen von c-Reaktionen nur durch die Notwendigkeit unterscheiden, eine Handlung auszuwählen, entsprechen die Kosten der Handlungsauswahl = $RZ_b - RZ_c$.

Die Dondersche Subtraktionslogik enthält einige Mängel, die oft kritisiert und später von Sternberg (1969) korrigiert worden sind. Die Beobachtung, dass die Auswahl einer Handlung messbare Zeit kostet, ist jedoch vielfach bestätigt worden. Darüber hinaus hatte Merkel (1885) festgestellt, dass die Reaktionszeit mit der Anzahl der Reaktionsalternativen kontinuierlich zunimmt. Wie der

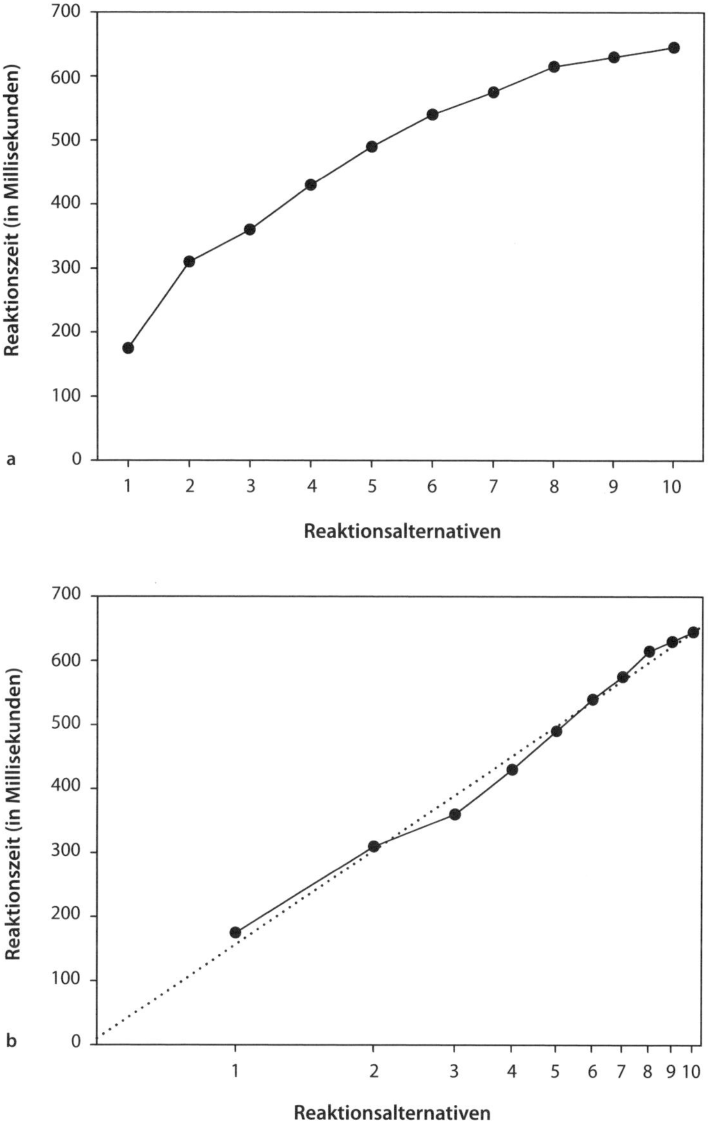

Abb. 5.3. Beispiel für den Anstieg der Reaktionszeit mit der Anzahl der Alternativen (**a**) bzw. mit dem Logarithmus der Alternativenzahl (**b**)

obere Teil von Abb. 5.3 zeigt, ist diese Zunahme **nicht linear**: Je größer die Zahl der Alternativen bereits ist, desto weniger Kosten verursacht die Hinzunahme einer weiteren Alternative. Diese Beobachtung wurde von Hick (1952) wieder aufgegriffen und formalisiert. Wie Hick nachweist, lässt sich der Zusammenhang zwischen Reaktionszeit und Alternativenzahl durch eine einfache Formel charakterisieren:

$$\text{Reaktionszeit} = a + b\,(\log_2 N),$$

wobei die Konstante a sensorische und motorische Basisprozesse repräsentiert (die Donders durch seine a-Aufgabe messen wollte), die Konstante b die Zunahme der Reaktionszeit pro Einheit (d.h. die Steigung der Funktion) und N die Anzahl der Reaktionsalternativen. Mit anderen Worten, die Reaktionszeit steigt linear mit dem Logarithmus der Alternativenzahl (Abb. 5.3b). Wie wenig später Hyman (1953) zeigen konnte, entspricht Hicks logarithmische Definition der X-Achse dem in diesen Jahren sehr populären informationstheoretischen Maß H_T für die Menge übertragener Information, und so schlug Hyman eine (äquivalente) Variante der Formel von Hick vor:

$$\text{Reaktionszeit} = a + bH_T.$$

Dieses nach ihren Begründern **Hick-Hymansche Gesetz (Hick-Hyman Law)** genannte Postulat ist oft bestätigt worden, aber auch Ausnahmen sind bekannt: So sind die Reaktionszeiten in Aufgaben mit hochgradig kompatiblen Reiz-Reaktions-Zuordnungen unabhängig von der Anzahl der Alternativen (Leonard, 1959), und in Aufgaben mit sehr vielen Alternativen erlauben die Formeln von Hick und Hyman keine gute Beschreibung der Ergebnisse (Longstreth et al., 1985). Warum aber findet sich überhaupt ein Zusammenhang zwischen der Reaktionszeit und der Alternativenzahl? Vor allem zwei Erklärungen sind diskutiert worden.

Einer Erklärung zufolge könnte dieser Zusammenhang Ausdruck eines **Suchprozesses** sein. Autoren wie Hick (1952) oder Falmagne et al. (1975) nehmen z.B. an, dass die in einer Aufgabe möglichen Reaktionsalternativen in einem Reaktionsspeicher vorgehalten werden. Nach der Identifikation eines Reizes muss dieser Speicher Schritt für Schritt durchsucht und geprüft werden, ob es sich bei der jeweiligen Reaktion um die korrekte handelt. In der Terminologie von ACT könnte man sich z.B. vorstellen, dass Reaktionsalternativen in Form von Produktionen gespeichert sind und dass für jede Produktion überprüft werden muss, ob der momentane Reiz ihrem Bedingungs- (Wenn-)Teil entspricht. Je mehr Alternativen der Reaktionsspeicher enthält, desto länger ist die durchschnittliche Suchzeit. Diese Modellvorstellung kann sicherlich einige Aspekte der Beziehung zwischen Reaktionszeit und Alternativen gut abbilden, sie ist aber nicht besonders realistisch. So kann sie u.a. nicht erklären, warum unter bestimmten Bedingungen mehrere Reaktionen gleichzeitig aktiviert sein können (Hommel, 1998a; Logan u. Schulkind, 2000).

Andere Autoren gehen deshalb davon aus, dass mehreren Reiz-Reaktions-Regeln zugleich angewandt und überprüft werden können. Meyer u. Kieras (1997) nehmen z.B. an, dass die in Form von ACT-Produktionen in einem Kurzzeitgedächtnis vorgehaltenen Regeln parallel mit dem jeweiligen Reiz verglichen werden. Dementsprechend kann ein Reiz all die Produktionen gleichzeitig aktivieren, deren Bedingungsteil er erfüllt (z.B. alle Handlungen aktivieren, die mit der Bedingung »ich befinde mich in einer Kirche« verbunden sind). Ähnlich funktionieren Netzwerk- (PDP-)Modelle, die ohnehin parallel verarbeitend ausgelegt sind. Derartige Modelle erklären den **Alternativeneffekt** also nicht durch die Annahme serieller Reaktionsauswahl. Stattdessen nehmen sie an, dass gleichzeitig bereitgehaltene Reaktionsalternativen miteinander interferieren. Die Repräsentationen solcher Alternativen, die sich ja gegenseitig ausschließen, sind in Netzwerkmodellen z.B. inhibitorisch verknüpft, sodass die Aktivierung einer Reaktion zur Hemmung anderer Reaktionen führt. Berücksichtigt man nun, dass in einer Aufgabe die meisten Reaktionsalternativen zu einem gewissen Grad aktiviert sein werden (z.B. noch vom vorherigen Durchgang, aufgrund falscher Erwartungen oder irreführender Zwischenergebnisse der Reizidentifikation), was wiederum zur Hemmung aller anderen Alternativen führt, dann muss schließlich jede korrekte Reaktionsalternative umso mehr Hemmung überwinden, je mehr Alternativen zur Verfügung stehen. Mit anderen Worten, die Reaktionszeit steigt mit der Anzahl der Alternativen.

5.2.2 Reiz-Reaktions-Kompatibilität

Reize und Handlungen werden nicht vollkommen unabhängig voneinander repräsentiert, sodass Handlungsrepräsentationen Einfluss auf die Reizverarbeitung und Reizpräsentationen Einfluss auf die Handlungsauswahl nehmen können (▶ Kap. 4). Reaktionskompatible Reize erleichtern die Reaktionsauswahl (▶ Abschn. 4.2.1), wahrscheinlich weil Reize Reaktionen mit Merkmalsüberlappung automatisch aktivieren (▶ Abschn. 4.3.2). **Kompatibilitätseffekte** sind aus verschiedenen Gründen interessant: Sie legen beispielsweise nahe, dass Wahrnehmung und Handlung enger miteinander verflochten sind als Prozessmodelle oft annehmen (▶ Kap. 4). Sie zeigen zudem, dass die Auswahl einer Handlung nicht allein aus der Aktivierung geeigneter Regeln oder Produktionen bestehen kann. Wenn z.B. in einem Versuchsdurchgang ein linker

Reiz erscheint, warum sollte man dann eine Produktion mit dem Merkmal »links« im Aktionsteil (d.h. dem Dann-Teil der Produktionsregel) schneller finden als eine Produktion mit dem Merkmal »rechts«?

Fragen dieser Art haben zahlreiche Zwei-Prozess-Modelle der Reaktionsauswahl auf den Plan gerufen. Ein Beispiel dafür ist das **Modell der dimensionalen Überlappung** von Kornblum et al. (1990), demzufolge Reize in Kompatibilitätsaufgaben entlang einer intentionalen Route und einer automatischen Route verarbeitet werden (◘ Abb. 4.7). Die intentionale Route folgt der Logik der regelgeleiteten Handlungsselektion, während die automatische Route von direkten Assoziationen zwischen Reizen und Reaktionen ausgeht (▶ Abschn. 5.3). In gewisser Weise wendet auch die **Theorie der Ereigniskodierung (TEC)** (▶ Abschn. 4.3.1) eine Zwei-Routen-Lösung an: Während relevante Reizmerkmale durch kurzzeitige, intentional angelegte Assoziationen verbunden werden, führt die Merkmalsüberlappung zwischen Reiz und Reaktion zur teilweisen Identität der entsprechenden kognitiven Repräsentationen. Dies lässt sich durchaus als extreme Version einer automatischen Route auffassen. Die Existenz solcher automatischer Routen legt nahe, dass Handlungsselektion nicht allein aus der Anwendung von Reiz-Reaktions-Regeln bestehen kann, sondern dass wahrgenommene Reize auch direkt Einfluss auf die Handlungsauswahl nehmen können (▶ Abschn. 5.3).

5.2.3 Wiederholung

Spätestens seit den Arbeiten von Hyman (1953) und Bertelson (1961) ist bekannt, dass die Wiederholung von Reaktionen bzw. von Reiz-Reaktions-Kombinationen die **Leistung** beeinflusst (s. Übersichten bei Kirby, 1980; Kornblum, 1973). Bei kurzen zeitlichen Abständen zwischen den Reaktionen (< 500 ms) kann man v.a. Förderung beobachten, d. h. Reaktionswiederholungen begünstigen die Leistungen.

Dieser Effekt ist auf verschiedene Weisen **interpretiert** worden. Bertelson (1963) nahm an, dass Personen vor Beginn der Reaktionsauswahl zunächst einmal überprüfen, ob der momentane Reiz dem Reiz des vorigen Durchgangs entspricht. Trifft das zu, dann wird die Stufe der Reaktionsauswahl sozusagen übergangen und einfach die vorherige Reaktion wiederholt. Intuitiv ist dieser Ansatz recht überzeugend, aber es handelt sich doch mehr um eine Beschreibung als um eine Erklärung. Außerdem kann dieser Ansatz nicht erklären, warum der Vorteil von Reaktionswiederholungen auch dann noch bestehen bleibt, wenn der Reiz alterniert (Bertelson, 1965). Falmagne et al. (1975) gehen davon aus, dass die Reaktionsauswahl durch die sequenzielle Prüfung der Reiz-Reaktions-Regeln erfolgt. Sie nehmen an, dass die jeweils letzte Regel in höherem Maße verfügbar ist, d.h. als erste geprüft wird. Andere Autoren haben postuliert, dass die Aktivierung einer Reaktionsrepräsentation nach Ausführung dieser Reaktion erst langsam nachlässt, sodass in kurzer Zeit folgende Wiederholungen noch von dieser Restaktivierung profitieren können (Vervaeck u. Boer, 1980).

Mit zunehmendem zeitlichen Abstand zwischen den Reaktionen nimmt der Vorteil von Wiederholungen ab und schlägt bei längeren Abständen sogar in einen **Nachteil** um, so dass **Reaktionswechsel** im Vorteil sind (Bertelson, 1961; Soetens et al. 1985). Dieser Effekt ist eher strategisch interpretiert worden. Vom Roulette und anderen Spielen ist bekannt, dass Menschen die Wahrscheinlichkeit von Alternierungen systematisch überschätzen, d.h. nach Rot erwarten sie Schwarz, und umgekehrt (Keren u. Wagenaar, 1985). Je mehr Zeit seit dem letzten Ereignis vergeht und je stärker die unmittelbaren Wiederholungstendenzen abgeklungen sind, desto mehr dominieren derartige strategische Erwägungen.

Ein weiterer, erst seit kurzem systematisch untersuchter Effekt ist episodischer Natur. Wenn Reizmerkmale und Reaktionen unabhängig voneinander variieren, dann führt die nur teilweise Wiederholung einer Reiz-Reaktions-Kombination zu Leistungseinbußen. Nehmen wir z.B. an, Sie führen linke und rechte Tastendruckreaktionen auf rote und grüne Reize aus. Wenn sich dann der Reiz wiederholt, dann ist die Leistung besser, wenn sich auch die Reaktion wiederholt; alterniert der Reiz jedoch, dann ist die Leistung besser, wenn auch die Reaktion alterniert (Hommel, 1998b). Mit anderen Worten, die Leistung ist optimal, wenn Reiz und Reaktion sich entweder beide **wiederholen** oder wenn beide **alternieren**. Diese Beobachtung legt nahe, dass das gemeinsame Auftreten von Reizmerkmalen und Reaktionen zu einer **Integration** von beiden führt (»stimulus response binding«). Bei der Wiederholung von einem Element dieser so entstandenen episodischen Gedächtnisspur wird die gesamte Spur wieder aktiviert und damit auch das zugehörige andere Element. Passt dieses andere Element nicht in den momentanen Durchgang (wie es bei nur partiellen Wiederholungen der Fall ist), kommt es zur **Interferenz**.

Alle drei Arten von Effekten zeigen, dass die Auswahl einer Handlung auch von kurzfristigen Ereignissen und situativen Gegebenheiten abhängt. Vor allem zeigen sie, dass es sich bei der Auswahl um einen dynamischen Prozess handelt, der den momentanen Zustand des kognitiven Systems und die verschiedenen Reaktionstendenzen sensibel widerspiegelt.

5.2.4 Übung

Wenn die Auswahl von Handlungen auf Basis von Reiz-Reaktions-Regeln erfolgt, und wenn diese in Form von Assoziationen zwischen Reiz- und Reaktions-Kodes repräsentiert sind, dann sollte man annehmen, dass das **Überlernen** solcher Assoziationen die Handlungsauswahl wesentlich erleichtert. Tatsächlich führt ausdauernde Übung zur teilweise dramatischen **Beschleunigung** von Prozessen, die bei der Auswahl von Handlungen beteiligt sind. Mowbray u. Rhoades (1959) baten z.B. eine Versuchsperson, eine Reaktionszeit-Aufgabe mit zwei Reiz-Reaktions-Alternativen 1500-mal und eine Aufgabe mit vier Reiz-Reaktions-Alternativen 3000-mal zu üben, sodass jede einzelne Reiz-Reaktions-Assoziation gleich gut gelernt gewesen sein sollte. Im Laufe der Übung wurden die Reaktionen nicht nur deutlich schneller, sondern der Leistungsunterschied zwischen den beiden Aufgaben verschwand auch zunehmend. Mit anderen Worten, das Hick-Hymansche Gesetz traf nicht mehr zu. Ähnliche Beobachtungen machte Seibel (1963), der nach 75000 Übungsdurchgängen nur noch unwesentliche Leistungsunterschiede zwischen einer Aufgabe mit 1023 Alternativen und einer Aufgabe mit 31 Alternativen fand.

Wenn sich die Leistung durch Übung derartig verbessert, stellt sich die Frage, was genau die Ursache dieser Verbesserung ist, welche Prozesse also betroffen sind. Aus einer netzwerktheoretischen Perspektive sollte es sich um eine **Stärkung der Assoziationen** zwischen der Repräsentation des relevanten Reizmerkmals und der relevanten Reaktion handeln, wie etwa zwischen dem grünen Ampelmännchen und der Reaktion »Geh!« in ◘ Abb. 5.2. Durch diese Stärkung breitet sich nicht nur die Aktivierung schneller von der Reiz- zur Reaktionsrepräsentation aus, sondern es kann auch möglichen Interferenzen durch konkurrierende Reiz-Reaktions-Assoziationen, die ihrerseits ja nicht geübt und verstärkt werden, besser begegnet werden. Mit anderen Worten, Übung führt nicht nur zu einer stärkeren Verbindung zwischen Reiz und Reaktion, sondern auch zu einer größeren Dominanz der betreffenden Reiz-Reaktions-Assoziation gegenüber anderen Assoziationen. Aus einer ACT-Perspektive lässt sich eine vergleichbare Überlegung entwickeln: Übung verstärkt die entsprechenden Produktionen und räumt ihnen eine Dominanz gegenüber möglichen Wettbewerbern ein. Anderson (1983) diskutiert auch die Möglichkeit, dass Produktionen durch Übung besser an die **situativen Bedingungen** angepasst werden können, z.B. durch Spezifizierung des Bedingungsteils.

Alle diese Argumente treffen allerdings nur auf den relevanten, intentionalen Aspekt der Reiz-Reaktions-Übersetzung zu, also auf die intentionale Route in dem Modell von Kornblum et al. (1990; ◘ Abb. 4.7). Da die andere, automatische Route ja bereits auf vollständig automatisierten Reiz-Reaktions-Assoziationen beruht (eine Annahme, die wir jedoch im Weiteren einschränken werden), sollten sich ihre Verarbeitungsmöglichkeiten nicht wesentlich durch Übung verändern. Wenn es also zutrifft, dass Effekte der Reiz-Reaktions-Kompatibilität auf automatische Aktivierungen von Reaktionen entlang der automatischen Route zurückzuführen sind, dann sollte es nicht möglich sein, Kompatibilitätseffekte durch Übung zu **eliminieren**. Tatsächlich scheint dies auch nicht möglich zu sein: Weder Effekte der räumlichen Reiz-Reaktions-Kompatibilität (Brebner, 1973), noch der Simon-Effekt (Simon et al. 1973) oder noch der Stroop-Effekt (Stroop, 1935) verschwinden mit der Übung.

5.3 Automatische Auswahl von Handlungen

Theorien zum Erwerb von Fertigkeiten gehen oft davon aus, dass ein hohes Maß von Übung zur Automatisierung der geübten Tätigkeit führt. Fitts (1965) zufolge mündet ausgiebiges Training in einer sog. **autonomen Lernphase**, in der die entsprechende Handlung keine bewusste Kontrolle mehr erfordert und ohne kognitive Kosten zusammen mit anderen Handlungen ausgeführt werden kann. Ganz ähnlich nimmt Anderson (1983) an, dass lange Übung das zunächst deklarativ verfügbare (d.h. verbal beschreibbare) Wissen in nicht länger bewusst zugängliches prozedurales Wissen transformiert. Angesichts dieser Überlegungen könnte man vermuten, dass man durch lange Übung bestimmter Reiz-Reaktions-Kombinationen den Prozess der Reaktionsauswahl sozusagen **überspringen** kann, indem man ihn dem Reiz überlässt. In der Tat liegt diese Idee ja auch dem Zwei-Prozess-Modell von Ach (1910) zugrunde, das die automatisierte Gewohnheit (die automatische Route also) mit dem Willen (der intentionalen Route) kombiniert. Auch Phänomene wie der Stroop-Effekt sind mit dieser Idee kompatibel, denn der Effekt demonstriert, dass man das Lesen eines Wortes kaum unterdrücken kann. Trifft es also zu, dass man durch langes Üben die Auswahl von Reaktionen an Reize überlässt?

Die Antwort ist ja und nein. Es gibt Hinweise, dass die Auswahl von Handlungen durch Übung ganz außerordentlich effizient wird, und besonders das Verschwinden des Alternativeneffektes ist ein starkes Indiz, dass sich die Anforderungen an die Handlungsauswahl durch Übung drastisch reduzieren. Zudem macht Training die praktisch gleichzeitige Ausführung mehrerer Handlungen ohne kognitive Kosten möglich (▶ Kap. 8). Auch die Beobachtung, dass hochgradig kompatible Reiz-Reaktions-Zuordnungen sowohl Handlungen direkt aktivieren als auch den Alternativeneffekt zum Verschwinden bringen können (▶ Abschn. 5.2.1), spricht dafür, dass Reize in der Lage sind, die Auswahl von Handlungen zu übernehmen.

Einsichten in die **Automatizität** reizinduzierter Handlungsaktivierung gewähren u.a. elektrophysiologische Untersuchungen der zeitlichen Eigenschaften des lateralisierten Bereitschaftspotenzials (▶ Abschn. 4.2.1). Valle-Inclan u. Redondo (1998) haben eine derartige Untersuchung zum Simon-Effekt durchgeführt. Die Versuchspersonen führten räumlich definierte Reaktionen (Druck einer oberen bzw. unteren Taste, entsprechend von der linken bzw. rechten Hand ausgeführt) auf farbliche Reize aus. Die Reize erschienen zufällig oben oder unten auf dem Bildschirm und waren daher manchmal räumlich kompatibel und manchmal inkompatibel mit der Reaktion. Wie ◘ Abb. 5.4a zeigt, beginnt in einem kompatiblen Durchgang (wenn also die Reizposition der manuellen Reaktion entspricht, z.B. Reiz oben → obere Hand) die Aktivierung (d.h. das LRP) der korrekten Reaktion ungefähr 200 ms nach dem Erscheinen des Reizes (S). Die Aktivierung nimmt dann stetig zu, bis die Reaktion schließlich ausgeführt wird (in diesem Fall ca. 560 ms nach dem Erscheinen des Reizes). Ganz anders die Entwicklung der Aktivierung in inkompatiblen Durchgängen, wenn also die Reizposition der falschen Reaktion entspricht. Hier geht die Aktivierung zu Beginn tatsächlich in die falsche Richtung, d.h. erst wird die falsche Reaktion aktiviert, bevor die Aktivierung der richtigen Reaktion erkennbar wird. Dementsprechend wird der Höhepunkt der Aktivierung der richtigen Reaktion auch später erreicht. In diesem Fall ist die falsche Reaktion zweifellos durch den eigentlich irrelevanten, räumlichen Reizaspekt aktiviert worden, begünstigt durch die Tatsache, dass räumliche Information außerordentlich schnell verarbeitet werden kann (Hommel, 1993).

Einerseits zeigen derartige Beobachtungen, dass wir das Ausmaß an Reizinformation, welches wir verarbeiten wollen, und die Übersetzung diese Information in Handlungstendenzen **nicht vollständig kontrollieren** können. In diesem Sinne kann die Handlungsauswahl also automatisch sein. Andererseits gibt es jedoch keine eindeutige Evidenz dafür, dass Reize vollkommen unabhängig von der momentanen Handlungsintention Reaktionen aktivieren und sogar zur Ausführung bringen können, wenn man einmal von Frontalhirngeschädigten absieht (Lhermitte, 1983) (▶ Abschn.3.1).

Die Verarbeitung von Reaktionen ist stark mit der Verarbeitung von Reizen verflochten, und die Art und Weise, wie Reaktionsalternativen definiert sind, hat unmittelbare Konsequenzen für die Beachtung von Reizmerkmalen (▶ Abschn. 4.2.2). So führt

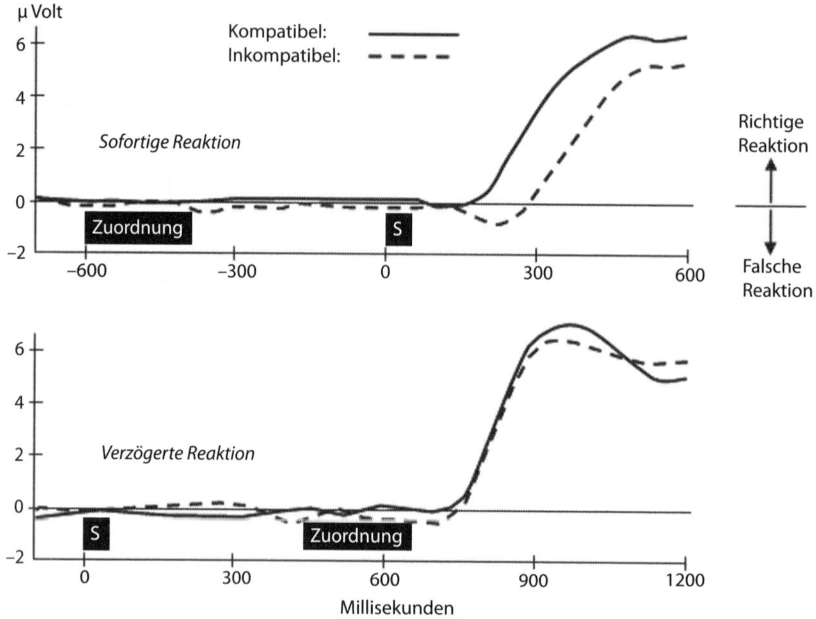

Abb. 5.4. Physiologisches Maß der Aktivierung der richtigen bzw. falschen Reaktion. (Aus Valle-Inclán & Redondo 1998. Mit freundlicher Genehmigung von Wiley Blackwell Publishing)

z.B. die Intention, eine Greifbewegung auszuführen, zur Beachtung von Formmerkmalen, und die Intention, einen Zeigebewegung auszuführen, zur Beachtung von räumlichen Merkmalen (Bekkering u. Neggers, 2002; Fagioli et al. 2006). Das bedeutet, dass die **intentionale** Vorbereitung auf eine bestimmte Art von Handlung mehr oder weniger **automatisch** zur Verarbeitung von Reizmerkmalen führt, die zu dieser Handlung passen (Abb. 4.8), was in der Simon-Aufgabe beobachtet werden kann. Diese Logik gilt auch beim Stroop-Effekt, der als Beleg für die automatische Verarbeitung von Worten interpretiert wird. Er tritt unter Bedingungen auf, in der Worte eine wesentliche Rolle spielen, schließlich reagieren die Versuchspersonen verbal.

Überlegungen dieser Art haben Autoren wie Bargh (1989) dazu gebracht, die Existenz purer Automatizität grundsätzlich in Frage zu stellen. Automatische Prozesse stellen demnach einerseits die eigentliche Basis unseres alltäglichen Lebens dar, andererseits steht Automatizität stets im Dienst der Intention und wird von ihr erst ermöglicht, auch wenn die Ergebnisse automatischer Verarbeitung der Intention nicht immer dienlich sind. Mit anderen Worten, Automatizität ist stets durch Intentionen **bedingte Automatizität** (»conditional automaticity«). In gewissem Sinn handelt es sich bei diesem Ansatz um die Renaissance eines Gedankens von Exner (1879). In seiner vornehmlich auf Introspektionen beruhenden Diskussion der Rolle des Willens in der Handlungssteuerung vermisste Exner bei vorbereiteten Handlungen jegliches Willenserlebnis zwischen dem Auftreten eines Reizes und der Reaktion. Die Vornahme eine bestimmte Handlung auszuführen scheint demzufolge den kognitiven Apparat in einer Art Reflexmaschinerie zu transformieren. Die eigentliche Handlung gleicht schließlich einem bloßen Reflex, aber es ist ein intentional **vorbereiteter Reflex** (Hommel, 2000).

Ein besonders überzeugender Beleg für die Existenz von vorbereiteten Reflexen dieser Art ist dem bereits erwähnten Experiment von Valle-Inclan u. Redondo (1998) zu entnehmen. Darin lag die Zuordnung von Reaktionen zu den farblichen Reizen nicht fest, sondern variierte von Durchgang zu Durchgang (Abb. 5.4). Manchmal musste also ein roter Reiz mit der oberen Taste und ein grüner Reiz mit der unteren Taste beantwortet werden, und manchmal war die Zuordnung umgekehrt. Erschien die Zuordnung **vor dem Reiz** (◘ Abb. 5.4a), sodass sich die Versuchsperson vollständig auf die Aufgabe vorbereiten konnte, dann hatte die Reizdarbietung den erwähnten »automatischen« Effekt: Die Reize aktivierten die ihnen räumlich kompatible Reaktion auch dann, wenn diese Reaktion eigentlich falsch war. Valle-Inclan und Redondo untersuchten aber auch eine zweite Bedingung, worin der Reiz **vor der Zuordnung** präsentiert wurde (◘ Abb. 5.4b). In dieser Bedingung waren die Versuchspersonen nicht in der Lage, sich auf die Aufgabe vorzubereiten, denn mit dem Reiz allein konnte sie ja wenig anfangen, bevor sie nicht die Reiz-Reaktions-Zuordnung kannten. Beachten Sie, welchen Einfluss die Reizdarbietung in dieser Bedingung auf die Reaktionsaktivierung hat: keinen! Wenn man also die reizinduzierte Aktivierung der falschen Reaktion in der oberen Grafik als automatischen Prozess interpretiert, dann ist die Automatizität dieses Prozesses offenbar von der intentionalen Vorbereitung auf die Aufgabe, in diesem Fall von der Implementierung der relevanten Reiz-Reaktions-Zuordnungen abhängig: ein vorbereiteter Reflex also.

5.4 Intuitive Auswahl von Handlungen

In den späten 70er Jahren begann Dörner mit einer umfassenden Studie menschlicher Entscheidungen in komplexen Aufgaben, dem **Lohhausen-Projekt** (Dörner et al. 1983). Die Stadt Lohhausen existierte in Wirklichkeit nur im Rahmen einer Computersimulation. Studentische Versuchspersonen erhielten den Auftrag, die Stadt innerhalb von (zeitlich gerafften) zehn Jahren als Bürgermeister zu regieren. Dies erforderte zahllose Entscheidungen u.a. hinsichtlich der Erhebung von Steuern, der Sozialpolitik und Maßnahmen zur Reduzierung der Arbeitslosigkeit, die insgesamt Einfluss auf ungefähr 2000 Variablen innerhalb der Simulation haben konnten.

Diese Entscheidungen waren sehr schwierig, und die Versuchspersonen waren unterschiedlich erfolgreich, gemessen an der ökonomisch-sozialen Gesamtlage der Stadt am Ende der virtuellen zehn Jahre. Eine wichtige Forschungsfrage bestand in der Identifikation von persönlichen Eigenschaften und Fähigkeiten, die mit erfolgreichen Entscheidungen korrelierten. Hier gab es einige Überraschungen: Während eine ganze Reihe naheliegender Prädiktoren wie Intelligenz, Motivation, Kreativität, Geschlecht, Alter oder Ausbildung keinen Zusammenhang mit der Güte der Entscheidungen zeigten, erwiesen sich einige unvermutete Variablen als zuverlässige Prädiktoren, nämlich **Selbstvertrauen, Extraversion** und die **Neigung zur gedanklichen Exploration**. Interessanterweise sind die in diesem Zusammenhang erfolglosen Prädiktoren bei einfacher strukturierten, logischen Problemen sehr viel besser geeignet, richtige Entscheidungen vorherzusagen; aber je komplexer die Probleme werden, desto weniger ist dies der Fall. Tatsächlich sind erfolgreiche Entscheider in komplexen Zusammenhängen oft nicht in der Lage, die Kriterien ihrer Entscheidungen zu benennen, sie scheinen eher **intuitiv** zu entscheiden. Aber wie könnte das funktionieren?

Eine Variable, die bei intuitiven Entscheidungen eine möglicherweise zentrale Rolle spielt, sind die **affektiven Folgen** von den damit zusammenhängenden Handlungen. Klassische Lerntheorien haben immer wieder betont, dass die affektiven Konsequenzen von Handlungen (ihre Valenz) deren Selektion beeinflussen: Handlungen, die wiederholt zu positiven affektiven Konsequenzen geführt haben, werden in der Zukunft mit größerer Wahrscheinlichkeit ausgewählt, während für Handlungen mit negativen affektiven Konsequenzen die Selektionswahrscheinlichkeit abnimmt (Thorndike, 1927). Mit anderen Worten: Die Valenz von Handlungen liefert Kriterien dafür, bestimmte Handlungen gegenüber anderen zu bevorzugen. Auch wenn diese Überlegungen von einer enormen Fülle von Tier- und Human-Studien unterstützt werden, sind die zugrunde liegenden Selektionsmechanismen noch nicht gut verstanden.

Ein möglicher Ansatz ist von Rolls (1999) vorgeschlagen worden (▶ Abschn. 2.6.2). Er nimmt an, dass wir Assoziationen zwischen Umweltreizen und den damit einhergehenden Belohnungen erwerben. Wenn wir dann mit verschiedenen Reizen konfrontiert sind, berücksichtigen wir bei der Auswahl von Reaktionen auf diese Reize die dadurch zu erwartende Belohnung. Wir wählen also diejenige Reaktion aus, die sich auf den Reiz mit der höchsten zu erwartenden Belohnung bezieht. Ein anderer Vorschlag

Exkurs

Intuitives Entscheiden

Die Untersuchung von Bechara et al. (1997) befasste sich mit den **neuronalen Mechanismen intuitiver Entscheidungen**. Die Versuchspersonen spielten eine Art Kartenspiel (sog. Iowa Gambling Task), bei dem Karten willkürlich von verschiedenen Stapeln gezogen werden konnten, wobei manche Karten zu kleinen oder größeren Gewinnen führten und andere Karten zu kleinen oder größeren Verlusten. Das Ziel des Spieles bestand darin, den Gewinn zu maximieren. Während der ersten Züge führten die Karten von allen Stapeln zu Gewinnen, aber im Laufe des Spieles stellten sich die Ziehungen von bestimmten Stapeln als günstiger heraus als die Ziehungen von anderen Stapeln. Es gab also **vorteilhafte** und **unvorteilhafte Stapel**, wobei die unvorteilhaften Stapel oft mit großen Gewinnen, aber auch mit enormen Verlusten verbunden waren.

◼ Abbildung 5.5 zeigt, wie sich in dieser Aufgabe das Verhalten gesunder Versuchspersonen im Laufe der Erfahrung ändert (s. die Grafik links oben). In der ersten, noch verlustfreien Spielphase werden die Karten von allen Stapeln gleichermaßen gezogen, weil sich vorteilhafte und unvorteilhafte Stapel ja noch nicht unterscheiden. In der zweiten Phase, nach der Erfahrung einiger Verluste, ändert sich das Verhalten, und es entsteht langsam eine Präferenz für vorteilhafte Stapel. Währenddessen sind sich die Versuchspersonen jedoch noch nicht über eine derartige Präferenz im klaren (unbewusste Phase). Mit zunehmender Spielpraxis entstehen jedoch früher oder später deutliche Präferenzen für die vorteilhaften Stapel, auch wenn die Versuchspersonen dies nun noch nicht unbedingt erklären können. Die letzte Phase wurde in dieser Studie nur von ungefähr 70 Prozent der Versuchsgruppen erreicht: Diese Versuchspersonen hatten ein Konzept darüber erworben, wie und nach welchen Regeln das Spiel funktioniert. Sie hatten also verstanden, warum vorteilhafte Stapel vorteilhaft sind und warum man sie präferieren sollte.

Während die Versuchspersonen das Spiel spielten, wurde ihr Hautleitwiderstand kontinuierlich gemessen. Der Hautleitwiderstand (oft auch galvanische Hautleitreaktion genannt) gibt an, wie sehr die betreffende Person schwitzt, was wiederum ein verlässlicher Indikator für das Ausmaß der momentan erlebten Angst ist. Die Grafik unten links gibt an, wie viel Schweiß jeweils kurz vor den Entscheidungen produziert wurde, wie ängstlich die Versuchspersonen also waren. Man sieht, dass die Angst nach dem Erfahren der ersten Verluste zunimmt, dass sie aber beim Ziehen von vorteilhaften Stapeln zunehmend wieder verschwindet. Beim Ziehen von unvorteilhaften und daher risikoreichen Stapeln (große Gewinnmöglichkeiten gepaart mit enormen Verlustmöglichkeiten) bleibt die Angst jedoch bestehen.

Die beiden rechten Grafiken zeigen das Verhalten (rechts oben) und den Hautleitwiderstand (rechts unten) für eine Gruppe von Patienten mit Schädigungen im ventromedialen präfrontalen Kortex, die Bechara et al. ebenfalls untersucht haben. Das Verhalten dieser Gruppe ist nur in der ersten Spielphase mit der Kontrollgruppe vergleichbar. Die Einführung von Verlusten führt zu häufigeren Ziehungen von unvorteilhaften, risikobehafteten Stapeln, aber eine stabile Präferenz entsteht in der Patientengruppe nicht (weshalb die Daten für diese Spielphase fehlen). Die letzte, konzeptuelle Phase wird nur von ungefähr der Hälfte der Patienten erreicht, und die Einsicht, dass manche Stapel vorteilhafter sind als andere, schlägt sich nicht im Verhalten nieder. Die Patienten sind also nicht im Stande, vorteilhafte Entscheidungen zu treffen. Interessant ist der Vergleich mit den Messungen des **Hautleitwiderstandes**. In dieser Gruppe wird kaum Schweiß produziert, die Patienten scheinen also keinerlei Angst zu haben.

Zunächst einmal ist die Beobachtung, dass Patienten mit frontalen Hirnschädigungen weder vorteilhafte Entscheidungen treffen können noch ängstlich vor risikoreichen Entscheidungen sind, lediglich eine Korrelation. Bechara et al. vermuten jedoch, dass sich in dieser Korrelation eine kausale

▼

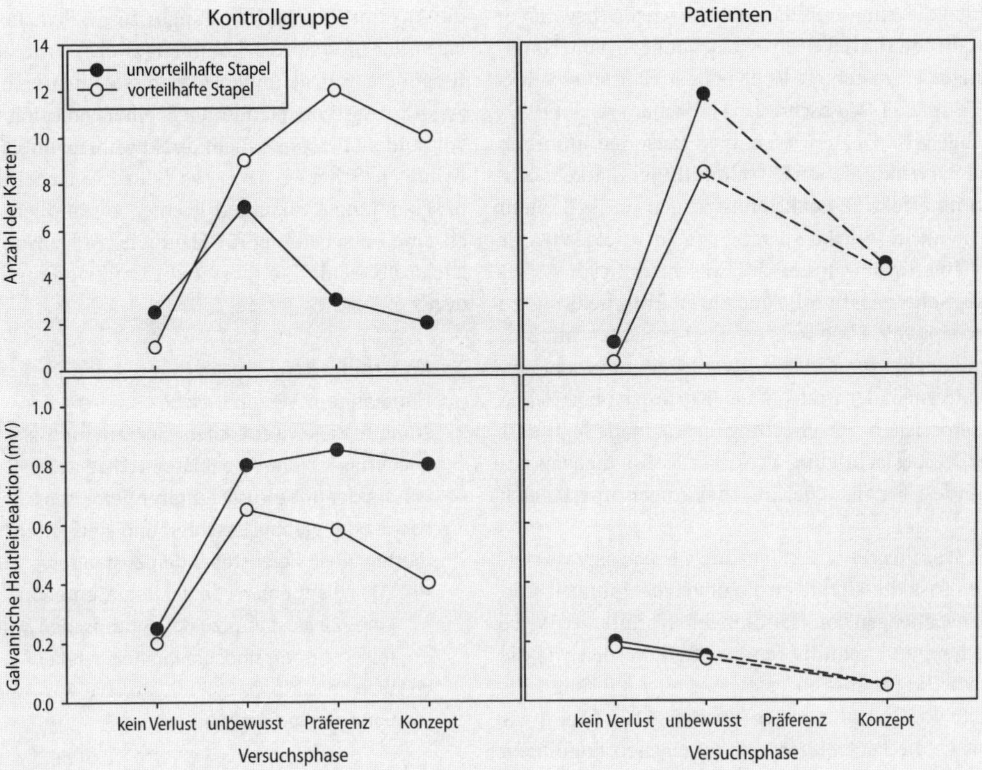

Abb. 5.5. Entscheidungsverhalten und Hautleitwiderstand bei Gesunden und Patienten mit präfrontalen Schädigungen. (Aus Bechara et al., 1997. Mit freundlicher Genehmigung der American Association for the Advancement of Science)

Beziehung ausdrückt: Risikoreiche Entscheidungen werden von den Patienten möglicherweise deshalb nicht vermieden, *weil* diese Entscheidungen keine Angst auslösen. Umgekehrt könnten gesunde Versuchspersonen risikoreiche Entscheidungen deshalb vermeiden, weil diese Entscheidungen bei ihnen mit Angst verbunden sind – sie werden durch Erfahrung buchstäblich risikoscheu. Im Sinne der **Theorie der somatischen Marker** (Damasio, 1998) (▶ Abschn. 2.6.2) könnten wir also noch während eines Entscheidungsprozesses die möglichen emotionalen Konsequenzen der betreffenden Handlungsalternativen intern simulieren und auf Basis dieser Simulation die Alternativen mit den positivsten Konsequenzen bevorzugen. Die Beobachtung, dass dieser Mechanismus bei einer Schädigung des präfrontalen Kortex nicht mehr funktioniert, passt zu den Überlegungen von Damasio (1998) und Rolls (1999), dass Teile des präfrontalen Kortex die affektive Valenz von Handlungsalternativen berechnen.

stammt von Damasio (1998). Er nimmt an, dass Repräsentationen von Handlungen mit sog. **somatischen Markern** versehen werden, d.h. Repräsentationen der mit einer Handlung assoziierten körperbezogenen Gefühle (▶ Abschn. 2.6.2). Wenn verschiedene Handlungen zur Verfügung stehen und für eine rationale Abwägung entweder keine Zeit oder nur unzureichende Informationen zur Verfügung stehen, dann wählen wir die Handlung mit dem positivsten assoziierten Gefühl. Mit anderen Worten, wir entscheiden uns für die Handlung, die sich »am besten anfühlt« (▶ Exkurs »Intuitives Entscheiden«).

Eine Reihe empirischer Beobachtungen unterstützt die Annahme, dass die erwarteten (bzw. zuvor erfahrenen) affektiven Konsequenzen von Handlungen eine wichtige Rolle bei der Handlungsselektion spielen (► Abschn. 2.6.2). Bechara et al. (1997) haben z.B. nachgewiesen, dass Personen unmittelbar vor **risikoreichen Entscheidungen** stärker **autonome affektive Reaktionen** zeigen und z.B. mehr schwitzen (► Exkurs »Intuitives Entscheiden«). Sie scheinen also während des Entscheidungsprozesses mögliche negative Folgen ihrer Entscheidung zu antizipieren. Umgekehrt neigen Patienten mit Störungen im für die Affektverarbeitung wichtigen ventromedialen präfrontalen Kortex zu übertrieben risikoreichen Entscheidungen, was nahe legt, dass die Berücksichtigung affektiver Konsequenzen zumindest für manche Entscheidungen unerlässlich ist.

Aus theoretischer Sicht könnte man sich vorstellen, dass die affektiven Begleiterscheinungen und Konsequenzen von Handlungen in ähnlicher Weise kodiert und kognitiv repräsentiert werden wie die zuvor besprochenen externen, physikalischen Effekte von Handlungen (► Abschn. 3.2.2). Wenn wir uns in die Perspektive unseres eigenen kognitiven Systems begeben, macht dies auch Sinn: Das kognitive System erfährt die Umwelt ja nicht direkt, sondern nur über die Aktivierung sensorischer Rezeptoren. Was wir als Affekt (ob Freude oder Schmerz) erleben, ist prinzipiell nichts anderes, nur dass die entscheidenden Rezeptoren auf Ereignisse innerhalb unseres Körpers reagieren. Für das kognitive System ist unser Körper aber in gewisser Weise ebenso Umwelt wie die Welt, die sich außerhalb unseres Körpers befindet. Anders gesagt, ob die Folgen einer bestimmten Handlung Rezeptoren in unserem Auge oder in unserem Magen reizen, macht prinzipiell eigentlich keinen Unterschied, denn es handelt sich stets um erlebte, sensorische Konsequenzen unserer Handlung (James, 1884).

In diesem Sinne könnte die Aussage, man habe eine Entscheidung »aus dem Bauch heraus« getroffen, nicht nur buchstäblich zutreffen, sondern sie würde auch nicht notwendigerweise auf einen abweichenden oder gar minderwertigen Entscheidungsprozess hinweisen. Allerdings sind die Kriterien dieses Entscheidungsprozesses für andere Personen logischerweise weniger zugänglich und daher ggf. weniger nachvollziehbar: Wenn Sie etwa durch die Ausführung von Handlung A zwei Kilo Schokolade oder 1000 Euro bekommen (zwei externe, auch für andere wahrnehmbare Ereignisse) und durch die Ausführung von Handlung B einen emotionalen (für andere Personen nicht direkt wahrnehmbaren) wohligen Schauer, dann wird Ihre Entscheidung für Handlung A für andere leichter verständlich sein als eine Entscheidung für Handlung B. Daher vielleicht die »schlechte Presse« für intuitive Entscheidungen.

Kontrollfragen

Handlungen sind motorische Mittel, um bestimmte Ziele zu erreichen. Ein Handlungsziel wiederum ist eine Antizipation, d.h. eine bewusst oder unbewusst repräsentierte, sensorische oder verbale Beschreibung eines intendierten, noch herzustellenden Zustandes.

- Wie gelangt man von der Repräsentation eines Zielzustands zu den motorischen Mitteln, die nötig sind, um ihn herzustellen?
- Welche Faktoren beeinflussen die Auswahl von Handlungen?

Theorien zum Erwerb von Fertigkeiten gehen oft davon aus, dass man durch lange Übung bestimmter Reiz-Reaktions-Kombinationen den Prozess der Reaktionsauswahl überspringen kann, indem man ihn dem Reiz überlässt. Tatsächlich findet man bei Frontalhirngeschädigten, dass Reize offensichtlich die mit ihnen assoziierten Reaktionen automatisch aktivieren können.

- Lässt sich auch bei gesunden Personen zeigen, dass Reize vollkommen unabhängig von der momentanen Handlungsintention Reaktionen aktivieren und sogar zur Ausführung bringen können?
- Was versteht man unter einem *intentional vorbereitetem Reflex*?

Weiterführende Literatur

Bargh, J. A. & Chartrand, T. L. (1999). The unbearable automaticity of being. *American Psychologist, 54*, 462–479.

Damasio, A. (1998). *Descartes' Irrtum: Fühlen, Denken und das menschliche Gehirn*. München: dtv.

Literatur

Ach, N. (1910). *Über den Willensakt und das Temperament.* Leipzig: Quelle & Meyer.

Anderson, J. R. (1983). *The architecture of cognition.* Cambridge, MA: Harvard University Press.

Anderson, J. (1993). *Rules of the mind.* Hillsdale, NJ: Erlbaum.

Bargh, J. A. (1989). Conditional automaticity: Varieties of automatic influence in social perception and cognition. In J. S. Uleman & J. A. Bargh (eds.), *Unintended thought* (pp. 3–51). London: Guilford Press.

Bechara, A., Damasio, H., Tranel, D. & Damasio, A. R. (1997). Deciding advantageously before knowing the advantageous strategy. *Science, 275,* 1293–1295.

Bekkering, H. & Neggers, S. F. W. (2002). Visual search is modulated by action intentions. *Psychological Science, 13,* 370–374.

Bertelson, P. (1961). Sequential redundancy and speed in a serial two-choice responding task. *Quarterly Journal of Experimental Psychology, 13,* 90–102.

Bertelson, P. (1963). S-R relationships and reaction times to new versus repeated signals in a serial task. *Journal of Experimental Psychology, 65,* 478–484.

Bertelson, P. (1965). Serial choice reaction-time as a function of response versus signal-and-response repetition. *Nature, 206,* 217–218.

Brebner, J. (1973): S-R compatibility and changes in RT with practice. *Acta Psychologica, 37,* 93–106.

Damasio, A. (1998). *Descartes' Irrtum: Fühlen, Denken und das menschliche Gehirn.* München: dtv.

Donders, F. C. (1868/1969). On the speed of mental processes (original work published 1868). *Acta Psychologica, 30,* 412–431.

Dörner, D., Kreuzig, H. W., Reither, F. & Stäudel, T. (eds.). (1983). *Lohhausen. Vom Umgang mit Unbestimmtheit und Komplexität.* Bern: Huber.

Exner, S. (1879). Physiologie der Grosshirnrinde. In L. Hermann (ed.), *Handbuch der Physiologie, vol. 2* (S. 189–350). Leipzig: Vogel.

Fagioli, S., Hommel, B. & Schubotz, R. I. (2007). Intentional control of attention: Action planning primes action-related stimulus dimensions. *Psychological Research, 71,* 22–29.

Falmagne, J. C., Cohen, S. P. & Dwivedi, A. (1975). Two-choice reactions as an ordered memory scanning process. In P. M. A. Rabbitt & S. Dornic (eds.), *Attention and performance, vol. V* (pp. 296–344). San Diego: Academic Press.

Fitts, P. M. (1954). The information capacity of the human motor system in controlling the amplitude of movement. *Journal of Experimental Psychology, 47,* 381–391.

Hick, W. E. (1952). On the rate of gain of information. *Quarterly Journal of Experimental Psychology, 4,* 11–26.

Hommel, B. (1993). The relationship between stimulus processing and response selection in the Simon task: Evidence for a temporal overlap. *Psychological Research, 55,* 280–290.

Hommel, B. (1998a). Automatic stimulus-response translation in dual-task performance. *Journal of Experimental Psychology: Human Perception and Performance, 24,* 1368–1384.

Hommel, B. (1998b). Event files: Evidence for automatic integration of stimulus-response episodes. *Visual Cognition, 5,* 183–216.

Hommel, B. (2000). The prepared reflex: Automaticity and control in stimulus-response translation. In S. Monsell & J. Driver (eds.), *Control of cognitive processes: Attention and performance, vol. XVIII* (pp. 247–273). Cambridge, MA: MIT Press.

Hyman, R. (1953). Stimulus information as a determinant of reaction time. *Journal of Experimental Psychology, 45,* 188–196.

James, W. (1884). What is an emotion? *Mind, 9,* 188–205.

Keren, G. & Wagenaar, W. A. (1985) On the psychology of playing Blackjack: Normative and descriptive considerations with implications for decision theory. *Journal of Experimental Psychology: General, 114,* 133–158.

Kirby, N. H. (1980). Sequential effects in choice reaction time. In A. T. Welford (ed.), *Reaction times* (pp 129–172). London: Academic Press.

Kornblum, S. (1973). Sequential effects in choice reaction time: A tutorial review. In S. Kornblum (ed.), *Attention and performance, vol. IV* (pp. 259–288). New York: Academic Press.

Kornblum, S., Hasbroucq, T. & Osman, A. (1990). Dimensional overlap: Cognitive basis for stimulus response compatibility: A model and taxonomy. *Psychological Review, 97,* 253–270.

Leonard, J. A. (1959). Tactual choice reaction times. *Quarterly Journal of Experimental Psychology, 11,* 76–83.

Lhermitte, F. (1983). «Utilization behaviour" and its relation to lesions of the frontal lobes. *Brain, 106,* 237–255.

Logan, G. D. & Schulkind, M. D. (2000). Parallel memory retrieval in dual-task situations: I. Semantic memory. *Journal of Experimental Psychology: Human Perception & Performance, 26,* 1072–1090.

Longstreth, L. E., el-Zahhar, N. & Alcorn, M. B. (1985). Exceptions to Hick's law: Explorations with a response duration measure. *Journal of Experimental Psychology: General, 114,* 417–434.

Merkel, J. (1885). Die Zeitlichen Verhältnisse der Wiellensthätigkeit. *Philosophische Studien, 2,* 73–127.

Meyer, D. E. & Kieras, D. E. (1997). A computational theory of executive cognitive processes and multiple-task performance: Part 1. Basic mechanisms. *Psychological Review, 104,* 3–65.

Mowbray, G. H. & Rhoades, M. U. (1959). On the reduction of choice reaction times with practice. *Quarterly Journal of Experimental Psychology, 1,* 16–23.

Niemi, P. & Näätänen, R. (1981). Foreperiod and simple reaction time. *Psychological Bulletin, 89,* 133–162.

Rasmussen, J. (1980). What can be learned from human error reports? In K. D. Duncan, M. M. Gruenberg & D. Wallis (eds.), *Changes in working life* (pp. 97–113). Chichester: Wiley.

Rhinehart, L. (1971). *Der Würfler.* Berlin: Ullstein.

Robertson, S. I. (1999). *Types of thinking.* London: Routledge.

Rolls, E. T. (1999). *The brain and emotion.* Oxford: Oxford University Press.

Seibel, R. (1963). Discrimination reaction time for a 1,023-alternative task. *Journal of Experimental Psychology, 66,* 215–226.

Simon, J. R., Craft, J. L. & Webster, J. B. (1973). Reactions toward the stimulus source: Analysis of correct responses and errors over a five-day period. *Journal of Experimental Psychology, 101,* 175–178.

Soetens, E., Boer, L. C. & Hueting, J. E. (1985). Expectancy or automatic facilitation? Separating sequential effects in two-choice reaction time. *Journal of Experimental Psychology: Human Perception and Performance, 11,* 598–616.

Sternberg, S. (1969). The discovery of processing stages: Extensions of Donders' method. *Acta Psychologica, 30,* 276–315.

Stroop, J. R. (1935). Studies of interference in serial verbal reactions. *Journal of Experimental Psychology, 18,* 643–662.

Thorndike, E. L. (1927). The law of eff ect. *American Journal of Psychology, 39,* 212–222.

Valle-Inclán, F. & Redondo, M. (1998). On the automaticity of ipsilateral response activation in the Simon effect. *Psychophysiology, 35,* 366–371.

Vervaeck, K. R. & Boer, L. C. (1980). Sequential effects in two-choice reaction time: Subjective expectancy and automatic aftereffect at short response-stimulus intervals. *Acta Psychologica, 44,* 175–190.

Woodworth, R. S. (1899). The accuracy of voluntary movement. *Psychological Review; Monograph Supplements, 3,* 1–114.

6 Planung einer Handlung

Lernziele
- Woher wissen wir, dass Handlungen im Vorhinein geplant werden?
- Woraus bestehen Handlungspläne? Welches sind ihre Elemente?
- Werden alle Aspekte von Handlungen im Voraus geplant?
- Wie werden die Elemente eines Handlungsplans zusammengefügt?

Ja, mach nur einen Plan
Sei nur ein großes Licht!
Und mach dann noch 'nen zweiten Plan
Geh'n tun sie beide nicht.
Denn für dieses Leben
Ist der Mensch nicht schlecht genug.
Doch sein höh'res Streben
Ist ein schöner Zug.
(Berthold Brecht, Dreigroschenoper)

Diese skeptische Perspektive von Berthold Brecht mit Bezug auf den Nutzen und Wert von Handlungsplänen mag für einige Bereiche des Lebens zutreffend sein, aber viele alltägliche Handlungen wären ohne Handlungspläne nicht möglich. Wie ein Leben ohne Handlungspläne aussehen könnte, lässt sich angesichts der Produkte automatischer Systeme zur Spracherzeugung erahnen. Haben Sie auch schon mal einen Computer gehört, der in der Straßenbahn die nächste Haltestelle ansagt oder einen Text vorliest? Wie monoton das klingt und wie abgehackt die einzelnen Sprachelemente aneinandergereiht werden? So ungefähr würden wir selbst klingen, wenn unser kognitiv-motorisches Sprachsystem nicht schon vor der Aussprache ganze Gruppen von Lauten zu Wörtern oder Sätzen integrieren und aufeinander abstimmen würde. Aber auch viele sportliche Leistungen, die oft auf der extrem schnellen Abfolge einzelner Bewegungselemente beruhen, wären ohne die vorherige Planung und Integration dieser Elemente in einen zusammenhängenden Bewegungsfluss unmöglich. Keine Bange also: Mach nur einen Plan!

Kognitive Prozessmodelle der menschlichen Informationsverarbeitung sind traditionell ziemlich unkonkret in Bezug auf die Planung und Ausführung von Handlungen. Die eigentliche kognitive Arbeit endet, so scheint es oft, mit der Auswahl einer Handlung, der Rest ist mehr oder weniger »Physiologie«. Bislang sind wir ähnlich unkonkret geblieben. Wir haben gesagt, dass Handlungen durch Kodes ihrer sensorischen Effekte repräsentiert sind und dass diese Kodes mit motorischen Mustern assoziiert sind, die diese Effekte realisieren. Wie aber sehen diese motorischen Muster aus? Wie werden sie eingesetzt, um Handlungen zu steuern? Dieser Frage widmet sich das vorliegende Kapitel.

6.1 Funktion von Handlungsplänen

Handlungsleitende motorische Strukturen werden nach einem Vorschlag von Keele (1968) häufig als **motorische Programme** bezeichnet. Der ursprünglichen Definition von Keele (1968, S. 387) zufolge ist ein motorisches Programm »a set of muscle commands that are structured before a movement sequence begins, and that allows the entire sequence to be carried out uninfluenced by peripheral feedback«. Terminus und Beschreibung entstammen deutlich den 60er Jahren, denen die Kognitionspsychologie eine Vielzahl computerorientierter Metaphern verdankt. Wie bei einem Computerprogramm ist hier die Idee, dass die einzelnen Schritte einer Handlung oder Handlungssequenz (► Kap. 7) zusammengestellt, ggf. bearbeitet und schließlich zu einem Programm kompiliert werden. Dieses Programm kann abgespeichert und im Bedarfsfall aufgerufen und gestartet werden, worauf es dann bis zum Ende durchläuft. Bevor wir überlegen, ob diese Metaphorik menschliches Handeln hinreichend genau charakterisiert, lassen Sie uns zunächst einmal die **Gründe** diskutieren, die Keele und andere Autoren veranlasst haben, von der Existenz motorischer Programme auszugehen.

6.1.1 Unabhängigkeit von sensorischer Rückmeldung

Keele (1968) legt sich eindeutig fest, dass der Ablauf einer programmierten Handlung **nicht durch sensorische Rückmeldungen beeinflusst** wird. Dies setzt zunächst einmal voraus, dass Handlungen ohne Feedback überhaupt ausgeführt werden können. Tatsächlich berichtete bereits Lashley (1917) von einem Kriegsverletzten, der trotz völligen Verlustes kinästhetischer Rückmeldung in der Lage war, sein Bein zielgerichtet und in verschiedenen Geschwindigkeiten zu bewegen, auch mit geschlossenen Augen. Die Kontrolle dieser Handlungen war also offenbar unabhängig von der Verfügbarkeit externer Information und musste daher von einer internen Kontrollstruktur organisiert worden sein. Auch andere, durch Unfälle oder Krankheiten deafferenzierte Patienten, die über keinerlei propriozeptive Information zur Lage und Stellung ihres Körpers und seiner Gliedmaßen verfügen, können relativ anspruchsvolle Handlungen ausführen wie z.B. das Malen von Figuren (Rothwell et al., 1982) oder zeitliches Synchronisieren eigener Fingerbewegungen mit einer vorgegebenen Reizsequenz (Bard et al., 1992). Auch experimentell deafferenzierte Affen können ohne kinästhetisches und visuelles Feedback greifen, laufen, springen und klettern (Taub u. Berman, 1968). Bereits erworbene Handlungen benötigen also nicht unbedingt sensorische Rückmeldung für ihre Ausführung, sondern können vollständig endogen (allein auf der Basis einer internen Kontrollstruktur) gesteuert werden. Das bedeutet nicht unbedingt, dass Handelnde unter allen Umständen auf sensorische Rückmeldung verzichten (s.u.). Dass dem nicht so ist und dass es auch unklug wäre, kann man schon daran erkennen, dass viele Handlungen ohne sensorisches Feedback viel schwieriger und oft ungenauer sind. Denken Sie beispielsweise an eine Skiabfahrt mit geschlossenen Augen. Auch der Erwerb neuer Handlungen ist ohne Information über ihren Erfolg kaum möglich (Thorndike, 1927).

Studie

Rolle visueller Information bei der Steuerung manueller Bewegungen

Die wahrscheinlich erste empirische Untersuchung der Rolle visueller Information für die Kontrolle manueller Bewegungen wurde von Woodworth im Jahre 1899 berichtet. Seine Versuchspersonen kopierten mithilfe eines Bleistiftes Striche einer vorgegebenen Länge, und zwar entweder mit offenen Augen (sodass die Vorgabe sichtbar war) oder mit geschlossenen Augen. Das abhängige Maß war die Genauigkeit, mit der die Vorgabe kopiert wurde, d.h. die Differenz zwischen der Vorgabe und der tatsächlich produzierten Linie. Außer der Länge der zu produzierenden Linien manipulierte Woodworth auch die Schnelligkeit der Bewegung. Dazu verwendete er ein Metronom, das den Takt vorgab, in dem die Bewegungen ausgeführt werden sollten (eine Bewegung pro Takt).

In ◘ Abb. 6.1 sehen Sie die Ergebnisse für eine der vier untersuchten Versuchspersonen, die alle vergleichbare Leistungen zeigten. Es wird deutlich, dass die Leistungen mit offenen Augen besser waren als mit geschlossenen Augen. Die Versuchsperson war also durchaus in der Lage, die geforderte Bewegung ohne visuelle Rückmeldung auszuführen, aber mit Rückmeldung wurde die Bewegung genauer. Allerdings war dies nur dann der Fall, wenn die Bewegungen langsam ausgeführt wurden. Mit zunehmender Geschwindigkeit verschwand der mit der visu-

▼

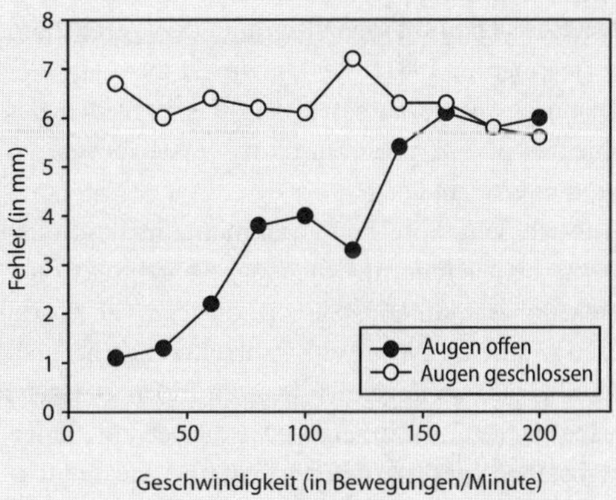

◘ **Abb. 6.1.** Fehler bei der Reproduktion von Bewegungen

ellen Rückmeldung verbundene Vorteil, und bei sehr schnellen Bewegungen machte es keinen Unterschied mehr, ob die Augen offen oder geschlossen waren.

Warum das so ist, wird verständlich, wenn wir uns die zeitlichen Zusammenhänge verdeutlichen. Wenn pro Minute 200 Bewegungen ausgeführt werden müssen, dann stehen für jede einzelne Bewegung nicht mehr als 300 ms zur Verfügung. Um von der Retina zu den wichtigen kortikalen Schaltzentren zu gelangen, braucht visuelle Information ungefähr 100–140 ms, und um eine Bewegung motorisch zu realisieren, sind ungefähr 80 ms erforderlich. Bei sehr schnellen Bewegungen gibt es also praktisch keine Möglichkeit mehr, visuelle Information über die Bewegung selbst aufzunehmen und die Bewegung auf Basis dieser Information noch zu verändern. Je langsamer die Bewegung jedoch ist, desto mehr Zeit und Gelegenheit steht zur Verfügung, um noch Korrekturen vorzunehmen und dadurch die Genauigkeit der Bewegung zu erhöhen.

6.1.2 Antizipation späterer Handlungselemente

Motorische Programme im Sinne von Keele (1968) enthalten vollständige Handlungen, gehen also davon aus, dass eine Handlung tatsächlich vollständig im Voraus programmiert, und nicht etwa Schritt für Schritt entwickelt wird. Unterstützung erhält diese Überlegung durch Beobachtungen sog. **Antizipationseffekte**. Bei verschiedensten Handlungen zeigen sich nämlich oft noch vor der Beendigung eines Handlungsschrittes Anzeichen des nächsten Handlungsschrittes (▶ Kap. 7). Ein alltägliches Beispiel für einen derartigen Antizipationseffekt stellt das **zielgerichtete Greifen** dar. Wenn man den Verlauf von Greifbewegungen detailliert aufzeichnet, dann zeigt sich, dass sich der zu ergreifende Gegenstand schon vor dem Kontakt in der Handbewegung »widerspiegelt«. Schon bevor die Hand das Objekt erreicht, öffnet sie sich umso mehr, je größer der Gegenstand ist (Jeannerod, 1981). Sie antizipiert also den Gegenstand, was voraussetzt, dass das Ergreifen des Objektes bereits programmiert wurde, bevor die Hand es erreicht hat.

Auch beim Sprechen kann man Antizipationseffekte beobachten, u.a. bei sog. **Koartikulationseffekten**. Artikulieren Sie z.B. den Satz »Hast du einen Moment Zeit?«. Sehr wahrscheinlich hat sich das ungefähr so angehört: [haspm mo'men 'tsaet]. Beachten Sie nun einmal, wie Sie die verschiedenen Buchstaben ausgesprochen haben und wie die Aussprache dabei vom Kontext abhängt. In unserem Beispielsatz kommt der Buchstabe »t« dreimal vor, und zwar jeweils am Ende eines Wortes. Dennoch haben Sie ihn wahrscheinlich in allen drei Fällen verschieden ausgesprochen, was den vokalen Übergang zwischen den verschiedenen Lauten erleichtert hat. Ihre Lautproduktion hat also die momentan zu bearbeitenden Elemente Ihrer Sprechhandlung an die darauf folgenden Elemente angepasst, und damit künftige Handlungsschritte vorweggenommen.

Ganz ähnliche Effekte treten auch bei der **Planung von manuellen Handlungen** auf. In der Untersuchung von Rosenbaum et al. (1990) ergriffen Probanden z.B. einen waagerecht aufgehängten Stab, um ihn dann senkrecht mit dem linken oder rechten Ende nach unten auf eine Fläche links oder rechts vom Startpunkt zu stellen. Spontan ergriffen die Probanden den Stab dabei in einer Weise, die eine möglichst bequeme Handhaltung am Ende der Handlung erlaubte, auch wenn damit eine relativ unbequeme Anfangshaltung verbunden war. Sie haben also die Endposition bereits bei der Planung der ersten Bewegungselemente berücksichtigt.

Evidenz für die Antizipation späterer Elemente eines Handlungsplans findet sich auch in der Analyse von **Handlungsfehlern** (▶ Abschn. 9.1). Vor allem die nach dem englischen Philosophieprofessor William Archibald Spooner benannten **Spoonerismen** bieten gute Beispiele. Es handelt sich dabei um Lautvertauschungen wie dem überlieferten Ausdruck »the queer old dean« (»der wunderliche alte Dekan«) anstelle von »the dear old queen« (»die liebe alte Königin«). Fehler dieser Art (eine Fülle deutschsprachige Beispiele findet sich in der Einleitung zu Kap. 7) lassen sich durch bestimmte Priming-Techniken auch im Labor induzieren, was ihr systematisches Studium erlaubt (z.B. Motley et al.,

1982). Auch beim Maschinenschreiben treten vergleichbare Fehler auf (Rumelhart u. Norman, 1982), z.B. die häufige »korrekte« Verdopplung des falschen Buchstabens (z.B. »Klaase« statt »Klasse«). Solche Fehler sind nur möglich, wenn sich die Handlungsplanung **über den momentanen Zeitpunkt hinweg erstreckt**, wenn also Handlungspläne auch zukünftige Handlungselemente bereits enthalten.

6.1.3 Komplexitätseffekte

Die Annahme motorischer Programme impliziert, dass alle Aspekte und Schritte einer Handlung **im Voraus geplant** werden. Wenn man unterstellt, dass jede Teilplanung Zeit kostet, dann sollte die Planung einer komplexen Handlung **länger dauern** als die Planung einer einfachen Handlung. Um dies zu untersuchen, baten Henry u. Rogers (1960) ihre Versuchspersonen, Handlungen unterschiedlicher Länge und mit einer unterschiedlichen Anzahl von Teilschritten auszuführen, und maßen die Reaktionszeit von der Präsentation des Startsignals bis zum Bewegungsbeginn. Tatsächlich war die Reaktionszeit um so länger, je mehr Teilschritte die Handlung enthielt, obwohl die Handlung bereits vor dem Startsignal vollständig bekannt war. Henry und Rogers erklärten diese Beobachtung damit, dass bei der Handlungsplanung Instruktionen bzgl. der einzelnen Handlungsschritte in einen motorischen Speicher (»memory drum«) transferiert werden, sodass die Planungsdauer mit der Anzahl transferierter Instruktionen ansteigt. Die Ergebnisse von Henry und Rogers konnten in späteren, besser kontrollierten Untersuchungen vielfach bestätigt werden. So steigt die Reaktionszeit mit der Dauer und der Weite von Handbewegungen (z.B. Klapp, 1975), der Anzahl der Silben einer vokalen Reaktion und der Anzahl der Anschläge bei sprachlichen Reaktionen mit einer Tastatur (z.B. Sternberg et al., 1978).

6.2 Struktur von Handlungsplänen

Zahlreiche Beobachtungen und Befunde unterstützen die Annahme von Keele (1968), dass Handlungen im Vorhinein umfassend geplant und auf Basis des erstellten Handlungsplans ausgeführt werden. Dennoch hat das Konzept des motorischen Programms viel Kritik ausgelöst, v.a. die Definition solcher Programme als **muskelspezifische Repräsentationen**. Nehmen wir z.B. eine einfache Handbewegung, die Sie zu einem vor Ihnen stehenden Glas Wasser ausführen. Zahlreiche Muskeln sind an dieser Bewegung beteiligt, und jede minimale Änderung der Bewegungsbahn und Geschwindigkeit impliziert eine ganze Reihe von Veränderungen in den für die Steuerung der beteiligten Muskeln verantwortlichen Parametern. Woher hat das motorische System all die Information, um diese Parameter zu spezifizieren? Der Begriff des motorischen Programms legt nahe, dass für jede mögliche bzw. bislang schon einmal ausgeführte Bewegungsbahn ein separates Programm abgespeichert wurde. Wo aber sind alle diese Programme gespeichert worden? Wo steht so viel Speicherplatz zur Verfügung? Außerdem wäre die Kontrolle von Handlungen auf der Basis vollständig programmierter Bewegungen außerordentlich unflexibel und anfällig gegenüber jeder Veränderung während der Handlung oder kurz vor ihrem Beginn.

6.2.1 Online-Kontrolle und Offline-Kontrolle

Es lässt sich empirisch zeigen, dass motorische Programme bzw. Handlungspläne nicht alle Aspekte einer Handlung spezifizieren. Beeindruckende Beispiele dafür stellen sog. **Double-Step-Experimente** dar, wie sie z.B. Prablanc u. Pélisson (1990) durchgeführt haben. Die Forscher baten Probanden, Handbewegungen von einer Startposition zu einer durch ein Licht angezeigten Zielposition in 30, 40 oder 50 cm Entfernung auszuführen. Während der Vorbereitung der Handlung waren Hand und Ziel zu sehen, sobald die Bewegung jedoch begann, war den Probanden die Sicht auf die Hand verwehrt. In einigen Durchgängen wurde das Bewegungsziel während der Bewegung verändert, indem das Licht von 30 auf 32 cm, von 40 auf 44 cm oder von 50 auf 54 cm Entfernung vom Startort verschoben wurde. Diese Verschiebung fand stets während einer Augenbewegung der Versuchsperson statt, sodass sie die Veränderung des Zieles nicht bewusst wahrnehmen konnte.

Wenn zielgerichtete Handbewegungen vollständig durch motorische Programme gesteuert werden würden, dann sollte man unter diesen Versuchsbedingungen eigentlich erwarten, dass die Hand erst zum ursprünglichen Ziel geht und erst dann, in einem zweiten Schritt, zum neuen Ziel bewegt wird. Das war jedoch nicht der Fall. Vielmehr ging die Hand ohne jede Verzögerung **direkt zum neuen Ziel**, ohne dass die Versuchspersonen irgendeinen Unterschied gemerkt hätten. Wie ist das möglich?

Offenbar werden Handlungen vorprogrammiert, aber die Programmierung beschränkt sich auf die wesentlichen, vorhersagbaren Aspekte einer Handlung und legt die entsprechenden Bewegungen nur ungefähr fest. Die nähere Ausgestaltung der Bewegungsdetails und die Anpassung der Handlung an die gegenwärtige Situation wird dagegen untergeordneten sensomotorischen Schleifen überlassen (Heuer, 1981). Die eigentliche Programmierung einer Handlung ist diesen Überlegungen zufolge **weder vollständig noch muskelspezifisch**, sondern legt nur diejenigen Handlungsparameter fest, die für die Erreichung der intendierten Handlung kritisch sind. Die weitere Spezifikation der erforderlichen Bewegung obliegt hingegen der **Umwelt**.

Diese **Zweiteilung der Kontrolle** in einen antizipationsgesteuerten Mechanismus der Handlungsplanung und eine reiznahe sensomotorische Schleife ist in letzter Zeit zunehmend mit der anatomischen Unterscheidung zwischen einem ventralen Pfad und einem dorsalen Pfad der Verarbeitung visueller Reize in Verbindung gebracht worden (▶ Abschn. 4.1.2). Milner u. Goodale (1995) nehmen an, dass Reize entlang des ventralen Pfades vornehmlich für die bewusste Wahrnehmung verarbeitet werden, während der dorsale Pfad der unbewussten Online-Kontrolle manueller Handlungen dient. Milner und Goodale zufolge werden die schnellen Anpassungen der Handbewegungen in Double-step-Experimenten durch den dorsalen Pfad geleistet, der auf die Verarbeitung von handlungsrelevanten Reizmerkmalen spezialisiert ist. Glover (2004) hat eine andere Interpretation der Funktionen der zwei Verarbeitungspfade vorgeschlagen. Er nimmt an, dass der ventrale Pfad vornehmlich der Planung von Handlungen dient (also gewissermaßen »offline« und im Voraus operiert), während der dorsale Pfad aktuell (d.h. »online«) die noch fehlende, im Handlungsplan noch nicht festgelegte Information aktuell ergänzt (Hommel et al., 2001) (▶ Abschn. 4.2.1).

Die Unterscheidung in einen **vorbereitenden** und einen **aktuell ergänzenden Mechanismus** der Handlungskontrolle kann eine ganze Reihe von Beobachtungen erklären. So werden z.B. sakkadische Augenbewegungen oft in zwei Schritten ausgeführt; im ersten Schritt wird das Auge in die Nähe des Zieles gebracht, gefolgt von einer Korrektursakkade, die die Fovea centralis (die Stelle schärfsten Sehens auf der Retina) im zweiten Schritt exakt auf das Ziel ausrichtet. Wenn das Zielobjekt bei Beginn der Bewegung verschwindet, bleibt die Korrektursakkade aus (Prablanc u. Jeannerod, 1975), was belegt, dass sie nicht vorprogrammiert wird. Offenbar ist die Funktion des die Bewegung vorbereitenden Programms also darauf gerichtet, das Auge in die richtige Richtung, d.h. zum Zielobjekt zu schicken und diesem dann die restliche Feinplanung der Bewegung zu überlassen. Auch schnelle Zeige- und Greifbewegungen bestehen aus einer vorprogrammierten, ballistischen **Transportphase**, deren Verlauf weitgehend unabhängig von der Verfügbarkeit visueller und propriozeptiver Information ist, und einer Annäherungs- bzw. **Manipulationsphase**, die von der Verfügbarkeit und Qualität visueller oder propriozeptiver Information abhängt (Jeannerod, 1984).

6.2.2 Parameter und Merkmale

Handlungsprogramme sind also keineswegs so komplett wie die ursprüngliche Definition von Keele (1968) nahe legt, was eine ganze Reihe von Vorteilen hat: Ein Teil der Steuerung kann der Umwelt überlassen werden, wodurch Handlungen flexibler werden und leichter zu planen sind. Zudem helfen unvollständige Handlungsprogramme zwei Probleme zu lösen, auf die Schmidt (1975) hingewiesen hat: das Speicherproblem und das Neuigkeitsproblem. Das **Speicherproblem** wäre tatsächlich immens, wenn jede einzelne Kombination von Bewegungseigenschaften ein separates Programm erfordern würde. Angesichts der enormen Flexibilität menschlichen Verhaltens wäre die Anzahl von Programmen unvorstellbar groß und der Abruf eines einzelnen Programms beliebig kompliziert. Alternativ könnte man annehmen, dass Programme gar nicht abgespeichert werden, aber dann müsste man sich fragen, auf welche Weise wir motorisch lernen können. Mit dieser Frage hängt auch das **Neuigkeitsproblem** zusammen, das sich mit folgenden Fragen befasst: Woher nehmen wir die Information für die Programmierung neuer Bewegungen? Wie passen wir bereits erworbene Programme an neue Umweltbedingungen an?

Zur Lösung beider Probleme schlug Schmidt (1975) vor, die Idee muskelspezifischer motorischer Programme durch das Konzept eines kognitiven »**Schemas**« zu ersetzen. Ein Schema enthält lediglich die unveränderlichen Merkmale einer Klasse von Bewegungen (z.B. manueller Wurfbewegungen), kann aber durch Parameter an die jeweilige Situation angepasst werden. Der erste Schritt der Programmierung einer Handlung besteht dementsprechend in der Aktivierung des relevanten Schemas, der zweite in der Bestimmung der veränderlichen Merkmale. Auf diese Weise könnte z.B. das Schreiben des Buchstabens »A« in verschiedenen Größen, auf verschiedenen Oberflächen und mit verschiedenen Effektoren durch ein und dasselbe Schema gesteuert werden: Das Schema spezifiziert das invariante Bewegungsmuster, während die angestrebte Größe, die für die gegebene Oberfläche angemessene Kraft und der Effektor als Parameter eingesetzt werden.

◘ Abbildung 6.2 zeigt ein typisches Befundmuster, dass sich im Rahmen einer Schematheorie erklären lässt. Zu sehen sind die beim Schreiben des lateinischen Buchstabens »a« entstehenden **Geschwindigkeitsprofile** (Viviani u. Terzuolo, 1980). Einerseits variieren die Profile erheblich hinsichtlich der absoluten Bewegungsdauer, die sich durch die unterschiedlichen Größen der geschriebenen Buchstaben ergeben. Andererseits sind die Verhältnisse zwischen den Dauern der Teilbewegungen außerordentlich konstant. Im Sinne von Schmidt (1975) liegt daher die Annahme nahe, dass die Kontrolle der Bewegungsrelationen durch ein motorisches Schema erfolgt, das durch die Spezifikation verschiedener Parameter an die jeweils erforderliche Größe der Buchstaben angepasst wird.

Im nächsten Kapitel kommen wir noch einmal darauf zurück, wie derartige Abfolgen von Bewegungen programmiert werden. Die Überlegungen

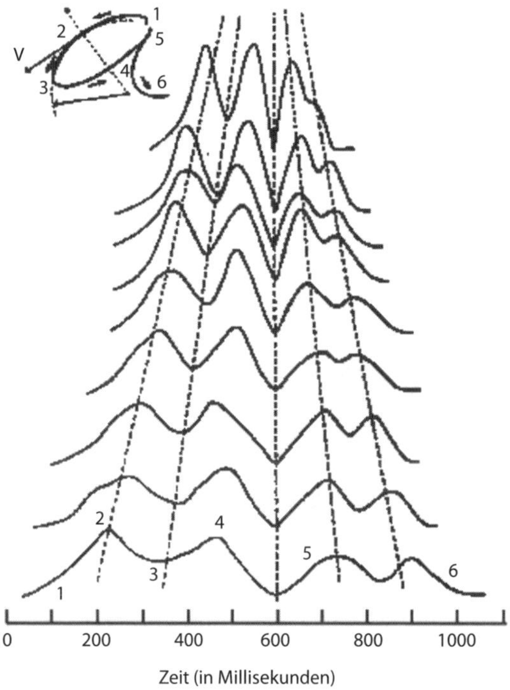

◘ **Abb. 6.2.** Geschwindigkeitsprofile beim Schreiben des Buchstabens »a«. (Aus Viviani & Terzuolo 1980)

von Schmidt machen aber bereits deutlich, aus welchen Einheiten sich Programme oder Handlungspläne zusammensetzen: Sie bestehen aus **Repräsentationen von Bewegungsmerkmalen**, ob diese nun Teil eines verfügbaren Schemas sind oder aktuell zur Ergänzung eines Schemas benötigt werden. Diese Annahme ist neurowissenschaftlich plausibel (▶ Abschn. 2.1) und wird auch von anderen theoretischen Ansätzen geteilt wie z.B. Kornblums Modell der Merkmalsüberlappung (▶ Abschn. 4.2.1) und der Theorie der Ereigniskodierung (▶ Abschn. 4.3.1).

6.3 Programmierung einer Handlung

Handlungen sind also durch Kodes ihrer (wahrgenommenen) Merkmale repräsentiert, sodass die Programmierung einer Handlung aus der Spezifikation ihrer wesentlichen Merkmale und der Aktivierung der entsprechenden Merkmalskodes besteht. Erste Einsichten in den **Prozess der Programmie-**

rung gab die Studie von Rosenbaum (1980), in der Versuchspersonen Zeigebewegungen von zentral angeordneten Starttasten zu räumlich angeordneten Zielen ausführten. Vor dem eigentlichen Startsignal, das die erforderliche Reaktion anzeigte, wurde ein Vorbereitungssignal (»movement precue«) angeboten. Dieses Vorbereitungssignal variierte hinsichtlich seiner Informativität und zeigte keines, eines oder mehrere Merkmale der auszuführenden Bewegung im Voraus an wie z.B. den Arm mit der die Bewegung auszuführen war (linker oder rechter Arm), ihre Richtung (vorwärts oder rückwärts) oder die Weite (kurz oder lang).

Wenn Handlungen durch ihre Merkmale repräsentiert sind und die Programmierung in der Spezifikation dieser Merkmale besteht, dann sollten Versuchspersonen in der Lage sein, das Vorbereitungssignal zur teilweisen Vorbereitung der Handlung zu benutzen. Wenn schließlich das Startsignal erscheint, müssten die bereits vorbereiteten Merkmale nicht mehr spezifiziert werden, was die Reaktionszeit entsprechend verkürzen sollte. Tatsächlich zeigen die Ergebnisse von Rosenbaum, dass die Reaktionszeit mit der Anzahl der durch das Vorbereitungssignal angezeigten Merkmale abnimmt. Es ergaben sich keine systematischen Hinweise auf Abhängigkeiten zwischen den vorbereiteten Merkmalen, d.h. Information über jedes einzelne Merkmal förderte die Vorbereitung unabhängig davon, welche anderen Merkmale noch festzulegen waren. Handlungsmerkmale müssen also **nicht in einer bestimmten Reihenfolge programmiert** werden.

Rosenbaums Befunde stimmen zwar mit der Annahme überein, dass Handlungen Merkmal für Merkmal programmiert werden können, sie sind aber **nicht eindeutig zu interpretieren.** Es wäre z.B. denkbar, dass die Versuchspersonen alle acht möglichen Bewegungen als separate Reaktionen repräsentiert haben. Mithilfe der Vorinformation wären sie dann in der Lage gewesen, die Anzahl der möglichen Reaktionen zu reduzieren. Wenn das Vorbereitungssignal z.B. angibt, dass eine Vorwärtsbewegung mit dem rechten Arm auszuführen sein wird, dann reduziert dies die Anzahl der möglichen Reaktionen von acht auf zwei. Da die Reaktionszeit nach dem Hick-Hymanschen Gesetz mit der Anzahl der Reaktionsalternativen korreliert (Hick, 1952; Hyman, 1953) (▶ Abschn. 5.2.1), könnte dies die beobachteten Reaktionszeitgewinne durch Vorinformation durchaus erklären (Goodman u. Kelso, 1980). Zur Lösung dieses Interpretationsproblems sind **zwei Variationen** von Rosenbaums Technik vorgeschlagen und erfolgreich angewendet worden, deren wesentlicher Unterschied in der Validität der gegebenen Vorinformation besteht.

6.3.1 Handlungsvorbereitung mit konstanter Anzahl von Handlungsalternativen

Die eine Variation der Rosenbaumschen Aufgabe umfasst die Präsentation eines Vorbereitungssignals, das die Anzahl der möglichen Reaktionen verringert. Das Ausmaß dieser Reduktion wird jedoch **konstant** gehalten, ist also in allen Bedingungen gleich, während die Merkmale **variieren**, auf die sich die Vorinformation bezieht (Heuer, 1982). Zelaznik u. Hahn (1985) verwendeten z.B. eine Aufgabe mit acht Reaktionsalternativen, die sich durch die Kombination von Bewegungsdauer, Hand und Finger ergaben: ein kurzer oder langer Tastendruck mit dem Daumen oder Zeigefinger der linken oder rechten Hand. Das Vorbereitungssignal gab an, welche zwei der acht Reaktionsalternativen in dem betreffenden Durchgang möglich waren. Die Beziehung zwischen den verbleibenden Alternativen bestimmte darüber, ob eine bzw. welche Handlungsdimension vorbereitet werden konnte: die Kombination »links« – »Zeigefinger« – »kurz« und »links« – »Zeigefinger« – »lang« gestattete z.B. die Vorbereitung der Hand und des Fingers, nicht aber der Dauer, während die Kombination »links« – »Zeigefinger« – »kurz« und »rechts« – »Daumen« – »lang« die Vorbereitung keines der Handlungsparameter gestattete. Unter diesen Bedingungen fanden sich nur sehr geringe oder gar keine Effekte der Anzahl der bereits bekannten Handlungsparameter.

Eine mögliche **Erklärung** für die geringen Effekte könnte darin bestehen, dass Zelaznik und Hahn eine äußerst künstliche Aufgabe verwendet haben und dass Handlungen nicht notwendigerweise durch unterschiedliche Hand- und Fingermerkmale spezifiziert werden. Gegen diese Erklärungen sprechen die Beobachtungen von Lépine et al. (1989), die auch bei der Verwendung von großräumigeren Bewegungen nur marginale Effekte der Parameterzahl fanden. Allerdings könnte man sich vorstellen, dass Versuchspersonen bei einer kleinen Zahl von Reaktionsalternativen in der Lage sind, Parameterwerte kurzfristig miteinander zu verknüpfen (z.B. wenn »rechts«, dann »weit«, wenn »links«, dann »nah«), sodass die Zahl noch nicht spezifizierter Parameter keine wesentliche Rolle mehr spielt (Lépine et al., 1989). Mit anderen Worten, bei nur wenigen verbleibenden Alternativen kann man u.U. mehr als eine Reaktion zugleich vorbereiten.

Die Ergebnisse von Studien zur teilweisen Vorbereitung von Handlungen sind noch unsystematisch und haben bislang noch nicht zu einem einheitlichen Programmierungsmodell geführt. Als gesichert gilt jedoch, dass die Vorinformation über die Merkmale einer Handlung zumindest unter manchen (noch näher zu spezifizierenden Umständen) die **Vorbereitung von Handlungsparametern** erlaubt und dass die Programmierung von Merkmalen offenbar **nicht in einer bestimmten Reihenfolge** erfolgen muss.

6.3.2 Motorisches Priming

Eine zweite Variante von Rosenbaums (1980) Technik ist die von Rosenbaum u. Kornblum (1982) entwickelte **Methode des motorischen Primings**. Lépine et al. (1989) haben diese Methode mit der ursprünglichen Aufgabe von Rosenbaum (1980) kombiniert. Wieder sollte eine Bewegung mit der linken oder rechten Hand in verschiedene Richtungen und mit verschiedenen Weiten ausgeführt werden, und wieder informierte ein Vorbereitungssignal über kein, ein, zwei oder alle drei Merkmale der Handlung. Der innovative Aspekt bestand darin, dass das Vorbereitungssignal die tatsächliche Handlung nur mit einer gewissen, wenn auch hohen Wahrscheinlichkeit anzeigte (65%). Wieder verringerte ein valider Hinweis die Reaktionszeit, d.h. die Versuchspersonen waren schneller, wenn der Hinweisreiz die Merkmale der Handlung korrekt vorhersagte. Von größerem Interesse waren in dieser Aufgabenvariante jedoch die Bedingungen mit invaliden Hinweisreizen. In diesen Bedingungen waren die Reaktionszeiten um so länger, je mehr Merkmale vom Vorbereitungssignal inkorrekt angegeben wurden. Es ist zu vermuten, dass die betreffenden Merkmale **umprogrammiert** werden mussten, sodass die Reaktionszeitkosten den Aufwand der (Um-)Programmierung des jeweiligen Merkmals anzeigt. Besonders auffällig war dabei, dass die Umprogrammierung der Bewegungsweite relativ **wenig Aufwand** zu erfordern schien.

6.3.3 Konstante und variable Parameter

Wovon könnte der Zeitbedarf für die Programmierung eines Merkmals abhängen? Denkbar wäre, dass die Aktivierung der entsprechenden Zellverbände unterschiedlich aufwändig ist, z.B. weil an der Spezifizierung mancher Merkmale mehr Neuronen beteiligt sind. Eine ähnliche Erklärungsmöglichkeit ergibt sich aus der Schematheorie von Schmidt (1975) (▶ Abschn. 6.2). Sie geht davon aus, dass die Programmierung einer Handlung in der Reaktivierung eines Schemas (d.h. eines generalisierten motorischen Programms) und dessen anschließender Parametrisierung besteht. In dem Schema sind dabei die invarianten, häufig wiederkehrenden Merkmale der betreffenden Handlung enthalten, während sich die offenen Parameter auf variable, situationsbedingte Merkmale beziehen. Wenn man davon ausgeht, dass die Aktivierung eines Handlungsschemas aufwändiger ist (d.h. mehr Zeit erfordert) als die Anpassung eines Parameters, liegt die Vermutung nahe, dass die (Re-)Programmierung invarianter Handlungsmerkmale **größere Reaktionszeitkosten** verursacht als die (Re-)Programmierung variabler Handlungsmerkmale.

Ausgehend von dieser Überlegung ließen Quinn u. Sherwood (1983) Versuchspersonen Hebelbewegungen von 400 ms Dauer ausführen. Bei oder kurz nach Bewegungsbeginn erschien in einigen Fällen ein Signal, das entweder zu einer Erhöhung der Bewegungsgeschwindigkeit oder zu einer Umkehr der Bewegungsrichtung aufforderte. Die Versuchspersonen waren bei beiden Signalen in der Lage, ihre Bewegung entsprechend zu modifizieren, die Anpassung der Bewegungsrichtung erfolgte jedoch erheblich später (war also offenbar aufwändiger) als die der Geschwindigkeit. Im Einklang mit dem Schemaansatz argumentieren die Autoren, dass die

Richtungsänderung den Aufruf eines neuen Schemas erfordert haben könnte, während für die Modifikation der Geschwindigkeit u.U. nur ein Programmparameter angepasst werden musste. Dies ist konsistent mit der Beobachtung von Lépine et al. (1989), dass die Umprogrammierung der Bewegungsweite nur **wenig Kosten** verursacht.

Der Versuch, den für die Programmierung von Merkmalen erforderlichen Zeitbedarf mithilfe der schematheoretischen Unterscheidung von Programm-Invarianten und Parametern vorherzusagen, ist zwar plausibel, ist aber mit erheblichen konzeptuellen und empirischen Problemen verbunden. Das konzeptuelle Problem besteht in der Uneinigkeit darüber, welche Merkmale als **invariant** und welche als **variabel** angesehen werden sollten. In der Untersuchung von Roth (1988) profitierten Probanden z.B. mehr von valider Vorinformation über die Art eines Handballwurfes als von Vorinformation über dessen Kraft oder Richtung (ähnlich wie beim Handschreiben, s. Stelmach u. Teulings, 1983). Roth erklärt diesen Unterschied mit der Annahme, dass die Art eines Wurfes über das Handlungsprogramm bestimmt, während Kraft und Richtung dessen Parameter darstellen. Diese Vermutung steht mit der Beobachtung von Bairstow (1987) im Einklang, dass auch nach dem Beginn einer manuellen Zielbewegung noch zahlreiche Anpassungen der Bewegungsrichtung vorgenommen werden können. In gewissem Sinn passt diese Beobachtung zu den Ergebnissen von Prablanc u. Pélisson (1990) (► Abschn. 6.2.1; hier konnte die Bewegungsweite noch nach Bewegungsbeginn angepasst werden). Unglücklicherweise kontrastiert diese Aufteilung in Invarianten und Parameter jedoch mit der Annahme von Quinn u. Sherwood (1983), dass es sich bei der Bewegungsrichtung um eine Programm-Invariante handelt. Natürlich ist es möglich, dass dasselbe Merkmal (z.B. die Bewegungsrichtung) in manchen Schemata als Invariante enthalten ist und für andere Schemata als Parameter fungiert. Solange dies aber nicht unabhängig und a priori entschieden werden kann, sind Vorhersagen kaum möglich.

Empirische Probleme ergeben sich u.a. aus der Untersuchung von Lee et al. (1987). Die Ergebnisse dieser Studie weisen darauf hin, dass die Vorinformation über die **Art einer Handlung** (Ergreifen eines Balles oder Drehen eines Reglers (Potentiometers) keinen größeren Reaktionszeitvorteil mit sich bringt als Vorinformation über die **Distanz des Zielobjektes**, obwohl Schmidt (1975) davon ausging, dass es sich bei der Distanz lediglich um einen Parameter handelt. Auch die Umprogrammierung des Handlungstyps nach einem invaliden Hinweisreiz war nicht aufwändiger als die der Bewegungsdistanz (Lee et al., 1987).

Es ist nicht auszuschließen, dass einige der bestehenden Widersprüche mit der bereits besprochenen Unterscheidung zwischen **Online-Kontrolle** und **Offline-Kontrolle** (► Abschn. 6.2.1) zu tun haben. Ausgehend von den Überlegungen zur Funktion des ventralen Pfades für die Vorbereitung von Handlungen und die des dorsalen Pfades für die Online-Spezifizierung von Parametern (Glover, 2004; Milner u. Goodale, 1995) wäre es denkbar, dass die Anpassung dorsal spezifizierter Parameter keinerlei messbare Kosten verursacht, während dies für die Anpassung ventral spezifizierter Parameter sehr wohl zutrifft.

6.4 Integration von Handlungsmerkmalen

Wenn Handlungen durch Kodes ihrer Merkmale repräsentiert sind, dann stellen Handlungspläne bzw. motorische Programme keine in sich geschlossenen Einheiten dar, sondern eher **Netzwerke** von funktionell und anatomisch verteilten Repräsentationen. Verteilte Repräsentationen bringen jedoch Probleme mit sich. Nehmen wir z.B. an, Sie wollen in der Rosenbaum-Aufgabe eine kurze Vorwärtsbewegung nach vorn mit der linken Hand ausführen. Sie planen diese Handlung durch die Spezifizierung der erforderlichen Merkmale, d.h. durch die Aktivierung der Repräsentationen der Merkmale »kurz«, »vorwärts« und »linke Hand« (◘ Abb. 6.3). Nehmen wir nun an, dass Sie vor der Ausführung dieser Handlung eine andere Handlung planen, z.B. eine lange Rückwärtsbewegung mit der rechten Hand. Wieder würden Sie die erforderlichen Merkmale spezifizieren, indem Sie die Repräsentationen der Merkmale »lang«, »rückwärts« und »rechte Hand« aktivieren. Das dadurch entstehende Problemen sehen Sie in ◘ Abb. 6.3 (obere Grafik): Alle notwendigen Merkmalskodes sind aktiviert, aber es ist nun unklar, welches Merkmal zu welcher Handlung gehört. Dieses **Zuordnungsproblem** (oder »binding problem«, wie es oft genannt wird; s. Treisman, 1996) ist keineswegs spezifisch für die Handlungsplanung, sondern es handelt sich dabei um eine unausweichliche Begleiterscheinung verteilter bzw. zusammengesetzter Repräsentationen (► Abschn. 4.3.2).

6.4.1 Integrationsmechanismen der Handlungsplanung

Eine Möglichkeit, das »binding problem« zu lösen, besteht im Einsatz **konvergierender Repräsentationen**. Es wäre z.B. denkbar, dass ein einzelner Kode die Kombination aller erforderlichen Merkmale repräsentiert, wie in der mittleren Grafik von ◘ Abb. 6.3 dargestellt (konjunktive Kodes K_1 und K_2). In diesem Fall würden Sie nicht, bzw. nicht nur die Repräsentationen der einzelnen Merkmale aktivieren, sondern (auch) die Repräsentationen der entsprechenden Merkmalskombinationen K_1 und K_2. Das Problem dieser theoretischen Option besteht in dem von Schmidt (1975) diskutierten Speicherproblem: Wenn wir an die Anzahl der Freiheitsgrade von Handlungen denken und an die Anzahl aller möglichen Kombinationen, dann müssten wir von der Existenz einer praktisch unendlichen Zahl konvergierender Repräsentationen ausgehen.

Eine andere Möglichkeit der Merkmalsintegration besteht in der vorübergehenden Koppelung oder Bindung der relevanten Merkmalskodes (◘ Abb. 6.3, untere Grafik). Autoren wie Abeles (1991) und von der Malsburg (1981) haben vermutet, dass die Elemente verteilter neuronaler Verbände durch die zeitliche **Synchronisation** ihrer Entladungsmuster miteinander kommunizieren und so eine zeitlich organisierte **funktionale Einheit** bilden. Sanes u. Donoghue (1993) wiesen tatsächlich synchronisierte Aktivität von Zellverbänden an verschiedenen Orten des primärmotorischen und prämotorischen Kortex von Affen nach. Die Synchronisationsmuster überbrückten dabei intrakortikale Entfernungen von 7 mm und mehr und beschränkten sich v.a. auf den für die Programmierung von Handlungen relevanten Zeitpunkt kurz vor der Initiierung einer Bewegung. Murthy u. Fetz (1992) beobachteten die handlungskorrelierte Synchronisation von Zellverbänden in motorischen und somatosensorischen Arealen, d.h. über Distanzen von bis zu 20 mm.

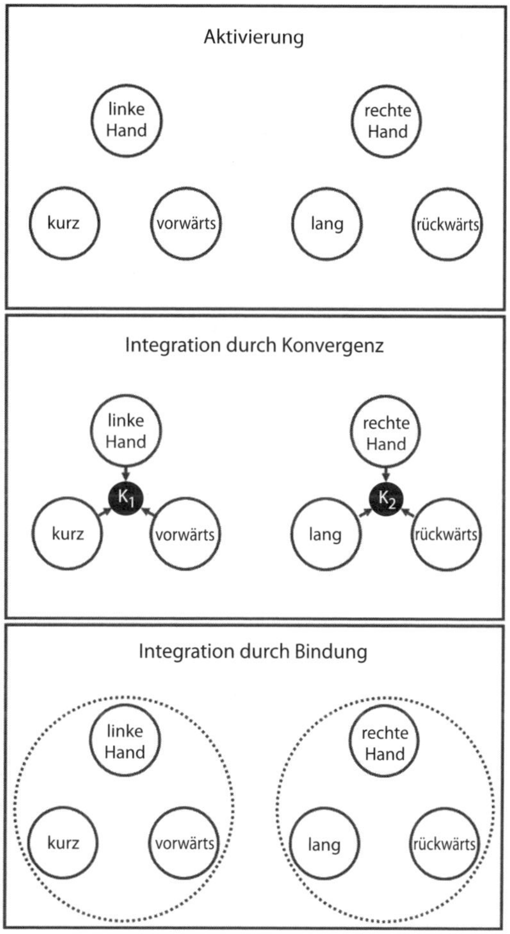

◘ **Abb. 6.3.** Das Bindungsproblem und seine Lösung

Auch Untersuchungen am Menschen weisen auf eine zentrale Rolle von neuronaler Synchronisation für die Handlungsplanung hin. Pfurtscheller et al. (1994) beobachteten im EEG rhythmische Aktivierungsmuster unmittelbar vor dem Beginn von Bewegungen mit dem linken oder rechten Zeigefinger, der rechten Zehe oder der Zunge. Dabei entsprach der Ort der Aktivierung genau dem Ort der anatomischen Repräsentation der betreffenden Bewegung im Penfieldschen Homunculus (► Abschn. 2.2). Interessanterweise passen auch die Zeitpunkte, an denen rhythmische Aktivierungsmuster festgestellt wurden, zu den für die Handlungsplanung wesentlichen Zeitpunkten: Bei schnellen, ballistischen Bewegungen (deren Programmierung vermutlich vor Bewegungsbeginn abgeschlossen ist) enden die Aktivierungsmuster tatsächlich mit dem Bewegungsbeginn, während sie bei langsamen Bewegungen auch noch nach Bewegungsbeginn auftreten können (Kristeva-Feige et al., 1993).

6.4.2 Auswirkungen der Handlungsintegration

Wenn Kodes von Handlungsmerkmalen tatsächlich zu Handlungsplänen zusammen gebunden werden, dann sollte dies die **Verfügbarkeit** der betroffenen Kodes für anderweitige Planungsaktivitäten einschränken. Wenn z.B. der Kode »kurz« bereits Teil eines bestehenden Handlungsplanes ist (■ Abb. 6.3), dann sollte es schwierig sein, diesen Kode zur selben Zeit in einen anderen Handlungsplan zu integrieren. Ein erstes Indiz dafür, dass dies tatsächlich ein Problem darstellen könnte, ergibt sich aus Untersuchungen zur **Sprechplanung** von Meyer et al. (Yaniv et al., 1990). In diesen Untersuchungen sahen die Versuchspersonen in jedem Durchgang zwei mögliche (englische) Silben (z.B. »up« und »ut«) und sollten die Aussprache jeweils einer dieser Silben vorbereiten (z.B. »up«). Dann erschien ein Startsignal, das entweder zur Aussprache der vorbereiteten Silbe oder zur Aussprache der alternativen Silbe aufforderte. Die Aussprache der alternativen Silbe erforderte also eine Umprogrammierung, was natürlich zu längeren Reaktionszeiten führte. Interessant war jedoch, dass diese Umprogrammierung konsistent länger dauerte, wenn die alternative Silbe Merkmale der vorbereiteten Silbe enthielt, wenn z.B. beide Silben stimmhaft (»ub« – »du«) bzw. stimmlos endeten (»up« – »ut«) als wenn sich die beiden Silben hinsichtlich dieser Merkmale unterschieden (»ub« – »ut«). Genau dies ist zu erwarten, wenn die Planung der ersten Silbe zur Integration der erforderlichen Merkmale (z.B. der Stimmhaftigkeit bzw. Stimmlosigkeit) geführt hat und der Kode dieses Merkmals deshalb weniger schnell in einen neuen Handlungsplan integriert werden kann.

Die Ergebnisse von Stoet u. Hommel (1999) unterstützen diese Interpretation. In dieser Untersuchung führten Versuchspersonen jeweils zwei Reaktionen (R_a und R_b) aus, die aber in umgekehrter Reihenfolge geplant wurden. Zuerst bereiteten die Probanden also R_b vor, eine Reaktion mit der linken oder rechten Hand, aber sie führten sie nicht sofort aus. Dann warteten sie auf einen Reiz, der R_a signalisierte (ebenfalls eine Reaktion mit der linken oder rechten Hand), die sofort ausgeführt wurde. Erst dann wurde auch R_b ausgeführt. Wenn man annimmt, dass die Vorbereitung z.B. einer linken Reaktion zur Integration des Merkmals »links« in den entsprechenden Handlungsplan (von R_b) führt, dann sollte die zwischenzeitliche Planung einer anderen Handlung mit demselben Merkmal schwieriger sein als die Planung einer Handlung mit einem anderen Merkmal. Tatsächlich war die Reaktionszeit für R_a verzögert, wenn R_a und R_b mit derselben Hand ausgeführt werden sollten. Ein vergleichbarer Effekt war zu beobachten, wenn R_a mit dem linken oder rechten Fuß und R_b mit der linken oder rechten Hand ausgeführt wurden: Die Reaktionszeit für R_a war länger, wenn R_a und R_b auf derselben Seite ausgeführt werden mussten. Die Integration eines Merkmals in einen Handlungsplan **blockiert** also offenbar vorübergehend die Nutzung dieses Merkmals zur Repräsentation anderer Ereignisse (Müsseler u. Hommel, 1997) (▶ Abschn. 4.3.2; Erklärung, warum die Vorbereitung einer linken oder rechten Handlung die Wahrnehmung von visuellen Objekten mit kompatiblen räumlichen Merkmalen stört).

Auch eine Beobachtung von Rosenbaum et al. (1986) passt zur Idee der **Merkmalsbindung**. In dieser Studie rezitierten Versuchspersonen z.B. wiederkehrend die ersten zwei bis neun Buchstaben des Alphabets mit alternierender Betonung (z.B. AbCdAbCd usw., wobei betonte Buchstaben groß und unbetonte Buchstaben klein geschrieben sind). Dabei war die Leistung bei einer geraden Anzahl von Buchstaben (z.B. AbCdAb usw.) besser als bei einer ungeraden Anzahl (z.B. AbCaBc usw.). Probieren Sie das einmal selbst aus – Sie werden sofort erkennen, wo das Problem liegt! Rosenbaum et al. interpretieren diesen Befund als einen »parameter remapping effect« und nehmen an, dass die Parameter eines Handlungsplanes auch nach Gebrauch in integrierter Form weiter bestehen. Wenn ein neuer Parameterwert in den Handlungsplan eingefügt werden muss, ist daher mehr Zeit erforderlich. Aus einer Bindungsperspektive ist diese Annahme plausibel, da bei einer geraden Anzahl von Buchstaben die Zuordnung von Buchstabe und Betonung konstant bleibt, während sie bei ungerader Anzahl variiert. Eine ungerade Anzahl erfordert also die stetige Neukombination von phonetischem Lautmuster und der Ausspracheintensität (Betonung), während bei gerader Anzahl die Handlungspläne nicht überlappen und daher stets gleich bleiben.

Kontrollfragen

Es gibt gute Gründe anzunehmen, dass Handlungen im Vorhinein geplant und auf Basis des erstellten Handlungsplans ausgeführt werden.

- Was sind die wesentlichen Beobachtungen, die für diese Annahme sprechen?
- Wie kann es zu einem solchen Versprecher kommen, wie ihn die Sprecherin von Verkehrsmeldungen in einem Berliner Radiosender produzierte, als sie über aktuelle Geschwindigkeitskontrollen informierte: »auf der ... schlitzt es in Richtung Bildow«? Was sie eigentlich sagen wollte, war: »auf der ... blitzt es in Richtung Schildow.«
- Werden tatsächlich alle Aspekte einer Handlung im Vorhinein umfassend geplant?
- Wie lässt sich empirisch die Unterscheidung in einen vorbereitenden (Offline-Kontrolle) und einen aktuell ergänzenden (Online-Kontrolle) Mechanismus der Handlungskontrolle untermauern?

Weiterführende Literatur

Rosenbaum, D. A. & Krist, H. (1993). Vorbereitung von Bewegungen. In H. Heuer & S. W. Keele (Hrsg.), *Psychomotorik, Enzyklopädie der Psychologie, Serie Kognition, Bd. 3* (S. 3–85). Göttingen: Hogrefe.

Literatur

Abeles M. (1991). *Corticonics: Neural circuits of the cerebral cortex.* New York: Cambridge University Press.

Bairstow, P. J. (1987). Analysis of hand movement to moving targets. *Human Movement Science, 6*, 205–231.

Bard, C., Paillard, J., Lajoie, Y., Fleury, M., Teasdale, N. et al. (1992). Role of the afferent information in the timing of motor commands: A comparative study with a deafferent patient. *Neuropsychologia, 30*, 201–206.

Glover, S. (2004). Separate visual representations in the planning and control of action. *Behavioral and Brain Sciences, 27*, 3–78.

Goodman, D. & Kelso, J. A. S. (1980). Are movements prepared in parts? Not under compatible (naturalized) conditions. *Journal of Experimental Psychology: General, 109*, 475–495.

Henry, F. M. & Rogers, D. E. (1960). Increased response latency for complicated movements and a »memory drum« theory of neuromotor reaction. *Research Quarterly, 31*, 448–458.

Heuer, H. (1981). Fast aiming movements with the left and right hand: Evidence for two-process theories of motor control. *Psychological Research, 43*, 81–96.

Heuer, H. (1982). Binary choice reaction time as a criterion of motor equivalence. *Acta Psychologica, 50*, 35–47.

Hick, W. E. (1952). On the rate of gain of information. *Quarterly Journal of Experimental Psychology, 4*, 11–26.

Hommel, B., Müsseler, J., Aschersleben, G. & Prinz, W. (2001). The theory of event coding (TEC): A framework for perception and action planning. *Behavioral and Brain Sciences, 24*, 849–878.

Hyman, R. (1953). Stimulus information as a determinant of reaction time. *Journal of Experimental Psychology, 45*, 188–196.

Jeannerod, M. (1981). Intersegmental coordination during reaching at natural objects. In J. Long & A. Baddeley (eds.), *Attention and performance, vol. IX* (pp. 153–169). Hillsdale, NJ: Erlbaum.

Jeannerod, M. (1984). The contribution of open-loop and closed-loop control modes in prehension movements. In S. Kornblum & J. Requin (eds.), *Preparatory states and processes: Proceedings of the franco-american conference* (pp. 323–337). Hillsdale, NJ: Erlbaum.

Jeannerod, M. & Biguer, B. (1982). Visuomotor mechanisms in reaching within extra personal space. In D. J. Ingle, M. A. Goodale & R. J. W. Mansfield (eds.), *Analysis of visual behavior* (pp. 387–409). Cambridge, MA: MIT Press.

Keele, S. W. (1968). Movement control in skilled motor performance. *Psychological Bulletin, 70*, 387–403.

Klapp , S. T. (1975). Feedback versus motor programming in the control of aimed movements. *Journal of Experimental Psychology: Human Perception and Performance, 104*, 147–153.

Kristeva-Feige, R., Feige, B., Makeig, S., Ross, B. & Elbert, T. (1993). Oscillatory brain activity during a motor task. *NeuroReport, 4*, 1291–1294.

Lashley, K. S. (1917). The accuracy of movement in the absence of excitation from the moving organ. *American Journal of Physiology, 43*, 169–194.

Lee, T. D., Elliott, D. & Carnahan, H. (1987). The preparation of actions and parameters of action: A fixed or variable process? *Acta Psychologica, 66*, 83–102.

Lépine, D., Glencross, D. & Requin, J. (1989). Some experimental evidence for and against a parametric conception of movement programming. *Journal of Experimental Psychology: Human Perception and Performance, 15*, 347–362.

Meyer, D. E. & Gordon, P. C. (1985). Speech production: Motor programming of phonetic features. *Journal of Memory and Language, 24*, 3–26.

Milner, A. D. & Goodale, M. A. (1995). *The visual brain in action.* Oxford: University Press.

Motley, M. T., Camden, C. T. & Baars, B. J. (1982). Covert formulation and editing of anomalies in speech production: Evidence from experimentally elicited slips of the tongue. *Journal of Verbal Learning and Verbal Behavior, 21*, 578–594.

Murthy, V. N. & Fetz, E. E. (1992). Coherent 25- to 35-Hz oscillations in the sensorimotor cortex of awake behaving monkeys. *Proceedings of the National Academy of Sciences (USA), 89*, 5670–5674.

Murthy, V. N. & Fetz, E. E. (1996). Oscillatory activity in sensorimotor cortex of awake monkeys: Synchronization of local field potentials and relation to behavior. *Journal of Neurophysiology, 76*, 3949–3967.

Müsseler, J. & Hommel, B. (1997). Blindness to response-compatible stimuli. *Journal of Experimental Psychology: Human Perception and Performance, 23*, 861–872.

Pfurtscheller, G., Flotzinger, D. & Neuper, C. (1994). Differentiation between finger, toe and tongue movement in man based on 40 Hz EEG. *Electroencephalography and Clinical Neurophysiology, 90*, 456–460.

Prablanc, C. & Jeannerod, M. (1975). Corrective saccades: Dependence on retinal reafferent signals. *Vision Research, 15*, 465–469.

Prablanc, C. & Pélisson, D. (1990). Gaze saccade orienting and hand pointing are locked to their goal by quick internal loops. In M. Jeannerod (ed.), *Attention and performance, vol. XIII* (pp. 653–676). Hillsdale, NJ: Erlbaum.

Quinn, J. T. & Sherwood, D. E. (1983). Time requirements of changes in program and parameter variables in rapid ongoing movements. *Journal of Motor Behavior, 15*, 163–178.

Rosenbaum, D. A. (1980). Human movement initiation: Specification of arm, direction and extent. *Journal of Experimental Psychology: General, 109*, 444–474.

Rosenbaum, D. A. & Kornblum, S. (1982). A priming method for investigating the selection of motor responses. *Acta Psychologica, 51*, 223–243.

Rosenbaum, D. A., Marchak, F., Barnes, H. J., Vaughan, J., Slotta, J. et al. (1990). Constraints for action selection: Overhand versus underhand grips. In M. Jeannerod (ed.), *Attention and performance, vol. XIII* (pp. 321–342). Hillsdale, NJ: Erlbaum.

Rosenbaum, D. A., Weber, R. J., Hazelett, W. M. & Hindorff, V. (1986). The parameter remapping effect in human performance: Evidence from tongue twisters and finger fumblers. *Journal of Memory and Language, 25*, 710–725.

Roth, K. (1988). Investigations on the basis of the generalized motor programme hypothesis. In O. G. Meijer & K. Roth (eds.), *The motor-action controversy* (pp. 261–288). Amsterdam: North-Holland.

Rothwell, J. C., Traub, M. M., Day, B. L., Obeso, J. A., Thomas, P. K. et al. (1982). Manual motor performance in a deafferented man. *Brain, 105*, 515–542.

Rumelhart, D. E. & Norman, D. A. (1982). Simulating a skilled typist: A study of skilled cognitive-motor performance. *Cognitive Science, 6*, 1–36.

Sanes, J. N. & Donoghue, J. P. (1993). Oscillations in local field potentials of the primate motor cortex during voluntary movement. *Proceedings of the National Academy of Sciences (USA), 90*, 4470–4474.

Schmidt, R. A. (1975). A schema theory of discrete motor skill learning. *Psychological Review, 82*, 225–260.

Stelmach, G. E. & Teulings H. (1983). Response characteristics of prepared and restructured handwriting. *Acta Psychologica, 54*, 51–67.

Sternberg, S., Monsell, S., Knoll, R. L. & Wright, C. E. (1978). The latency and duration of rapid movement sequences: Comparisons of speech and typewriting. In G. E. Stelmach (ed.), *Information processing in motor control and learning* (pp. 117–152). New York: Academic Press.

Stoet, G. & Hommel, B. (1999). Action planning and the temporal binding of response codes. *Journal of Experimental Psychology: Human Perception and Performance, 25*, 1625–1640.

Taub, E. & Berman, A. J. (1968). Movement and learning in the absence of sensory feedback. In S. J. Freedman (ed.), *The neuropsychology of spatially oriented behavior* (pp. 173–192). Homewood, IL: Dorsey.

Thorndike, E. L. (1927). The law of effect. *American Journal of Psychology, 39*, 212–222.

Treisman, A. M. (1996). The binding problem. *Current Opinion in Neurobiology, 6*, 171–178.

Viviani, P. & Terzuolo, C. (1980). Space-time invariance in learned motor skills. In G. E. Stelmach & J. Requin (eds.), *Tutorials in motor behavior* (pp. 525–533). Amsterdam: North-Holland.

Von der Malsburg, C. (1981). *The correlation theory of brain function. Internal report.* Göttingen: Max-Planck Institute for Biophysical Chemistry.

Woodworth, R. S. (1899). The accuracy of voluntary movement. *Psychological Review; Monograph Supplements, 3*, 1–114.

Yaniv, I., Meyer, D. E., Gordon, P. C., Huff, C. A. & Sevald, C. A. (1990). Vowel similarity, connectionist models, and syllable structure in motor programming of speech. *Journal of Memory and Language, 29*, 1–26.

Zelaznik, H. N. & Hahn, R. (1985). Reaction time methods in the study of motor programming: The precuing of hand, digit and duration. *Journal of Motor Behavior, 17*, 190–218.

7 Planung von Handlungssequenzen

Lernziele

- Inwiefern und unter welchen Umständen werden längere Handlungssequenzen im Voraus geplant?
- Welche Verarbeitungsmechanismen sind für die Sequenzierung von Handlungselementen verantwortlich?
- Welchen Einfluss haben Lernen und Übung auf die Planung längerer Handlungssequenzen?

Hallo!
Hallo Sie!
Wollen Sie ein berühmter Stilm-Far werden?
In Wollyhood arbeiten?
Im heißen Wai mitspielen?
Oder sogar in ruzück in die Kuzunft?
Wollen sie eine Rauptholle gewinnen?
Nein! Dann werde ich nervös und bekomm Fampenlieber!
Ich löchte mösen!
Aha aha! Aber ich habe doch die Strage noch gar nicht gefellt!
Na und! Wo reibt das Blätsel?
Mh, mh, mh immer rit der Muh! Also wie heißt das berühmte Zitat aus dem warz-schweiss Film Blasa-Canca?
Blasa-Canca, Blasa-Canca – das ist doch luper seicht! Ich klau dir in die Augen Scheines! – Richtig! Glückwunsch! Sie haben gewonnen – und – werden sie ihre erste Kinofolle reiern?

Dieser Ausschnitt stammt aus der am 11.01.1997 ausgesendeten Episode »Wollen Sie ein berühmter Stilm Far werden?« aus der Sendung *RTL Samstag Nacht*. Die Komik des Textes resultiert aus der Technik des Schüttelreims: der systematischen Vertauschung von Buchstaben oder Silben innerhalb eines Wortes, oder auch zwischen verschiedenen Worten desselben Satzes. Zum Teil werden dadurch Wörter kreiert, die selbst eine Bedeutung haben, die jedoch im momentanen semantischen Zusammenhang eigentlich irreführend ist. Und diese Widersprüche machen den Text lustig. Derlei Vertauschungen findet man auch im Alltag hin und wieder, und der englische Philosophieprofessor William Archibald Spooner (1844–1930) (▶ Abschn. 6.1.2) ist für seine unwillkürliche und für ihn lästige Neigung zu derartigen Vertauschungen berühmt-berüchtigt geworden (»It is kisstomary to cuss the bride«, »Mardon me padam, this pie is occupewed; can I sew you to another sheet?«, »Is the bean dizzy?«, »Go and shake a tower«).

Die Dialektik dieses Phänomens ist wissenschaftlich besonders interessant. Denn einerseits erkennen wir sofort, dass hier etwas schief gegangen ist und nicht stimmt, aber andererseits erkennen wir gleichzeitig, wie die Äußerung eigentlich hätte lauten sollen. Der Grund liegt darin, dass alle nötigen Elemente der korrekten Äußerung (Buchstaben, Silben, Wörter) vorhanden sind, dass die Reihenfolge aber nicht stimmt. Dies wiederum ist ein Hinweis darauf, dass die Sequenzierung von Elementen eine besondere kognitive Leistung darstellt, die zu einem gewissen Teil unabhängig von den Elementen operiert. Wie dies funktionieren könnte, besprechen wir in diesem Kapitel.

Experimentelle Untersuchungen zur Steuerung von Handlungen verwenden nicht selten sehr einfache Bewegungen wie z.B. den Druck auf eine Taste, das Aussprechen einer Silbe, das Blicken in eine bestimmte Richtung, das Zeigen auf einen Ort oder das Ergreifen eines Gegenstandes. Die Gründe dafür liegen nahe: Einfache Bewegungen lassen sich schnell ausführen und auf einfache, kostengünstige Weise messen, was auch weniger üppig ausgestatteten Laboren ein hohes Maß an experimenteller Kontrolle erlaubt. Aus theoretischer Sicht sollte diese Vereinfachung nichts ausmachen, denn auch der Druck auf eine Taste einer Computertastatur stellt ja eine intentionale, zielgerichtete Handlung dar. Und doch muss man fragen, ob die mit derartigen Handlungen gewonnenen Einsichten auch auf andere, mehr alltägliche Handlungen zutreffen. Ein wesentliches Merkmal vieler Handlungen, die wir im Alltag ausführen, besteht in ihrer deutlich **höheren Komplexität**. Wir benutzen Computertastaturen nicht, um einzelne Tasten niederzudrücken, sondern um ganze Wörter, Sätze und Texte zu fabrizieren; und wir ergreifen Gegenstände i.d.R. im Kontext einer ganzen Handlungssequenz wie z.B. bei der Zubereitung einer Tasse Kaffee. Die in vielen Experimenten verwendeten, oft weitgehend ballistischen Bewegungen fungieren im Alltag also oft nur als Elemente ganzer Bewegungsketten, sie sind sozusagen die **Bausteine des Handelns**. Wie integrieren wir diese Bausteine in umfassendere Handlungszusammenhänge?

In diesem Kapitel behandeln wir drei Aspekte dieser Frage. Zu Beginn erörtern wir, unter welchen Umständen und in welchem Maße Handlungselemente zu umfassenderen Handlungsplänen zusammengefasst werden (▶ Abschn. 7.1). Handlungspläne, die sich aus mehreren Komponenten zusammensetzen, stellen die planende Person vor ein wichtiges Problem: Die Komponenten müssen in die richtige Reihenfolge gebracht werden und in dieser Reihenfolge ausgeführt werden (▶ Abschn. 7.2). Abschließend diskutieren wir, ob bzw. inwiefern sich die Handlungsplanung im Laufe der Übung verändert (▶ Abschn. 7.3).

7.1 Programmierung von Handlungssequenzen

Wenn wir jemanden bei der Zubereitung einer Tasse Kaffee beobachten, dann haben wir den Eindruck eines **zielgerichteten Ablaufs**: Jede Bewegung scheint eine gut definierte Funktion innerhalb eines größeren Handlungszusammenhangs zu haben und dem Ziel jeweils einen Schritt näher zu kommen. Mit anderen Worten, wir sehen eine komplexe, zielorientierte Handlung, die ganz offensichtlich von Anfang bis Ende **durchgeplant** wurde. Aber ist das wirklich so? Möglicherweise besteht der große Zusammenhang nur in unserer Wahrnehmung, schließlich haben wir vergleichbare Handlungen so oft gesehen, dass wir bereits alle wesentlichen Bewegungen antizipieren und unmittelbar auf das angenommene Ziel beziehen können. Der Handelnde selbst denkt vielleicht nur von Bewegung zu Bewegung, z.B. könnte das Einsetzen des Kaffeefilters signalisieren, dass nun das Kaffeepulver eingefüllt werden muss, dies wiederum ist mit dem Eingießen heißen Wassers assoziiert, usw. Was wir als zielgerichtet wahrnehmen, könnte also in Wirklichkeit eine bloße assoziative Kette von Bewegungen darstellen, die der Handelnde zuvor erworben hat und nun mehr oder weniger automatisch ablaufen lässt. Tatsächlich erwerben wir viele komplexe Handlungen Schritt für Schritt, denken Sie z.B. an die Zubereitung eines Gerichtes nach einem Rezept oder das Lernen eines Gedichts.

Wie können wir herausfinden, ob handelnde Personen überhaupt mehr als einen Schritt im Voraus planen? Im vorigen Kapitel waren wir mit einer ganz ähnlichen Frage konfrontiert, ob nämlich Handlungen überhaupt geplant werden (▶ Kap. 6). Diese Frage konnten wir positiv beantworten, weil sich empirische Belege dafür finden ließen, dass

- Handlungen zumindest im Prinzip unabhängig von Rückmeldungen ausgeführt werden können,
- manchmal die Ausführung von Handlungselementen spätere Elemente bereits widerspiegelt,
- die zu Beginn einer Handlung notwendige Vorbereitungszeit mit der Komplexität der Handlung zunimmt.

Vergleichbare Belege lassen sich auch im Hinblick auf längere Handlungssequenzen finden. Diese können **im Voraus geplant** und durch die Ausführung eines Handlungsplans **kontrolliert** werden. Ob und in welchem Maße Handlungssequenzen tatsächlich geplant werden, hängt jedoch von verschiedenen Bedingungen ab, z.B. von der Länge der Sequenz oder der Abhängigkeit der Handlungselemente vom erfolgreichen Abschluss vorausgehender Elemente.

7.1.1 Unabhängigkeit von sensorischer Rückmeldung

Nehmen wir einmal an, wir würden Handlungssequenzen tatsächlich Schritt für Schritt ausführen, ohne zuvor einen umfassenden Handlungsplan zu generieren. Zunächst käme das erste Element der Sequenz an die Reihe, z.B. das Ergreifen eines Wasserkessels bei der Zubereitung eines Kaffees. Die Ausführung dieses Elementes würde dann das darauffolgende Element aktivieren: Ist der Wasserkessel erst einmal ergriffen, wird er auf die Herdplatte gesetzt. Um Handlungssequenzen auf diese Weise zu organisieren, muss also zunächst der erste Handlungsschritt programmiert und ausgeführt werden, sodass die Wahrnehmung des dadurch erreichten Resultats (z.B. dass sich der Wasserkessel nun in der eigenen Hand befindet) den **nächsten Handlungsschritt auslösen** kann. Die Produktion der Handlung und die Wahrnehmung seiner Konsequenzen kosten Zeit (in der Größenordnung einer durchschnittlichen Reaktionszeit), sodass der nächste Handlungsschritt immer ungefähr eine Reaktionszeit nach dem vorhergehenden Handlungsschritt ausgewählt und ausgeführt werden kann.

Sicher fällt Ihnen spontan eine Reihe von Tätigkeiten ein, bei denen eine derartige assoziative Form der Handlungssteuerung **unplausibel** erscheint. Denken Sie einmal daran, wie schnell Sie Wörter oder ganze Sätze verbal äußern können, und überlegen Sie, wie wenig Zeit dies für die Programmierung jedes einzelnen Phonems übrig lässt. Oder denken Sie an das Solo eines Schlagzeugers. Tatsächlich können Versuchspersonen Tastendrucksequenzen mit Geschwindigkeiten von bis zu 100 ms pro Tastendruck ausführen (Sternberg et al., 1978). Geht man von Keele u. Posners (1968) Schätzung von 190–260 ms für die Verarbeitung visuellen Feedbacks aus, so können die einzelnen Elemente solcher Sequenzen unmöglich von visuellem Feedback des vorangegangenen Elementes initiiert worden sein (s.u.).

Empirische Belege gegen eine **assoziative Organisation** von Handlungssequenzen sind z.B. von Gentner et al. (1980) berichtet worden. In dieser Studie wurden die Bewegungen von geübten Sekretärinnen beim Maschinenschreiben aufgezeichnet. In ◘ Abb. 7.1 werden die Zeitpunkte der Initiierung und die Dauer einzelner, gefilmter Fingerbewegungen beim Schreiben der Englischen Phrase »an epic« dargestellt. Es sind zwei Beispiele zu sehen: Beim unteren Beispiel fällt auf, dass die zur Taste »i« gehörende Bewegung beginnt, noch bevor die Tasten der drei vorangehenden Zeichen (»_ep«) gedrückt worden sind. In diesem Fall lässt sich also ausschließen, dass der Handlungsschritt »i« von der Verarbeitung des Feedbacks über die Programmierung und/oder die Ausführung des vorangehenden Elementes »p« abhängig war. Ganz ähnlich beginnt beim oberen Beispiel die Ausführung des Elementes »e«, noch bevor die zwei vorhergehenden Handlungsschritte (»n« und Leertaste) überhaupt initiiert wurden. Zumindest beim geübten Maschinenschreiben werden Handlungssequenzen also von Handlungsplänen gesteuert, die mehr als zwei oder drei Handlungsschritte »vorausdenken«.

Auch wenn sich leicht weitere Beispiele finden lassen, sollte das Argument der **Feedback-Unabhängigkeit** sequenzieller Handlungspläne nicht

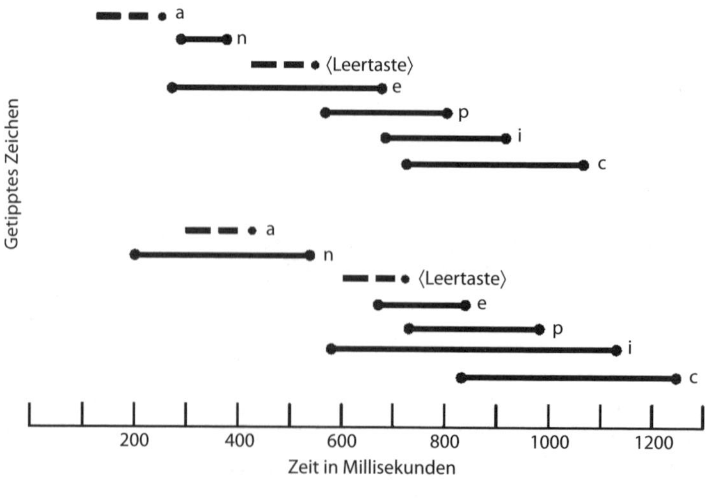

◘ **Abb. 7.1.** Beispiele für Beginn und Dauer der Fingerbewegungen beim maschinellen Schreiben von »an epic«

überschätzt werden. So könnte z.B. visuelles Feedback schneller verarbeitet werden als von Keele u. Posner (1968) und anderen Autoren angenommen, und andere, schnellere Sinneskanäle (z.B. kinästhetische) könnten wichtige Beiträge liefern. Es wäre auch denkbar, dass Handlungselemente nicht durch das Feedback des unmittelbar vorauslaufenden Elementes initiiert werden, sondern von früher ausgeführten Elementen. Möglich ist auch, dass die Initiierung nicht von der Wahrnehmung des tatsächlichen Feedbacks abhängt, sondern lediglich von der Antizipation des zu erwartenden Feedbacks (► Abschn. 7.2.1). Im Zusammenhang mit Handlungssequenzen sind also die Argumente für Feedback-Unabhängigkeit nicht ganz so zwingend wie in Bezug auf einfache, ballistische Handlungen.

7.1.2 Antizipationseffekte und Reihenfolgefehler

Bereits im vorigen Kapitel haben wir Beispiele für **Antizipationseffekte** gesehen, z.B. dafür, dass sich die Aussprache eines Lautes in Abhängigkeit von den ihm folgenden Lauten verändert. Auch beim Maschinenschreiben hängt z.B. die zur Produktion einer Buchstabenfolge benötigte Zeit von dem Wort ab, innerhalb dessen sie vorkommt (z.B. Terzuolo u. Viviani, 1980). Besonders intensiv wurden **Reihenfolgefehler** untersucht, wie sie bei der vokalen und manuellen Wort- und Satz-Produktion vorkommen (Fromkin, 1980). Innerhalb einzelner Worte treten v.a. Buchstabenvertauschungen auf wie z.B. »bootfall« statt »football« beim Sprechen (Garrett, 1982) oder »ignroe« statt »ignore« beim Maschinenschreiben (Shaffer, 1975), aber auch Buchstaben nachfolgender Worte können Fehler induzieren wie z.B. »speer bill« statt »spill beer« (Dell, 1986). Selbst über mehrere Worte hinweg können antizipative Fehler beobachtet werden, wie in den Sätzen »You hissed all my mystery lectures« (Potter, 1980) oder »writing a mother to my letter« (Dell, 1986). Bei den letzten beiden Beispielen fällt auf, dass die syntaktische Struktur der Sequenz trotz der semantischen Fehler durchaus korrekt ist. Man kann also nicht sagen, dass in diesen Fällen die Planung der verbalen Äußerung völlig gescheitert wäre; vielmehr verweisen die Fehler auf ein sehr spezifisches Problem bei der Zuordnung von Sequenzelementen zu syntaktisch definierten Sequenzpositionen (► Abschn. 7.2). In jedem Fall wird deutlich, dass wir vokale und manuelle Äußerungen **im Voraus planen** und dass sich v.a. (aber nicht nur) unsere sprachlichen Pläne auf deutlich **umfassendere Zusammenhänge** beziehen als bloße Lautfolgen.

7.1.3 Komplexitätseffekte

Wenn Handlungssequenzen Schritt für Schritt geplant würden, dann sollten lange und komplexe Handlungssequenzen ebenso schnell initiiert werden können wie kurze und einfache Sequenzen. Wenn aber Sequenzen durch umfassendere Handlungspläne gesteuert würden, dann würde man erwarten, dass die Initiierung des ersten Schrittes einer Sequenz umso länger dauert, je länger und komplexer die Sequenz ist – ganz ähnlich wie bei einem Computer, der für das Laden umfangreicherer Programme auch mehr Zeit benötigt.

Dass dies tatsächlich der Fall ist zeigt ein Ergebnis aus der Untersuchung von Sternberg et al. (1978), in der Versuchspersonen verbale Sequenzen von ein bis vier ein- oder zweisilbigen Wörtern produzierten. Zwei Effekte wurden beobachtet:

- Die Reaktionszeit für die allererste Silbe einer Sequenz steigt mit der Anzahl der Wörter, die noch folgen.
- Die Reaktionszeit ist länger für einsilbige als für zweisilbige Wörter.

Beide Effekte zeigen, dass längere und komplexe Handlungssequenzen **mehr Vorbereitung** benötigen, was darauf schließen lässt, dass ihre Produktion von einem **umfassenden Handlungsplan** gesteuert wird. Auch andere Untersuchungen haben derartige Zusammenhänge gefunden, so steigt z.B. die Reaktionszeit auf das erste Sequenzelement nicht nur mit der Anzahl auszusprechender Silben (Eriksen et al., 1970) und Worte (Monsell, 1986), sondern auch mit der Anzahl zu drückender Tasten (Sternberg et al., 1978), zu schreibender sinnloser Zeichen (Hulstijn u. van Galen, 1983), von Handbewegungen (Harrington u. Haaland, 1987) und von willkürlichen Augenbewegungen (Inhoff, 1986).

Eine andere Möglichkeit, um die Planung von Handlungssequenzen zu untersuchen, besteht darin, Wahlreaktionen zwischen Handlungsalternativen verschiedener Komplexität ausführen zu lassen. In der Studie von Rosenbaum et al. (1984) führten z.B. Versuchspersonen Sequenzen von zwei oder drei Tastendrücken aus. In jedem Versuchsdurchgang signalisierte ein Reiz, welche von zwei möglichen Sequenzen auszuführen waren. Diese beiden Sequenzen unterschieden sich nur hinsichtlich eines Elementes, dessen Position in der Sequenz variiert wurde. Die Reaktionszeit für die Initiierung der Sequenz stieg umso mehr an, je eher das unterscheidende Element in der Sequenz vorkam (z.B. wäre sie länger bei der Wahl zwischen den Alternativen AXCDE und AYCDE als bei den Alternativen ABCDX und ABCDY). Dies legt nahe, dass die sich jeweils vor dem unterscheidenden Sequenzelement befindlichen Elemente **vorausgeplant** wurden, sodass bei Darbietung des Signalreizes nur noch die restlichen Elemente (vom kritischen Element an) geplant werden mussten.

Die vorliegenden Befunde zeigen, dass Handelnde auch komplexere Handlungen vorausplanen und dass sich unsere Schlussfolgerungen aus Untersuchungen mit einfachen Handlungen auch auf komplizierte Handlungszusammenhänge anwenden lassen. Die Handlungsplanung hat aber auch ihre **Grenzen**. Denken Sie etwa an eine geübte Pianistin: Es ist kaum anzunehmen, dass sie für die Produktion der ersten Note eines 20-minütigen Musikstücks doppelt so viel Zeit benötigt wie für den Beginn eines 10-minütigen Stücks. Ebenso unplausibel ist die Annahme, dass ein 5000-Meter-Läufer doppelt so schnell starten kann wie ein 10000-Meter-Läufer. Wir sind also in der Lage, unsere künftigen Handlungen zu planen, aber wir **beschränken** uns dabei offensichtlich auf die im Sinne einer höheren Effizienz wirklich wichtigen Aspekte.

7.2 Sequenzierung von Handlungselementen

Die Planung von Handlungen, die aus mehreren Elementen bestehen, stellt die handelnde Person vor ein neues Problem: Sie muss nicht nur sämtliche Elemente der zu planenden Handlungssequenz spezifizieren, sondern auch die Reihenfolge festlegen, in der diese Elemente ausgeführt werden sollen. Wie man sich die Planung eines einzelnen Handlungselementes vorstellen kann, haben wir bereits erörtert (► Kap. 6). Wie aber wird das nun hinzugekommene **Sequenzierungsproblem** gelöst? Nehmen wir z.B. an, ein geübter, deutschsprachiger Sprecher möchte den Begriff »Wort« aussprechen. Bei einem geübten Sprecher können wir davon ausgehen, dass er zumindest über drei Ebenen der verbalen Repräsentation verfügt (◘ Abb. 7.2):

- **konzeptuelle Ebene**, auf der in unserem Beispiel das Konzept <Wort> kodiert ist (markiert durch eckige Klammern)
- **Ebene der Reizrepräsentation**, auf der die dem Konzept zugeordneten Reizrepräsentationen W, O, R und T kodiert sind (dargestellt durch Großbuchstaben)
- **motorische Ebene**, auf der die entsprechenden phonologischen Lautmuster bzw. die für ihre Produktion verantwortlichen motorischen Aktivierungsmuster kodiert sind (dargestellt durch Kleinbuchstaben in Anführungsstrichen)

Wir können davon ausgehen, dass die Repräsentationen dieser Ebenen miteinander assoziiert sind, dass z.B. die Aktivierung des Konzeptes die Reizrepräsentationen aktiviert und dass die Reizrepräsentationen mit den zugehörigen phonologischen Lautmustern (bzw. den entsprechenden motorischen Mustern) verbunden sind. Wenn aber nun die Aktivierung des Konzeptes die Reiz- und/oder Reaktionsrepräsentation aktiviert, was hindert den Sprecher statt der korrekten Lautfolge »wort« die Lautfolge »trow« oder »orwt« zu produzieren? Wie wird sichergestellt, dass die richtigen Handlungselemente auch in der richtigen Reihenfolge ausgesprochen werden?

Über die Jahre sind zur Beantwortung dieser Frage eine Reihe von Überlegungen und Modelle vorgeschlagen worden, deren Grundgedanken wir im Folgenden diskutieren. Wir folgen dabei allerdings nicht der in der Literatur vorherrschenden Meinung, dass es sich bei diesen Modelle um konkurrierende Ansätze handelt. Wie wir schon gesehen haben und noch sehen werden, gibt es zunehmend Hinweise darauf, dass Handlungssequenzen sehr flexibel geplant werden können. Es ist also durchaus denkbar, dass dieselbe Sequenz in verschiedenen Situationen auf verschiedene Weise geplant wird. Dies wiederum legt nahe, dass u.U. **verschiedene Sequenzierungsmodelle für verschiedene Situationen und Bedingungen gültig** sind.

7.2.1 Verkettung von Handlungselementen

James' Modell

Frühe Sequenzierungsmodelle nahmen an, dass die Ausführung von Handlungssequenzen durch assoziative Ketten kontrolliert wird. Das einflussreiche **Kettenmodell (Chaining Model)** von James (1890) ging z.B. von einer Verkettung der zu den Handlungselementen gehörigen Reizrepräsentationen aus (◘ Abb. 7.2, links). Um den Begriff »Wort« verbal zu produzieren, so die Annahme, würde man zunächst die Reizrepräsentationen W, O, R und T nacheinander aktivieren und dadurch die jeweils mit diesen Repräsentationen assoziierten Lautmuster produzieren (W → »w«, O → »o«, R → »r«, T → »t«). Zu Beginn werden Handlungssequenzen also schrittweise hervorgebracht. Durch zunehmende Wiederholung der Reizsequenz und der entsprechenden Lautsequenz entstehen jedoch direkte Assoziationen zwischen den Repräsentationen angrenzender Reizpaare (W → O, O → R, R → T). Wenn nun die erste Reaktion der Sequenz (»w«) verbal geäußert wird, entsteht ein weiterer Reiz, in diesem Fall der akustische Reiz W, dessen Wahrnehmung die zugehörige Reizrepräsentation aktiviert (W), die ihrerseits einen Teil der Aktivierung an die assoziierte Reizrepräsentation (O) weitergibt. Die Aktivierung dieser Reizrepräsentation aktiviert nun ihrerseits das motorische Programm des zugehörigen Lautmusters (»o«) und bewirkt so dessen Ausführung. Mit zunehmender Übung entfällt also die Notwendigkeit der schrittweisen Kontrolle, da sich die Handlungselemente nun sozusagen reihenweise selbst zünden: Ein **sequenzieller Handlungsplan** ist entstanden.

Münsterbergs Modell

Münsterberg (1889) bezweifelte, dass Handlungssequenzen durch die Assoziation von Reizrepräsentationen gesteuert werden können. Assoziationen zwischen Reizen, so sein Argument, sind notwendigerweise **bidirektional**: Wenn Reiz X mit Reiz Y assoziiert ist, dann ist Reiz Y ebenso stark mit Reiz X assoziiert (◘ Abb. 7.2, Mitte). Eine eindeutige Sequenz in der Zeit kann auf diese Weise nicht entstehen, denn wenn in unserem Beispiel die Aktivierung der Repräsentation W die Repräsentation O aktiviert, dann sollte umgekehrt die Repräsentationen O auch die Repräsentation W aktivieren (und nicht nur die Repräsentation R, wie James annehmen würde). Münsterberg schlägt vor, dass nicht die Assoziationen zwischen Reizrepräsentationen für die Sequenzbildung verantwortlich sind, sondern (gerichtete) **Assoziationen zwischen den motorischen Mustern**. Diese Überlegung würde das konstatierte Problem tatsächlich lösen. Warum Münsterberg aber auf der Handlungsseite einseitig gerichtete Assoziationen für möglich hält, die er auf

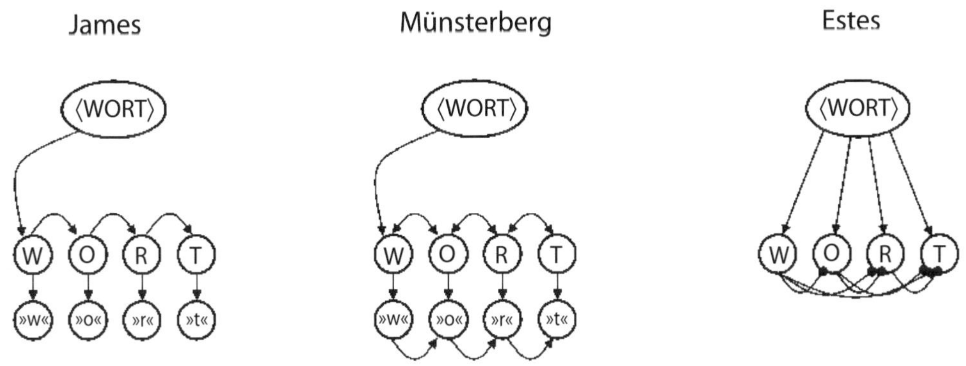

◘ Abb. 7.2. Kettenmodelle für die Planung der Produktion des Wortes »wort«

der Ebene der Reizrepräsentationen ausschließt, bleibt offen. Ungeachtet dieser Schwäche ist die Überlegung der **motorischen Verkettung** jedoch theoretisch interessant. Als Argument gegen Kettenmodelle Jamesscher Prägung wurde nämlich oft vorgebracht, dass Handlungssequenzen auch ohne sensorisches Feedback produziert werden können und dass die Verarbeitung des Feedbacks des jeweils vorangegangenen Handlungselementes zu langsam sei, um das folgende Handlungselement zu aktivieren (► Abschn. 7.1.1). Wenn nun aber die Handlungselemente direkt verkettet wären, wie Münsterberg vermutete, dann würde bereits die Ausführung eines Elementes das folgende Element aktivieren, und auf die Verarbeitung des Feedbacks müsste gar nicht mehr gewartet werden. Tatsächlich belegen moderne Modelle des Erwerbs von Handlungssequenzen (z.B. Hoffmann u. Koch, 1997; Nattkemper u. Prinz, 1997) die Fruchtbarkeit des Münsterbergschen Ansatzes.

7

Greenwalds Modell

Eine weitere Möglichkeit der Verkettung ergibt sich aus der Überlegung, dass die Planung eines Handlungselementes mit der **Antizipation seiner sensorischen Effekte** einhergeht (Greenwald, 1970; Hoffmann et al., 2001) (► Kap. 6). Nehmen wir z.B. an, dass sich die Reizrepräsentationen in dem Modell von James (1890) nicht auf auslösende Reizbedingungen beziehen, sondern auf die erwarteten Handlungseffekte. Das Lautmuster »w« würde demnach dadurch produziert, dass zuvor die Repräsentation des erwarteten Feedbacks (W) aktiviert wird und diese Aktivierung an das entsprechende, für die Produktion dieses Lautmuster verantwortliche motorische Muster weitergeleitet wird. Bereits die Antizipation des Feedbacks (d.h. die Aktivierung von W) könnte die Repräsentation des zum folgenden Handlungselement gehörigen Feedbacks (O) aktivieren, und diese Aktivierung könnte ihrerseits an das entsprechende motorische Muster (»o«) weitergeleitet werden. Mit anderen Worten, es wäre denkbar, dass Handelnde **Assoziationsketten zwischen Repräsentationen von Handlungseffekten** bilden und ihre Handlungssequenzen auf diese Weise steuern.

Hulls Modell

Ein unbefriedigender Aspekt von Kettenmodellen besteht darin, dass sie keine Aussagen über die Repräsentation des eigentlichen Handlungsziels machen: Einmal begonnen, durchläuft man eine assoziative Kette bis zu deren Ende, aber von der Existenz einer übergeordneten zielführenden Struktur wird nicht ausgegangen. Zwar kann man sich Routinehandlungen vorstellen, die auf diese Weise organisiert sind (z.B. das Singen eines Liedes), aber sehr flexibel sind derartige Handlungspläne nicht. Für die Zubereitung eines Kaffees ist beispielsweise ein Wasserkessel sehr nützlich, wenn der aber nicht verfügbar ist, dann sollte ein Handlungsplan hinreichend variabel sein, um dem Handelnden das Erhitzen des Wassers auch auf andere Weise zu erlauben. Um funktional äquivalente Handlungsschritte austauschen zu können, benötigt man Information über den Endzweck der betreffenden Handlungssequenz. Erste theoretische Maßnahmen zur Lösung dieses Problems sind von Hull (1931) getroffen worden (vgl. Greenwald, 1970). Er stellt den Bezug von Handlungsketten zum Ziel durch **zwei Annahmen** her: Erstens nimmt er an, dass eine Sequenz von motivationalen Zuständen (»drives«) begleitet und mit ihnen assoziiert wird. Dadurch färbt die Motivation die Sequenz und repräsentiert in gewissem Sinne ihren Zweck. Zweitens vermutete Hull, dass die Repräsentation des Gesamtergebnisses der Handlung (die Produktion der kompletten Lautfolge »wort« in unserem Beispiel) schon während der Ausführung der Sequenz partiell aktiviert ist (»fractional anticipatory goal response«). Die angestrebten sensorischen Effekte (d.h. die Repräsentation des erwarteten Handlungszieles) begleiten also die Ausführung der gesamten Sequenz und werden mit ihr assoziiert. Mit anderen Worten, die Abarbeitung von Handlungsassoziationen wird von einer **Zielrepräsentation kontrolliert**.

Das Modell von Hull (1931) geht davon aus, dass zu jedem Zeitpunkt einer sequenziellen Handlung zumindest **zwei Repräsentationen aktiv** sind: die des momentan auszuführenden Handlungselementes und die des Handlungszieles. Antizipationseffekte (► Abschn. 6.1.2 u. Abschn. 7.1.2) legen jedoch nahe, dass außerdem auch noch **Repräsentationen anderer Handlungselemente aktiv** sein können. In ◘ Abb. 7.1 lässt sich z.B. gut erkennen, dass die Ausführungen von zwei und mehr Handlungselementen überlappen können und dass während der Ausführung eines Elementes die Ausführung des übernächsten Elementes durchaus schon beginnen kann. Auch die Abhängigkeit der Reaktionszeit für das erste Element von der Anzahl der noch folgenden Elemente deutet daraufhin, dass bereits zu Handlungsbeginn **mehrere, vielleicht sogar alle Sequenzelemente aktiviert** sind. Derartige Beobachtungen sind mit Kettenmodellen des sequenziellen Handelns kaum noch zu erklären. Nun könnte man natürlich annehmen, dass die Aktivierung des Konzeptes des Handlungszieles (<WORT> in unserem Beispiel) tatsächlich alle zugehörigen Handlungselemente sogleich aktiviert, wodurch man Interaktionen zwischen diesen Elementen leichter erklären kann. Dann muss man aber wiederum erklären, wie die Elemente korrekt sequenziert, d.h. in der richtigen Reihenfolge ausgeführt werden können.

Estes' Modell

Ein Modell, das sich mit diesem Problem befasst, ist von Estes (1972) vorgeschlagen worden (◘ Abb. 7.2, rechts). Er geht davon aus, dass bei der Vorbereitung einer Handlungssequenz alle Elemente voraktiviert werden, sodass Antizipationseffekte und Vertauschungsfehler möglich werden. Gleichzeitig wird jedoch eine Art **Vorwärts-Inhibitionsstruktur** angelegt, in der jedes Element alle ihm nachfolgenden Elemente hemmt. Zu Beginn einer Handlung wird dadurch das letzte Element der Sequenz am meisten inhibiert und das erste Element überhaupt nicht, sodass es sofort zur Ausführung kommen kann. Sobald es ausgeführt ist, wird es deaktiviert. Dadurch entfällt sein hemmender Einfluss auf das zweite Element, das dadurch als nächstes zur Ausführung gelangt, usw. Auf der Basis dieser Überlegungen haben Rumelhart u. Norman (1982) ein umfassendes Modell des Maschinenschreibens ausgearbeitet. Allerdings sind bislang noch eine ganze Reihe von Fragen offen geblieben, z.B. wie eine derartige Inhibitionsstruktur erworben und implementiert wird (Rosenbaum, 1991) (► Kap. 8).

Wir können festhalten, dass Verkettungsmodelle nicht hinreichend flexibel sind, um alle Aspekte der Sequenzplanung hinreichend abzubilden. Das heißt, dass es Modi der Sequenzplanung gibt, die komplizierter sind als von Verkettungsmodellen angenommen – was aber nicht ausschließt, dass es Phänomene gibt, die durch Verkettungsmodelle sehr gut beschrieben werden. Ist Ihnen nicht auch schon einmal aufgefallen, wie schwer es ist, ein Lied oder ein Gedicht mittendrin zu beginnen? Ertappen Sie sich in diesen Fällen nicht auch dabei, wie Sie die betreffende Sequenz von Beginn an »im Geiste« durchgehen, bis Sie zur gewünschten Stelle kommen? Diese Erfahrungen legen nahe, dass Verkettungsmodelle zwar sicher nicht generell gültig sind, aber doch bestimmte Aspekte der Planung relativ langer und hoch geübter Handlungssequenzen gut abbilden (► Abschn. 7.3).

7.2.2 Integration von Handlungselementen

Bei allen Unterschieden stimmen die verschiedenen Versionen des Verkettungsmodells darin überein, dass sequenzielle Handlungspläne durch Assoziationen zwischen Repräsentationen von Teilhandlungen entstehen. Durch Übung entstehen also gerichtete Verbindungen zwischen Handlungselementen, die dadurch in gewissem Sinn ihre Unabhängigkeit verlieren. Menschliches Handeln ist jedoch **flexibler** als diese Sichtweise nahe legt. Denken Sie an unser Beispiel: Wären die Repräsentationen der Laute »o«, »r« und »t« so fest miteinander assoziiert wie in ◘ Abb. 7.2 dargestellt, so könnten Sie zwar neben »wort« auch »ort« sagen, nicht aber »rot« oder »traube«. Diese offensichtlich unzutreffende Vorhersage zeigt, dass Assoziationen nicht fest sein können, sondern vom momentanen Kontext und dem Handlungsziel abhängen.

Hulls (1931) Idee, die Handlungssequenz mit Repräsentationen von Motivation und Ziel zu verknüpfen, weist hier in die richtige Richtung, denn dadurch werden Handlungspläne kontextsensitiv. Andere Autoren haben noch stärker die Möglichkeit betont, dass die Repräsentationen einer Sequenz nicht nur assoziiert, sondern mit anderen Elementen und kontextueller Information **integriert** werden. Schwarz (1933) nahm beispielsweise an, dass die Repräsentationen zunächst unabhängiger Handlungselemente durch Übung zu funktionalen Einheiten verschmelzen, sozusagen zu Handlungsgestalten. Derartige Gestaltbildungen können Sie im

Alltag beobachten, z.B. beim Handschreiben. Kinder schreiben Wörter oft Buchstabe für Buchstabe, während Erwachsene in größeren Einheiten planen. Hulstijn u. van Galen (1988) ließen z.B. Erwachsene mehr oder weniger komplexe Buchstaben und unbekannte, arbiträre Schriftzeichen mit der Hand schreiben. Die Reaktionszeit für das Schreiben eines unbekannten Zeichens nahm dabei mit der Komplexität des Zeichens zu, ähnlich wie wir das bei vergleichbaren Aufgaben bereits gesehen haben (► Abschn. 6.1.3). Vertraute Buchstaben zeigen diesen Effekt jedoch nicht, d.h. hier ist die Reaktionszeit unabhängig von der Komplexität. Das Produzieren eines **unbekannten** Zeichens wird also in Form einer Sequenz von Teilbewegungen geplant (deren Anzahl mit der Komplexität zunimmt, wodurch die Planungszeit steigt), während **bekannte** Buchstaben als eine integrierte Planungseinheit fungieren (Teulings et al., 1986). Auch beim Erwerb grammatikalisch strukturierter Sequenzen ist die Bildung von **Untereinheiten** (»chunks«) beobachtet worden (z.B. Servan-Schreiber u. Anderson, 1990).

Ein zu seiner Zeit einflussreiches Integrationsmodell wurde von Wickelgren (1969) vorgelegt. Das Modell nimmt an, dass die Elemente einer Sequenz **kontextabhängig** repräsentiert werden in dem Sinne, dass die Repräsentationen eines jeden Elementes auch Information über das jeweils vorauslaufende und nachfolgende Element enthält. Die Lautfolge »wort« wäre dieser Logik zufolge durch vier Kodes oder Chunks vertreten {#wo, wor, ort, rt#}. Die in diesen Kodes enthaltenen Laute können durchaus auch in andere Sequenzen integriert werden, sodass z.B. die verbale Handlung »rot« durch drei andere {#ro, rot, ot#} und »traube« durch sechs andere Kodes {#tr, tra, rau, aub, ube, be#} repräsentiert sind. Einerseits lässt auch dieser Ansatz einige wichtige Fragen offen, z.B. wieso man trotz der Gleichheit der ersten Lautrepräsentation statt »wort« {#wo, wor, ort, rt#} nicht »wolga« {#wo, wol, olg, lga, ga#} sagt und wie man aus derartigen Kodes allgemeine Lautbildungsregeln extrahieren kann. Andererseits stellt die Überlegung einer kontextspezifischen, relationalen Kodierung einen wichtigen theoretischen Fortschritt dar, der sich in abgewandelter Form in Modellen der hierarchischen Sequenzplanung wieder findet.

7.2.3 Hierarchische Kontrolle

Modelle der hierarchischen Kontrolle gehen davon aus, dass Handelnde ihre Handlungen (und damit auch ihre Handlungspläne) kognitiv strukturieren und funktionale Einheiten und Untereinheiten bilden. Wenn Sie sich z.B. einen Kaffee zubereiten, dann umfasst die Einheit »Wasser erhitzen« weitere Untereinheiten wie z.B. Wasserkessel ergreifen, auf die Herdplatte stellen, die Platte einschalten, usw. Auch die Untereinheit »Wasserkessel ergreifen« besteht bei genauer Betrachtung ebenfalls wieder aus verschiedenen Untereinheiten wie der Lokalisierung des Wasserkessels in der Küche, der Bewegung der Hand zum Griff des Kessels, dem Öffnen und Schließen der Hand, usw. Die Annahme einer bloßen Verkettung von Handlungselementen wird dieser Komplexität der Handlungsplanung wenig gerecht. Auch die Annahme von integrierten Chunks hilft ohne die Einführung verschieden abstrakter Repräsentationsebenen nur unwesentlich weiter. Diese Mängel wurden im Zusam-

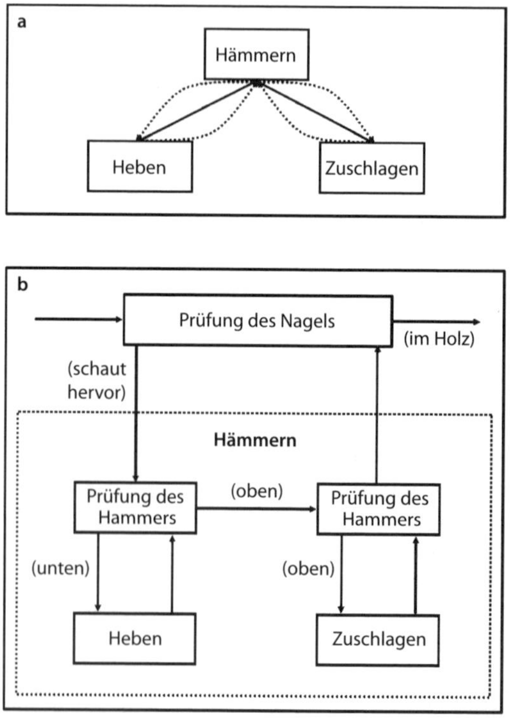

Abb. 7.3. Hierarchisches Planungsmodell

menhang mit sprachlichen Handlungen von Lashley (1951) schon früh erkannt.

Um sie zu beheben, haben Miller et al. (1960/1973) ein **hierarchisches Planungsmodell** vorgeschlagen, das mehrere Ebenen umfasst. ◘ Abb. 7.3 demonstriert die Annahme des Modells anhand eines einfachen Beispiels, nämlich dem Einschlagen eines Nagels mit einem Hammer. ◘ Abb. 7.3a zeigt die Grundidee: Die Handlung des Hämmerns besteht aus der Komponente des Hebens und der Komponente der Zuschlagens, wobei die erste Komponente stets vor der zweiten aktiviert wird (wie durch die gepunkteten Pfeile angedeutet). ◘ Abb. 7.3b konkretisiert diese abstrakte grammatikalische Skizze.

Studie

Evidenz für die hierarchische Handlungsplanung manueller Bewegungssequenzen

Die Neigung zu einer hierarchischen Planung von Handlungssequenzen zeigt sich bereits in relativ einfachen experimentellen Aufgaben. Rosenbaum et al. (1983) ließen z.B. Versuchspersonen schnelle Folgen von Fingerbewegungen ausführen und maßen die für die Initiierung jeder einzelnen Bewegung erforderliche Zeit. ◘ Abb. 7.4a zeigt die Ergebnisse für die Abfolge linker Mittelfinger → rechter Mittelfinger → linker Mittelfinger → rechter Mittelfinger → linker Zeigefinger → rechter Zeigefinger → linker Zeigefinger → rechter Zeigefinger. Es ist leicht zu sehen, dass diese Reaktionszeiten einem bestimmten Muster folgen: Jede zweite Bewegung wurde schneller initiiert als die jeweils vorhergehende. Das legt nahe, dass im Rahmen der Programmierung Gruppen von je zwei Bewegungselementen gebildet wurden.

Weitere Studien der Autoren konnten bestätigen, dass diese Muster nicht etwa von den einzelnen Fingerbewegungen abhängen (z.B. vom jeweils betroffenen Finger), sondern von der Art und Weise, wie sie kombiniert werden. Sehr ähnliche Muster wurden bereits von Povel u. Collard (1982) bei der verbalen Produktion von Ziffernfolgen beobachtet. Die Autoren hatten dies durch die Annahme erklärt, dass Handelnde bei der Planung sog. **binäre Entscheidungsbäume** verwenden. Dieses von Greeno u. Simon (1974) eingeführte Konzept geht davon aus, dass Sequenzen in hierarchisch strukturierte, binäre Entscheidungsbäume übersetzt und durch das Auslesen dieser Strukturen kontrolliert werden. Wie Rosenbaum et al. (1983) argumentieren, könnte das in ◘ Abb. 7.4a gezeigte Reaktionszeitmuster genau so entstanden sein, wie in ◘ Abb. 7.4b dargestellt.

Planung und Abruf kann man sich hier als eine Art **mentaler Reise** zwischen verschiedenen Ästen der Entscheidungsbäume vorstellen. Die Planung beginnt auf der obersten Ebene (dem Punkt ganz oben in der Mitte), „wandert" dann zur Repräsentation des ersten Bewegungselementes links unten, dann zum zweiten Bewegungselementen rechts daneben, und so weiter. Wenn Sie die Länge der jeweils zurückgelegten Strecke in Zeit umrechnen, dann wird klar, dass die Reaktionszeit für das erste und das vierte Bewegungselement besonders lang sein muss und die Reaktionszeiten für das zweite, vierte, sechste und achte Element besonders kurz – genauso, wie von Rosenbaum et al. gefunden.

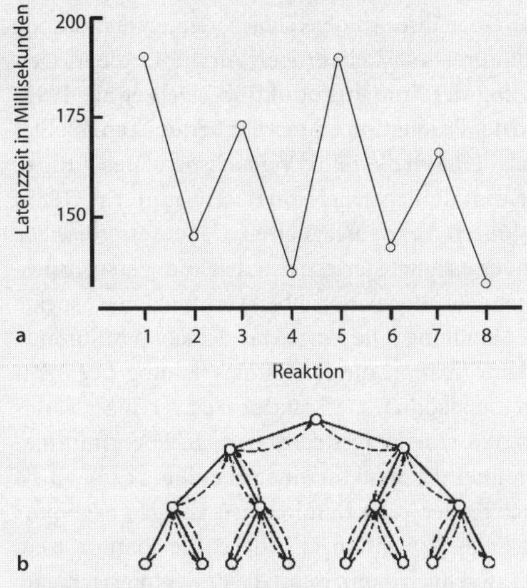

◘ **Abb. 7.4.** Latenzzeiten für die Initiierung des 1. bis 8. Elements einer manuellen Bewegungssequenz. (Aus Rosenbaum et al., 1983. Reprinted with permission from APA. APA is not responsible for the accuracy of this translation)

Der Nagel wird zunächst geprüft, und falls er noch hervorschaut, kommt die »Hämmerroutine« zum Einsatz, die ihrerseits aus den zwei Komponenten Heben und Zuschlagen besteht. Die Routine wird so lange durchlaufen, bis der Nagel im Holz sitzt. Die Untereinheiten von Handlungen folgen also dem kontrolltheoretischen **Test-Operate-Test-Exit-Prinzip (TOTE-Prinzip)** und fügen sich in eine umfassendere hierarchische Planungsstruktur ein.

Das Konzept der hierarchischen Handlungsplanung bietet eine ganze Reihe von Vorteilen, aber es hat auch Nachteile. Zu den Nachteilen gehört, dass die **Vorhersage des Verhaltens schwieriger** wird. So ist z.B. nicht wahrscheinlich, dass hierarchische Entscheidungsbäume stets binärer Natur sind. Nehmen Sie z.B. an, Sie produzieren die numerische Sequenz 1-2-3-11-12-13-21-22-23. Ist es dann nicht wahrscheinlich, dass Sie diese Sequenz in drei dreiwertige Chunks aufspalten: 1-2-3, 11-12-13 und 21-22-23? In diesem Falle liegt es noch einigermaßen nahe, eine bestimmte Form der Gruppierung zu unterstellen, aber auf welche Weise strukturieren Handelnde eine Einkaufstour oder eine Reise? Und wie merken Sie sich Telefonnummern?

Das Konzept der hierarchischen Planung erlaubt die Unterscheidung von Sequenzelementen und einer ihre Abfolge steuernden, syntaktischen Struktur. Dies ist ein großer Vorteil für die Modellierung der **Sprachproduktion** (Dell et al., 1997) und der Produktion **manueller Sequenzen**. Zießler et al. (1988) ließen ihre Versuchspersonen z.B. Sequenzen ähnlich denen von Rosenbaum et al. (1983) ausführen. Vor dem Signalreiz, der die erforderliche Sequenz signalisierte, erhielten die Versuchspersonen Vorinformation über verschiedene Aspekte der Handlung. Die Frage war dabei, ob bestimmte Vorinformation die Handlungsplanung begünstigen und dadurch die Reaktionszeit verringern können. Wie sich herausstellte, verringerte Vorinformation über die Struktur einer Handlung (z.B. ob sie einen Finger- oder Handwechsel an einer bestimmten Sequenzposition erfordert) die Planungszeit, und zwar auch dann, wenn die Bewegungselemente selbst noch unbekannt waren. Diese Beobachtung belegt, dass die Versuchspersonen in der Lage waren, strukturelle Handlungsaspekte unabhängig von den zu strukturierenden Handlungselementen vorauszuplanen. Ganz ähnlich fanden Semjen u. Gottsdanker (1991) Belege dafür, dass Übergänge zwischen kräftigen und weniger kräftigen Fingerbewegungen geplant werden können, noch bevor die Richtung der Übergänge (Erhöhung oder Verminderung der Kraft) feststeht.

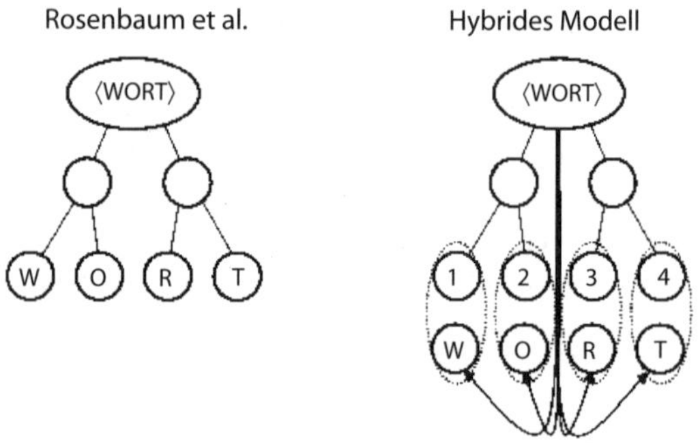

Abb. 7.5. Hierarchische Modelle für die Planung der Produktion des Wortes »wort«

In Übereinstimmung mit den hierarchischen Planungsmodellen können Handelnde also inhaltliche und syntaktische Eigenschaften von Handlungen **unabhängig** voneinander **planen**. Das setzt voraus, dass die Repräsentationen von Sequenzelementen und ihrer Abfolge **unabhängig** voneinander **existieren**. Wie man sich dies im Zusammenhang mit unserem »Wort«-Beispiel vorstellen könnte, haben wir in Abb. 7.5 dargestellt. Links sehen Sie das ursprüngliche Konzept der binären Entscheidungsbäume, wie von Rosenbaum et al. (1983) vorgeschlagen. Rechts sehen Sie die um eine syntaktische Ebene erweiterte Version. Zunächst ist nur die Abfolge von vier Buchstaben spezifiziert (die Positionen 1–4), und die Positionskodes werden mit den betreffenden Buchstaben integriert. Durch die Integration der Positionskodes mit anderen Buchstaben ließe sich dieses syntaktische Modell erweitern und generalisieren. Allerdings wäre nahe liegend, die von Rosenbaum et al. übernommene zweite (binäre) Planungsebene zu eliminieren, denn die hier abgebildete Version des Modells macht die wenig plausible Vorhersage, dass die Sprechpause zwischen O und R länger ist als zwischen W und O.

7.3 Planung langer und geübter Handlungssequenzen

Die Untersuchungen zur Planung von Handlungssequenzen lassen keinen Zweifel daran, dass Handelnde mehrere Elemente einer Sequenz im Voraus planen können. Einige Studien belegen, dass ein Handlungsplan für die gesamte Sequenz erstellt wird, aber man kann sich fragen, ob das immer der Fall ist. Wir haben bereits mehrere Beispiele genannt, bei denen die Planung der kompletten Sequenz unplausibel ist, und weitere Beispiele lassen sich leicht finden: Denken Sie nur an eine Urlaubsreise oder einen Theaterbesuch. Der Grund für derartige Unterschiede dürfte sich aus den **Vor- und Nachteilen der Handlungsplanung** ergeben. Planung kostet einerseits Zeit, andererseits spart sie aber auch Zeit – allerdings tut sie das zu verschiedenen Zeitpunkten. Wenn Sie also in einem Reaktionszeitexperiment möglichst wenig Zeit mit der Ausführung einer Handlung verbringen und möglichst wenig Fehler machen wollen, dann ist eine gute Planung unabdingbar. Wenn Sie aber zwischen den Elementen einer Handlungssequenz ausreichend Zeit haben, wie auf einer Urlaubsreise, dann macht eine sehr detaillierte Planung vor Beginn der Reise wenig Sinn. Außerdem kostet es nicht nur Zeit, einen Plan zu konstruieren, sondern auch kognitive Ressourcen, um den konstruierten Plan im Arbeitsgedächtnis zu halten. Je umfangreicher dieser Plan ist, desto eher wird der Nachteil der Gedächtnisbelastung den Vorteil der Zeitersparnis überwiegen und desto weniger effektiv wird die Vorausplanung sein. Das muss nicht bedeuten, dass Handelnde ihre Handlungen bei langen Sequenzen nicht mehr planen sollten: Je länger eine Sequenz ist, desto mehr Gelegenheit besteht, im Verlauf der Sequenzausführung spätere Sequenzelemente zu planen. Mit anderen Worten, mit zunehmender Sequenzlänge nimmt die Möglichkeit zu, die Planungsaktivitäten zeitlich zu verteilen.

In Übereinstimmung mit diesen Überlegungen, stellten schon Klapp u. Wyatt (1976) in einer Übersicht früherer Untersuchungen zur **Sequenzplanung** fest, dass bereits bei der Planung relativ kurzer verbaler Handlungen die Reaktionszeit mit der Anzahl auszusprechender Silben zwar kontinuierlich, aber nicht linear zunimmt. Mit anderen Worten, je länger eine Sequenz ist, desto weniger verlängert ein hinzukommendes Element die Planungszeit. Auch bei Sequenzen von manuellen Bewegungen nimmt die Planungszeit nur bis zum zweiten Element zu (Harrington u. Haaland, 1987), und in einigen Fällen und bei längeren Sequenzen wurde sogar eine Abnahme der Planungszeit mit zunehmender Komplexität beobachtet (Rosenbaum et al., 1987). Die Planung von Handlungssequenzen im Voraus ist also **möglich**, aber **nicht zwingend notwendig**.

Im Folgenden diskutieren wir die drei wichtigsten Faktoren, von denen es abhängt, ob eine Handlung im Voraus geplant wird. Wie Sie sehen werden, werden Sequenzen v.a. dann im Voraus geplant, wenn sie kurz und ungeübt sind und wenn sie schnell ausgeführt werden müssen. Wenn Sequenzen hingegen lang und gut geübt sind, wenn sie aus langsamen Bewegungen bestehen, und wenn kein Zeitdruck besteht, werden die Elemente einer Sequenz vornehmlich zeitlich verteilt, d.h. während der Ausführung der Sequenz geplant. Zudem ist anzunehmen, dass Übung auch den Charakter der Planung verändert.

7.3.1 Sequenzlänge

Aus Gründen der Effizienz wurden in früheren Studien zur Planung von Handlungssequenzen relativ kurze Tastendruck- und Sprechsequenzen untersucht. Während diese Studien i.d.R. einen linearen Zusammenhang zwischen der Initiierungszeit einer Sequenz und der Anzahl ihrer Elemente fanden, haben neuere Untersuchungen mit längeren Sequenzen die Grenzen der Vorbereitung aufgezeigt. Wie bereits angedeutet, scheinen Probanden bei geübten, langsamen Bewegungen nur ein bis zwei Elemente vorzubereiten (z.B. Harrington u. Haaland, 1987; Teulings et al., 1986) und selbst bei schnellen Bewegungen kaum mehr als sechs (z.B. Monsell, 1986). Bei längeren Sequenzen nimmt der Zusammenhang zwischen Initiierungszeit und der Anzahl der Elemente ab (z.B. Garcia-Colera u. Semjen, 1988).

Zumindest zwei Gründe könnten für den geringen Einfluss der Anzahl der Elemente bei längeren Sequenzen verantwortlich sein. Zum einen könnte sich es um eine **Strategie** handeln (▶ Abschn. 7.3.4):

Handelnde könnten schlichtweg von der Vorausplanung absehen, z.B. um ihr Arbeitsgedächtnis nicht zu belasten und Fehler zu vermeiden, oder aus Effizienzgründen die Planung zeitlich verteilen. Zum anderen ist aber auch denkbar, dass längere Sequenzen bessere Möglichkeiten zur **Organisation** der Elemente bieten. Denken Sie z.B. an die Fingerbewegungssequenz von Rosenbaum et al. (1983) (▶ Abschn. 7.2.3 u. ◘ Abb. 7.5): linker Mittelfinger → rechter Mittelfinger → linker Mittelfinger → rechter Mittelfinger → linker Zeigefinger → rechter Zeigefinger → linker Zeigefinger → rechter Zeigefinger. Die Abfolge von acht Fingerbewegungen bietet wesentlich mehr Möglichkeiten zur Integration (»chunking«) einiger Elemente, wie z.B. sich wiederholender Abfolgen (linker Mittelfinger → rechter Mittelfinger einerseits und linker Zeigefinger → rechter Zeigefinger andererseits) und zur hierarchischen Handlungsplanung (z.B. »2 ×(linker Mittelfinger → rechter Mittelfinger) + 2 ×(linker Zeigefinger → rechter Zeigefinger)«). Der Umfang eines derartigen Handlungsplans nimmt nicht notwendigerweise mit der Anzahl weiterer Elemente zu. So sollte z.B. die Planung der dreimaligen Ausführung eines Chunks nicht länger dauern als dessen zweimalige Ausführung. Tatsächlich nimmt die Planungszeit längerer Tastendrucksequenzen beim Maschinenschreiben nur dann linear mit der Elementzahl zu, wenn die Elemente (Buchstaben) willkürlich gruppiert sind; dieser Zusammenhang verschwindet jedoch weitgehend, wenn Abfolgen systematische Wiederholungen enthalten und dadurch die Bildung von Chunks erlauben (Kornbrot, 1989).

7.3.2 Bewegungsdauer

Systematische Beziehungen zwischen der Initiierungszeit und der Länge von Sequenzen wurden v.a. bei der manuellen Produktion willkürlicher Tastenfolgen und beim Aussprechen willkürlicher Silbenfolgen festgestellt (z.B. Klapp u. Wyatt, 1976; Sternberg et al., 1978). In beiden Fällen handelt es sich um Handlungen, deren Elemente nur wenig Zeit beanspruchen und die daher sehr schnell ausgeführt werden können. Dies reduziert die Möglichkeit, zeitlich verteilt zu planen, d.h. spätere Elemente während der Ausführung früherer Elemente vorzubereiten. Langsamere Handlungssequenzen wie manuelle Zielbewegungen (Harrington u. Haaland, 1987) und Handschreiben (Teulings et al., 1986), zeigen hingegen sehr viel weniger systematische Beziehungen zwischen Initiierungszeit und Sequenzlänge. Auch Bewegungsfolgen, die im Prinzip schnell ausgeführt werden können, zeigen kaum noch **Sequenzlängeneffekte**, wenn sie nicht unter Zeitdruck ausgeführt werden (Semjen u. Garcia-Colera, 1986).

7.3.3 Übung

Die Planung von Sequenzen **verändert** sich im Laufe von Übung: Während Handelnde beim Erwerb einer Sequenz noch versuchen, viele oder alle Bewegungselemente vor dem Beginn der Sequenz zu planen, gehen sie mit zunehmender Übung mehr und mehr zu einem zeitlich verteilten (bzw. anders organisierten, ▶ Abschn. 7.2.3) Planungsmodus über. Dies ist u.a. daran zu erkennen, dass der für die Vorausplanung typische Anstieg der Reaktionszeit für das erste Element einer Sequenz mit der Anzahl der folgenden Elemente mit zunehmender Übung verschwindet. Wie bereits erwähnt, tritt der Sequenzlängeneffekt z.B. beim manuellen Schreiben sinnloser Zeichen auf, nicht aber beim Schreiben bekannter Buchstaben (Teulings et al., 1986). Auch die Kosten für die Reprogrammierung falsch vorbereiteter Buchstabensequenzen sind sehr gering (Stelmach et al., 1984). Schließlich lassen sich auch die bei arbiträren Bewegungsfolgen zunächst auftretenden Längeneffekte durch Training beträchtlich reduzieren oder sogar eliminieren (Klapp u. Wyatt, 1976).

Es scheint klar, dass sich die Art und Weise, wie wir Handlungssequenzen planen, im Laufe der Übung verändert. Weniger klar ist jedoch bislang, was genau sich verändert. Es wäre z.B. möglich, dass sich mehr und weniger geübte Handelnde lediglich hinsichtlich des **Zeitpunktes** der Planung unterscheiden. Während Ungeübte sämtliche Planungsschritte vor dem Beginn der Sequenz abschließen, könnten Geübte einen Teil der Planung in die Ausführungsphase verlegen, sodass Planung und Ausführung zeitlich überlappen. Tatsächlich lässt sich zeigen, dass sich die Ausführungsdauer des ersten Elementes einer Sequenz im Laufe der Übung wesentlich weniger reduziert als die der folgenden Elemente (Portier u. van Galen, 1992). Dies legt nahe, dass Geübte während der Ausführung des ersten Elementes noch spätere Elemente planen. Man kann sich allerdings auch fragen, ob bzw. inwiefern Handlungen trotz umfangreichen Trainings noch **geplant** werden müssen. Das Training könnte zum Erwerb einer (ggf. hierarchisierten) Kontrollstruktur führen, die zu Bewegungsbeginn bloß noch abgerufen werden muss. Im Einklang mit dieser Überlegung steht u.a. die in ◘ Abb. 7.1 skizzierte Beobachtung, dass sich die Fingerbewegungen beim Maschinenschreiben im Laufe der Übung zunehmend zeitlich überlappen (Gentner, 1983). Im Zusammenhang mit den Sequenzierungsmodellen (► Abschn. 7.2) legt die Überlegung außerdem nahe, dass verschiedene Modelle verschiedene Grade der Übung abbilden könnten, sodass z.B. manche Sequenzen zunächst durch Verkettung und später durch Hierarchisierung ihrer Repräsentationen geplant werden.

? Kontrollfragen

Offensichtlich können nicht nur einzelne Handlungen, sondern auch längere Handlungssequenzen im Voraus geplant und durch die Ausführung des Handlungsplans kontrolliert werden.

- Wie kann man entscheiden, ob Handlungssequenzen Schritt für Schritt ausgeführt oder durch umfassendere Handlungspläne gesteuert werden?
- Von welchen Faktoren hängt es ab, ob eine Handlung im Voraus geplant wird?
- Die Planung von Handlungen, die aus mehreren Elementen bestehen, stellt die handelnde Person vor das Sequenzierungsproblem. Wie wird dieses Problem gelöst?
- Welchen Einfluss haben Lernen und Üben auf die Planung längerer Handlungssequenzen?

Weiterführende Literatur

Lashley, K. S. (1951). The problem of serial order in behavior. In L.A. Jeffress (ed.), *Cerebral mechanisms in behavior* (pp. 112–146). New York: Wiley.

Rumelhart, D. E. & Norman, D. A. (1982). Simulating a skilled typist: A study of skilled cognitive-motor performance. *Cognitive Science, 6*, 1–36.

Literatur

Dell, G. S. (1986). A spreading activation theory of retrieval in sentence production. *Psychological Review, 93*, 283–321.

Dell, G. S., Burger, L. K. & Svec, W. R. (1997). Language production and serial order: A functional analysis and a model. *Psychological Review, 104*, 123–147.

Eriksen, C. W., Pollack, M. D. & Montague, W. E. (1970). Implicit speech: Mechanism in perceptual encoding? *Journal of Experimental Psychology, 84*, 502–507.

Estes, W. K. (1972). An associative basis for coding and organization in memory. In A. W. Melton & E. Martin (eds.), *Coding processes in human memory* (pp. 161–190). New York: Wiley.

Fromkin, V. A. (ed.). (1980). *Errors in linguistic performance: Slips of the tongue, ear, pen, and hand.* New York: Academic Press.

Garcia-Colera, A. & Semjen, A. (1988). Distributed planning of movement sequences. *Journal of Motor Behavior, 20*, 341–367.

Garrett, M. F. (1982). Production of speech: Observations from normal and pathological language use. In A. W. Ellis (ed.), *Normality and pathology in cognitive functions* (pp. 19–76). London: Academic Press.

Gentner, D. R. (1983). The acquisition of typewriting skill. *Acta Psychologica, 54*, 233–248.

Gentner, D. R., Grudin, J. & Conway, E. (1980). *Finger movements in transciption typing.* La Jolla, CA: University of California, San Diego, Center for Human Information Processing (Technical Report 8001).

Greeno, J. G. & Simon, H. A. (1974). Processes for sequence production. *Psychological Review, 81*, 187–198.

Greenwald, A. (1970). Sensory feedback mechanisms in performance control: With special reference to the ideomotor mechanism. *Psychological Review, 77*, 73–99.

Harrington, D. L. & Haaland, K. Y. (1987). Programming sequences of hand postures. *Journal of Motor Behavior, 19*, 77–95.

Hoffmann, J. & Koch, I. (1997). Stimulus-response compatibility and sequential learning in the serial reaction time task. *Psychological Research, 60*, 87–97.

Hoffmann, J., Sebald, A. & Stöcker, C. (2001). Irrelevant response effects improve serial learning in serial reaction time tasks. *Journal of Experimental Psychology: Learning, Memory, and Cognition, 27*, 470–482.

Hull, C. L. (1931). Goal attraction and directing ideas conceived as habit phenomena. *Psychological Review, 38*, 487–506.

Hulstijn, W. & van Galen G. P. (1983). Programming in handwriting: Reaction time and movement time as a function of sequence length. *Acta Psychologica, 54*, 23–49.

Hulstijn, W. & van Galen, G. P. (1988). Levels of motor programming in writing familiar and unfamiliar symbols. In A. M. Colley & J. K. Beech (eds.), *Cognition and action in skilled behavior* (pp. 65–85). Amsterdam: North-Holland/Elsevier.

Inhoff, A. W. (1986). Preparing sequences of saccades under choice reaction conditions: Effects of sequence length and context. *Acta Psychologica, 61*, 211–228.

James, W. (1890). *The principles of psychology*. New York, NY: Dover.

Keele, S. W. & Posner, M. I. (1968). Processing of visual feedback in rapid movements. *Journal of Experimental Psychology, 77*, 155–158.

Klapp, S. T. & Wyatt, E. P. (1976). Motor programming within a sequence of resposes. *Journal of Motor Behavior, 8*, 19–26.

Kornbrot, D. E. (1989). Organisation of keying skills: The effect of motor complexity and number of units. *Acta Psychologica, 70*, 19–41.

Lashley, K. S. (1951). The problem of serial order in behavior. In L.A. Jeffress (ed.), *Cerebral mechanisms in behavior* (pp. 112–146). New York: Wiley.

MacKay, D. G. (1987). *The organization of perception and action*. Berlin, Heidelberg, New York, Tokio: Springer.

Miller, G. A., Galanter, E. & Pribram, K. H. (1960). *Plans and the structure of behavior*. New York: Holt, Rinehart & Winston.

Monsell, S. (1986). Programming of complex sequences: Evidence from the timing of rapid speech and other productions. In H. Heuer & C. Fromm (eds.), *Generation and modulation of action patterns* (pp. 72–86). Berlin, Heidelberg, New York, Tokio: Springer.

Münsterberg, H. (1889). *Beiträge zur experimentellen Psychologie, Heft 1*. Freiburg: Mohr.

Nattkemper, D. & Prinz, W. (1997). Stimulus and response anticipation in a serial reaction task. *Psychological Research, 60*, 98–112.

Portier, S. J. & van Galen, G. P. (1992). Immediate vs. postponed visual feedback in practising a handwriting task. *Human Movement Science, 11*, 563–592.

Potter, J. M. (1980). What was the matter with Dr. Spooner? In V. A. Fromkin (ed.), *Errors in linguistic performance* (pp. 13–34). New York: Academic Press.

Povel, D. & Collard, R. (1982). Structural factors in patterned finger tapping. *Acta Psychologica, 52*, 107–123.

Rosenbaum, D. A. (1980). Human movement initiation: Specification of arm, direction, and extent. *Journal of Experimental Psychology: General*, 109, 444–474.

Rosenbaum, D. A. (1991). *Human motor control*. San Diego, CA: Academic Press.

Rosenbaum, D. A., Hindorff, V. & Munro, E. M. (1987). Scheduling and programming of rapid finger sequences: Tests and elaborations of the hierarchical editor model. *Journal of Experimental Psychology: Human Perception and Performance, 13*, 193–203.

Rosenbaum, D. A., Inhoff, A. W. & Gordon, A. M. (1984). Choosing between movement sequences: A hierarchical editor model. *Journal of Experimental Psychology: General, 113*, 372–393.

Rosenbaum, D. A., Kenny, S. B. & Derr, M. A. (1983). Hierarchical control of rapid movement sequences. *Journal of Experimental Psychology: Human Perception and Performance, 9*, 86–102.

Rumelhart, D. E. & Norman, D. A. (1982). Simulating a skilled typist: A study of skilled cognitive-motor performance. *Cognitive Science, 6*, 1–36.

Schwarz, G. (1933). Über Rückfälligkeit bei Umgewöhnung: 2. Über Handlungsganzheiten und ihre Bedeutung für die Rückfälligkeit. *Psychologische Forschung, 18*, 143–190.

Semjen, A. & Garcia-Colera, A. (1986). Planning and timing of finger-tapping sequences with a stressed element. *Journal of Motor Behavior, 18*, 287–322.

Semjen, A. & Gottsdanker, R. (1991). Structural facilitation of movement sequence planning. In J. Requin & G. E. Stelmach (eds.), *Tutorials in motor neuroscience* (pp. 397–412). Dordrecht: Kluwer.

Servan-Schreiber, E. & Anderson, J. R. (1990). Chunking as a mechanism of implicit learning. *Journal of Experimental Psychology: Learning, Memory, and Cognition, 16*, 592–608.

Shaffer, L. H. (1975). Control processes in typing. *Quarterly Journal of Experimental Psychology, 27A*, 419–432.

Stelmach, G. E., Mullins, P. A. & Teulings H. (1984). Motor programming and temporal patterns in handwriting. *Annals of the New York Academy of Sciences, 423*, 144–157.

Sternberg, S., Monsell, S., Knoll, R. L. & Wright, C. E. (1978). The latency and duration of rapid movement sequences: Comparisons of speech and typewriting. In G. E. Stelmach (ed.), *Information processing in motor control and learning* (pp. 117–152). New York: Academic Press.

Terzuolo, C. A. & Viviani, P. (1980). Determinants and characteristics of motor patterns used for typing. *Neuroscience, 5*, 1085–1103.

Teulings, H., Mullins, P. A. & Stelmach, G. E. (1986). The elementary units of programming in handwriting. In G. P. van Galen, H. S. R. Kao & R. Hoosain (eds.), *Graphonomics: Contemporary research in handwriting* (pp. 21–32). Amsterdam: Elsevier.

Wickelgren, W. A. (1969). Context-sensitive coding, associative memory, and serial order in (speech) behavior. *Psychological Review, 76*, 1–15.

Zießler, M., Hänel, K. & Hoffmann, J. (1988). Die Programmierung struktureller Eigenschaften von Bewegungsfolgen. *Zeitschrift für Psychologie, 196*, 371–388.

8 Kontrolle und Koordination multipler Handlungen

Lernziele

- Wie kann man empirisch feststellen, ob bzw. inwiefern der Wechsel zwischen verschiedenen Aufgaben kognitive Kosten verursacht?
- Welche kognitiven Kosten entstehen beim Wechsel zwischen zwei oder mehreren Aufgaben?
- Welche Faktoren tragen zu den Wechselkosten bei? Auf welche Weise tun sie das?
- Wie kann man empirisch feststellen, ob die Kombination verschiedener Aufgaben zusätzliche kognitive Kosten verursacht?
- Wie kann man feststellen, durch welche kognitiven Prozesse diese Kosten verursacht werden?
- Welche kognitiven Prozesse verursachen Verarbeitungsengpässe beim Multitasking?
- Was ist der Unterschied zwischen strukturellen und funktionalen Verarbeitungsengpässen?

Seit dem 01.02.2001 ist in Deutschland dem Fahrzeugführer die Benutzung eines Mobiltelefons während der Fahrt untersagt, wenn er hierfür das Mobiltelefon oder den Hörer des Autotelefons aufnehmen oder halten muss (§ 23 Abs. 1 a StVO). Das Motiv hinter dieser Entscheidung ist die Verkehrssicherheit. Die manuellen Erfordernisse des Telefonierens, so die Überlegung, könnten zu sehr vom Steuern des Autos ablenken. Das leuchtet unmittelbar ein, denn man kann mit einer Hand immer nur eine Sache zugleich tun. Interessanterweise gilt das Verbot jedoch nicht, wenn das Mobiltelefon oder der Hörer des Autotelefons nicht in die Hand genommen werden muss wie z.B. bei einer Freisprechanlage. In dieser Entscheidung drückt sich die Überzeugung aus, dass zwar unser Körper immer nur eine Aufgabe zu einer Zeit erledigen kann, dass aber unser Geist, unser kognitives System multitaskingfähig ist.

Immer mehr Arbeitstätigkeiten erfordern die zeitlich überlappende Bearbeitung mehrerer Aufgaben, und die Medien sind voll von Spekulationen über mögliche Grenzen der Belastung und z.B. mögliche Geschlechterunterschiede. Frauen wird nachgesagt, über weit bessere Multitasking-Fähigkeiten zu verfügen als Männer, entweder aufgrund ihrer genetischen Ausstattung oder ihrer (im Durchschnitt) größeren Übung in der Haushaltsführung, weil dieses oft gleichzeitiges Tun erfordert. Auch wenn derlei Überzeugungen mehr mit den vorherrschenden Stereotypen über geschlechtliche Rollenverteilungen zu tun haben als mit seriöser wissenschaftlicher Forschung, so ist die allgemeine Frage nach den Folgen des unaufhaltsamen Einzugs des Multitasking in unser alltägliches Leben sicher berechtigt.

▼

Die Übersetzung der Ergebnisse artifizieller Laboruntersuchungen in die Wirklichkeit ist immer schwierig. Dennoch wird eines deutlich: Jeder Wechsel zwischen mehreren Aufgaben und jede Mehrfachbelastung kostet kognitive Kapazität, von möglichen affektiven und motivationalen Konsequenzen gar nicht zu reden. In diesem Sinne haben die Autoren der zunehmend populären psychologischen Ratgeber und Coaching-Bücher sicherlich Recht, wenn sie darauf hinweisen, dass die Leistung bei voller Konzentration auf eine Aufgabe immer am besten ist. Ob die optimale Leistung jedoch immer erforderlich ist, ist eine ganz andere Frage, unter Umständen sogar eine des persönlichen Lebensstils. Oder eine Frage der sozialen Verantwortung, wie im Falle der Benutzung von Mobiltelefonen in Fahrzeugen.

Handlungen, die in der experimentellen Psychologie untersucht werden, sind häufig sehr viel einfacher als in der Realität (► Kap. 7). An sich ist dies wünschenswert, weil es die experimentelle Kontrolle erhöht, aber man muss sich stets fragen, ob die dadurch gewonnenen Erkenntnisse noch auf die Wirklichkeit übertragen werden können. Auch streng kontrollierte Laboruntersuchungen sollten also stets bemüht sein, sich der Komplexität des alltäglichen Lebens zumindest anzunähern.

Reale Handlungen bestehen oft aus mehreren Elementen, deren Abfolge organisiert werden muss. Sie unterscheiden sich aber noch hinsichtlich anderer Aspekte von Reaktionen im psychologischen Labor. Ein wesentlicher **Unterschied** besteht darin, dass wir im Alltag nur selten eine Handlung hunderte Male **wiederholen** wie im Experiment üblich, stattdessen wechseln wir häufig zwischen verschiedenen Handlungen hin und her. Denken Sie z.B. an die Zubereitung einer Mahlzeit in der Küche oder an eine Autofahrt in die Ferien. Die Handlungen, zwischen denen wir wechseln, können selbst wieder einfach oder komplex sein und wiederum aus Handlungssequenzen bestehen. Auch wenn wir verstehen, wie einzelne Handlungen oder Handlungssequenzen kontrolliert werden, stellt sich die Frage, wie Menschen zwischen verschiedenen Handlungen hin und her schalten können (► Abschn. 8.1).

Ein anderer **Unterschied** zwischen vielen Laborexperimenten und alltäglichen Handlungszusammenhängen besteht darin, dass wir im Alltag nicht selten mehrere Handlungen **zugleich ausführen**. Es stellt sich die Frage, ob dies überhaupt möglich ist, d.h. ob wir wirkliche »Multitasker« sein können, oder ob wir einfach sehr schnell zwischen verschiedenen Handlungen hin und her schalten. Eine zweite Frage hat damit zu tun, dass manche Handlungen wesentlich einfacher miteinander zu kombinieren sind als andere: Sie können ohne Mühe während des Fahrradfahrens singen, während die Kombination von Vokabeln lernen und Fernsehen weit weniger effizient ist. Warum ist das so? Welche kognitiven Prozesse sind dafür verantwortlich? (► Abschn. 8.2).

8.1 Aufgabenwechsel

Bereits in den 20er Jahren des vorigen Jahrhunderts ging man der Frage nach, ob bzw. warum ein Wechsel zwischen verschiedenen Aufgaben schwierig ist (Jersild, 1927; Zillig, 1926). Jersild (1927) bot seinen Versuchspersonen Listen mit Reizen dar, auf die sie in bestimmter Weise reagieren sollten. Drei Listen konnten z.B. zufällig ausgewählte Zahlen enthalten, und die Versuchspersonen sollten zu allen Zahlen der ersten Liste eine Konstante addieren, von allen Zahlen der zweiten Liste eine Konstante subtrahieren und bei der dritten Liste zwischen diesen beiden Aufgaben alternieren: addieren, subtrahieren, addieren, subtrahieren usw. Die Zeit zur Bearbeitung der dritten Liste war sehr viel länger als bei den zwei anderen Listen. Dies lässt vermuten, dass der Wechsel zwischen Aufgaben aus irgendwelchen Gründen mühsam ist und Zeit kostet. Eine zweite wichtige Beobachtung vom Jersild war, dass in manchen Fällen keine **Wechselkosten** auftreten, v.a. wenn die Reize die zugehörige Aufgabe eindeutig identifizieren, z.B. wechseln zwischen dem Addieren von Zahlen und dem Reimen von Wörtern.

Auch wenn die Untersuchungsmethoden von Jersild nicht ohne Probleme sind (► Exkurs »Methodische Fortschritte bei der Ermittlung von Aufgabenwechselkosten«), so konnten seine wesentlichen Beobachtungen doch vielfach repliziert werden. Im Weiteren werden wir sehen, dass die methodischen Entwicklungen und Verfeinerungen der Aufgabenwechselmethode geholfen haben, eine Reihe von an Aufgabenwechseln beteiligten kognitiven Prozessen zu isolieren und unabhängig zu studieren. Bevor wir uns aber den wesentlichen Prozessen im Einzelnen zuwenden, wollen wir überlegen, was man sich konzeptuell unter einem Aufgabenwechsel eigentlich vorzustellen hat, wie er bewerkstelligt werden könnte und welche kognitiven Probleme er prinzipiell hervorrufen könnte.

Exkurs

Methodische Fortschritte bei der Ermittlung von Aufgabenwechselkosten

Jersild (1927) ließ seine Versuchspersonen Listen mit Reizen bearbeiten, die z.B. zufällig ausgewählte Zahlen enthielten. Bei manchen Listen sollte stets dieselbe Aufgabe ausgeführt werden (z.B. eine Konstante addieren oder subtrahieren), während die Versuchspersonen bei anderen Listen zwischen zwei Aufgaben hin und her wechseln sollten. Diese Listenmethode bringt eine Reihe methodischer Probleme mit sich. Wenn Versuchspersonen Listen mit derselben Aufgabe besser bearbeiten können als Listen, die einen wiederholten Wechsel zwischen zwei Aufgaben verlangen, dann kann das eine ganze Reihe von Gründen haben. Beispielsweise müssen sich die Probanden bei der Wechselliste zwei Aufgaben merken, was die Belastung des Arbeitsgedächtnisses erhöht. Es könnte auch sein, dass die größere Schwierigkeit der Aufgabenwechsel die Motivation ver-

▼

ringert und Stress erhöht. Aus verschiedenen Gründen wird die Listenmethode in neueren Untersuchungen kaum noch verwendet. Stattdessen sind folgende von Rogers u. Monsell (1995) und Meiran (1996) entwickelte Aufgabenvarianten populär geworden:

- **Kreisel-Design:** Rogers u. Monsell (1995) ließen Versuchspersonen in einem bestimmten, vorhersagbaren Rhythmus zwischen Aufgaben hin- und herwechseln. Die Reize bestanden aus Buchstaben-Zahlen-Paaren, die im Uhrzeigersinn abwechselnd im rechten oberen, rechten unteren, linken unteren und linken oberen Fenster einer Vierfeldertafel erschienen (eine Art Kreisel-Design). Die eine Aufgabe erforderte eine binäre Wahlreaktion auf den Buchstaben, je nachdem, ob es sich um einen Vokal oder Konsonanten handelte. Die andere Aufgabe erforderte dagegen eine Wahlreaktion auf die jeweilige Zahl, je nachdem, ob sie gerade oder ungerade war. Aufgaben und Fenster waren perfekt miteinander assoziiert, d.h. bei Reizen in der oberen Zeile sollte die eine Aufgabe ausgeführt werden und bei Reizen der unteren Zeile die andere. Dadurch entstanden vollständig vorhersagbare Abfolgen von Aufgabenwiederholungen und Aufgabenwechseln (AABBAABB usw.) im selben Versuchsblock. Der Vorteil dieser Anordnung besteht darin, dass Aufgabenwiederholungen und -wechsel so schnell hintereinander stattfinden und gemessen werden können, dass mögliche Fluktuationen von Motivation und Stress damit nicht Schritt halten und daher als Erklärungen ausgeschlossen werden können. Ein Nachteil ist jedoch, dass die Abfolge der Aufgaben in einem Versuchsblock festliegt und von der Versuchsperson vollständig vorhergesagt werden kann. Das bedeutet, dass man nicht wissen kann, wann genau die Versuchsperson damit beginnt, sich auf eine neue Aufgabe vorzubereiten. Um die zur Vorbereitung

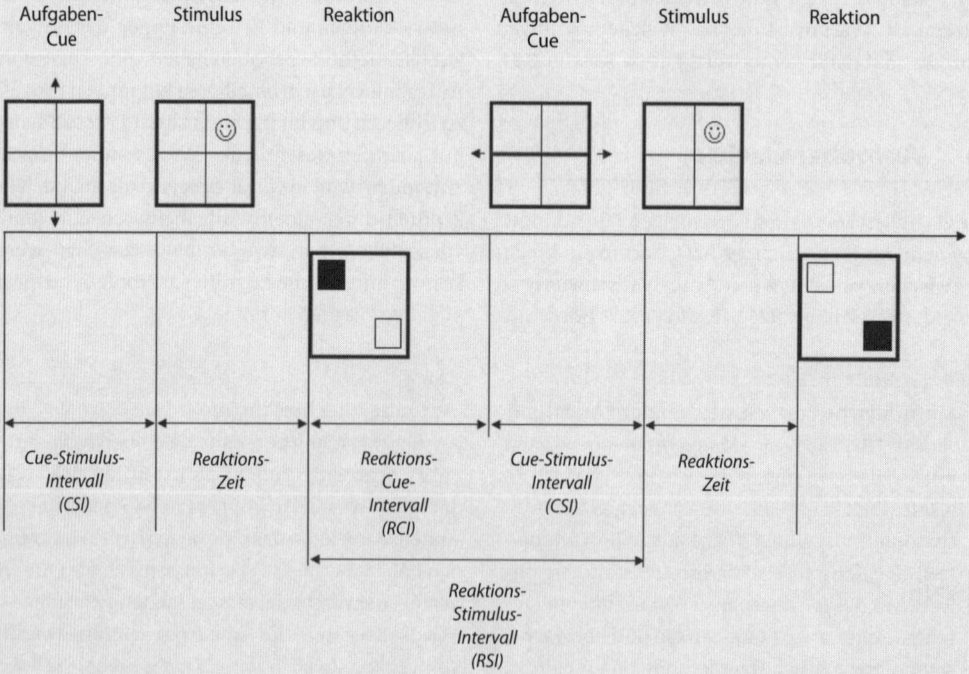

Abb. 8.1. Beispiel für den Ablauf von zwei Durchgängen

▼

nötige Zeit präzise messen zu können, wäre es wünschenswert, den Beginn der Vorbereitung experimentell zu kontrollieren.

- **Aufgaben-Cue-Technik:** Meiran (1996) randomisierte die Abfolge der Aufgaben, sodass die Versuchsperson nie wissen konnte, welche Aufgabe im folgenden Durchgang erforderlich war. Diese Information wurde ihr durch einen Aufgaben-Cue dargeboten, der im Intervall zwischen zwei Aufgaben die jeweils folgende Aufgabe angab (s. auch Dixon, 1981). ◘ Abb. 8.1 zeigt ein Beispiel für den Ablauf von zwei Durchgängen in der Untersuchung von Meiran. Die Probanden sahen in jedem Durchgang einen Reiz im rechten oberen, rechten unteren, linken unteren und linken oberen Fenster einer Vierfeldertafel, anders als bei Rogers u. Monsell (1995) war die Abfolge der Reizpositionen jedoch zufällig. Zu Beginn jedes Durchgangs erschien ein Aufgaben-Cue, der angab, auf welche Reizeigenschaft reagiert werden sollte: auf die vertikale Position, signalisiert durch zwei nach oben und unten weisende Pfeile, oder auf die horizontale Position, signalisiert durch zwei nach links und rechts weisende Pfeile. Eine variable Zeit nach dem Cue (Cue-Stimulus-Intervall, CSI) erschien der Reiz, auf den so schnell wie möglich reagiert werden sollte (Reaktionszeit). Die Reaktion erfolgte durch Drücken der jeweils räumlich kompatiblen von zwei diagonal angeordneten Tasten. Nach der Reaktion verging wieder eine variable Zeit (Reaktions-Cue-Intervall, RCI), bevor der nächste Aufgaben-Cue präsentiert wurde.

Im Unterschied zu der Methode von Rogers u. Monsell (1995) erlaubt Meirans Methode die Separierung verschiedener Prozesse, die beim Aufgabenwechsel eine Rolle spielen könnten. Das CSI bestimmt das Ausmaß der Zeit, die der Versuchsperson zur Vorbereitung einer neuen Aufgabe zur Verfügung steht, und man kann erwarten, dass ein langes CSI eine bessere Vorbereitung ermöglicht als ein kurzes CSI. Das RCI hingegen bestimmt das Ausmaß der Zeit, die zum Abschluss und der möglichen Nachbereitung der vorherigen Aufgabe zur Verfügung steht, und man kann erwarten, dass etwaige Nacheffekte der vorherigen Aufgabe mit zunehmendem RCI schwächer werden.

8.1.1 Theoretische Überlegungen und Übersicht

Die Organisation von Handlungen ist von Handlungszielen abhängig. Handlungsziele beeinflussen die kognitive Verarbeitung in einer Weise, die das Erreichen des intendierten Ergebnisses von Handlungen erlauben oder doch zumindest wahrscheinlicher machen (▶ Kap. 3). Wie Ziele dies erreichen könnten, wurde in den ◘ Abb. 3.1 und 3.2 dargestellt.

Das Benennen der Farbe von inkongruenten Farbwörtern (wie dem in grüner Farbe geschriebenen Wort »rot«) ist deshalb so schwierig, weil wir das Lesen von Wörtern besser geübt haben und mehr gewöhnt sind als das Benennen ihrer Farbe. Das Modell von Cohen et al. erklärt, wie wir es trotzdem fertig bringen, die Farbe zu benennen: Es postuliert die Existenz von **Kontext- bzw. Zielrepräsentationen**, die im Stroop-Fall die Farbbearbeitung selektiv unterstützen und auf diese Weise die übungsbedingte Dominanz der Lesetendenz kompensieren. Was könnte man erwarten, wenn man die Versuchsperson in einem Stroop-Experiment bittet, die Farbwörtern zu lesen? Bereits Stroop (1935) konnte zeigen, dass dies problemlos möglich ist. Wie lässt sich dieser Sachverhalt nun im Modell von Cohen et al. abbilden? Sobald sich das Ziel der Versuchsperson von »benennen« in »lesen« verändert, würde im Modell die Aktivierung des »Benenn-Zieles« abnehmen und die Aktivierung des »Lese-Zieles« zunehmen. Dementsprechend würde nicht länger die Farbverarbeitung unterstützt, sondern die Wortverarbeitung. Ein **Aufgabenwechsel** hätte genau diese Veränderungen zu bewerkstelligen: Das nicht länger gültige Ziel muss deaktiviert und das neue Ziel (re-)aktiviert werden. Diese Überlegungen lassen bereits darauf schließen, welche Erfordernisse, Probleme und zeitliche Kosten mit einem Aufgabenwechsel verbunden sein könnten:

- Erstens kann man zu einem anderen Ziel nur dann wechseln, wenn man noch weiß, worin dieses andere Ziel besteht. Mit anderen Worten, das Hin- und Herwechseln zwischen verschiedenen Aufgaben nimmt das **Arbeitsgedächtnis** in Anspruch und erfordert die **Koordination** der betroffenen Aufgaben (▶ Abschn. 8.1.2).
- Zweitens ist anzunehmen, dass der Abruf des neuen Zieles und dessen Aktivierung **Zeit** kostet (▶ Abschn. 8.1.3). Dem ECTVA-Modell von Logan u. Gordon (2001) zufolge (▶ Kap. 3 u. ◼ Abb. 3.2) erfordert die Vorbereitung auf eine Aufgabe die Festlegung einer Reihe von Parametern, die die Aufmerksamkeit und die Reaktionsauswahl steuern, was man in diesem Zusammenhang als eine detaillierte Ausarbeitung des Zielknotens von Cohen et al. (1990) auffassen kann. Die Festlegungen erfordern den Abruf der benötigten Parameter und deren Implementation, was sicherlich Zeit kostet. Wodurch kann man diese Zeit messen? Am besten geeignet ist das Intervall zwischen dem Hinweisreiz, der signalisiert, welche Aufgabe zu bearbeiten ist, und dem Reiz, für den die gegebene Aufgabe gilt (Cue-Stimulus-Intervall; CSI), weil es die Zeit bestimmt, die man noch vor der Darbietung eines Reizes zur Implementation eines neuen Zieles zur Verfügung hat. Das CSI misst den nötigen Zeitbedarf nicht direkt, ermöglicht aber einen indirekten Schluss: Ein extrem kurzes CSI erlaubt keinerlei Vorbereitung, sodass ein Aufgabenwechsel die Reaktionszeit auf den ersten folgenden Reiz erheblich verzögern sollte, während zunehmend längere CSIs zunehmend mehr Vorbereitung erlauben und damit den Unterschied zwischen Aufgabenwiederholungen und -wechseln verkleinern sollten.
- Drittens kann man sich vorstellen, dass sich nicht länger benötigte Zielrepräsentationen nicht einfach ausschalten lassen, sondern dass ihre Aktivierung nur langsam abnimmt (▶ Abschn. 8.1.4). Wenn Sie sich z.B. längere Zeit mit einem bestimmten Gedanken oder Thema beschäftigen und sich dann einem anderen Gedanken zuwenden, dann werden Sie oft Nacheffekte des alten Gedankens feststellen, der sozusagen noch eine Zeit »im Geiste herumschwirrt«. Die Gedächtnispsychologie hat zahlreiche Phänomene dieser Art beobachtet und mit dem Begriff »**proaktive Interferenz**« (von der alten auf die folgende Repräsentation) bezeichnet. Wenn wir davon ausgehen, dass Menschen nicht beliebig viele Ziele zugleich aktiv halten können, dann sollten etwaige Effekte von proaktiver Interferenz den Wechsel zu einer neuen Aufgabe erschweren.
- Viertens ist denkbar, dass nicht jeder Wechsel gleich **schwierig** ist. Jersild (1927) fand beispielsweise keine kognitiven Kosten von Aufgabenwechseln, wenn die Reize die zugehörigen Aufgaben eindeutig identifizierten. Es scheint also möglich, dass Ziele nicht oder nicht nur durch kognitiven Aufwand implementiert werden können, sondern dass sie in manchen Fällen auch durch **Reize** aktiviert werden (▶ Abschn. 8.1.5).

8.1.2 Aufgabenkoordination

Vielleicht ist es Ihnen auch schon einmal passiert, dass Sie in einem Supermarkt stehen und nicht mehr wissen, was Sie eigentlich einkaufen wollten. Einkaufen ist eine typische Kombination verschiedener Aufgaben, die in einer bestimmten Abfolge ausgeführt werden müssen: Erst müssen Sie den Laden Ihrer Wahl erreichen, dann die erforderlichen Produkte finden und in den Einkaufswagen legen, dann bezahlen und in die Einkaufstüten packen, um dann wieder nach Hause zu finden, usw. Diese Abfolge umfasst ihrerseits wiederum eine Reihe einfacher und zusammengesetzter Handlungen, die in bestimmten Sequenzen ablaufen, was wir im Augenblick aber ignorieren wollen. Die Tatsache, dass man manchmal während des Einkaufens nicht mehr weiter weiß, macht uns deutlich, welche wichtige Rolle das **Arbeitsgedächtnis** und die **Koordination von Teilaufgaben** bei komplexen Tätigkeiten spielen. In Untersuchungen zum Aufgabenwechsel wird diese Rolle allerdings nicht immer hinreichend deutlich.

Nehmen wir z.B. die Untersuchung von Jersild (1927). Versuchspersonen hatten hier den Auftrag,

■ Tab. 8.1. Beziehung zwischen Aufgabenmischkosten und Aufgabenwechselkosten

Aufgabenabfolge	Bedingung	Mischkosten	Wechselkosten
Add→Add→Add→Add→Add...	Pure Liste	–	–
Sub→Sub→Sub→Sub→Sub...	Pure Liste	–	–
Add→Sub→Add→Sub→Add...	Wechselliste	+	+
Add→Add→Sub→Sub→Add...	Gemischte Liste	+	+
– Add – Sub –	Aufgabenwiederholungen	+	–
– – Sub – Add	Aufgabenwechsel	+	+

verschiedene kognitive Operationen auf verschiedene Listen mit Reizmaterial anzuwenden. Eine Liste von Zahlen wurde z.B. aufaddiert, d.h. zu jeder Zahl wurde eine Konstante hinzugezählt; eine andere Liste wurde subtrahiert, d.h. von jeder Zahl wurde eine Konstante abgezogen; und in einer dritten Liste wurde jeweils wechselweise addiert, subtrahiert, addiert, subtrahiert, usw. Diese drei Bedingungen entsprechen den Beispielen 1, 2 und 3 in Tabelle 8.1. Wir wissen bereits, dass Jersild längere Bearbeitungszeiten für die Wechselliste messen konnte, aber lassen Sie uns eben überlegen, worauf diese kognitiven Kosten zurückzuführen sein könnten.

Zum einen mussten die Versuchspersonen häufig zwischen zwei kognitiven Operationen hin und her wechseln. Man kann sich vorstellen, dass das kognitive System jede Operation zunächst einmal implementieren muss, was eine bestimmte Zeit dauert. Wenn wir die darauf zurückzuführenden kognitiven Kosten **Wechselkosten** nennen, könnte die von Jersild beobachtete Reaktionszeitverzögerung der Summe aller Wechselkosten entsprechen. Es gibt aber noch eine andere Möglichkeit. Auch wenn eine Versuchsperson beim Durcharbeiten der Wechselliste zu jedem Zeitpunkt nur eine kognitive Operation anwendet, darf sie doch die andere Operation nicht völlig vergessen, weil diese auf den folgenden Reiz wieder angewendet werden muss. Zudem muss die Versuchsperson den Verlauf der Operationswechsel überwachen, um sicherzustellen, dass jeweils zum richtigen Zeitpunkt gewechselt wird. Diese Kosten entstehen nicht durch den Wechsel an sich und stellen daher kein direktes Maß der zum Wechsel erforderlichen kognitiven Prozesse dar. Sie reflektieren hingegen ein Sammelsurium von Gedächtnis- und Organisationsprozessen, die wir im Folgenden als (Aufgaben-) **Mischkosten** bezeichnen. Der Typ der Wechselliste von Jersild (Zeile 3) unterscheidet sich von den beiden einfachen Listen (1 und 2) sowohl hinsichtlich der Wechselkosten als auch der Mischkosten; diese beiden Faktoren waren also konfundiert (■ Tab. 8.1).

Um derartige Konfundierungen zu vermeiden, stehen mittlerweile **Aufgabenvarianten** wie das Kreisel-Design von Rogers u. Monsell (1995) oder die Aufgabencue-Technik von Meiran (1996) zur Verfügung (▶ Exkurs »Methodische Fortschritte bei der Ermittlung von Aufgabenwechselkosten«). Der **Zweck** dieser Varianten besteht darin, den Zeitbedarf von Aufgabenwiederholungen und -wechsel unabhängig voneinander im selben Versuchsblock zu messen, wie in den Zeilen 5–6 angedeutet (■ Tab. 8.1). Beide Bedingungen unterscheiden sich nicht hinsichtlich der Mischkosten, denn die Versuchsperson muss ja beide Aufgaben erinnern und im richtigen Moment umschalten, wohl aber hinsichtlich der Wechselkosten: Durchgänge, die einen Aufgabenwechsel erfordern, sollten länger dauern als Durchgänge mit einer Aufgabenwiederholung, sodass der unterschiedliche Zeitbedarf den Wechselvorgang direkt abbildet.

Eine Reihe von Beobachtungen legt nahe, dass der Unterschied zwischen Mischkosten und Wechselkosten tatsächlich wichtig ist. Kray u. Lindenberger (2000) fanden z.B., dass Mischkosten im höheren Alter erheblich zunehmen, Wechselkosten hingegen kaum verändert sind. Dies ist ein Hinweis dafür, dass altersbedingte kortikale Veränderungen v.a. die Koordination verschiedener Aufgaben erschweren, den eigentlichen Wechsel von Aufgaben jedoch kaum beeinträchtigen. Umgekehrt berichteten Cepeda et al. (2000), dass Kinder mit Aufmerksamkeitsstörungen erheblich vergrößerte Wechselkosten an den Tag legen, gleichzeitig aber normale Mischkosten zeigen. Beide Arten von kognitiven Kosten lassen sich also dissoziieren, was vermuten lässt, dass sie **unterschiedliche Ursachen** haben. Dafür spricht auch das Ergebnis der Untersuchung von Rubin u. Meiran (2005). Diesem Ergebnis zufolge treten Mischkosten nur dann auf, wenn die verwendeten Reize die zugehörigen Aufgaben nicht eindeutig spezifizieren. Wenn also jeder Reiz nur im Rahmen einer bestimmten Aufgabe auftritt und daher dieser Aufgabe eindeutig zugeordnet ist, sind keine Mischkosten mehr nachzuweisen. Das legt nahe, dass Mischkosten v.a. Prozesse der Aufgabenidentifikation widerspiegeln, d.h. Prozesse, die ermitteln, welche Aufgabe oder Tätigkeit ein bestimmter Reiz erfordert (▶ Abschn. 8.1.5).

Anforderungen an die Aufgabenkoordination können also die Leistung verschlechtern und sich in Mischkosten niederschlagen. Neben diesen quantitativen Auswirkungen konnten aber auch **qualitative Konsequenzen** erschwerter Aufgabenkoordination nachgewiesen werden. Van Duren u. Sanders (1988) ließen z.B. Versuchspersonen Ziffern benennen, die entweder gut zu sehen oder durch eine Punktwolke teilweise maskiert waren. Wenig überraschend konnten die Ziffern unmaskiert schneller erkannt werden als maskiert. Dieser Maskierungseffekt war jedoch deutlich stärker, wenn maskierte und unmaskierte Ziffern in getrennten Blöcken angeboten wurden als wenn sie im selben Block auftraten. Den Autoren zufolge könnte diese Beobachtung eine Art Vereinfachungsstrategie widerspiegeln. Wenn in einem Block alle Reize gut zu sehen sind, können sie weitgehend automatisch und daher schnell identifiziert werden. Wenn in einem anderen Block alle Reize maskiert sind, ist ein zusätzlicher Prozess erforderlich, der die Merkmale der Ziffern mühsam aus den Punktwolken herausextrahiert, was natürlich zusätzlich Zeit kostet und die Reaktionszeit verlängert. Wenn nun aber beide Arten von Reizen in zufälliger Abfolge dargeboten werden, könnte es zu mühsam sein, den zusätzlichen Extraktionsprozess bei jedem maskierten Reiz extra »anzuwerfen«, sodass Versuchspersonen ihn einfach auf jeden Reiz anwenden. Für die maskierten Reize verändert sich dadurch nichts, aber die unmaskierten Reize werden langsamer verarbeitet, sodass der Unterschied zwischen maskierten und unmaskierten Reizen abnimmt: Der **Maskierungseffekt** wird kleiner.

Eine ähnliche Überlegung hatte bereits Duncan (1978) angestellt, um seine Beobachtungen zur Reiz-Reaktions-Kompatibilität zu erklären. Wie viele vor ihm, entdeckte Duncan, dass Versuchspersonen bessere Leistungen zeigen, wenn Reize und Reaktionen räumlich übereinstimmen als wenn sie nicht übereinstimmen (▶ Abschn. 4.2.1). Der Vorteil kompatibler Reiz-Reaktions-Paarungen verschwand jedoch, wenn sie mit inkompatiblen Paarungen kombiniert wurden (z.B. zwei Finger kompatibel und zwei Finger inkompatibel). Auch hier wäre denkbar, dass Versuchspersonen ihren automatischen Reaktionstendenzen vertrauen, wenn alle Paarungen kompatibel sind, jedoch langsamere Kontrollprozesse einschalten, sobald eine oder mehrere Reaktionen nicht automatisch durch den zugeordneten Reiz aktiviert werden. Derartige **Vereinfachungsstrategien** sind in gewisser Hinsicht die Kehrseite der in Wechselaufgaben beobachteten Mischkosten: Während Mischkosten den Aufwand unvermeidbarer Koordinationsprozesse widerspiegeln, stellen Vereinfachungsstrategien den Versuch dar, unnötige Koordinationsprozesse zu umgehen.

8.1.3 Wechsel zwischen Zielrepräsentationen

Zum Wechseln einer Aufgabe ist der Wechsel der entsprechenden Zielrepräsentation erforderlich (▶ Abschn. 8.1.1). Das neue Handlungsziel unterstützt aufgabendienliche Assoziationen und aktiviert die zugehörigen kognitiven Operationen und Parameter, sodass Reize im Sinne der neuen Aufgabe verarbeitet und Reaktionen entsprechend ausgewählt werden. Das Netzwerk der für die Ausführung einer Aufgabe verantwortlichen kognitiven Strukturen wird häufig auch als **Aufgabenset** bezeichnet, ein i.d.R. unscharf definierter Anglizismus, der sich vom früher gebräuchlichen deutschen Begriff der **Einstellung** ableitet (Gibson, 1941).

Untersuchungen zum Aufgabenwechsel basieren auf der Idee, den Zeitbedarf zur Implementierung eines neuen Aufgabensets durch den **Vergleich** von Aufgabenwiederholungen und Aufgabenwechseln **messen** zu können. Besonders geeignet dafür sind Untersuchungen, in denen die Abfolge von Aufgaben zufällig wechselt, wie bei dem Design von Meiran (1996). Bei einem kurzen CSI, d.h. wenn die neue Aufgabe erst kurz vor dem Reiz bekannt gegeben wird, muss die Versuchsperson zunächst einmal das Aufgabenset wechseln und kann erst dann angemessen auf den Reiz reagieren. Dies sollte die Reaktionszeit im Vergleich zu Aufgabenwiederholungen sichtbar verlängern. Bei einem langen CSI hat die Versuchsperson mehr Zeit vor der Bearbeitung des Reizes, um das neue Aufgabenset zu implementieren, sodass die wechselbedingte Verzögerung abnehmen sollte. Beide Vorhersagen konnten wiederholt bestätigt werden, z.B. in der Untersuchung von Meiran (1996). Wie ◘ Abb. 8.2 zeigt, führt ein Aufgabenwechsel tatsächlich zu längeren Reaktionszeiten, aber diese Wechselkosten nehmen bei Verlängerung des CSI deutlich ab.

Zahlreiche Befunde konnten belegen, dass Handelnde Vorinformation über die nächste Aufgabe dazu nutzen können, um sich besser darauf vorzubereiten, v.a. wenn ausreichend Zeit (mindestens 1 sec) dafür zur Verfügung steht. Worin genau diese **Vorbereitung** besteht, bleibt aber noch unklar. Folgende Vermutungen liegen nahe:

- Erstens könnte sich die Vorbereitung mit dem **Abruf** und der **Implementation aufgabenspezifischer Regeln** befassen. Rubinstein et al. (2001) und Mayr u. Kliegl (2000) haben vorgeschlagen, dass Handelnde zunächst die neue Zielrepräsentation aktivieren, die im Weiteren alle aufgabenrelevanten Regeln spezifiziert. Im Einklang mit diesen Überlegungen steht die Beobachtung, dass Wechselkosten mit der Komplexität der aufgabenrelevanten Regeln (Rubinstein et al., 2001) und der Abrufschwierigkeit aufgabenrelevanter Information (Mayr u. Kliegl, 2000) zunehmen. Je mehr Information ein Aufgabenset umfasst, so könnte man schlussfolgern, desto länger dauern Aktivierung und Implementation.
- Zweitens könnte sich die Vorbereitung mit der **Veränderung der Aufmerksamkeitseinstellung** befassen (Meiran, 2000; Meiran et al., 2000; s. auch Logan u. Gordon, 2001). Tatsächlich erfordert ein Aufgabenwechsel oft eine andere Verarbeitung oder Interpretation von Reizen: Wenn z.B. ein Reiz erst hinsichtlich seiner vertikalen, dann seiner horizontalen Position beurteilt werden soll (◘ Abb. 8.1), dann muss die Aufmerksamkeit von der vertikalen zur horizontalen Dimension verschoben werden. Anders ausgedrückt, die Position der Reize muss erst vertikal und dann horizontal interpretiert werden. Für diese Aufmerksamkeitshypothese spricht z.B. die Beobachtung, dass der Zusammenhang von CSI und Wechselkosten verschwindet, wenn die Reize die zugehörigen Aufgaben auch ohne Neuinterpretation eindeutig identifizierten (Meiran, 2000).

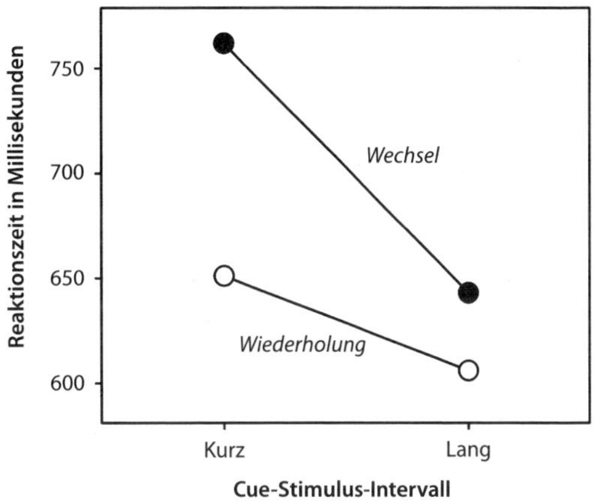

◘ **Abb. 8.2.** Latenzzeiten für Durchgänge mit Aufgabenwiederholung bzw. -wechsel

Vielleicht ist Ihnen bei Betrachtung der ◘ Abb. 8.2 eine Besonderheit aufgefallen: die Wechselkosten sind zwar bei langem CSI deutlich kleiner, aber sie sind nicht verschwunden. Natürlich ist denkbar, dass eigentlich noch mehr Zeit zur Vorbereitung erforderlich gewesen wäre. Untersuchungen haben aber gezeigt, dass auch extrem lange Vorbereitungszeiten die

Wechselkosten nicht vollständig eliminieren. Zwei mögliche Erklärungen dafür werden wir in den folgenden Teilkapiteln diskutieren: das alte Aufgabenset könnte noch eine Zeit lang aktiv bleiben und die Verarbeitung stören, und der Reiz selbst könnte die Reaktivierung des alten Aufgabensets verursachen. Es wäre darüber hinaus aber auch denkbar, dass Versuchspersonen in manchen Durchgängen einfach nicht, oder nicht hinreichend **motiviert** sind, sich vollständig vorzubereiten (Failure-to-Engage-Hypothese; De Jong, 2000; De Jong et al., 1999; ► Abschn. 3.4). Tatsächlich sind Wechselkosten größer, wenn die Versuchsblöcke lang und die Versuchspersonen daher mutmaßlich weniger motiviert sind (De Jong, 2000). Allerdings ist auch nicht auszuschließen, dass längere Blöcke zu einer größeren Aktivierung der konkurrienden Aufgabensets führen und dadurch die Wechselkosten erhöhen.

8.1.4 Proaktive Interferenz

Der Wechsel zu einer neuen Aufgabe setzt nicht nur die Aktivierung des neuen Aufgabensets voraus, sondern erfordert auch die hinreichende Deaktivierung des alten Sets. Wenn Sie also z.B. in einer Aufgabe mit Stroop-Reizen vom Benennen der Wortfarbe zum Lesen der Farbwörter wechseln wollen, müssen Sie nicht nur die Aktivierung der Repräsentation des Wortlesens erhöhen, sondern auch die Aktivierung der Repräsentation des Farbbenennens reduzieren. Solange das alte Set noch zu einem gewissen Grad aktiv ist, könnte es die Verarbeitungsprozesse der neuen Aufgabe stören (Allport et al., 1994). In unserem Beispiel könnten Sie also noch für eine kurze Zeit die Tendenz haben, Farben zu benennen. Wenn man annimmt, dass diese Aktivierung über die Zeit abklingt, würde man einen **Effekt der Zeit** zwischen der letzten Reaktion und des darauf folgenden Reizes erwarten: Je länger diese Zeit ist, desto mehr sollte das alte Aufgabenset an Aktivierung verloren haben und desto weniger kann es den Aufgabenwechsel stören.

Tatsächlich nehmen die Wechselkosten mit zunehmender Zeit zwischen der letzten Reaktion und dem nächsten Reiz ab (Allport et al., 1994; Rogers u. Monsell, 1995). Da aber diese Beobachtungen aus Studien mit festgelegten Aufgabenabfolgen stammen, könnten sie auch **Vorbereitungseffekte** widerspiegeln. Separieren lassen sich Vorbereitungseffekte und Nachwirkungen des alten Aufgabensets mithilfe von Meirans (1996) **Technik des zufälligen Aufgaben-Cuing**. Anhand dieser Technik lässt sich die Zeit zwischen der letzten Reaktion und dem nächsten Reiz in zwei Intervalle zerlegen: das Intervall zwischen der Reaktion und dem Aufgaben-Cue (RCI) und das Intervall zwischen dem Aufgaben-Cue und dem folgenden Reiz (CSI). Während des RCIs kann das alte Aufgabenset abklingen, die neue Aufgabe aber noch nicht vorbereitet werden, während im Laufe des CSIs beide Prozesse möglich sind.

Um **proaktive Effekte** der jeweils vorangegangenen Aufgabe zu ermitteln, haben Meiran et al. (2000) das CSI konstant gehalten und das RCI in verschiedenen Gruppen entweder in verschiedenen Blöcken (Gruppe 1 und 3) oder zufällig (Gruppe 2) variiert. Wie in ◻ Abb. 8.3 zu sehen, nahmen die Wechselkosten in allen drei Gruppen kontinuierlich mit zunehmendem RCI ab. In Übereinstimmung mit Allport et al. (1994) übt also das Ausführen einer Aufgabe einen störenden, proaktiven Effekt auf darauffolgende Aufgaben aus, und zwar umso mehr, je schneller die Aufgaben aufeinanderfolgten. Ein Vergleich der Gruppen 1 und 3 zeigt, dass dieser Effekt relativ passiv ist: In Gruppe 1 waren Aufgabenwiederholungen und Wechsel gleich wahrscheinlich, während in Gruppe 3 Wiederholungen viel wahrscheinlicher waren als Wechsel. Einerseits ist deutlich, dass die Wechselkosten mit der Wahrscheinlichkeit von Wechseln zunehmen (s. den Haupteffekt der Gruppen). Andererseits ist die Abnahme von Wechselkosten über die Zeit nicht abhängig von der Wechselwahrscheinlichkeit, d.h. das Gefälle der RCI-Funktion ist in allen drei Gruppen vergleichbar.

Neben dieser passiven Abnahme der Aktivierung nicht mehr benötigter Aufgabensets konnten in einigen Zusammenhängen auch Hinweise auf einen aktiveren **Unterdrückungsmechanismus** gefunden werden. Allport et al. (1994) präsentierten z.B. Stroop-Reize, die abwechselnd gelesen und benannt werden sollten. Überraschenderweise fiel es den Probanden deutlich *schwerer*, zur eigentlich leichteren Leseaufgabe als zur schwereren Benennungsaufgabe zu wechseln. Ganz ähnlich fanden Meuter u. Allport (1999), dass Versuchspersonen

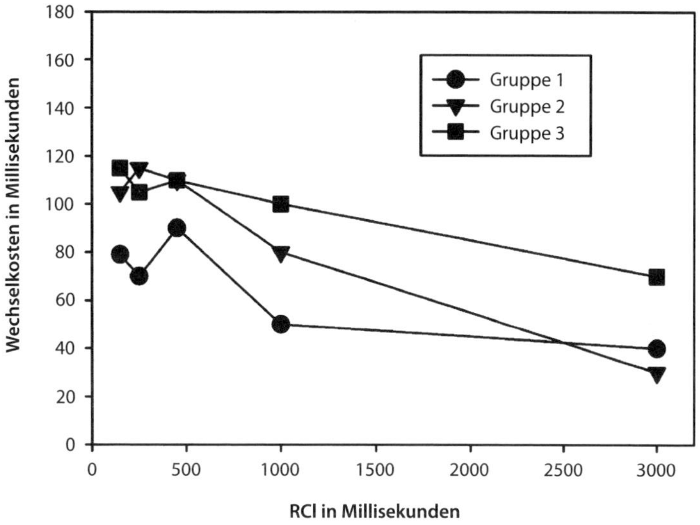

■ **Abb. 8.3.** Aufgabenwechselkosten

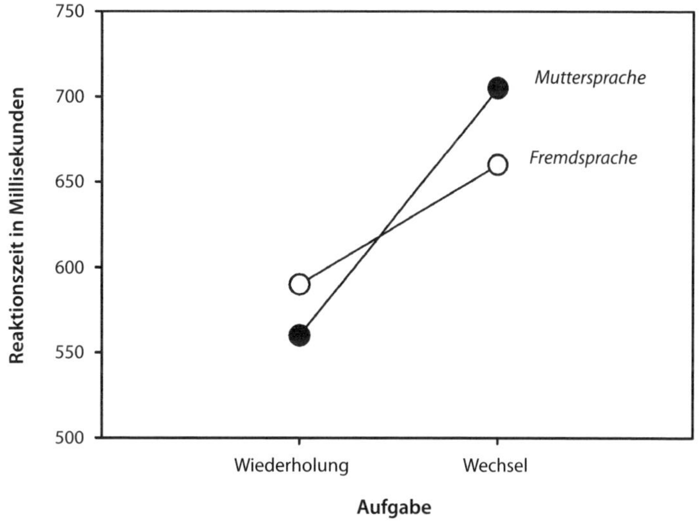

■ **Abb. 8.4.** Latenzzeiten beim Wechsel zwischen zwei Sprachen

beim Wechsel zwischen zwei Sprachen mehr Mühe haben, zu ihrer Muttersprache zu wechseln als zu einer Fremdsprache (■ Abb. 8.4). Eine mögliche Erklärung für diese auf den ersten Blick paradoxen Ergebnisse könnte sein, dass eine leichte und damit mutmaßlich dominante Aufgabe für die Ausführung einer weniger dominanten vergleichsweise stärker inhibiert werden muss. Wenn Sie z.B. Bilder benennen sollen, dann werden Sie zumeist die Tendenz haben, dies in ihrer Muttersprache zu tun, die Muttersprache ist in diesem Fall also dominant. Um diese **Dominanz** zu unterbinden, ist mehr Inhibition erforderlich als im Falle einer Fremdsprache. Wenn die Muttersprache also besonders stark inhibiert wurde, dann könnte sie in der Tat mehr Zeit benötigen, um sich davon wieder zu »erholen«. Der Wechsel zur Muttersprache wird also schwieriger.

Belege für einen Inhibitionsmechanismus fanden auch Mayr u. Keele (2000). Sie ließen Probanden zwischen drei Aufgaben (nennen wir sie A, B und C) in zufälliger Folge alternieren und beobachteten umso bessere Leistungen, je länger die Ausführung der nun relevanten Aufgabe zurücklag. Ein Wechsel zur Aufgabe A fiel also bei der Abfolge ABCA leichter als bei der Abfolge BACA. Dies könnte dafür sprechen, dass der Wechsel zu einer neuen Aufgabe mit der Unterdrückung der alten Aufgabe verbunden ist und dass die Nachwirkungen dieser Unterdrückung **mit der Zeit abnehmen**. Mit anderen Worten, je länger die letzte Inhibition einer Aufgabe zurückliegt, desto schneller kann die Aufgabe wieder aktiviert werden.

Zusammengefasst lassen die vorliegenden Ergebnisse vermuten, dass die Aktivierung nicht länger benötigter Aufgabensets über die Zeit abnimmt. Daher neigt man dazu, einmal ausgeführte Aufgaben zu vergessen. In einigen Situationen wie z.B. beim Wechseln zwischen Aufgaben, die sich in ihrer Dominanz unterscheiden, werden v.a. die dominanten Aufgabensets zudem offenbar **aktiv unterdrückt**, sodass sie später schwieriger zu reaktivieren sind. Nach dem aktuellen Forschungsstand ist jedoch noch nicht deutlich, unter welchen Bedingungen Aufgabensets passiv in Vergessenheit geraten und wann sie aktiv unterdrückt werden oder vielleicht sogar unterdrückt werden müssen. Man könnte sich vorstellen, dass dies von den Aufgabenanforderungen abhängt, dass also aktive Mechanismen v.a. dann ins Spiel kommen, wenn höchste Geschwindigkeit und Genauigkeit erforderlich sind.

8.1.5 Reizgetriebene Zielaktivierung

Aufgabenwechsel sind nicht immer mit kognitiven Kosten verbunden. Bereits Jersild (1927) hatte beobachtet, dass Aufgabenwechsel dann leicht fallen, wenn die Reize die zugehörigen Aufgaben eindeutig spezifizieren. Mit manchen Objekten kann man relativ viele Handlungen ausführen, mit anderen Objekten hingegen nicht. Farbige Farbwörter können Sie z.B. sowohl benennen als auch lesen, was problematisch ist, wenn Sie zwischen Benennen und Lesen hin- und herwechseln. Würden Sie hingegen in der Leseaufgabe immer nur farblose Wörter und in der Benennaufgabe immer nur Farbkleckse sehen, wäre der Wechsel problemlos möglich. Wie kann man sich diese **Abhängigkeit der Wechselkosten** von der Beziehung zwischen Reizen und Aufgaben erklären?

Ein erstes Indiz ergibt sich aus der Untersuchung von Wylie u. Allport (2000). Sie präsentierten ihren Probanden zu benennende Farbkleckse, zu lesende Wörter und Stroop-Reize, also Farbwörter in inkongruenter Schriftfarbe, die entweder benannt (Farbantwort) oder gelesen (Wortantwort) werden mussten. Die interessierende Variable in dieser Untersuchung bestand in der Schwierigkeit, vom Farbbenennen zum Wortlesen zu wechseln, d.h. die mit dem Wechsel zum Lesen verbundenen Kosten. Eine Frage war, ob die Reize in der Wortaufgabe eindeutig oder mehrdeutig waren, ob also die zu lesenden Wörter farbig oder farblos erschienen. Es zeigte sich, dass dies keine Rolle spielte, die Mehrdeutigkeit an sich also kein Problem zu sein schien. Viel wichtiger war, ob die mehrdeutigen Stroop-Reize auch in der Farbaufgabe vorkamen oder nicht. Wenn sie dort vorkamen, stiegen die Wechselkosten erheblich an.

Allport u. Wylie (2000) erklären sich diese Beobachtung mit der Annahme, dass die Ausführung einer bestimmten Reaktion auf einen Reiz zur **Assoziation von Reiz- und Reaktionsrepräsentation** führt – eine auch in anderen Zusammenhängen bewährte Annahme (Hommel, 1998b). Wenn man z.B. das in grüner Farbe geschriebene Wort »rot« in der Farbaufgabe mit der verbalen Reaktion »grün« benennt, sollte dies zur Assoziation dieses Reizes und der »grün«-Reaktion führen (■ Abb. 8.5). Erscheint dann derselbe Reiz wieder in der Wortauf-

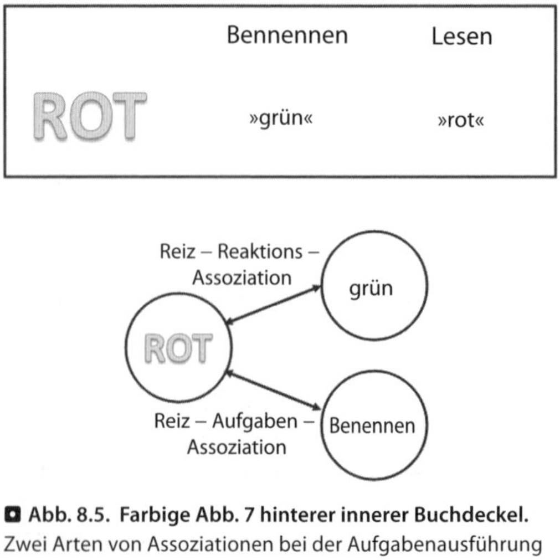

■ **Abb. 8.5. Farbige Abb. 7 hinterer innerer Buchdeckel.** Zwei Arten von Assoziationen bei der Aufgabenausführung gabe, führt das zu einem **Konflikt**: Eben noch sollte dieser Reiz mit der Reaktion »grün« bedacht werden, und nun soll man »rot« dazu sagen!

Die Annahme von Assoziationen zwischen Reizen und Reaktionen bietet eine Möglichkeit, um einen Teil, vielleicht sogar einen großen Teil der mit einem Aufgabenwechsel verbundenen Kosten zu erklären. Es gibt aber noch eine andere Möglichkeit. Wenn ein Reiz im Rahmen einer bestimmten Aufgabe auftritt und verarbeitet wird, könnte er mit der betreffenden Aufgabe und dem entsprechenden Aufgabenset assoziiert werden. Wenn Sie z.B. eine Zahl sehen, könnte dies direkt die Neigung aktivieren, damit Rechenoperationen auszuführen, während Wörter eine Lesetendenz aktivieren. Auf unser Beispiel in ◘ Abb. 8.5 angewandt wäre es denkbar, dass die Verarbeitung eines Stroop-Reizes im Rahmen einer Benennaufgabe zur Assoziation zwischen diesem Reiz und dem betreffenden Aufgabenset führt. Wenn Sie diesem Reiz später wieder in einer Leseaufgabe begegnen, könnte dies eine Art **Aufgabenkonflikt** auslösen und damit die Tendenz, die Farbe des Reizes zu benennen.

Um diese Möglichkeit zu untersuchen, haben Waszak et al. (2003) Versuchspersonen stroop-artige (d.h. inkongruente) Kombinationen von Bildern und Wörtern dargeboten wie z.B. das Bild einer Kirche zusammen mit dem Wort »Fabrik«. Ähnlich wie in der Untersuchung von Wylie u. Allport (2000) hatten die Versuchspersonen mehr Mühe, zur Leseaufgabe zu wechseln, wenn der momentane Reiz bereits im Rahmen der Benennaufgabe vorkam als wenn das nicht der Fall war. Dies spielte allerdings nur beim Aufgabenwechsel eine Rolle, nicht aber bei Aufgabenwiederholungen. Der Befund spricht dafür, dass das Auftreten der Reize in einer anderen Aufgabe nicht (nur) zu Reiz-Reaktions-Assoziationen führte, sondern auch zur Bildung von Assoziationen zwischen diesen Reizen und der anderen Aufgabe. Tritt derselbe Reiz nun im Rahmen einer anderen Aufgabe auf, dann führt dies zur Aktivierung des assoziierten Aufgabensets. Wenn die momentane Aufgabe bereits einige Male ausgeführt wurde und das entsprechende Aufgabenset bereits fest etabliert ist, macht das keinen Unterschied. Ist die Versuchspersonen aber unsicher, welches Aufgabenset implementiert werden soll, z.B. bei einem Aufgabenwechsel, dann führt die **reizgetriebene Aktivierung** des alten Aufgabensets zum Konflikt.

Wir können also festhalten, dass die Verarbeitung eines Reizes im Kontext einer bestimmten Aufgabe zur Assoziation zwischen diesem Reiz, der zugehörigen Reaktion und der entsprechenden Aufgabe führt. Tritt dieser Reiz wieder auf, dann werden die frühere Reaktion und die entsprechende Aufgabe wieder aktiviert. Im Laborexperiment kann dies zu **Beeinträchtigungen** bei der Wahl eines neuen Aufgabensets führen. Im Alltag ist hingegen wahrscheinlicher, dass Reize viel **weniger willkürlich** mit bestimmten Aufgaben kombiniert werden, sodass die Assoziationen zwischen Reizen, Reaktionen und Aufgaben viel spezifischer sind und weniger überlappen. Die Assoziationen werden daher oft die richtigen Aufgaben aktivieren und damit unser aktives Gedächtnis entlasten. Das schließt **Handlungsfehler** in spezifischen Situationen jedoch nicht aus, z.B. wenn man beim Anblick des Schlafzimmers vergisst, sich umzuziehen und sich stattdessen angezogen bei einem Nickerchen auf dem Bett wiederfindet.

8.2 Multitasking

Psychologische Untersuchungen befassen sich oft mit einzelnen, isolierten Handlungen, die sich experimentell gut kontrollieren und analysieren lassen. Im Alltag führen wir jedoch selten nur eine Handlung zugleich aus: Wir denken, während wir gehen, reden, während wir Auto fahren und vieles mehr. Damit stellt sich die Frage, ob bzw. inwiefern sich zeitlich überlappende Handlungen gegenseitig beeinträchtigen (z.B. mobil telefonieren während des Autofahrens) und wie sich eventuelle Beeinträchtigungen erklären und ggf. beseitigen lassen. Bevor wir uns Fragen dieser Art zuwenden können, müssen wir aber zunächst einmal sicher sein, dass Menschen tatsächlich mehr als eine Handlung zur gleichen Zeit ausführen können bzw. überlegen, in welchem Sinn das der Fall ist. Das **konzeptuelle Problem**, dem wir hier begegnen, hängt damit zusammen, was genau wir als »eine« Handlung auffassen und was genau als »gleichzeitig« gilt.

Nehmen wir als Beispiel eine Person, die redet, während sie geht. Sicher stellen sowohl Reden als auch Gehen intentionale Handlungen dar, aber es ist keineswegs selbstverständlich, dass deren Kombination als **Zweifachhandlung** zu gelten hat und nicht etwa als eine integrierte, wenn auch komplexe Handlung. Oder denken Sie ans Autofahren. Für den Fahranfänger ist dies zweifellos eine Mehrfachtätigkeit, die sich aus verschiedenen, teils sequenziellen, teils überlappenden Bewegungen der Hände, der Füße und des Kopfes zusammensetzt. Für den geübten Fahrer handelt es sich jedoch eher um **eine einzige Handlung**, deren einzelne Elemente nur noch mit Mühe zu bestimmen und zu isolieren sind. Was also ist »eine« Handlung? Völlig auflösen lässt sich dieses Problem nur empirisch, nicht konzeptuell, denn prinzipiell ist ja vieles möglich. In psychologischen Untersuchungen zu Mehrfachhandlungen werden derartige Interpretationsprobleme i.d.R. dadurch vermieden, dass arbiträre, oft wechselnde Kombinationen einzelner Handlungen verwendet werden und dass die handelnden Personen relativ ungeübt sind.

Selbst wenn wir sicher sein können, dass wir es in einem bestimmten Zusammenhang mit zwei verschiedenen Handlungen zu tun haben, stellt sich die Frage, unter genau welchen Bedingungen wir von einer **Gleichzeitigkeit** der Handlungsausführung sprechen wollen. Auf einer abstrakten, grobkörnigen Analyseebene ist sicher unstrittig, dass Menschen Handlungen ausführen können, die sich zeitlich überlappen. Was aber bedeutet das für die Ebene der psychologischen Analyse? Auch wenn z.B. unser Computer den Eindruck erweckt, dass er mehr als ein Programm zugleich laufen lassen kann, so laufen die entsprechenden Verarbeitungsprozesse nicht wirklich parallel. Vielmehr wird die scheinbare Gleichzeitigkeit durch sehr schnelle Wechsel zwischen den ablaufenden Programmen nur **vorgetäuscht**, in einem bestimmten Moment arbeitet der Rechner aber immer nur an einem Programm zugleich. Dies könnte auch auf das kognitive System des Menschen zutreffen, die Gleichzeitigkeit auf der Verhaltensebene lässt also nicht notwendigerweise auf parallel ablaufende kognitive Prozesse schließen. Auch diese Frage lässt sich im Prinzip empirisch aufklären. Wenn nämlich Handlungen ohne jede Kosten beliebig kombiniert werden könnten, dann läge die Annahme der parallelen Verarbeitung sehr nahe; eventuelle Leistungskosten von Doppeltätigkeiten würden hingegen einen Hinweis auf die Grenzen der parallelen Verarbeitungsfähigkeit darstellen. Aus diesen, und nicht nur aus praktischen Gründen haben sich Untersuchungen zur Mehrfachtätigkeit (»multitasking«) vornehmlich auf die Identifikation möglicher **Verarbeitungsengpässe** gerichtet.

8.2.1 Aufgabenkoordination und Ressourcenverteilung

Die vielleicht nächstliegende Methode, um Leistungen bei Doppeltätigkeiten zu erfassen, basiert auf einem **Vergleich** von drei Leistungsdaten. Nehmen wir an, wir interessieren uns für die zwei Handlungen A und B sowie für die Auswirkungen der Kombination dieser zwei Handlungen. Dann könnten wir Versuchspersonen zunächst Handlung A ausführen lassen und die durchschnittliche Leistung dabei erfassen, dann dasselbe mit der Handlung B tun, und schließlich die Leistungen für A und B bei gleichzeitiger Ausführung messen.

◘ Abbildung 8.6 zeigt ein hypothetisches Beispiel und die für die Aufgaben A und B isoliert gemessenen Leistungen, die in der Abbildung auf den theoretischen Punkt P konvergieren. Wenn unsere Versuchspersonen perfekte Multitasker wären, dann würden sie bei der Kombination der zwei Aufgaben dieselben Leistungen zeigen, die Leistungen würden also wieder auf P konvergieren. Dies ist jedoch i.d.R. nicht der Fall, d.h. die Leistungen bei einer oder beiden der Aufgaben leiden bei gleichzeitiger Ausführung. Der Konvergenzpunkt liegt damit unter und/oder links von P, wie in der Abbildung angedeutet. Die Distanz zwischen dem tatsächlichen Konvergenzpunkt und P ist ein Indikator für die Effizienz der Doppeltätigkeit: Je kürzer die Distanz, desto größer die **Effizienz** und die **Multitasking-Fähigkeit**.

Die Beobachtung, dass die Gesamtleistung bei Doppeltätigkeiten abnimmt, hat zu der Frage geführt, ob man strategisch beeinflussen kann, welche der beiden Aufgaben mehr »leidet«, d.h. ob man die Effizienz der einen Handlung **zu Lasten der anderen Handlung optimieren** kann. Dazu wurden Probanden gebeten, zwei Aufgaben auszuführen, und

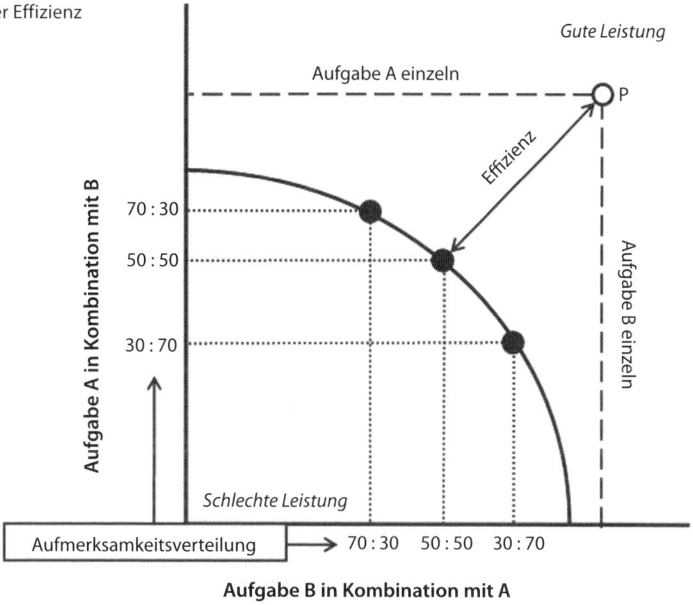

Abb. 8.6. Diagramm zur Ermittlung der Effizienz von Doppelaufgabentätigkeiten

instruiert oder dafür belohnt, ihre Aufmerksamkeit in einem bestimmten Verhältnis auf die beiden Aufgaben zu verteilen (z.B. 70:30, 50:50 oder 30:70). Derartige Manipulationen haben sich als recht effektiv erwiesen, d.h. die in den beiden Aufgaben ermittelte, relative Leistung spiegelt die jeweilige Instruktion oder Belohnungsstruktur gut wider (Übersichten bei Gopher u. Sanders, 1984; Wickens, 1984). Dies ist dahingehend interpretiert worden, dass Menschen über einen bestimmten Umfang **mentaler Ressourcen** verfügen, die sie strategisch bestimmten Aufgaben oder Prozessen zuweisen können. Je mehr Ressourcen zur Verarbeitung der einen Aufgabe zur Verfügung gestellt werden, desto weniger Ressourcen bleiben für die Verarbeitung der anderen Aufgabe übrig, sodass sich der in Abb. 8.6 angedeutete negative Zusammenhang zwischen den Leistungen in den beiden betroffenen Aufgaben ergibt.

Dieser Ressourcen-Ansatz ist rasch in die Kritik geraten. Würde die Annahme eines einzigen Typs mentaler Ressourcen zutreffen, dann sollte jede Erhöhung der Schwierigkeit der einen Aufgabe die Gesamtleistung verschlechtern, was sich jedoch in vielen Fällen nicht nachweisen ließ. Spätere Ansätze haben daher zwischen **verschiedenen Arten von Ressourcen** unterschieden wie z.B. zwischen Aktivation und Arousal (Sanders, 1983) oder zwischen Ressourcen, die spezifisch für bestimmte Wahrnehmungs- und Handlungsprozesse sind (Wickens, 1980, 1984). Der Ansatz von Wickens geht z.B. davon aus, dass zwei Handlungen umso wahrscheinlicher dieselbe Art von Ressourcen beanspruchen, je mehr sie sich hinsichtlich der betroffenen Reizmodalitäten, Vermittlungsprozesse und Handlungsmodalitäten gleichen. Sehr verschiedene Aufgaben könnten demnach viel besser miteinander kombiniert werden als sehr ähnliche Aufgaben.

Der **Vorteil** von Ressourcen-Ansätzen besteht darin, dass sie intuitiv plausibel sind und sich als nützlich für angewandte Fragestellungen erwiesen haben (s. z.B. Wickens, 1984). Ihr **Nachteil** besteht darin, dass sie sehr deskriptiv sind und nur wenige Vorhersagen erlauben. Ohne zu wissen, worin oder woraus die vermuteten Ressourcen eigentlich bestehen, ob sie wirklich konstant sind oder vielleicht bei größerer Anstrengung zunehmen, und wie sie sich unabhängig von der vorhergesagten Leistung messen lassen, lässt sich ein besseres Verständnis der kognitiven Verarbeitung und Organisation von Mehrfachaufgaben schwerlich erlangen. Auch der oft zur Prüfung ressourcentheoretischer Annahmen eingesetzte **Vergleich von Einzel- und Doppelaufgaben** ist methodisch fragwürdig. Tatsächlich sind mit dem Kontrast von Einzel- und Doppelaufgaben eine Reihe anderer Variablen konfundiert: Im Vergleich zur Einzelaufgabe müssen Probanden in Doppelaufgaben mehr instruktionsbezogene Information im Gedächtnis behalten, sich auf die Wahrnehmung einer größerer Zahl von Reizen und die Ausführung einer größerer Zahl von Reaktionen vorbereiten, und sie könnten sich z.B. hinsichtlich ihrer Motivation oder des erlebten Stresses unterscheiden – alles Umstände, die eine eindeutige Interpretation eventueller Leistungsdefizite nahezu unmöglich machen (s. vergleichbare Argumentation im Zusammenhang mit der Untersuchung zum Aufgabenwechsel von Jersild, ▶ Abschn. 8.1).

Angesichts dieser theoretischen und praktischen Probleme ist es nicht verwunderlich, dass Ressourcen-Modelle in der aktuellen Diskussion kaum noch eine Rolle spielen. Wesentlich erfolgreicher sind **Verarbeitungsmodelle**, die Leistungsverschlechterungen bei Doppelaufgaben bestimmten Verarbeitungsstufen zuschreiben. Sie gehen davon aus, dass manche Verarbeitungsstufen ohne besondere Kosten von mehreren Aufgaben zugleich in Anspruch genommen werden können, andere hingegen nur seriell arbeiten und nur für jeweils eine Aufgabe zugleich zur Verfügung stehen. Maßgeblich für den Erfolg der Verarbeitungsmodelle war die Entwicklung der **Locus-of-Slack-Methode (LOS)** (▶ Exkurs »Locus-of-Slack-Methode«). Mit ihrer Hilfe können Verarbeitungsengpässe (sog. Flaschenhälse oder »bottlenecks«) systematisch identifiziert werden. Die Anwendung dieser Technik hat im Wesentlichen drei Engpässe aufgedeckt, die wir im Folgenden besprechen wollen.

8

Exkurs

Locus-of-Slack-Methode

Ein wichtiges Werkzeug bei der Lokalisierung von Verarbeitungsengpässen stellt die sog. **Locus-of-Slack-Methode (LOS)** dar, die wiederum auf dem PRP-Paradigma (s.u.) aufbaut. In Untersuchungen, die dieses Paradigma verwenden, bearbeiten Versuchspersonen zwei Aufgaben, deren zeitliche Überlappung variiert. Nehmen wir z.B. an, Aufgabe 1 erfordert den Druck einer linken oder rechten Taste (Reaktion 1 oder kurz R1) nach Maßgabe der Höhe eines Tones (Stimulus 1 oder kurz S1), z.B. eines tiefen Tones für eine linke Reaktion und eines hohen Tones für eine rechte Reaktion. Nehmen wir weiter an, Aufgabe 2 erfordert eine verbale Reaktion (R2) auf einen visuellen Reiz (S2), z.B. des Buchstabens O für die verbale Reaktion »O« und des Buchstabens X für die verbale Reaktion »X«. Wenn wir die Reize S1 und S2 in sehr langen Abständen darbieten, wenn also die sog. **Stimulus Onset Asynchrony (SOA)** sehr lang ist, dann haben wir es im Grunde mit einem Aufgabenwechsel zu tun, v.a. wenn S2 immer erst nach der Ausführung von R1 angeboten wird. Wenn hingegen die SOA sehr kurz ist, dann könnten beide Aufgaben prinzipiell gleichzeitig ausgeführt werden, es handelt sich also um eine echte Doppelaufgabe.

Wären wir perfekte Multitasker, dann sollte es keinen Unterschied machen, ob wir Aufgaben einzeln oder zeitgleich mit einer anderen Aufgabe ausführen. Mit anderen Worten, die Leistung in einer Aufgabe sollte nicht von der Länge der SOA abhängen. Umgekehrt gilt: Je mehr die Leistung von der Länge des SOA abhängt, desto eher können wir von Doppelaufgabenkosten sprechen. Derartige Kosten hat Telford (1931) durch die Annahme einer **Psychologischen Refraktär-Periode (PRP)** erklärt, weswegen das zugehörige experimentelle Design mit zwei überlappenden Aufgaben und systematisch variierender SOA als **PRP-Paradigma** bezeichnet wird.

Der Begriff der PRP impliziert, dass sich bei der Verarbeitung von Information Verarbeitungsengpässe ergeben, und zwar dadurch, dass manche kognitive Prozesse nur für eine Aufgabe zugleich zur Verfügung stehen. Diese Prozesse werden auch als kognitive »Flaschenhälse« (»bottlenecks«) bezeichnet. Dass solche Flaschenhälse in der menschlichen Informationsverarbeitung existieren, ist unstrittig. Die Frage lautet jedoch, worin sie bestehen, welche kognitiven Prozesse also eine beschränkte Verarbeitungskapazität aufweisen. Um diese Prozesse im Verarbeitungsablauf lokalisieren

▼

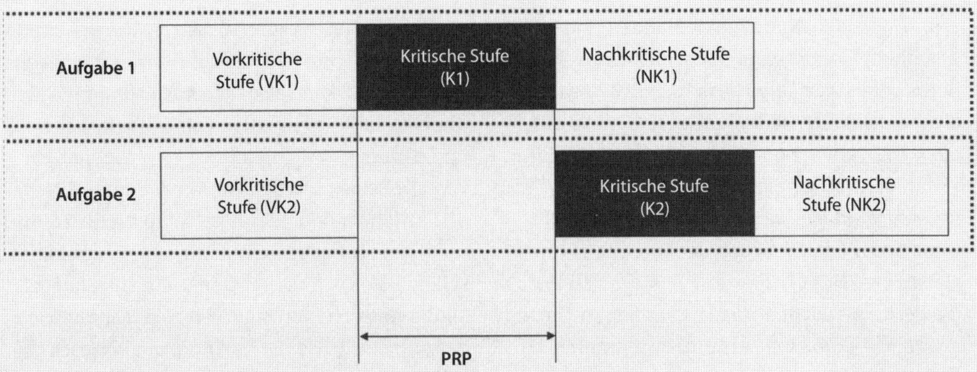

Abb. 8.7. Logik der Locus-of-Slack-Methode

zu können, wurde die LOS-Methode entwickelt (Pashler u. Johnston, 1989; Schweickert, 1978), bei der es sich um eine spezielle Weiterentwicklung von Sternbergs (1969) **Additive-Faktoren-Methode** handelt.

Die Grundüberlegung ist in Abb. 8.7 skizziert. Es wird angenommen, dass für die Bearbeitung einer Aufgabe eine Reihe von Verarbeitungsstufen durchlaufen werden müssen. Zunächst einmal ist natürlich unbekannt, ob es sich bei einer bestimmten Verarbeitungsstufe um einen Engpass handelt (dann hätten wir es mit einer kritischen Stufe oder K zu tun) oder um eine Verarbeitungsstufe, die einer kritischen Stufe vorausgeht (vorkritische Stufe oder VK) bzw. nachfolgt (nachkritische Stufe oder NK). Für beide Aufgaben in einem PRP-Paradigma können wir also jeweils hypothetische vorkritische Stufen (VK1 und VK2), kritische Stufen (K1 und K2) und nachkritische Stufen (NK1 und NK2) postulieren, wie in Abb. 8.7 skizziert. Wenn die vor- und nachkritischen Stufen einer Aufgabe wirklich keine Engpässe darstellen, dann können sie zeitlich beliebig überlappen und beginnen, sobald der Reiz dargeboten wurde (im Falle von VK) bzw. die jeweils vorausgehenden Prozesse abgeschlossen sind (im Falle von NK). Dies gilt jedoch nicht für die kritischen Stufen K1 und K2, die der Überlegungen zufolge nicht zeitgleich ablaufen können. Sobald also eine der kritischen Stufen begonnen ist, muss die andere kritische Stufe bis zu deren Abschluss warten, was in der Abbildung zu einer Verzögerung führt (»slack«), die wir auch PRP nennen können. Andere, nicht-kritische Stufen müssen natürlich nicht warten.

Wie finden wir aber nun heraus, welche kognitiven Prozesse jeweils vorkritisch, kritisch, und nachkritisch sind? Um dies näher zu bestimmen, schlägt die **LOS-Methode** vor, die Dauer aller hypothetischen Stufen systematisch zu variieren. Sie hält für die Ergebnisse diagnostische Vorhersagen bereit (Pashler, 1994; Pashler u. Johnston, 1989), von denen sich zwei auf Manipulationen der Aufgabe 1 und zwei weitere auf Manipulationen der Aufgabe 2 beziehen:

Nehmen wir an, Sie **erschweren die Reizidentifikation in Aufgabe 1**, z.B. indem Sie zwei sehr ähnliche Töne verwenden, die nur sehr schwierig zu unterscheiden sind. Diese Manipulation wird zweifellos die Reaktionszeit in Aufgabe 1 verlängern, aber welche Stufe haben Sie dabei erwischt? Noch können Sie das nicht wissen, aber überlegen Sie, welche Möglichkeiten Sie haben. Wenn es sich um VK1 oder um K1 handelt, wenn also die größere Schwierigkeit der S1-Identifikation die Ausführung einer dieser beiden Stufen verlängert, dann sollte sich die Reaktionszeit nicht nur für Aufgabe 1 verlängern, sondern auch für Aufgabe 2. In beiden Fällen wird ja der Abschluss von K1 zeitlich hinausgeschoben, wodurch nicht nur NK1 verzögert wird, sondern auch K2 länger warten muss. Mit anderen Worten, wenn die Manipulation die Reaktions-

▼

zeiten in beiden Aufgaben beeinflusst und wenn sich dieser Einfluss v.a. bei einer sehr kurzen SOA beobachten lässt (wenn also K1 und K2 zeitlich dicht beieinander liegen), dann haben die durch die Manipulation betroffenen Prozesse etwas mit VK1 oder K1 zu tun (Vorhersage 1). Diese Vorhersage trifft nicht zu, wenn die Manipulation Prozesse beeinflusst, die nach der kritischen Stufe stattfinden (NK1). In diesem Fall sollte sich zwar die Reaktionszeit in Aufgabe 1 verlängern, nicht aber die Reaktionszeit in Aufgabe 2. Tatsächlich sollte eine Verlängerung von NK1 die Ausführung von K2 nicht verzögern. Umgekehrt können Sie schlussfolgern: Wenn eine Manipulation von Prozessen der Aufgabe 1 ausschließlich die Leistung in Aufgabe 1 beeinflusst, dann haben die durch die Manipulation betroffenen Prozesse etwas mit NK1 zu tun (Vorhersage 2).

Nehmen wir nun an, Sie manipulieren Prozesse in der Aufgabe 2, z.B. indem Sie die **Reaktionsauswahl** in dieser Aufgabe **erschweren** (z.B. durch die Einführung von mehr Reaktionsalternativen). Wenn Sie dabei zufällig VK2 erwischt haben, dann ergibt sich eine kontraintuitive Vorhersage. Wenn die SOA lang ist, die beiden Aufgaben also kaum überlappen, dann sollte Ihre Manipulation natürlich die Reaktionszeit für Aufgabe 2 verlängern, ohne Aufgabe 1 zu beeinflussen. Wenn die SOA kurz ist, dann ergibt sich die bekannte Wartezeit: K2 muss auf den Abschluss von K1 warten. K2 kann also für eine bestimmte Zeit ohnehin keine Information von VK2 verarbeiten, und dadurch können eventuelle Verzögerungen von VK2 keine Rolle spielen. Mit anderen Worten, ob VK2 länger oder kürzer ist, sollte die Reaktionszeit für die Aufgabe 2 nicht beeinflussen, zumindest solange die Verzögerung von VK2 nicht länger ist als die Wartezeit von K2. Wenn eine Manipulation der Aufgabe 2 also die Reaktionszeit in dieser Aufgabe bei langer SOA verlängert, bei kurzer SOA jedoch einen kleineren oder gar keinen Effekt mehr hat, dann betraf diese Manipulation VK2 (Vorhersage 3). Die andere Möglichkeit ist, dass Ihre Manipulation die Ausführung von K2 oder NK2 verzögert. Dies sollte wieder zu einer Verlängerung der Reaktionszeiten in Aufgabe 2 führen, ohne die Aufgabe 1 zu beeinflussen. Im Unterschied zu einer Manipulation von VK2 sollte diese Verlängerung jedoch unabhängig von der SOA, also bei kurzer und langer SOA gleichermaßen ausgeprägt sein (Vorhersage 4). Probieren Sie doch einmal, diese LOS-Logik auf Kombinationen von alltäglichen Aufgaben anzuwenden. Auch wenn Sie die Aufgaben dafür wahrscheinlich ein wenig vereinfachen müssen, sehen Sie doch schnell, wie viele Vorhersagen die LOS-Methode erlaubt.

8

8.2.2 Arbeitsgedächtnis

Im Laufe der psychologischen Forschung ist eine Vielzahl von **Gedächtnissystemen** postuliert und untersucht worden, z.B. Kurzzeit- und Langzeitgedächtnis, semantisches und episodisches Gedächtnis, modalitätsspezifische Gedächtnissysteme und vieles mehr. Es gibt wenig Hinweise darauf, dass die Kodierung von Information in oder der Abruf von Information aus diesen Gedächtnissystemen einen echten strukturellen Verarbeitungsengpass darstellen. Ganz im Gegenteil, beim Stroop-Effekt ist z.B. gerade die automatische Aktivierung der Wortbedeutung das Problem, also ein Zuviel, nicht ein Zuwenig an Information und Verarbeitung. Dies legt nahe, dass es nicht die reine Verfügbarkeit von Information sein kann, die bei Mehrfachtätigkeiten Engpässe kreiert, sondern die **Organisation** und der **Umgang** mit dieser Information.

Die Organisation und der Umgang mit Gedächtnisinformation wird i.d.R. dem **Arbeitsgedächtnis** zugeschrieben. Das Konzept des Arbeitsgedächtnisses umfasst sowohl untergeordnete Speichermedien, die vornehmlich dem Aktivhalten von Information dienen, als auch ein exekutives Kontrollsystem, dessen Aufgabe in der Strukturierung und Organisation der aktiv gehaltenen Information liegt (Baddeley, 2003). Auch wenn sich die Forschung zu Mehrfachtätigkeiten über viele Jahre v.a. auf die Reaktionsauswahl konzentriert hat (▶ Abschn. 8.2.3), deuten neuere Untersuchungsergebnisse zunehmend darauf hin, dass jedweder Einsatz des

Arbeitsgedächtnisses zu einer **Beschränkung** der Verarbeitungskapazität und damit zu Multitasking-Kosten führen kann.

Hinweise auf den beschränkenden Charakter des Arbeitsgedächtnisses ergeben sich z.B. aus Untersuchungen mit Aufgaben, die eine Einspeicherung von Information für die spätere Wiedergabe erfordern. Jolicœur u. Dell'Aqua (1998) baten z.B. Versuchspersonen, in einer Aufgabe (Aufgabe 1) kurzzeitig dargebotene Buchstaben zu erinnern (und später zu berichten) und in einer zeitlich überlappenden zweiten Aufgabe (Aufgabe 2) binäre Wahlreaktionen auf Töne auszuführen. ◘ Abbildung 8.8 (s.u.) zeigt den Einfluss des Abspeicherns der Reize aus Aufgabe 1 auf die Reaktionszeit in Aufgabe 2. Zu sehen sind drei Ergebnisse: Erstens steigen die Reaktionszeiten umso stärker, je mehr Reize abgespeichert werden müssen. Zweitens steigen die Reaktionszeiten umso stärker, je mehr die zwei Aufgaben zeitlich überlappen, d.h. je kürzer die SOA ist (▶ Exkurs »Locus-of-Slack-Methode«). Drittens sind die Doppelaufgabenkosten besonders ausgeprägt, wenn die zwei Aufgaben maximal überlappen und viele Reize abzuspeichern sind. Dieses Befundmuster legt nahe, dass die **Einspeicherung** von Reizen die Ausführung der zweiten Aufgabe **verzögert** und dies umso mehr, je mehr Reize eingespeichert werden. Der Zeitbedarf des Einspeicherungsprozesses nimmt also mit der Zahl der einzuspeichernden Elemente zu und blockiert die Bearbeitung der anderen Aufgabe für die Dauer der benötigten Zeit.

Neben der Einspeicherung scheint auch der **Abruf** von Information einen effektiven Verarbeitungsengpass darzustellen. Jolicœur (1999) kombinierte z.B. eine Wahlreaktionsaufgabe (Tastendruck auf einen Ton) mit einer Gedächtnissuchaufgabe, in der Probanden beurteilten, ob ein dargebotener Reiz in einem zuvor gezeigten, erinnerten Reizset enthalten war oder nicht. Ein typisches Ergebnis derartiger Aufgaben besteht darin, dass die Reaktionszeit mit zunehmender Größe des Reizsets ansteigt (»setsize effect«). Wenn die Gedächtnisaufgabe als Erst- und die Tonaufgabe als Zweitaufgabe ausgeführt wurde, stieg die Reaktionszeit in der Tonaufgabe mit der Größe des Gedächtnissets. Wenn die Tonaufgabe zuerst ausgeführt wurde, war das Ausmaß des Setgrößen-Effektes unabhängig von der zeitlichen Überlappung der beiden Aufgaben (»stimulus onset asynchrony«, SOA). Nach der LOS-Logik (dritte Vorhersage; ▶ Exkurs »Locus-of-Slack-Methode«) bedeutet dies, dass die Gedächtnissuche eine kritische Stufe darstellt, die nicht vor dem Abschluss der Reaktionsselektion in Aufgabe 1 beginnen kann.

Auch der Abruf von Information aus dem **Langzeitgedächtnis** stellt einen Engpass dar. Carrier u. Pashler (1995) ließen z.B. Probanden Wortpaare lernen und unterzogen sie dann einer Doppelaufgabe. Aufgabe 1 erforderte eine Wahlreaktion auf einen Ton, in Aufgabe 2 wurde jeweils ein Element eines Wortpaares dargeboten, und die Probanden sollten das damit assoziierte Element produzieren.

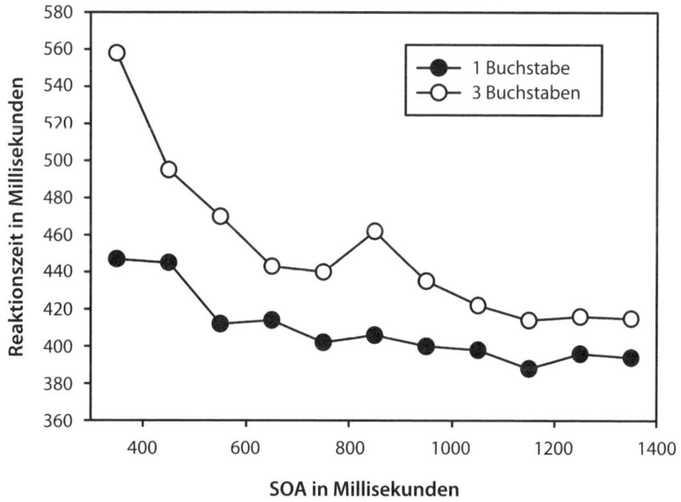

◘ **Abb. 8.8.** Latenzzeiten für die 2. von zwei kombinierten Aufgaben. (Aus Jolicœur& Dell'Acqua, 1998. Reprinted with permission from Elsevier)

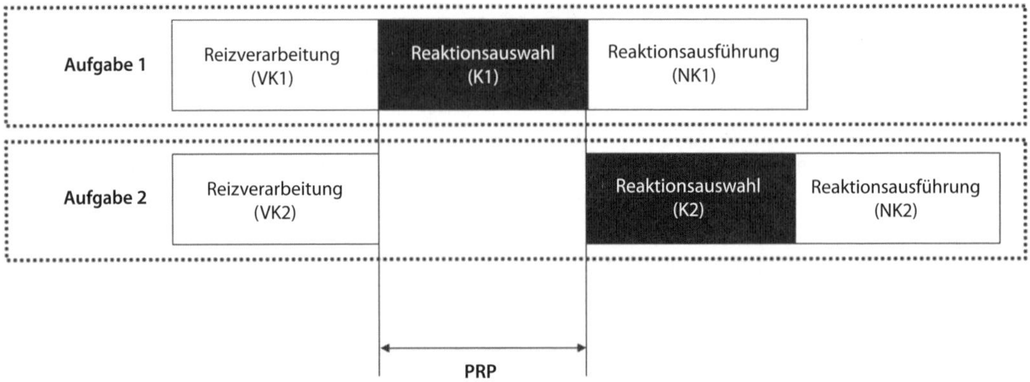

Abb. 8.9. Anwendung des Locus-of-Slack-Methode zur Modellierung des Verarbeitungsflusses

Die Schwierigkeit des Gedächtnisabrufs wurde dadurch variiert, dass manche Wortpaare zuvor besser gelernt wurden als andere. Wie sich herausstellte, hatte die zeitliche Überlappung der beiden Aufgaben keinen Einfluss auf den Schwierigkeitseffekt, der Abruf von Information konnte also nicht vor dem Abschluss der wesentlichen Verarbeitungsstufen der Aufgabe 1 beginnen.

Diese und andere Beobachtungen legen nahe, dass der Umgang mit Gedächtnisinhalten einen effektiven **Verarbeitungsengpass bei Mehrfachtätigkeiten** darstellt. Das ist bemerkenswert, weil die reizinduzierte Aktivierung von Gedächtnisinhalten an sich weitgehend automatisch zu funktionieren scheint. Es scheint also mehr der intentionale, vielleicht sogar v.a. der **bewusste** Zugang zum Gedächtnis zu sein, der Kapazitätsbeschränkungen unterliegt (Jolicœur et al., 2002).

8.2.3 Reiz-Reaktions-Übersetzung und Reaktionsauswahl

Seit dem Beginn der systematischen Untersuchungen zu Mehrfachhandlungen wurde vermutet, dass die Auswahl von Reaktionen einen zentralen Verarbeitungsengpass darstellt, und seit Welford (1952) dominieren **Response-Selection-Bottleneck-Modelle (RSB)** die PRP-Forschung (McCann u. Johnston, 1992; Pashler, 1994; Pashler u. Johnston, 1989). Diese Dominanz resultiert aus einer Fülle von Hinweisen, die sich aus Untersuchungen mit der LOS-Methode ergeben haben. Gehen wir die vier wichtigsten Vorhersagen des LOS-Ansatzes (► Exkurs »Locus-of-Slack-Methode«) einmal anhand der Hypothese durch, dass die **Reaktionsauswahl** tatsächlich einen Verarbeitungsengpass (d.h. eine kritische Stufe) darstellt. Wenn es sich bei der Reaktionsauswahl um eine kritische Stufe handelt, dann wären die vorausgehenden Prozesse der Reizverarbeitung auf einer vorkritischen Stufe anzusiedeln (VK) und die nachfolgenden Prozesse der Reaktionsausführung auf einer nachkritischen Stufe (NK) (Abb. 8.9).

Entsprechend der **ersten Vorhersage** des LOS-Ansatzes sollten sich dann Manipulationen der Reaktionsauswahl in Aufgabe 1 auf die Leistungen in beiden Aufgaben auswirken. Dies lässt sich leicht dadurch bewerkstelligen, dass man die Zahl der Reaktionsalternativen in Aufgabe 1 erhöht, was tatsächlich zu längeren Reaktionszeiten in beiden Aufgaben führt (Karlin u. Kerstenbaum, 1968). Die größere Zahl der Reaktionsalternativen scheint also nicht nur die Verarbeitungsstufe K1 zu verlängern, sondern auch zu einer längeren Wartezeit für die Verarbeitungsstufe K2 zu führen. Dies legt nahe, dass K1 und K2 (d.h. die Reaktionsauswahl in Aufgabe 1 und 2) **nicht gleichzeitig ablaufen** können.

Entsprechend der **zweiten Vorhersage** sollten sich Manipulationen von nachkritischen Stufen in Aufgabe 1 nur auf diese Aufgabe auswirken. Tatsächlich gibt es Hinweise, dass eine Erhöhung der Komplexität der in Aufgabe 1 geforderten Bewegung zwar die Reaktionszeit in Aufgabe 1 **verlängert**, die Aufgabe 2 aber **kaum beeinträchtigt** (Pashler u. Christian, 1996).

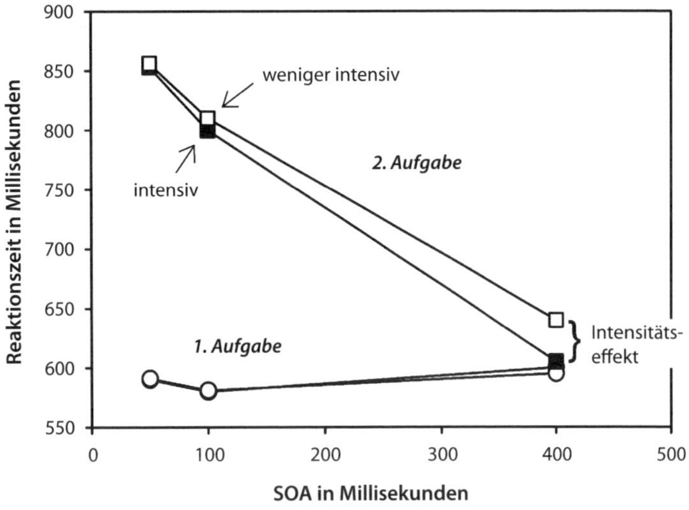

Abb. 8.10. Latenzzeiten für die 1. und 2. von zwei kombinierten Aufgaben. (Nach Pashler & Johnston, 1989)

Entsprechend der **dritten Vorhersage** sollten die Effekte von Manipulationen der VK2 bei einer kurzen SOA kleiner sein als bei einer langen SOA, weil (und in sofern) der zeitliche Mehraufwand in die Wartezeit von K2 fällt. Ein Beispiel für einen solchen Effekt ist in Abb. 8.10 zu sehen. Die Befunde stammen aus der Untersuchung von Pashler u. Johnston (1989), in der (Licht-)Intensität der visuellen Reize in der zweiten Aufgabe variierte. Die Reaktionszeiten in der ersten Aufgabe sind nicht von dieser Manipulation betroffen und variieren auch nicht mit der SOA. Darüber hinaus ist ein typischer **PRP-Effekt** zu erkennen, d.h. die Leistung in der zweiten Aufgabe nimmt mit zunehmender SOA zu (die Reaktionen erfolgen schneller). Bei langer SOA verzögern weniger intensive Reize die Reaktionszeiten: Weniger Lichtintensität bedeutet, dass die Reize schlechter zu erkennen sind. Man benötigt daher mehr Zeit, um die Reize zu identifizieren. Bei kurzer SOA verschwindet dieser Effekt jedoch, weniger intensive und mehr intensive Reize werden gleich schnell verarbeitet, d.h. die Effekte von SOA und Intensität sind **unteradditiv**. Dem RSB-Modell zufolge macht das Sinn, weil die Verarbeitung der weniger intensiven Reize bei kurzer SOA ohnehin während der Wartezeit von K2 stattfindet, die Zeit also in der die Reaktionsauswahl der zweiten Aufgabe auf den Abschluss der Reaktionsauswahl der ersten Aufgabe warten muss.

Entsprechend der **vierten Vorhersage** schließlich sollten sich Manipulationen von K2 nur auf die zweite Aufgabe auswirken und nicht mit der SOA variieren. Tatsächlich zeigt sich dieses Befundmuster z.B. bei der Verringerung der Reiz-Reaktions-Kompatibilität in der zweiten Aufgabe (McCann u. Johnston, 1992) – eine Manipulation, die sich v.a. auf die Reaktionsauswahl auswirken sollte.

Dies sind nur wenige Beispiele für die zahlreichen Befunde, die für einen Verarbeitungsengpass bei der Reaktionsauswahl sprechen. RSB-Modelle haben also eine starke empirische Basis. Es gibt jedoch drei **Gründe**, die in der letzten Zeit für eine zunehmende Skepsis zumindest mit Bezug auf herkömmliche RSB-Modelle gesorgt haben.

Multiple Engpässe

Den ersten Grund haben wir bereits stillschweigend berücksichtigt: Auch wenn die **Reaktionsauswahl** einen wichtigen Verarbeitungsengpass darstellen sollte, scheint dies nicht der einzige Engpass zu sein. Auch der Zugang zum **Arbeitsgedächtnis** kann einen Engpass repräsentieren, und wie wir im folgenden Abschnitt sehen werden, ergeben sich auch bei der **Ausführung bestimmter Handlungen** Kapazitätsprobleme. Dabei stellt sich die Frage, ob es sich bei diesen Engpässen um unabhängige Eigenschaften unserer Verarbeitung handelt oder ob sich dahinter ein allgemeines Prinzip der Verarbeitung verbirgt, das wir bloß noch nicht gut genug verstehen. Es könnte z.B. sein, dass Verarbeitungsengpässe immer dann entstehen, wenn Information aus verschiedenen kognitiven bzw. kortikalen Systemen zusammengebracht und integriert werden muss (s. z.B. Baars, 1980). Dies könnte bei der Gedächtniskonsolidierung der Fall sein, weil verschiedene Merkmale des abzuspeichernden Reizes miteinander integriert werden müssen. Es könnte auch bei der Reaktionsauswahl vorkommen, weil hier Reize und Reaktionen nach Maßgabe einer bestimmten Instruktion aufeinander bezogen werden müssen. Schließlich könnte es auch bei der Ausführung der Fall sein, weil möglicherweise geprüft werden muss, ob die Umweltbedingungen für die zu initiierende Handlung adäquat sind.

Konzeptuelle Probleme

Der zweite Grund für Kritik an herkömmlichen RSB-Modellen hat mit deren **konzeptueller Unschärfe** zu tun. Diese Modelle verwenden die Begriffe der Reiz-Reaktions-Übersetzung (»stimulus response translation«) und Reaktionsauswahl (»response selection«) synonym, weil sie der Überlegung folgen, dass man eine Reaktion durch die Anwendung einer Regel auswählt. Angenommen, die Reize für zwei Aufgaben sind durch S1 und S2 und die zugehörigen Reaktionen durch R1 und R2 repräsentiert. Die Darbietung des Reizes für die erste Aufgabe hätte die Aktivierung des Kodes S1 zur Folge und durch Anwendung der instruierten Reiz-Reaktions-Regel käme es zur Aktivierung des Kodes R1. Diesen Vorgang könnte man als Reaktionsauswahl bezeichnen. Träfe das zu, dann würde R2 immer erst dann aktiv, wenn die Auswahl von R1 abgeschlossen ist.

Eine Möglichkeit der Überprüfung besteht darin, die Beziehung zwischen den Reaktionen in beiden Aufgaben **systematisch zu variieren**. Nehmen wir z.B. an, die beiden Aufgaben sind in einem Durchgang kompatibel oder sogar identisch und in einem anderen Durchgang inkompatibel (z.B. wenn R1 im Drücken einer linken Taste besteht und R2 im Aussprechen des Wortes »rechts«). Die Frage ist, ob diese Manipulation Auswirkungen auf die Auswahl der *ersten* Reaktion hat. Die Antwort auf diese Frage ist positiv: Die Reaktionszeit in Aufgabe 1 ist tatsächlich kürzer, wenn die zugehörige Reaktion (R1) kompatibel oder identisch mit der Reaktion in Aufgabe 2 ist (Hommel, 1998a; Logan u. Schulkind, 2000). Wenn dem so ist, dann muss die Aktivierung von R2 noch vor Abschluss der Auswahl von R1 erfolgt sein – wie anders hätte sie die Verarbeitung von R1 beeinflussen können? Das bedeutet aber, dass die Aktivierung von Reaktionsrepräsentationen für mehrere Aufgaben parallel erfolgen kann und keinen echten Verarbeitungsengpass darstellt. Wenn also der Prozess der Reaktionsauswahl kapazitätsbeschränkt ist, dann kann es sich dabei nicht um die »Übersetzung« der Aktivierung von Reizrepräsentationen in die Aktivierung von Reaktionsrepräsentationen handeln. Der Auswahlprozess scheint sich vielmehr auf die Selektion bereits aktivierter Reaktionsrepräsentationen zu richten, er scheint also zu prüfen und sicherzustellen, ob die richtigen Repräsentationen aktiviert sind. Die Auswahl einer Handlung besteht demnach aus zwei Phasen: aus der **Übersetzung** von Reizinformation in Kodes von Reaktionsmerkmalen und aus der **Selektion** und möglicherweise Integration dieser Merkmale in einen kohärenten Handlungsplan (► Abschn. 6.4). Während die erste Phase nicht kapazitätsbeschränkt zu sein scheint, stellt die zweite Phase einen wirklichen Engpass dar.

Übungseffekte

Ein dritter Grund, der zur Skepsis gegenüber traditionellen RSB-Modellen geführt hat, sind Befunde, die nahe legen, dass man Verarbeitungsengpässe sozusagen »**wegtrainieren**« kann. Die Annahme eines Verarbeitungsengpasses erfordert nicht notwendigerweise eine strukturelle Beschränkung (► Exkurs »Strukturelle und funktionale Beschränkungen der Informationsverarbeitung«), aber viele Autoren tendieren zu der Annahme, dass Engpässe bei Mehrfachtätigkeiten tatsächlich struktureller Natur und damit unabänderlich sind. Dagegen ließe sich einwenden, dass viele psychologische Experimente relativ künstliche Aufgaben verwenden und den Versuchspersonen oft keine hinreichende Übung gewähren (Meyer u. Kieras, 1997a,b). Es wäre daher denkbar, dass massive Übung zur Verringerung oder gar Eliminierung von Verarbeitungsengpässen führt. Tatsächlich konnten jüngere Trainingsstudien dramatische Reduktionen des PRP-Effektes nachweisen und in manchen Fällen den Effekt sogar nahezu eliminieren (z.B. Van Selst et al., 1999).

Praktisch gesehen sind derartige Übungseffekte von enormer Bedeutung, zeigen sie doch, dass man **mehrere Aufgaben** prinzipiell **ohne größere Leistungsverluste zugleich** ausführen kann. Aus theo-

Exkurs

Strukturelle und funktionale Beschränkungen der Informationsverarbeitung

Die psychologische Forschung beschäftigt sich oft mit der Analyse der Grenzen der menschlichen Informationsverarbeitung: Wie viele Objekte können wir gleichzeitig beachten? Wie viele Ereignisse können wir im Gedächtnis behalten? Wie viele Handlungen können wir zugleich vorbereiten? Bei der Diskussion möglicher Grenzen und Beschränkungen wird häufig zwischen strukturellen und funktionalen Beschränkungen oder Engpässen unterschieden. Auch wenn es schwierig ist, eine trennscharfe Definition für diese Begriffe zu finden, so ist die dahinterliegende Überlegung doch wichtig für die Art und Weise, wie wir den betreffenden Beschränkungen im Alltag begegnen sollten.

Unter einer **strukturellen Beschränkung** versteht man meistens eine obere Grenze der Verarbeitungskapazität, die nicht von der Art der verarbeiteten Information, der momentanen Aufgabe oder den weiteren Umständen abhängt. Beispielsweise ist angenommen worden, dass wir nicht mehr als sieben unabhängige Ereignisse in unserem Kurzzeitgedächtnis aktiv halten können (Miller, 1956) und dass unser visuelles Gedächtnis auf maximal vier Objekte beschränkt sein könnte (Luck u. Vogel, 1997). Dies sind strukturelle Grenzen, die zwar individuell variieren mögen und mit denen man durch Tricks und Strategien effektiv umgehen kann, die aber im Prinzip nicht vermeidbar sind.

Funktionale Beschränkungen sind hingegen Verarbeitungsprobleme, die durch das ungünstige Zusammenspiel von Verarbeitungsprozessen oder deren Ergebnissen zustande kommen. Nehmen wir z.B. an, Ihr Kurzzeitgedächtnis wäre nicht beschränkt und Sie könnten beliebig viele Ereignisse zugleich erinnern. Jede einzelne Erinnerung würde allerdings hunderte von Assoziationen im Langzeitgedächtnis wachrufen. In diesem Fall hätten Sie es nicht mit einer strukturellen Beschränkung zu tun, denn nicht ein Zuwenig, sondern ein Zuviel an Information wäre Ihr Problem. Daher spricht man in diesem und in ähnlichen Fällen von einem funktionalen Verarbeitungsengpass.

Auch wenn die Unterscheidung von strukturellen und funktionalen Grenzen im Einzelfall oft nachvollziehbar ist, verschwimmt sie doch oft im größeren Zusammenhang. So könnte z.B. sein, dass die scheinbar strukturelle Grenze der Kapazität unseres Kurzzeitgedächtnisses funktionale Ursachen hat. Nehmen wir z.B. an, Sie könnten tatsächlich beliebig viele Ereignisse gleichzeitig erinnern, können dadurch aber keinen vernünftigen Gedanken mehr fassen. Wie würde Ihr Gehirn dieses zunächst funktionelle Problem lösen? Es könnte probieren, Ordnung zu schaffen, z.B. indem es nur wirklich inhaltlich zusammenhängende Assoziationen »erlaubt« oder nur Assoziationen zulässt, die mit Ihren momentanen Zielen zusammenhängen, alle anderen Assoziationen aber unterdrückt. Eine derartige Integration zusammenhängender Assoziationen könnte durch Mechanismen der neuronalen Synchronisation realisiert werden, d.h. alle Neuronen, die die betreffenden Assoziationen repräsentieren, könnten dazu gebracht werden, im selben Takt zu feuern (Raffone u. Wolters, 2001). Um die Phasen der dadurch entstehenden verschiedenen Rhythmen nicht durcheinander zu bringen, muss das Gehirn Phasen mit hinreichend großem Abstand verwenden, was wiederum die Anzahl der verschiedenen Rhythmen beschränkt. Diese Beschränkung könnte es sein, die wir in Verhaltensexperimenten messen und von der wir annehmen, es handele sich um eine strukturelle Beschränkung.

retischer Hinsicht sind sie jedoch nicht eindeutig zu interpretieren. Einerseits wäre es denkbar, dass Übung tatsächlich jede Art von Verarbeitungsengpass überwinden kann. Allerdings müsste man dann fragen, wie dies konkret vor sich geht. Andererseits ist es jedoch auch möglich, dass Übung die Dauer der kritischen Stufen drastisch verringert, sodass Verarbeitungsengpässe prinzipiell weiter bestehen bleiben, aber zeitlich nicht mehr überlappen. Ein wichtiger Aspekt von Training bestünde dann darin, gleichzeitig auszuführende Handlungen zeitlich so zu **organisieren**, dass Verarbeitungsengpässe nicht mehr zur selben Zeit durchlaufen werden (Ruthruff et al., 2001).

8.2.4 Reaktionsinitiierung

Auch wenn dieses Thema in der Forschung kaum größere Beachtung gefunden hat, so gibt es doch Hinweise, dass Mehrfachaufgaben unter bestimmten Umständen zu Verarbeitungsengpässen bei der **Implementierung** bzw. **Initiierung** der beteiligten Handlungen führen können. Logan u. Burkell (1986) verwendeten z.B. eine Aufgabenvariante, in der Versuchspersonen während der Vorbereitung oder der Ausführung der Reaktion in Aufgabe 1 durch ein Stopp-Signal aufgefordert wurden, die Reaktion doch nicht auszuführen. Die Leistung in Aufgabe 2 war dann besonders stark beeinträchtigt, wenn die erste Reaktion nicht mehr unterdrückt werden konnte. Eine mögliche Interpretation dieses Befundes ist die, dass die Initiierung einer Reaktion die Auswahl oder Initiierung anderer Reaktionen erschwert.

Diese Überlegung würde auch zu den Ergebnissen von Ivry et al. (1998) passen. Sie untersuchten mögliche Verarbeitungsengpässe bei Mehrfachtätigkeiten bei einem Patienten namens J. W., der einer Kommissurotomie (Durchtrennung des die beiden Hirnhemisphären verbindenden Corpus Callosum) unterzogen wurde. Da die zwei Hirnhemisphären unabhängig voneinander funktionieren, so die Überlegung der Autoren, könnte der Patient möglicherweise zwei Aufgaben zugleich ohne gegenseitige Störung ausführen.

Um dies zu überprüfen, wurden die Reize für zwei überlappende Aufgaben in verschiedenen visuellen Halbfeldern dargeboten, sodass die Reize der einen Aufgabe in der linken und die Reize der anderen Aufgabe in der rechten Hemisphären verarbeitet werden konnten. Einerseits führte dies tatsächlich zur Eliminierung von Verarbeitungsengpässen bei der Reaktionsauswahl. Während z.B. die Leistung bei Doppelaufgaben normalerweise besser ist, wenn die zwei Aufgaben mit verschiedenen Effektoren ausgeführt werden (z.B. mit Hand und Mund statt mit der linken und rechten Hand), spielte die Effektormodalität bei J. W. kaum eine Rolle. Auch die Konsistenz der Regeln der Reiz-Reaktions-Zuordnung in den beiden Aufgaben, die normalerweise einen starken Einfluss auf die Leistung ausübt (wenn z.B. Aufgabe 1 verlangt, auf linke Reize mit einem linken Tastendruck zu reagieren, während Aufgabe 2 einen rechten Tastendruck verlangt), fiel bei J. W. nicht ins Gewicht. Da sich beide Effekte vermutlich auf die Reaktionsauswahl auswirken, lässt diese Beobachtung den Schluss zu, dass der Patient tatsächlich die Reaktionen für beide Aufgaben in verschiedenen Hemisphären zugleich und ohne gegenseitige Störung auswählen konnte. Dennoch zeigte er schlechtere Leistungen bei kleiner SOA, d.h. bei großer zeitlicher Überlappung der beiden Aufgaben. Wenn man als Ursache dafür Verarbeitungsengpässe bei der Reaktionsauswahl ausschließen kann, bleibt eigentlich nur eine **Störung bei der Initiierung der Handlungen** übrig.

? Kontrollfragen

Menschen können im Alltag zwischen verschiedenen Handlungen hin und her schalten und nicht selten mehrere Handlungen gleichzeitig ausführen.

- Wie kann man empirisch feststellen, ob und welche kognitiven Kosten der Wechsel zwischen zwei oder mehreren Aufgaben verursacht?
- Welche Faktoren tragen zur Größe der Wechselkosten bei?
- Wie kann man empirisch feststellen, ob Menschen tatsächlich Multitasking leisten oder ob sie einfach nur sehr schnell zwischen verschiedenen Handlungen hin und her schalten (wie ein handelsüblicher Computer)?
- Welche kognitiven Prozesse verursachen Verarbeitungsengpässe beim Multitasking?

Weiterführende Literatur

Goschke, T. (2003). Voluntary action and cognitive control from a cognitive neuroscience perspective. In S. Maasen, W. Prinz, & G. Roth (eds.), *Voluntary action. An issue at the interface of nature and culture* (pp. 49–85). Oxford: Oxford University Press.

Monsell, S. (1996). Control of mental processes. In V. Bruce (ed.), *Unsolved mysteries of the mind* (pp. 93–148). Hove: Erlbaum.

Literatur

Allport, D. A., Styles, E. A. & Hsieh, S. (1994). Shifting intentional set: Exploring the dynamic control of tasks. In C. Umiltá & M. Moscovitch (eds.), *Attention and performance, vol. XV: Conscious and nonconscious information processing* (pp. 421–452). Cambridge, MA: MIT Press.

Allport, D. A. & Wylie, G. (2000). ›Task-switching‹, stimulus-response bindings and negative priming. In S. Monsell & J. Driver (eds.), *Attention and performance, vol. XVIII: Control of Cognitive Processes* (pp. 421–452). Cambridge, MA: MIT Press.

Baars, B. J. (1980). Eliciting predictable speech errors in the laboratory. In V. A. Fromkin (ed.), *Errors in linguistic performance: Slips of the tongue, ear, pen, and hand* (pp. 307–318). New York: Academic Press.

Baddeley, A. D. (2003). Working Memory: Looking back and looking forward. *Nature Reviews Neuroscience, 4* (10), 829–839.

Cepeda, N., Cepeda, M. L. & Kramer, A. F. (2000). Task switching and Attention Deficit Hyperactivity Disorder. *Journal of Abnormal Child Psychology, 28*, 213–226.

Carrier, L. M. & Pashler, H. (1995). Attentional limits in memory retrieval. *Journal of Experimental Psychology: Learning, Memory, and Cognition, 21*, 1339–1348.

Cohen, J. D., Dunbar, K. & McClelland, J. L. (1990). On the control of automatic processes: A parallel distributed processing account of the Stroop effect. *Psychological Review, 97*, 332–361.

Cohen, J. D. & Huston, T. A. (1994). Progress in the use of interactive models for understanding attention and performance. In C. Umilta & M. Moscovitch (eds.), *Attention and performance, vol. XV* (pp. 453–456). Cambridge, MA: MIT Press.

De Jong, R. (2000). An intention-activation account of residual switch costs. In S. Monsell & J. Driver (eds.), *Attention and performance, vol. XVIII: Control of cognitive processes* (pp. 357–376). Cambridge, MA: MIT Press.

De Jong, R., Berendsen, E. & Cools, R. (1999). Goal neglect and inhibitory limitations: Dissociable causes of interference effects in conflict situations. *Acta Psychologica, 101*, 379–394.

Dixon, P. (1981). Algorithms and selective attention. *Memory & Cognition, 9*, 177–184.

Duncan, J. (1978). Response selection in spatial choice reaction: Further evidence against associative models. *Quarterly Journal of Experimental Psychology, 30*, 429–440.

Gibson, J. J. (1941). A critical review of the concept of set in contemporary experimental psychology. *Psychological Bulletin, 38*, 781–817.

Gopher, D. & Sanders, A. F. (1984). S-Oh-R: Oh stages! Oh resources! In W. Prinz & A. F. Sanders (eds.), *Cognition and motor processes* (pp. 231–253). Berlin, Heidelberg, New York, Tokio: Springer.

Hommel, B. (1998a). Automatic stimulus-response translation in dual-task performance. *Journal of Experimental Psychology: Human Perception and Performance, 24*, 1368–1384.

Hommel, B. (1998b). Event files: Evidence for automatic integration of stimulus-response episodes. *Visual Cognition, 5*, 183–216.

Ivry, R. B., Franz, E. A., Kingstone, A. & Johnston, J. C. (1998). The psychological refractory period effect following callosotomy: Uncoupling of lateralized response codes. *Journal of Experimental Psychology: Human Perception and Performance, 24*, 463–480.

Jersild, A. T. (1927). Mental set and shift. *Archives of Psychology, 89*.

Jolicœur, P. (1999). *Capacity demands of accessing short-term memory*. Paper presented at the Ninth Annual Meeting of the Canadian Society for Brain, Behaviour, and Cognitive Science, June 18–19, Edmonton, Alberta, Canada.

Jolicœur, P. & Dell'Acqua, R. (1998). The demonstration of short-term consolidation. *Cognitive Psychology, 36*, 138–202.

Jolicœur, P., Tombu, M., Oriet, C. & Stevanovski, B. (2002). From perception to action: Making the connection. In W. Prinz & B. Hommel (eds.), *Attention and performance, vol. XIX: Common mechanisms in perception and action* (pp. 558–586). Oxford: Oxford University Press.

Karlin, L. & Kerstenbaum, R. (1968). Effects of number of alternatives on the psychological refractory period. *Quarterly Journal of Experimental Psychology, 20*, 167–178.

Kray, J. & Lindenberger, U. (2000). Adult age differences in task switching. *Psychology and Aging, 15*, 126–147.

Logan, G. D. & Burkell, J. (1986). Dependence and independence in responding to double stimulation: A comparison of stop, change, and dual-task paradigms. *Journal of Experimental Psychology: Human Perception and Performance, 12*, 549–563.

Logan, G. D. & Gordon, R. D. (2001). Executive control of visual attention in dual-task situations. *Psychological Review, 108*, 393–434.

Logan, G. D. & Schulkind, M. D. (2000). Parallel memory retrieval in dual-task situations: I. Semantic memory. *Journal of Experimental Psychology: Human Perception and Performance, 26*, 1072–1090.

Luck, S. J. & Vogel, E. K. (1997). The capacity of visual working memory for features and conjunctions. *Nature, 390*, 279–281.

Mayr, U. & Keele, S. W. (2000). Changing internal constraints on action: The role of backward inhibition. *Journal of Experimental Psychology: General, 129*, 4–26.

Mayr, U. & Kliegl, R. (2000). Task-set switching and long-term memory retrieval. *Journal of Experimental Psychology: Learning, Memory and Cognition, 26*, 1124–1140.

McCann, R. S. & Johnston, J. C. (1992). Locus of the single-channel bottleneck in dual-task interference. *Journal of Experimental Psychology: Human Perception and Performance, 18*, 471–484.

Meiran, N. (1996). Reconfiguration of processing mode prior to task performance. *Journal of Experimental Psychology: Learning, Memory and Cognition, 22*, 1423–1442.

Meiran, N. (2000). Reconfiguration of stimulus task-sets and response task-sets during task-switching. In S. Monsell & J. Driver (eds.), *Attention and performance, vol. XVIII: Control of cognitive processes* (pp. 377–399). Cambridge, MA: MIT Press.

Meiran, N., Chorev, Z. & Sapir, A. (2000). Component processes in task switching. *Cognitive Psychology, 41*, 211–253.

Miller, G. A. (1956). The magical number seven, plus or minus two: Some limits on our capacity for processing information. *Psychological Review, 63*, 81–97.

Meuter, R. F. & Allport A. 1999. Bilingual language switching in naming. Asymmetrical costs of language selection. *Journal of Memory and Language, 40*, 25–40.

Meyer, D. E. & Kieras, E. D. (1997a). A computational theory of executive cognitive processes and multiple task performance: Part 1, Basic mechanisms. *Psychological Review, 104*, 3–75.

Meyer, D. E. & Kieras, D. E. (1997b). A computational theory of executive cognitive processes and multiple-task performance: Part 2. Accounts of psychological refractory-period phenomena. *Psychological Review, 104*, 749–791.

Pashler, H. (1994). Dual-task interference in simple tasks: Data and theory. *Psychological Bulletin, 116*, 220–244.

Pashler, H. & Christian, C. (1996). *Bottlenecks in planning and producing manual, vocal, and foot responses.* Unveröffentlichtes Manuskript.

Pashler, H. & Johnston, J. C. (1989). Chronometric evidence for central postponement in temporally overlapping tasks. *Quarterly Journal of Experimental Psychology, 41A*, 19–45.

Raffone, A. & Wolters, G. (2001). A cortical mechanism for binding in visual working memory. *Journal of Cognitive Neuroscience, 13*, 766–785.

Rogers, R. D. & Monsell, S. (1995). Cost of a predictable switch between simple cognitive tasks. *Journal of Experimental Psychology: Human Perception and Performance, 124*, 207–231.

Rubin, O. & Meiran, N. (2005). On the origins of the task mixing cost in the cuing taskswitching paradigm. *Journal of Experimental Psychology: Learning, Memory, and Cognition, 31* (6), 1477–1491.

Rubinstein, J., Meyer, D. E. & Evans, J. E. (2001). Executive control of cognitive processes in task switching. *Journal of Experimental Psychology: Human Perception and Performance, 27*, 763–797.

Ruthruff, E., Johnston, J. C. & Van Selst, M. (2001). Why practice reduces dual-task interference. *Journal of Experimental Psychology: Human Perception and Performance, 27*, 3–21.

Sanders, A. F. (1983). Towards a model of stress and human performance. *Acta Psychologica, 53*, 61–97.

Schweickert, R. (1978). A critical path generalization of the additive factor method: Analysis of a Stroop task. *Journal of Mathematical Psychology, 18*, 105–139.

Sternberg, S. (1969). The discovery of processing stages: Extensions of Donders' method. *Acta Psychologica, 30*, 276–315.

Stroop, J. R. (1935). Studies of interference in serial verbal reactions. *Journal of Experimental Psychology, 18*, 643–662.

Telford, C. W. (1931). The refractory phase of voluntary and associative responses. *Journal of Experimental Psychology, 14*, 1–36.

Van Duren, L. L. & Sanders, A. F. (1988). On the robusmess of the additive factors stage structure in blocked and mixed choice reaction designs. *Acta Psychologica, 69*, 83–94.

Van Selst, M., Ruthruff, E. & Johnston, J. C. (1999). Can practice eliminate the psychological refractory period? *Journal of Experimental Psychology: Human Perception and Performance, 25*, 1268–1283.

Waszak, F., Hommel, B. & Allport, A. (2003). Task-switching and long-term priming: Role of episodic stimulus-task bindings in task-shift costs. *Cognitive Psychology, 46*, 361–413.

Welford, A. T. (1952). The «psychological refractory period" and the timing of high-speed performance – a review and a theory. *British Journal of Psychology, 43*, 2–19.

Wickens, C. D. (1980). The structure of attentional resources. In R. Nickerson (ed.), *Attention and performance, vol. VIII* (pp. 239–257). Hillsdale, NJ: Erlbaum.

Wickens, C. D. (1984). Processing resources in attention. In R. Parasuraman & D. R. Davies (eds.), *Varieties of attention* (pp. 63–102). Orlando, FL: Academic Press.

Wickens, C. D. (1992). *Engineering psychology and human performance.* New York: Harper Collins Pub.

Wylie, G. & Allport, A. (2000). Task switching and the measurement of «switch costs.". *Psychological Research, 63*, 212–233.

Zillig, M. (1926). Die Übung der Umstellbarkeit. *Zeitschrift für Psychologie, 100*, 18ff.

9 Handlungsfehler und Handlungsüberwachung

Lernziele

- Was für Arten von Handlungsfehlern kann man unterscheiden? Wie kann man sie erklären?
- Gibt es Hinweise auf die kontinuierliche Überwachung von Handlungen hinsichtlich möglicher Fehler?
- Welche Mechanismen liegen der Handlungsüberwachung zugrunde?
- Auf welche Weise bemüht sich das kognitive System, Fehler zu vermeiden?
- Auf welche Weise lernen wir aus unseren Handlungsfehlern?

Am 24.02.2004 erstach der Russe Witali Kalojew einen Fluglotsen des Schweizer Betriebes *Skyguide* in dessen Haus. Der Fluglotse war verantwortlich für einen Zusammenstoß zweier Flugzeuge in der Nähe von Überlingen zwei Jahre zuvor, bei dem die Familie von Kalojew umgekommen war. *Skyguide* hatte sich über mehrere Jahre geweigert, sich auch nur zu entschuldigen. Die Katastrophe war durch eine Verkettung unglücklicher Umstände zustande gekommen mit einem erheblichen Anteil von dem, was wir menschliches Versagen nennen: Das Navigationssystem war durch Wartungsarbeiten nur beschränkt nutzbar, das Telefon versagte seinen Dienst, Informationen wurden nur unzureichend weitergegeben, der eigentlich vorgesehene zweite Fluglotse befand sich im Pausenraum, und noch einiges mehr. Glücklicherweise werden derartige Verkettungen durch Sicherheitsmaßnahmen fast immer vermieden, und die direkten und indirekten Folgen von Flugzeugunglücken sind oft viel weniger dramatisch. Aber der Vorfall erinnert uns doch, dass wir tagtäglich von Fehlern umgeben sind.

Tatsächlich kommen Fehler viel häufiger vor als wir denken. Nicht nur bei Fluglotsen und Piloten, auch im Operationssaal eines durchschnittlichen Krankenhauses werden pro Tag mehrere Dutzend Fehler begangen werden: Wer viel tut, macht viele Fehler. Dass unser Gesundheitssystem dennoch relativ gut funktioniert, hat also keineswegs damit zu tun, dass wir Fehler vollständig vermeiden können, auch wenn viele Sicherheitsvorkehrungen deren Ausmaß dramatisch vermindern helfen. Vielmehr liegt dies daran, dass die beteiligten Personen (in der Regel) ein hohes Maß an Expertise im Fehlermanagement haben, also im Reagieren auf aufgetretene Fehler und im Beschränken des Schadens, den sie anrichten. Eine erfolgreiche Schadensbegrenzung setzt wiederum voraus, dass Fehler zuverlässig und frühzeitig erkannt werden. Um die Mechanismen, die das ermöglichen, geht es in diesem Kapitel.

Bislang haben wir uns damit beschäftigt, wie man situativ angemessene, erfolgreiche Handlungen plant und ausführt. Aber manchmal gehen Handlungen auch schief. Einerseits wirft dies die Frage auf, wie Handlungsfehler eigentlich entstehen. Auch wenn wir die Frage an dieser Stelle nicht erschöpfend behandeln können, wollen wir doch ein paar Überlegungen aus der Fehlerforschung aufgreifen (► Abschn. 9.1). Die Existenz von Handlungsfehlern legt aber auch die Frage nahe, warum wir nicht viel häufiger Fehler begehen. Tatsächlich ist die Beziehung zwischen fehlerhaften und korrekten Handlungen aus wissenschaftlicher Sicht sehr interessant: Wenn wir gelungenes Handeln als das erfolgreiche Vermeiden von Fehlern interpretieren, dann befördert ein besseres Verständnis der Ursachen von Fehlern notwendigerweise auch unsere Einsicht in gelungene Handlungskontrolle. Wir werden im vorliegenden Kapitel daher untersuchen, ob bzw. wie man Handlungsfehler überwacht und erkennt (► Abschn. 9.2), wie man sie vermeidet (► Abschn. 9.3) und aus ihnen lernt (► Abschn. 9.4).

9.1 Handlungsfehler

Die Analyse menschlicher Handlungsfehler hat eine lange Tradition (► Abschn. 6.1.2). Unter anderem hat sich schon Freud (1904) in seinem Werk »Zur Psychopathologie des Alltagslebens« mit (v.a. sprachlichen) Handlungsfehlern beschäftigt und Mutmaßungen über die ursächlichen psychologischen Mechanismen angestellt. In jüngerer Zeit haben sich v.a. angewandte Forscher mit Fehlern beschäftigt. Reason (1979) benutzte z.B. eine Tagebuchtechnik, um eine große Zahl alltäglicher Fehler zu inventarisieren und zu klassifizieren. Rasmussen (1980) hat ein einflussreiches Kategorisierungssystem zur Analyse von Fehlern entwickelt, das zwischen Fehlern auf drei verschiedenen Ebenen der kognitiven Verarbeitung unterscheidet:

- **Wissensbasierte Fehler** entstehen v.a. in neuartigen, ungewohnten Situationen, in denen Handlungen ad hoc geplant werden müssen. Beispielsweise führt das Ausbrechen eines Feuers oft zu panikartigen und wenig zielführenden Handlungen.
- **Regelbasierte Fehler** entstehen in Situationen, in denen kognitive »Wenn-dann-Regeln« bereitliegen, die aber unter den gegebenen Umständen falsch angewendet werden. Ein Beispiel wäre das Überqueren der Straße bei einer roten Fußgängerampel, wenn eine benachbarte Autoampel auf Grün springt. Die Regel »Wenn grün, dann gehen« ist im Prinzip angemessen, aber die Wahrnehmung der »Wenn«-Bedingung ist missglückt.
- **Fertigkeitsbasierte Fehler** entstehen durch das fehlerhafte Funktionieren von im Prinzip angemessenen kognitiven Prozessen. Das Auftreten dieser Fehler wird in der Regel einem Mangel an Aufmerksamkeit zugeschrieben, es handelt sich also um Flüchtigkeitsfehler.

Diese Erwägungen schließen bei den Überlegungen von Norman u. Shallice (1986; ◘ Abb. 9.1) an. Sie gehen davon aus, dass eintreffende Reizinformation sog. **Schemata** aktiviert, d.h. überlernte Reiz-Reaktions-Regeln, deren Ausführung eine entsprechende Handlung initiiert. Diese Schemata stehen in einem Wettbewerb um die Handlungskontrolle und inhibieren sich gegenseitig. Wenn die verfügbaren Reize nur ein einziges Schema aktivieren, kann die entsprechende Handlung sofort ausgeführt werden. Wenn die Reizsituation jedoch mehrdeutig ist wie z.B. bei einem Stroop-Reiz, und mehrere Schemata zugleich aktiviert, entsteht eine lähmende Konkurrenzsituation.

Derartige Situationen können dem Modell nach prinzipiell durch den Einfluss von zwei Faktoren **aufgelöst** werden. Möglicherweise hat die handelnde Person gelernt, bestimmte Handlungen unter den gegebenen Umständen nicht oder in einer ganz bestimmten Reihenfolge auszuführen. Eine derartige lernabhängige Regulation des Konfliktes nennen Norman und Shallice »contention scheduling«.

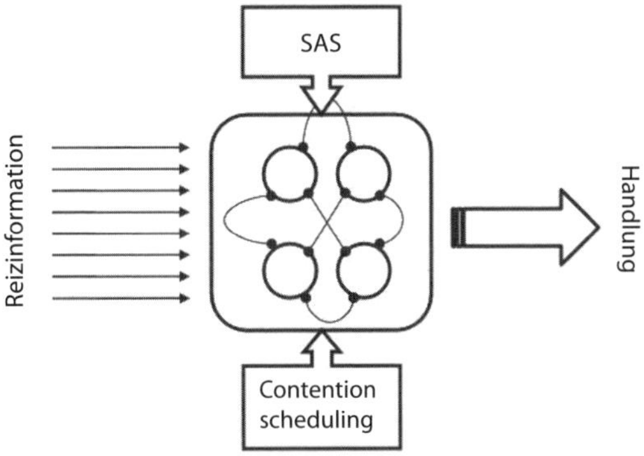

◘ **Abb. 9.1.** SAS-Modell. (Aus Norman und Shallice (1986))

Außerdem besteht die Möglichkeit, das eingesetzte Maß an Aufmerksamkeit zu erhöhen, also gewissermaßen besser aufzupassen. Die Regulation der willkürlichen Aufmerksamkeit obliegt Norman und Shallice zufolge dem **Supervisory Attentional System (SAS)**. Die Rolle dieses Systems ist durchaus mit dem vergleichbar, was wir als »Handlungsziel« (► Abschn. 3.1) bezeichnet haben, und die Struktur des SAS-Modells ähnelt sehr dem in ► Abschn. 3.1 gezeigten Kontextmodell von Cohen et al. (1990). Auch die Art und Weise, wie das SAS-Modell Handlungsfehler erklärt, ist mit anderen Überlegungen gut vereinbar: Handlungsfehler entstehen

- durch neue Situationen, für die noch keine Schemata zur Verfügung stehen und daher das SAS die ganze Arbeit übernehmen muss,
- durch die irrtümliche Aktivierung des falschen Schemas,
- durch einen Mangel an hinreichender Überwachung durch das SAS.

Es fällt nicht schwer, diese Alternativen den drei Kategorien der **wissens-, regel- und fertigkeitsbasierten Fehler** von Rasmussen zuzuordnen.

9.2 Handlungsüberwachung und Fehlerregistrierung

Die psychologische Forschung war immer schon an der Analyse von Fehlern interessiert, v.a. weil Fehler im Alltag eine viel größere Rolle spielen als die für die Theoriebildung bedeutsamen, aber oft minimalen Reaktionszeitunterschiede, die wir in vielen psychologischen Experimenten beobachten. Doch traditionell wurden Fehler in der Forschung objektiv definiert und aus dem Verhalten erschlossen, während die Frage, ob und wie eine handelnde Person Fehler eigentlich **wahrnimmt** und **verarbeitet**, keine Rolle spielte. In den letzten Jahren ist jedoch gerade diese Frage zunehmend in den Mittelpunkt des Interesses gerückt. Anlass für dieses Interesse waren u.a. Beobachtungen, dass handelnde Personen relativ gut in der Einschätzung eigener Fehler sind und eigene Fehler oft schnell und zuverlässig erkennen. Informell lässt sich dies im Verlauf psychologischer Experimente erleben: Versuchspersonen sind oft sichtbar und hörbar frustriert, wenn sie z.B. eine falsche Taste drücken.

9.2.1 Verhaltensreaktionen auf Fehler

Vor allem Rabbitt (2002) hat die **kognitive Verarbeitung von Fehlern** in vielen Studien untersucht. So ließ er z.B. Probanden durch Druck einer Taste signalisieren, ob sie einen Fehler gemacht hatten, und stellte fest, dass sie dazu zuverlässig in der Lage waren. Aber auch **spontan** haben Teilnehmer bei Wahlreaktions-Experimenten die Neigung, auf eigene Fehler zu **reagieren** und sie zu **korrigieren**. Oft drücken sie z.B. nach dem irrtümlichen Drücken einer falschen Taste die eigentlich richtige Taste, selbst wenn ihnen das explizit untersagt wird (Rabbitt u. Rodgers, 1977). Diese Korrekturen sind extrem schnell und erfolgen i.d.R. innerhalb von 250 ms nach der falschen Reaktion. Das deutet darauf hin, dass die Korrektur von Handlungsfehlern auf relativ **schnell** und **automatisch operierenden Prozessen** beruht.

Zur Erklärung nehmen Rabbitt et al. an, dass die Selektion einer motorischen Reaktion das Ergebnis von Prozessen ist, die kontinuierlich **Evidenz** zu Gunsten einer der Antwortalternativen sammeln. Sobald hinreichend Evidenz zu Gunsten einer der Alternativen vorzuliegen scheint, erfolgt die Reaktion. Dies schließt nicht aus, dass nach der Reaktion noch wesentlich mehr Evidenz zu Gunsten einer anderen Alternative gesammelt wird, sodass die Reaktion eigentlich verfrüht war. Die Tatsache, dass nun so viel Evidenz für eine andere Alternative spricht, führt schließlich zur Ausführung der entsprechenden, eigentlich korrekten Reaktion (Rabbitt et al., 1978; Rabbitt u. Vyas, 1981).

Wenn man sich klarmacht, dass diese zwei Prozesse innerhalb von Sekundenbruchteilen ablaufen, wird verständlich, warum man die Korrekturreaktion so **schwer unterdrücken** kann. Einerseits ist sie automatisch, andererseits stellt sie sicher, dass das eigentliche Handlungsziel auch tatsächlich erreicht wird. Wir haben es hier also wieder mit einer Art durch Intentionen »**bedingter Automatizität**« zu tun (► Abschn. 5.3). Diese Überlegung legt nahe, dass Fehler umso eher korrigiert werden, je mehr **Zeit** dafür zur Verfügung steht, denn umso mehr Evidenz kann ja gesammelt werden. Um das zu überprüfen, haben Rabbitt u. Vyas (1981) die Wahrscheinlichkeit der Fehlerkorrektur in Abhängigkeit von der Dauer der Reizdarbietung analysiert. Tatsächlich stieg die Zahl der spontanen Fehlerkorrekturen mit der Dauer der Reizdarbietung systematisch an.

Die Studien machen deutlich, dass handelnde Personen ihre Fehler spontan entdecken. Dies wirft die Frage auf, ob bzw. inwiefern sie ihre Handlungen **systematisch überwachen** und auf mögliche Fehler **kontrollieren**. Die Untersuchungen von Rabbitt sind in dieser Hinsicht nämlich nicht ganz eindeutig. Tatsache ist, dass Versuchspersonen im Falle eines Fehlers oft zwei verschiedene Handlungen innerhalb kurzer Zeit ausführen. Ob sie die zweite Handlung aber ausführen, *weil* die erste Handlung falsch war, bleibt unklar. Alternativ wäre ebenso denkbar, dass die beiden Antwortalternativen gleichzeitig und unabhängig voneinander Evidenz für sich ansammeln und bei hinreichender Evidenz zur Ausführung gelangen. Auch die Tatsache, dass Versuchspersonen post factum angeben können, dass sie einen Fehler gemacht haben, heißt nicht unbedingt, dass sie diesen Fehler schon während seiner Entstehung registriert und auch ohne Instruktion bemerkt hätten.

Es lässt sich aber auch argumentieren, dass die Analyse von bewussten Reaktionen von Versuchspersonen die Kapazität des kognitiven Systems für die Fehlerentdeckung **unterschätzt**. Möglicherweise müssen Fehler gar **nicht bewusst** erlebt werden, um auf sie reagieren zu können. Wie wir im folgenden Abschnitt sehen werden, ist es tatsächlich gelungen, elektrophysiologische Korrelate von sowohl bewussten als auch unbewussten Prozessen der Fehlerentdeckung zu identifizieren.

9.2.2 Elektrophysiologische Korrelate der Fehlerentdeckung

Die Suche nach den möglichen Mechanismen der Fehlerentdeckung hat u.a. eine Komponente im ereigniskorrelierten Potential zu Tage gefördert, die sehr sensibel auf Fehler reagiert. Sie wird in der Literatur unter zwei verschiedenen Namen geführt und entweder als **N_e** (Falkenstein et al., 1991) oder als **Event Related Negativity (ERN)** (Gehring et al., 1993) bezeichnet. Ein Blick auf die ◘ Abb. 9.2 erklärt beide Namen. Sie zeigt zwei ereigniskorrelierte Potentiale, einmal für korrekte Ausführungen einer Reaktion und einmal für fehlerhafte Ausführungen, gemessen ab Reaktionsbeginn (markiert durch die Y-Achse). Beachten Sie einmal den Verlauf der Hirnströme über die Zeit und v.a. die Beziehung zwischen den beiden Linien. Sie divergieren bereits zu Beginn der Reaktion, wobei die Funktion der fehlerhaften Reaktion viel negativer verläuft als die der korrekten Reaktion. Auf diese stärkere Negativierung im Falle eines Fehlers nehmen die Begriffe N_e bzw. ERN Bezug. Im weiteren Verlauf der Zeit konvergieren die beiden Funktionen, nur um gleich wieder auseinander zu laufen. Diesmal aber mit umgekehrten Vorzeichen: Die fehlerbezogene Funktion ist nun viel positiver als die der korrekten Reaktion. Diesen Sachverhalt haben Falkenstein et al. (1991) mit dem Kürzel **P_e** (für fehlerbezogene Positivierung) ausgedrückt.

Die N_e/ERN tritt vornehmlich in **drei Situationen** auf: Wenn eine Person in einem Wahlreaktionsexperiment einen Fehler macht oder zu spät reagiert, und nach Feedback zur Reaktionsgenauigkeit. Die Komponente resultiert aus der Aktivität von Neuronpopulationen im Bereich des **anterioren cingulären Kortex (ACC)**, einem kortikalen Areal, dem eine wichtige Rolle bei der Überwachung von Handlungen zugeschrieben wird (► Abschn. 2.6.3). Die N_e/ERN ist nicht nur sehr schnell, sondern sie tritt auch unabhängig von der bewussten Wahrnehmung auf, d.h. auch wenn die handelnde Person ihren Fehler gar **nicht bemerkt** (Nieuwenhuis et al., 2001). Im Gegensatz dazu scheint die P_e stärker an die bewusste Registrierung eines Handlungsfehlers gekoppelt zu sein, aber viel ist über diese Komponente bislang noch nicht bekannt. In jedem Fall zeigen beide Komponenten, dass unser kognitives System tatsächlich die ganze Zeit damit beschäftigt ist, den Fortschritt und die Zweckmäßigkeit unserer Handlungen zu **überwachen**.

Jüngere Untersuchungen haben gezeigt, dass nicht allein der Erfolg oder Misserfolg einer Handlung automatisch überwacht wird, sondern auch das Auftreten von **kognitiven Konflikten**. Bereits Festinger (1957) hatte in seiner **Theorie der kognitiven Dissonanz** kognitiven Widersprüchen und Konflikten eine besondere Rolle bei der Organisation von Entscheidungen zugesprochen. Diese Überlegung hat Eingang in aktuelle **Modelle der Fehlerüberwachung** gefunden, die wir im fol-

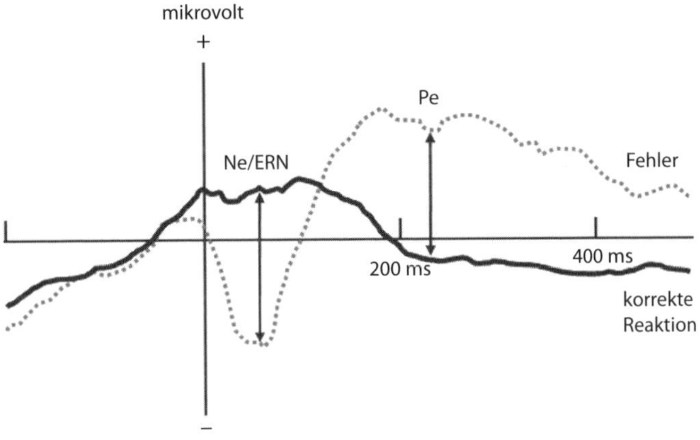

◘ **Abb. 9.2.** Typische ereigniskorrelierte Potentiale nach Ausführung einer richtigen bzw. falschen Reaktion. (Aus Yeung, Botvinick & Cohen, 2004. Reprinted with permission from Elsevier.)

genden Abschnitt besprechen werden. Auch mit Bezug auf die N_e/ERN ist vermutet worden, dass sie nicht nur das Auftreten von Fehlern signalisiert. Tatsächlich ist die Komponente auch dann messbar, wenn Reaktionen korrekt ausgeführt werden. Es wäre daher denkbar, dass sie entweder jedwede Art von kognitiven Problemen während der Verarbeitung signalisiert (z.B. Konflikte zwischen Reaktionen) – auch wenn diese Probleme vor Ausführung der Reaktion gelöst werden –, oder sie ist das Ergebnis eines Prozesses, der kontinuierlich die tatsächliche Handlung mit der intendierten Handlung vergleicht. Ein solcher Prozess wäre natürlich für die Feststellung eines Fehlers besonders wichtig, und er verursacht in diesem Fall vielleicht stärkere Hirnaktivität, aber er würde auch bei korrekt ablaufenden Handlungen operieren.

9.2.3 Neuronale Korrelate der Fehlerentdeckung

Es wird vermutet, dass die N_e/ERN die Aktivität des ACCs widerspiegelt, einem Teil des medio-frontalen Kortex. Diese Vermutung ließ sich durch den Einsatz von bildgebenden Verfahren erhärten. In einer einflussreichen Untersuchung haben Botvinick et al. (1999) Versuchspersonen mit einer Flankierreiz-Aufgabe konfrontiert und währenddessen die Hirnaktivität mittels fMRT gemessen. In dieser Aufgabe reagierten die Probanden auf die Orientierung einer Pfeilspitze in der Mitte eines Bildschirms, die entweder von reaktionskompatiblen Pfeilspitzen flankiert war (z.B. >>≥>>) oder von reaktionsinkompatiblen Pfeilspitzen (z.B. <<≥<<). Wie man sich vorstellen kann, ist diese Aufgabe sehr schwierig und führt zu starken Reaktionskonflikten in der inkompatiblen Bedingung. Die Autoren beobachteten starke Aktivierungen des ACCs, besonders in inkompatiblen Durchgängen, und auch dann, wenn die Probanden richtig reagierten. Vergleichbare Befunde wurden auch für andere konfliktträchtige Aufgaben berichtet wie z.B. dem Stroop-Effekt. Die Aktivierung des ACCs nimmt ebenfalls zu, wenn Probanden ungewöhnliche (im momentanen Zusammenhang seltene) Reaktionen ausführen oder sie sich zwischen gleichermaßen zutreffenden Antwortalternativen entscheiden müssen (z.B. Thompson-Schill et al., 1997).

Diese und ähnliche Beobachtungen haben die **Konflikttheorie (Conflict Monitoring Theory)** zur Funktion des ACCs motiviert (Botvinick et al., 2001). Dieser Theorie zufolge überwacht der ACC das kognitive System hinsichtlich des Auftretens kognitiver Konflikte, z.B. zwischen alternativen Reaktionen. Wenn ein Konflikt festgestellt wird, meldet der ACC dies an Instanzen der kognitiven Kontrolle, die infolgedessen unmittelbar verstärkt wird. Die verstärkte Kontrolle wird in vielen Fällen zur erfolgreichen Ausführung der Handlung führen, auch wenn die Herausforderung an das kognitive System durch den Konflikt stärker war als gewöhnlich.

Dieses Modell hat zwei attraktive **Eigenschaften**. Erstens schlägt es einen Mechanismus vor, der sowohl schlicht als auch außerordentlich effizient ist. Obwohl die angenommene Aufgabe des ACCs ziemlich einfach ist, würde die entstehende Kontrollschleife (Entdeckung von Konflikt → Erhöhung der Kontrolle → Entscheidung des Konfliktes) die Qualität der Handlungssteuerung doch entscheidend erhöhen und gleichzeitig ein bzgl. seiner Kapazität genügsames System ermöglichen. Tätigkeiten könnten ohne großen Kontrollaufwand ausgeführt werden, da sich ja Kontrollprobleme gewissermaßen »von selbst« melden. Der zweite Vorteil der Konflikttheorie besteht darin, dass sie sehr gut zu anderen theoretischen Überlegungen passt. Denken Sie zum Beispiel an das Kontrollmodell von Cohen et al. (1990; ■ Abb. 3.1). Das Konfliktmodell fügt diesem Ansatz lediglich ein weiteres Modul hinzu, das Konflikt auf der Ebene der Reaktionsrepräsentationen ausliest und ein verstärkendes Signal an die Zielrepräsentation abgibt. Auch dem SAS-Modell von Norman u. Shallice (1986; ■ Abb. 9.1) ist das Konfliktmodell nicht unähnlich: Konflikte zwischen konkurrierenden Schemata erhöhen laut Norman und Shallice den Beitrag des kontrollierenden SAS. Genau diesen Mechanismus beschreibt die Konflikttheorie.

9.3 Handlungsregulation und Fehlervermeidung

Die Hinweise auf eine wichtige Rolle des ACCs bei der Überwachung von Handlungen und handlungsbezogenen Konflikten mehren sich. Der Konflikttheorie zufolge ist der ACC jedoch lediglich ein passiver Monitor, der zwar Warnungen an andere Systeme abgibt, selbst aber nicht an weiteren Kontrolloperationen beteiligt ist. Stimmt diese Annahme? Und wenn sie stimmt, was soll man sich unter diesen weiteren Kontrolloperationen vorstellen?

Um diesen Fragen nachzugehen, haben MacDonald et al. (2000) eine fMRT-Studie durchgeführt, in der Probanden im Rahmen einer Stroop-Aufgabe (▶ Abschn. 3.1.1) entweder auf die Farbe oder das Wort kongruenter und inkongruenter Farb-Wort-Kombinationen reagierten. Welche der beiden Aufgaben in einem Durchgang zu erledigen war (Farbe benennen oder Wort lesen), wurde ihnen jeweils mehrere Sekunden vor der Präsentation des Reizes mitgeteilt. Von besonderem Interesse war in dieser Untersuchung die Aktivierung des ACCs und des dorsolateralen präfrontalen Kortex (DLPFC), dem eine wichtige Rolle bei der kognitiven Kontrolle und der Repräsentation von Handlungszielen zugeschrieben wird (▶ Abschn. 2.6.1). MacDonald et al. (2000) beobachteten, dass der DLPFC vornehmlich während der Vorbereitung auf die kommende Aufgabe aktiviert war, und zwar besonders bei der schwierigeren Aufgabenvariante der Farbbenennung. Die Aktivierung des ACC war im gleichen Zeitraum unabhängig von der angekündigten Aufgabe und ihrer Schwierigkeit. Genau umgekehrt verhielt es sich nach der Präsentation des Reizes. Nun war der ACC besonders aktiv, v.a. wenn Farbwort und Farbname unterschiedliche Antworten implizierten. Die Aktivierung des DLPFC war dagegen unabhängig davon, ob ein Antwortkonflikt vorlag oder nicht. Offensichtlich unterscheiden sich also die **Rollen** von ACC und DLPFC, und zwar in der theoretisch vermuteten Weise: Der DLPFC richtet das kognitive System für eine bestimmte Aufgabe ein und kontrolliert dadurch den Verarbeitungsstrom, während der ACC diesen Strom überwacht und aktuelle Verarbeitungsprobleme an den DLPFC meldet.

Die Beobachtungen von MacDonald et al. (2000) machen zwar die verschiedenen Rollen von DLPFC und ACC deutlich, sagen aber wenig über die vermutete Interaktion zwischen diesen beiden Systemen. Besser sichtbar ist diese **Interaktion** in der Studie von Kerns et al. (2004). Wenn der ACC tatsächlich Konflikte nicht nur entdeckt, sondern deren Existenz an Kontrollinstanzen (DLPFC) weitergibt und dadurch das Ausmaß der Kontrolle erhöht, so die Überlegung, dann sollte sich dieses höhere Ausmaß im folgenden Durchgang günstig auf die Konfliktverarbeitung auswirken. Mit anderen Worten, kognitive Konflikte sollten sich direkt nach der Verarbeitung eines Konflikts besser und schneller lösen lassen. Für konfliktinduzierende Aufgaben (z.B. Stroop-Aufgaben, Flankierreiz-Aufgaben, Simon-Aufgaben) sollte dies eigentlich bedeuten, dass die konfliktbezogenen Effekte nach einem konfliktreichen Durchgang **kleiner** werden. Das ist tatsächlich vielfach beobachtet worden, zum ersten Mal in einer Flankierreiz-Aufgabe: Nach einem Durchgang, in dem Zielreiz und Flankierreize reaktionsinkompatibel waren, ist der Einfluss von reaktionsinkompatiblen Flankierreizen geringer als nach einem Durchgang mit reaktionskompatiblen Flankierreizen (Gratton et al., 1992).

Wie andere vor ihnen, fanden Kerns et al. (2004) einen vergleichbaren Effekt in einer Stroop-Aufgabe, d.h. der Stroop-Effekt war nach inkompatiblen Wort-Farb-Paarungen kleiner als nach kompatiblen Paarungen. Wieder war der ACC bei konfliktreichen (d.h. inkompatiblen) Wort-Farb-Paarungen stärker aktiviert, aber diese Aktivierung war schwächer, wenn der vorige Durchgang bereits konfliktreich war. Möglicherweise hat also tatsächlich die Aktivierung des ACC bei dem ersten von zwei aufeinanderfolgenden Konflikten zu einer Erhöhung der Kontrolle geführt, die dann beim Auftreten des zweiten Konfliktes eine effizientere Bearbeitung ermöglichte. Dieses Szenario wird durch eine weitere Beobachtung von Kerns et al. unterstützt: Je stärker der ACC beim ersten Auftreten des Konfliktes aktiviert war, umso weniger waren die Reaktionszeiten durch einen weiteren Konflikt verzögert. Dies wiederum scheint tatsächlich einen **Beitrag des DLPFC** widerzuspiegeln, denn je stärker der ACC durch den ersten Konflikt aktiviert wurde, desto stärker war die Aktivierung des DLPFC bei der Bearbeitung des zweiten Konfliktes.

Diese Beobachtungen weisen auf eine gut funktionierende **Kontrollschleife** im Sinne der Konflikttheorie hin, in der der ACC Konflikte identifiziert und sie durch den DLPFC lösen lässt. Die bisherigen Beobachtungen legen nahe, dass diese Adaptation der Kontrollfunktionen **prospektiv** ist: Momentan erlebte Konflikte dienen dazu, die Kontrolle beim nächsten Konflikt zu erhöhen. In Laborexperimenten, wo Aufgaben hundertfach wiederholt werden, ist das natürlich sehr nützlich, denn die Leistung wird dadurch auf einem hohen Niveau gehalten. Im alltäglichen Leben wiederholen wir Handlungen aber selten unmittelbar, sodass sich die Kontrollanpassung bei der nächsten Ausführung der Handlung oft schon längst verflüchtigt haben sollte. Nützlicher wäre eine Anpassung, die unmittelbar stattfindet und die Kontrolle bereits während des Auftretens eines Konfliktes erhöhen kann. Aber ist die durch ACC und DLPFC getriebene Kontrollschleife so schnell?

Eine raffinierte fMRT-Studie von Egner u. Hirsch (2005) legt dies in der Tat nahe. In dieser Untersuchung bearbeiteten Probanden wieder eine Konflikt induzierende Stroop-artige Aufgabe. Die Reize bestanden aus reaktionskompatiblen oder -inkompatiblen Kombinationen von Gesichtern und Namen bekannter Schauspieler und Politiker. In der relevanten Bedingung sollten die Versuchspersonen angeben, ob das jeweilige Gesicht einen Schauspieler oder einen Politiker zeigt; die Namen sollten dagegen ignoriert werden. Wenig überraschend war die Leistung besser, wenn Gesicht und Name reaktionskompatibel waren. So wurde z.B. das Gesicht von Robert de Niro mit dem Namen »Jack Nicholson« schneller als »Schauspieler« kategorisiert als das Gesicht von Robert de Niro mit dem Namen »Bill Clinton«. Wie in der Untersuchung von Kerns et al. (2004) war dieser Effekt unmittelbar nach inkompatiblen Durchgängen kleiner als nach kompatiblen Durchgängen. Von Durchgang zu Durchgang fand also offenbar eine **Anpassung der Kontrolle** statt, aber war dies auch innerhalb eines Durchgangs festzustellen? Und worin genau besteht die Kontrolle?

Um dies festzustellen, registrierten Egner u. Hirsch (2005) die Aktivierung des DLPFC und des für die Verarbeitung von Gesichtern zuständigen kortikalen Areals (»fusiform face area«, FFA). Zwei Beobachtungen waren besonders bemerkenswert: Erstens führten soeben erlebte Reaktionskonflikte (induziert durch inkompatible Reizkombinationen) zu einer erhöhten Aktivierung der FFA im folgenden Durchgang, und zweitens wurde diese erhöhte Aktivierung offenbar durch den DLPFC verursacht (was im fMRT annäherungsweise durch sog. Konnektivitätsanalysen festgestellt werden kann). Da die FFA in diesem Fall die aufgabenrelevante Reizinformation kodierte, legt dies nahe, dass die Erfahrung eines Reaktionskonfliktes zu einer unmittelbaren Anpassung führt und dass diese Anpassung in der Erhöhung der kortikalen Sensibilität gegenüber aufgabenrelevanter Information besteht. Mit anderen Worten, Konflikte führen zu einer **stärkeren Konzentration** auf das Handlungsziel, und dies wiederum lenkt bzw. verstärkt die **Aufmerksamkeit** auf die aufgabenrelevante Information.

9.4 Fehlerbasiertes Lernen

Aus Fehlern wird man klug. Die kontinuierliche Überwachung unserer Handlungen erlaubt nicht nur kurzfristige Anpassungen der Handlungssteuerung, sondern auch zeitlich sehr viel mehr ausgedehnte Lernprozesse. Normalerweise wiederholen wir erfolglose Handlungen nicht wieder und wieder, sondern versuchen, unser Handeln fortlaufend zu verbessern. Mit Bezug auf die Auswahl von Handlungen kann man sich vorstellen, dass dafür v.a. Prozesse der Belohnung bzw. Bestrafung, Erfolg und Misserfolg verantwortlich sind, d.h. wir wiederholen Handlungen mit positiven Konsequenzen und vermeiden Handlungen mit negativen Konsequenzen. Externe Belohnung und Bestrafung stehen aber keineswegs immer zur Verfügung, und um subtilere Aspekte unserer Handlungen anzupassen, sind sie ohnehin viel zu wenig informativ. Wenn Sie z.B. das Skifahren lernen wollen, dann ist Ihnen wenig damit gedient, wenn sich der Skilehrer darauf beschränkt »nicht gut, gar nicht gut« zu rufen, auch wenn das zu Beginn sicher inhaltlich zuträfe. In Situationen wie dieser benötigen Sie Information nicht nur darüber, *ob* Sie einen Fehler gemacht haben, sondern auch, *worin* dieser genau besteht. Woher kommt diese Information? Woraus kann man sie auch ohne externe Urteile durch andere Personen gewinnen?

Ein wichtiges Prinzip dafür, wie man das Auftreten eines Fehlers nicht nur qualitativ feststellen, sondern auch quantifizieren kann (was für adaptive Lernprozesse besonders wichtig ist), stammt aus der **kybernetischen Systemtheorie**. Wie bereits im Zu-

Studie

Warum wir uns nicht selbst kitzeln können

Die Überlegungen zum Reafferenzprinzip (► Exkurs »Reafferenzprinzip«) und zur Rolle der Vorhersage von Handlungskonsequenzen bei der Entdeckung von Fehlern lassen sich auch anhand eines eigentlich merkwürdigen Phänomens erläutern: der Beobachtung, dass wir uns selbst nicht kitzeln können. Warum ist das so? Blakemore et al. (1998) zufolge deswegen, weil wir erwartete Konsequenzen unserer Handlungen weniger intensiv erleben als unerwartete Konsequenzen. Sehen wir uns dazu das entsprechende Modell in ◘ Abb. 9.3 an.

Wenn wir uns selbst kitzeln wollen, z.B. mit der rechten Hand in der Handfläche der linken Hand, dann senden wir ein entsprechendes motorisches Kommando an das sensomotorische System. Die Ausführung dieses Kommandos (die Bewegung der rechten Hand) erzeugt tatsächliches sensorisches Feedback, wie in der unteren Schleife des Modells zu sehen. Gleichzeitig wird eine Kopie des Kommandos (Efferenzkopie) dazu benutzt, das erwartete sensorische Feedback zu berechnen, wie in der oberen Schleife des Modells zu sehen. Schließlich werden das erwartete und das tatsächliche Feedback miteinander verrechnet, um möglicherweise auftretende sensorische Diskrepanzen zu erkennen, die auf eine fehlerhafte Handlung hinweisen würden. Wenn wir uns selbst kitzeln wollen, und alles geht mit rechten Dingen zu, dann ist die entstehende Diskrepanz gleich null, wir empfinden also fast nichts. Wenn Sie aber von einer anderen Person gekitzelt werden, dann entsteht zwar auch sensorisches Feedback, aber dies kann nur ungenau oder gar nicht vorhergesagt werden. Die entstehende Diskrepanz ist also sehr groß, und daher empfinden Sie das kitzeln sehr stark. Soweit die Theorie.

Um sie zu testen, haben Blakemore et al. (1999) ihre Versuchspersonen aufgefordert, sich selbst zu kitzeln. Dies geschah nicht direkt, sondern durch Umleitung über einen Roboter, der mithilfe eines Stücks Schaumstoffs die Fläche der linken Hand der Versuchsperson kitzelte. In einer Bedingung wurde die Bewegung der Roboterhand unmittelbar von der rechten Hand der Versuchsperson selbst gesteuert. In einer anderen Bedingung kitzelte der Roboter selbstständig, also ohne Zutun der Versuchsperson. Wie erwartet, war das Kitzelgefühl viel stärker, wenn der Roboter »selbstständig« kitzelte als wenn die Versuchsperson die Kitzelbewegung selber verursachte (◘ Abb. 9.4a). In weiteren Bedingungen lösten die Versuchspersonen die Kitzelbewegung zwar wieder selber aus, aber der Roboter fing erst 100, 200 oder 300 ms später an, sich zu bewegen. Die Autoren nahmen an, dass die zunehmende Verzögerung zwischen dem Bewegungskommando und dem Auftreten des tatsächlichen Feedbacks eine zunehmend größere Diskrepanz im Vergleich zu den Erwartungen hervorrufen würde. Träfe das zu, dann sollte das Kitzelgefühl mit zunehmender Verzögerung größer werden, und genau dies war auch der Fall (◘ Abb. 9.4a).

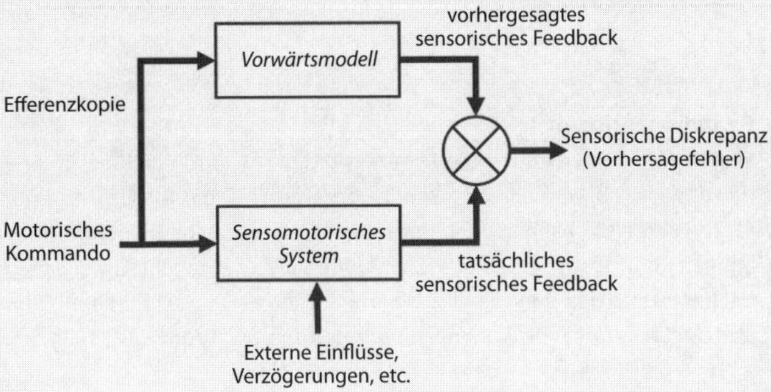

◘ **Abb. 9.3.** Modell zur Erklärung, warum wir uns nicht selbst kitzeln können. (Nach Blakemore et al., 1999) © 1999 by the Massachusetts Institute of Technology. Verwendung mit freundlicher Genehmigung)

▼

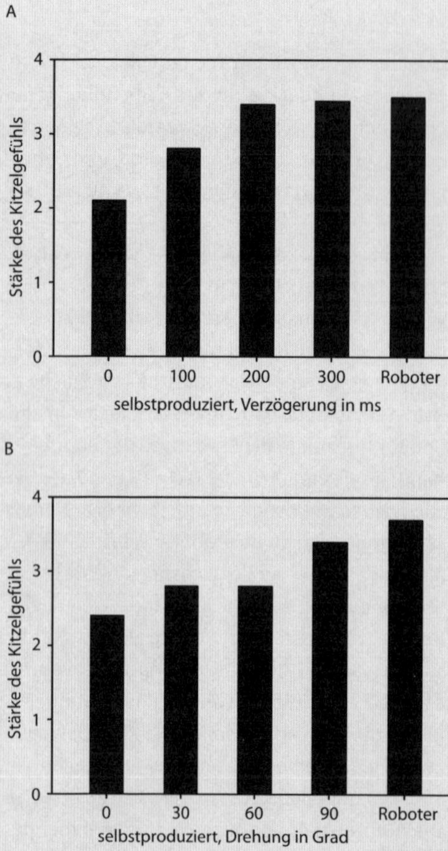

Abb. 9.4. Einschätzung des eigenen Kitzelgefühls

Blakemore et al. (1999) haben die Ähnlichkeit zwischen den erwarteten und den tatsächlichen sensorischen Konsequenzen auch in einer weiteren Bedingung manipuliert. Hier variierte die räumliche Beziehung zwischen der Auslösebewegung der Versuchsperson und der Kitzelbewegung des Roboters: Sie ging entweder in dieselbe Richtung oder war um 30, 60 oder 90 Grad gedreht. Wie erwartet, war das Kitzelgefühl am kleinsten, wenn die Auslösebewegung der Kitzelbewegung entsprach (0 Grad Drehung) und stieg mit zunehmender Drehung an (Abb. 9.4b).

Neben diesen Selbsteinschätzungen untersuchten Blakemore et al. (1998) auch die mit den Manipulationen einhergehenden neuronalen Aktivitäten. fMRT-Analysen zeigten, dass selbstständig ausgelöste Kitzelbewegungen signifikant weniger Aktivität im somatosensorischen Kortex und dem ACC hervorriefen als die vom Roboter selbst ausgelösten Kitzelbewegungen. Die Vorhersage sensorischer Konsequenzen scheint also tatsächlich zu einer weniger intensiven sensorischen Stimulation zu führen. Dies legt nahe, dass der Vergleich zwischen erwartetem und tatsächlichem Feedback stattfindet, noch bevor die Information die entsprechenden sensorischen Areale erreicht. Außerdem legen diese Befunde nahe, dass der ACC an der Entdeckung von Diskrepanzen zwischen erwartetem und tatsächlichem Feedback beteiligt ist. Dies wiederum steht im Einklang mit der Konflikttheorie von Botvinick et al. (2001; ► Abschn. 9.2.3).

Exkurs

Reafferenzprinzip

Eine konkrete Anwendung des kybernetischen Prinzips, wie z.B. Vergleiche zwischen vorhergesagten und tatsächlichen Veränderungen zur adaptiven Kontrolle zu verwenden sind, finden wir bei der **Interaktion** von visueller Wahrnehmung und der Steuerung von Augenbewegungen. Obwohl sich bei jeder unserer Augenbewegungen das Abbild der Umgebung auf der Netzhaut verschiebt, nehmen wir die visuelle Welt doch als stabil und statisch wahr. Wie ist das möglich?

Zur Erklärung haben von Holst u. Mittelstaedt (Von Holst, 1954) einen Mechanismus vorgeschla-

▼

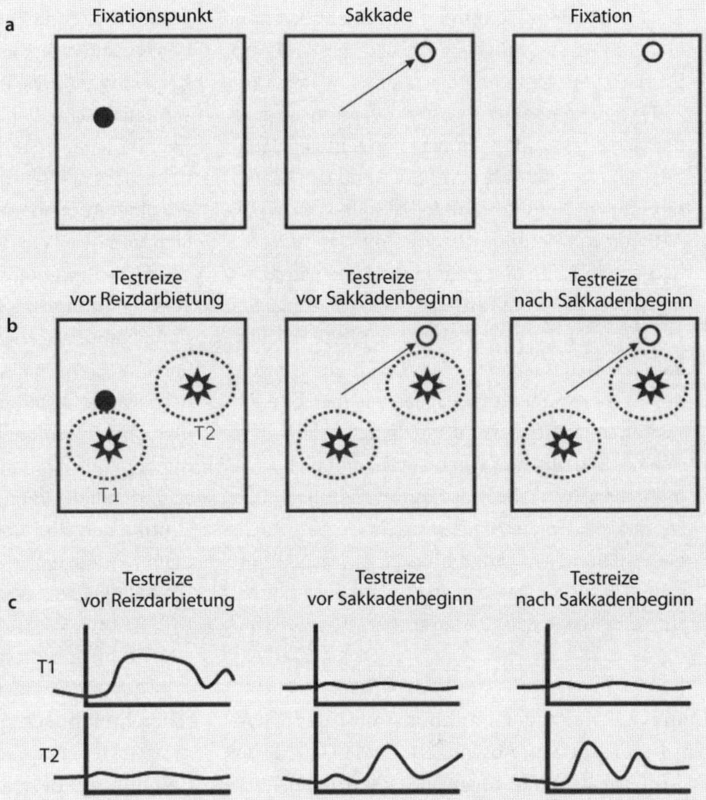

Abb. 9.5. Neuronale Basis von nicht-überwachtem Koinzidenzlernen und von belohnungs- und fehlerbezogenem Lernen. (Aus Sommer & Wurtz, 2006. Reprinted by permission from Nature.)

gen, der die durch die Augenbewegung erzeugte Bildverschiebung mit einberechnet: das sog. Reafferenzprinzip. Bei jeder Augenbewegung, so die Idee, wird eine Kopie des motorischen Kommandos (Efferenzkopie) an neuronale Strukturen geleitet, die berechnen, welche Bildverschiebung infolge der Augenbewegung zu erwarten ist. Bevor das sensorische Signal über die retinale Bildverschiebung an die entsprechenden visuellen Areale des Kortex weitergeleitet wird, wird zunächst die Differenz zwischen der erwarteten und der tatsächlich eingetretenen Bildverschiebung ermittelt. Entspricht die aktuell eingetretene Bildverschiebung der aufgrund der Efferenzkopie erwarteten Bildverschiebung, wird das sensorische Signal aufgehoben und damit verhindert, dass der Beobachter fälschlicherweise eine Bewegung seiner Umgebung wahrnimmt. Bewegung wird nur dann wahrgenommen, wenn sich beide Signale bei der Differenzbildung nicht vollständig aufheben oder dann, wenn nur eines der beiden Signale vorliegt und das jeweils andere Signal fehlt: entweder das sensorische Signal über eine retinale Bildverschiebung (beispielsweise bei passiven Bewegungen des Augapfels) oder das Signal einer infolge von Bewegungen erwarteten Bildverschiebung (beispielsweise bei intendierten Augenbewegungen, die wegen einer Lähmung der Augenmuskeln nicht realisiert werden können).

▼

Lange Zeit gab es ausschließlich gute theoretische Gründe, anzunehmen, dass das Reafferenzprinzip für die **Stabilität** unserer visuellen Welt sorgt, aber neuere Untersuchungen bei Affen haben es auch empirisch bestätigen können. Sommer u. Wurtz (2006) haben zwei Affen trainiert, Lichtpunkte auf einem Monitor zu fixieren und bei

Erscheinen eines Zielreizes eine Augenbewegung (Sakkade) in seine Richtung auszuführen (◘ Abb. 9.5a). Zu verschiedenen Zeitpunkten wurden kurze Testreize eingeblendet, und zwar entweder in der Nähe des Fixationspunktes oder in der Nähe des Zielreizes (◘ Abb. 9.5b). Während der Bearbeitung der Aufgabe maßen Mikroelektroden die Aktivität von Neuronen in den frontalen Augenfeldern der Affen und zwar in Neuronen, in deren rezeptive Felder die Testreize fielen (◘ Abb. 9.5c).

Bevor der Zielreiz erschien, reagierte lediglich das Neuron dessen rezeptives Feld in der Nähe des Fixationspunktes lag, genau wie man es erwarten sollte. Bei Ausführung der Sakkade drehte sich das Bild um: Nun war erste Neuron nicht mehr aktiv, wohl aber das Neuron dessen rezeptives Feld in der Nähe des Zielreizes lag. Auch dieser Befund ist nicht überraschend. Man könnte sagen, dass sich die Aufmerksamkeit vom einen zum anderen Reizort **verlagert** hat. Theoretisch interessant ist die Tatsache, dass das zweite Neuron bereits aktiv war, bevor die Augenbewegung ausgeführt wurde. Die Aufmerksamkeit ist also gewissermaßen schneller als die geplante Bewegung und geht ihr voraus. Den Autoren zufolge legt dies nahe, dass die Neuronen der frontalen Augenfelder vor einer Augenbewegung ihre rezeptiven Felder in Richtung des Zieles verschieben. Damit wird die durch die Bewegung hervorgerufene retinale Bildverschiebung bereits vor der Initiierung der Bewegung kompensiert, sodass die Neuronen sowohl vor als auch nach einer Bewegung jeweils identische visuelle Merkmale antreffen. In diesem Sinne bleibt die Information über die eigentliche Bewegung (nämlich der unterschiedliche visuelle Ausschnitt) auf die Retina beschränkt, während höhere Zentren den Eindruck erhalten, dass sich die Information durch die Bewegung nicht verändert hat. Dies ist die Logik des Reafferenzprinzips.

sammenhang mit der Funktionsweise des Kleinhirns besprochen (► Abschn. 2.4; im TOTE-Modell von Miller et al. (1960) angewendet; ► Abschn. 7.2.3), setzt dieses Prinzip einen Vergleich von intendierten und tatsächlich eingetretenen Ereignissen voraus (im Jargon oft »Soll-Wert« und »Ist-Wert« genannt). Wenn bei Ihrer Zentralheizung der gewünschte Wert 21 Grad beträgt, die tatsächliche Raumtemperatur aber nur 19 Grad, dann besagt die Differenz von -2 nicht nur, dass die Temperatur nicht stimmt, sondern auch inwiefern sie nicht stimmt und was dagegen zu tun ist. In Bezug auf die Kontrolle von Handlungen legen diese Überlegungen nahe, dass wir Repräsentationen intendierter bzw. erwarteter Handlungseffekte mit den tatsächlich hervorgerufenen Effekten vergleichen und entstehende Differenzen dazu benutzen, um unser Handeln daran anzupassen (Miller et al., 1960). Mit anderen Worten, wir lernen, **Diskrepanzen** zwischen dem, was wir wollen, und dem, was wir können, systematisch zu **verringern**.

Diese Art des selbst gesteuerten Lernens unterscheidet sich systematisch von anderen Lernformen (Doya, 2000). Wie ◘ Abb. 9.6 zeigt, ist der Neokortex vorwiegend auf den Erwerb von Beziehungen zwischen Ereignissen spezialisiert (»unsupervised learning«). Der entsprechende Lernprozess ist nicht auf Belohnung, Bestrafung oder bestimmte Erwartungen angewiesen und registriert lediglich die **Koinzidenz** von Ereignissen. Bereits Hebb (1949) hatte die Existenz eines derartigen Prozesses vermutet und einen entsprechenden Lernalgorithmus dafür ersonnen, der auch noch in aktuellen neuronalen Modellen eine wichtige Rolle spielt (»what fires together wires together«; ► Abschn. 4.3.1). **Belohnungsbasiertes Lernen** (»reinforcement learning«) beruht hingegen auf neuronalen Strukturen, die den Neokortex mit den Basalganglien vernetzen. Dort werden v.a. die affektiven Valenzen von Handlungen kodiert, die den Erwerb neuen Wissens über die situative Angemessenheit von Handlungen steuern.

Für **fehlerbezogenes Lernen** (»supervised learning«) ist hingegen v.a. das Kleinhirn und sein Zusammenspiel mit neokortikalen Strukturen verantwortlich (► Abschn. 2.4). Wie in der Abbildung angedeutet, basiert diese Lernform auf einem Vergleich intendierter und antizipierter Effekte von Handlungen mit den tatsächlich eintretenden Effekten, wobei mithilfe der registrierten Fehler interne Modelle von Handlungs-Effekt-Beziehungen generiert

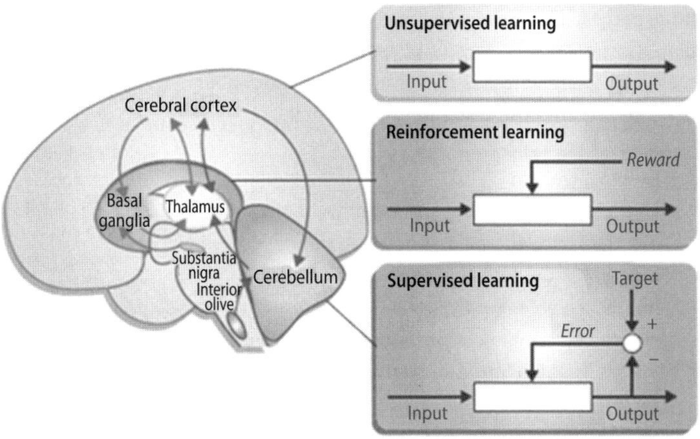

Abb. 9.6. Aufmerksamkeitsverlagerungen bei Augenbewegungen. (Aus Doya, 2000. Reprinted with permission from Elsevier.)

und fortlaufend aktualisiert werden. Die intendierten Effekte, d.h. die jeweiligen Handlungsziele, können intern spezifiziert sein (selbst-überwachtes Lernen), aber auch extern vorgegeben werden wie z.B. bei der Imitation von Bewegungen einer anderen Person. Selbst-überwachtes Lernen dient u.a. dem Erwerb von sog. **Vorwärtsmodellen** und **inversen Modellen** der Handlungssteuerung (▶ Abschn. 2.4; vgl. auch den Exkurs »Reafferenzprinzip«). Vorwärtsmodelle dienen dazu, um die sensorischen Konsequenzen einer Handlung vorhersagen. Das dafür wesentliche Fehlersignal ergibt sich aus der Diskrepanz zwischen den vorhergesagten und tatsächlich eingetretenen Effekten einer Handlung, und es wird dazu benutzt, um die Antizipationen den tatsächlich eintretenden Effekten immer genauer anzupassen (»feedback error learning«; Kawato, 1990). Inverse Modelle bilden hingegen ab, welche Effekte unter welchen Umständen mit welchen Handlungen zu erzielen sind, was besonders für die Auswahl von Handlungen wichtig ist (▶ Kap. 5).

Beim Erwerb solcher Modelle ist das kognitive System mit dem Problem konfrontiert, dass zumindest zu Beginn des Lernprozesses **kein Lernsignal** zur Verfügung steht: Wenn man nicht weiß, was man tun und dadurch erreichen kann, dann kann man auch keine vernünftigen Erwartungen haben, und ohne Erwartungen ist ein Vergleich mit den tatsächlichen Konsequenzen nicht möglich. Nehmen Sie z. B. an, Sie wollen beim Basketball lernen, den Ball aus verschiedenen Distanzen erfolgreich in den Korb zu werfen. Dazu müssen Sie herausfinden, welche motorischen Kommandos Körperbewegungen generieren, die zum Erfolg führen. Genau dies ist aber besonders schwierig, hängt ein Erfolg doch von so verschiedenen Faktoren ab wie der Position des Korbes im Raum, der Distanz zwischen Werfer und Korb und seiner momentanen Körperhaltung.

Einem absoluten Neuling bleibt wenig mehr als **Versuch und Irrtum**: Man probiert mal was und sieht, was dabei herauskommt. Mit jeder versuchten Bewegung vergrößert sich jedoch die sensomotorische Wissensbasis, denn jede Bewegung produziert eine Vielzahl körper- und umweltbezogener sensorischer Ereignisse: Die handelnde Person nimmt wahr, wie sich ihre Arme und Hände bewegen, welche Kräfte und Winkelstellungen an den Gelenken produziert werden, auf welcher Bahn sich der Ball im Raum bewegt und ob er sein Ziel schließlich trifft oder verfehlt bzw. wie weit er es verfehlt. Diese Fülle an Information erlaubt den Aufbau von **Assoziationen** zwischen motorischen Mustern und Repräsentationen ihrer sensorischen Effekte, die wiederum die Basis für das Eingangssignal bieten, das für den Vergleich mit den tatsächlich produzierten Effekten nötig ist (▶ Abschn. 3.3 u. 4.3.1). Der Aufbau von Assoziationen ist leichter, wenn komplexe Fertigkeiten in einzelne Komponenten zerlegt und diese zunächst separat erworben werden. Besonders deutlich wird der Vorteil dieser »Salami-Taktik« beim Erlernen des Autofahrens: Das Schalten in einen anderen Gang erfolgt zunächst durch einzelne, sequenziell aneinander gereihte Teilschritte wie dem Treten des Kupplungspedals, der Bewegung des Schalthebels und dem Loslassen des Kupplungspedals. Mit zunehmender Übung wird aus diesem Nacheinander aber mehr und mehr eine geschmeidige Einheit.

? Kontrollfragen

Eine Vielzahl von Beobachtungen weist darauf hin, dass handelnde Personen ihre Handlungen kontinuierlich überwachen und auf mögliche Fehler kontrollieren.

- Wie erkennt man Handlungsfehler? Welche neuronalen Strukturen spielen dabei eine zentrale Rolle?
- Wie vermeidet man Handlungsfehler?
- Wie lernen wir, Diskrepanzen zwischen dem, was wir wollen und dem was wir können, systematisch zu verringern?

Weiterführende Literatur

Botvinick, M. M., Cohen, J. D., Carter, C. S. (2004). Conflict monitoring and anterior cingulate cortex: An update. *Trends in Cognitive Science, 8*, 539–546.

Dörner, D. (1993). *Die Logik des Misslingens – strategisches Denken in komplexen Situationen*. Reinbek: Rowohlt. *Science, 8*, 539–546.

Reason, J. (1994). *Menschliches Versagen: Psychologische Risikofaktoren und moderne Technologien*. Heidelberg: Spektrum.

Wolpert, D. M, Doya, K. & Kawato, M. (2003). A unifying computational framework for motor control and social interaction. *Philosophical Transactions of the Royal Society, 358*, 593–602.

Yeung, N., Botvinick, M. M. & Cohen, J. D. (2004). The neural basis of error detection: Conflict monitoring and the error-related negativity. *Psychological Review, 111* (4), 931–959.

Literatur

Blakemore, S.-J., Frith, C. D. & Wolpert, D. M. (1999). Spatio-temporal prediction modulates the perception of self-produced stimuli. *Journal of Cognitive Neuroscience, 11* (5), 551–559.

Blakemore, S.-J., Wolpert, D. M. & Frith, C. D. (1998). Central cancellation of self-produced tickle sensation. *Nature Neuroscience, 1*, 635–640.

Botvinick, M. M., Braver, T. S., Barch, D. M., Carter, C. S. & Cohen, J. D. (2001). Conflict monitoring and cognitive control. *Psychological Review, 108*, 624–652.

Botvinick, M. M., Nystrom, L. E., Fissell, K., Carter, C. S. & Cohen, J. D. (1999). Conflict monitoring versus selection-for-action in anterior cingulate cortex. *Nature, 402*, 179–181.

Cohen, J. D., Dunbar, K. & McClelland, J. L. (1990). On the control of automatic processes: A parallel distributed processing account of the Stroop effect. *Psychological Review, 97*, 332–361.

Doya, K. (2000). Complementary roles of basal ganglia and cerebellum in learning and motor control. *Current Opinion in Neurobiology, 10*, 732–739.

Egner, T. & Hirsch, J. (2005). Cognitive control mechanisms resolve conflict through cortical amplification of task relevant information. *Nature Neuroscience, 8*, 1784–1790.

Falkenstein, M., Hohnsbein, J., Hoorman, J. & Blanke, L. (1991). Effects of crossmodal divided attention on late ERP components: II. Error processing in choice reaction tasks. *Electroencephalography and Clinical Neurophysiology, 78*, 447–455.

Festinger, L. (1957). *A theory of cognitive dissonance*. Evanston, IL: Row & Peterson.

Freud, S. (1904). *Zur Psychopathologie des Alltagslebens*. Berlin: Karger.

Gehring, W. J., Goss, B., Coles, M. G. H., Meyer, D. E. & Donchin, E. (1993). A neural system for error detection and compensation. *Psychological Science, 4*, 385–390.

Gratton, G., Coles, M. G. H. & Donchin, E. (1992). Optimizing the use of information: Strategic control of activation and responses. *Journal of Experimental Psychology: General, 4*, 480–506.

Hebb, D. O. (1949). *The organization of behavior*. New York: Wiley.

Kawato, M. (1990) Feedback-error-learning neural network for supervised learning. In R. Eckmiller (ed.), *Advanced neural computing* (pp. 365–372). Amsterdam: North-Holland.

Kerns, J. G., Cohen, J. D., MacDonald III, A. W., Cho, R. Y., Stenger, V. A. et al. (2004). Anterior cingulate conflict monitoring and adjustments in control. *Science, 303*, 1023–1026.

MacDonald, A. W., Cohen, J. D., Stenger, V. A. & Carter, C. S. (2000). Dissociating the role of dorsolateral prefrontal and anterior cingulate cortex in cognitive control. *Science, 288*, 1835–1838.

Miller, G. A., Galanter, E. & Pribram, K. H. (1960). *Plans and the structure of behavior*. New York: Holt, Reinhart & Winston.

Nieuwenhuis, S., Ridderinkhof, K. R., Blom, J., Band, G. P. H. & Kok, A. (2001). Error-related brain potentials are differentially related to awareness of response errors: Evidence from an antisaccade task. *Psychophysiology, 38*, 752–760.

Norman, D. A. & Shallice, T. (1986). Attention to action: Willed and automatic control of behaviour. In R. J. Davidson, G., G. E. Schwartz & D. Shapiro (eds.), *Consciousness and self-regulation: Advances in research and theory, vol. 4* (pp. 1–18). New York: Plenum Press.

Rabbitt, P. M. A. (2002). Consciousness is slower than you think. *Quarterly Journal of Experimental Psychology, 55A*, 1081–1092.

Rabbitt, P. M. A., Cumming, G. & Vyas, S. M. (1978). Some errors of perceptual analysis in visual search can be detected and corrected. *Quarterly Journal of Experimental Psychology, 30*, 319–332.

Rabbitt, P. M. A. & Rodgers, B. (1977). What does a man do after he makes an error? An analysis of response programming. *Quarterly Journal of Experimental Psychology, 29*, 727–743.

Rabbitt, P. M. A. & Vyas, S. M. (1981). Processing a display even after you make a response to it. How perceptual errors can be corrected. *Quarterly Journal of Experimental Psychology, 33A*, 223–239.

Rasmussen, J. (1980). What can be learned from human error reports? In K. D. Duncan, M. M. Gruenberg & D. Wallis (eds.), *Changes in working life* (pp. 97–113). Chichester: Wiley.

Reason, J. (1979). Actions not as planned:The price of automatization. In G. Underwood & R. Stevens (eds.), *Aspects of consciousness: Vol. 1. Psychological issue* (pp. 51–74). London:Wiley.

Sommer, M. A. & Wurtz, R. H. (2006). Influence of the thalamus on spatial visual processing in frontal cortex. *Nature, 444*, 374–377.

Thompson-Schill, S. L., D'Esposito, M., Aguirre, G. K. & Farah, M. J. (1997). Role of left inferior prefrontal cortex in retrieval of semantic knowledge: A reevaluation. *Proceedings of the National Academy of Sciences (USA), 94*, 14792–14797.

Von Holst, E. (1954). Relations between the central nervous system and the peripheral organs. *The British Journal of Animal Behavior, 2*, 89–94.

Quellenverzeichnis

Seite	Abb.-Nr.	Quellennachweis
17	2.3	Aus Konczak, J. (2008). Motorische Kontrolle. In J. Müsseler (Hrsg.), Allgemeine Psychologie (pp. 739–766). Heidelberg: Spektrum Akademischer Verlag. Mit freundlicher Genehmigung von Spektrum Akademischer Verlag.
18	2.4	Aus Penfield, W. & Rasmussen, T. (1950). The cerebral cortex of man: A clinical study of localization and function. New York: MacMillan. From Penfield/Rasmussen. THE CEREBRAL CORTEX OF MAN. © 1950 Gale, a part of Cengage Learning, Inc. Reproduced by permission. www.cengage.com/permissions
20	2.5	Reprinted from Neuron, 34, Author(s), Complex movements evoked by microstimulation of precentral cortex, 841–851, fig. 5, Cell Press (2002), with permission from Elsevier.
29	2.6	Aus Doya, K. (1999). What are the computations of the cerebellum, the basal ganglia, and the cerebral cortex. Neural Networks, 12, 961–974. Mit freundlicher Genehmigung von Elsevier.
30	2.7	Nach Wolpert, D. M., Miall, R. C. & Kawato, M. (1998). Internal models in the cerebellum. Trends in Cognitive Sciences, 2, 338–347.
44	3.1	Nach Cohen & Hudson, 1994. Umiltà, Carlo, and Morris Moscovitch, eds., Attention and Performance XV: Conscious and Nonconscious Information Processing, 1 figure from pages 453-456, © 1994 Massachusetts Institute of Technology, by permission of The MIT Press.
46	3.2	Aus Logan, G. D. & Gordon, R. D. (2001). Executive control of visual attention in dual-task situations. Psychological Review, 108, 393–434. Reprinted with permission from APA. APA is not responsible for the accuracy of this translation.
53	3.6	Aus Wegner, Daniel M., The Illusion of Conscious Will, figure on thought and action, © 2002 Massachusetts Institute of Technology, by permission of the MIT Press.
59	3.8	Aus Rovee-Collier & Cuevas, 2008. Reprinted with permission from APA. APA is not responsible for the accuracy of this translation.
60	3.9	Aus Chugani, H. T. (1994). Development of regional brain glucose metabolism in relation to behavior and plasticity. In G. Dawson & K. Fischer (eds.), Human behavior nd the developing brain (pp. 153–175). New York: Guilford Press. Mit freundlicher Genehmigung von Guilford Press.
71	4.1	Aus Bedford, F. L. (1993). Perceptual and cognitive spatial learning. Journal of Experimental Psychology: Human Perception and Performance, 19, 517–530.. Mit freundlicher Genehmigung von Elsevier. This image was published in Journal of Experimental Psychology: Human Perception and Performance, 19, Bedford, F.L., Perceptual and cognitive spatial learning, 517- 530. Copyright Elsevier (1993).
74	4.3	Aus Goodale, M.A. & Humphrey, G.K. (1998). The objects of action and perception. Cognition, 67, 179-205. Mit freundlicher Genehmigung von Elsevier.
76	4.4	Aus Aglioti, S., DeSouza, J. F. & Goodale, M. A. (1995). Size-contrast illusions deceive the eye but not the hand. Current Biology, 5, 679–685. Mit freundlicher Genehmigung von Elsevier.
77	4.6	Aus Glover, S. & Dixon, P. (2002). Dynamic effects of the Ebbinghaus illusion in grasping: Support for a planning/control model of action. Perception & Psychophysics, 64, 266–278. Mit freundlicher Genehmigung der Psychonomic Society.
80	4.7	Aus Kornblum, S., Hasbroucq, T., & Osman, A. (1990). Dimensional overlap: Cognitive basis for stimulus-response compatibility--A model and taxonomy. Psychological Review, 97(2), 253-270. Reprinted with permission from APA. APA is not responsible for the accuracy of this translation.
82	4.8	Nach Hommel, 2010. Bruya, Brian, ed., Effortless Attention: A New Perspective in the Cognitive Science of Attention and Action, figure from chapter 5, © 2010 Massachusetts Institute of Technology, by permission of The MIT Press.

Seite	Abb.-Nr.	Quellennachweis
84	4.9	Aus Hamilton, A., Wolpert, D. M. & Frith, U. (2004). Your own action influences how you perceive another person's action. Current Biology, 14, 493–498. Mit freundlicher Genehmigung von Elsevier.
108	5.4	Aus Valle-Inclán, F. & Redondo, M. (1998). On the automaticity of ipsilateral response activation in the Simon effect. Psychophysiology, 35, 366–371. Mit freundlicher Genehmigung von Wiley Blackwell Publishing.
111	5.5	Aus Bechara, A., Damasio, H., Tranel, D. & Damasio, A. R. (1997). Deciding advantageously before knowing the advantageous strategy. Science, 275, 1293–1295. Mit freundlicher Genehmigung der American Association for the Advancement of Science.
121	6.2	Aus Viviani, P. & Terzuolo, C. (1980). Space-time invariance in learned motor skills. In G. E. Stelmach & J. Requin (eds.), Tutorials in motor behavior (pp. 525–533). Amsterdam: North-Holland.
132	7.1	Aus der Studie von Gentner, Gruding & Conway (1980; aus Rosenbaum, 1980)
138	7.4	Aus Rosenbaum, D. A., Kenny, S. B. & Derr, M. A. (1983). Hierarchical control of rapid movement sequences. Journal of Experimental Psychology: Human Perception and Performance, 9, 86–102. Reprinted with permission from APA. APA is not responsible for the accuracy of this translation.
159	8.6	Aus Wickens, C. D. (1992). Engineering psychology and human performance. New York: Harper Collins Pub.
161	8.7	Nach Pashler, H. & Johnston, J. C. (1989). Chronometric evidence for central postponement in temporally overlapping tasks. Quarterly Journal of Experimental Psychology, 41A, 19–45.
163	8.8	Reprinted from Cognitive Psychology, 36, Jolicœur, P. & Dell'Acqua, R., The demonstration of short-term consolidation, 138– 202, fig 1a, Academic Press (1998), with permission from Elsevier.
173	9.1	Aus Norman, D. A. & Shallice, T. (1986). Attention to action: Willed and automatic control of behaviour. In R. J. Davidson, G., G. E. Schwartz & D. Shapiro (eds.), Consciousness and self-regulation: Advances in research and theory, vol. 4 (pp. 1-18). New York: Plenum Press. Verwendung mit freundlicher Genehmigung.
175	9.2	Reprinted from Psychological Review, 111/4, Yeung, N., Botvinick, M. M. & Cohen, J. D., The neural basis of error detection: Conflict monitoring and the error-related negativity, 931–959P, Psychological Review (2004), with permission from Elsevier.
179	9.3	Nach Sarah-J. Blakemore, Chris D. Frith, and Daniel M. Wolpert, ›Spatio-Temporal Prediction Modulates the Perception of Self-Produced Stimuli‹, Journal of Cognitive Neuroscience, 11:5 (September, 1999), pp. 551-559. © 1999 by the Massachusetts Institute of Technology. Verwendung mit freundlicher Genehmigung.
181	9.5	Reprinted by permission from Macmillan Publishers Ltd: NATURE (Sommer, M. A. & Wurtz, R. H. (2006). Influence of the thalamus on spatial visual processing in frontal cortex). Nature, 444, 374–377), Nature (2006)
183	9.6	Reprinted from Current Opinion in Neurobiology, 10, Doya, K., Complementary roles of basal ganglia and cerebellum in learning and motor control, 732–739, Current Opinion in Neurobiology (2000), with permission from Elsevier.

Stichwortverzeichnis

A

B

C

D

E

F

G

H

I

K

L

M

N

O

P

R

Printing: Ten Brink, Meppel, The Netherlands
Binding: Stürtz, Würzburg, Germany